/Ⅲ oekom

Gefördert durch die
Deutsche Bundesstiftung Umwelt

Deutsche Bundesstiftung Umwelt

Bibliografische Information der Deutschen Nationalbibliothek

Die Deutsche Nationalbibliothek verzeichnet diese Publikation in
der DeutschenNationalbibliografie; detaillierte bibliografische Daten
sind im Internet über http://dnb.d-nb.de abrufbar.

© 2010 oekom verlag, München
Gesellschaft für ökologische Kommunikation mbH
Waltherstraße 29, 80337 München

Copyright für das Originalmanuskript mit dem Titel
»BANG! What Next? Collusion, Convergence or Changes in Course?«
by Pat Mooney, ETC Group, 2010

Herausgegeben von der Right Livelihood Award Foundation.
Geringfügige Änderungen gegenüber dem Originalmanuskript
sind mit dem Autor abgesprochen.

Übersetzung aus dem Englischen: Friedrich Pflüger und Werner Roller
Titelgestaltung: www.buero-jorge-schmidt.de
Titelmotiv: Das Foto der brennenden Erde ist von Diana Sarto,
© Getty Images
Gestaltung + Satz Innenteil: Ines Swoboda

Druck: Kessler Druck + Medien, Bobingen
Dieses Buch wurde auf FSC-zertifiziertem Papier gedruckt.
FSC (Forest Stewardship Council) ist eine nichtstaatliche,
gemeinnützige Organisation, die sich für eine ökologische und
sozialverantwortliche Nutzung der Wälder unserer Erde einsetzt.

Pat Mooney, ETC Group
bearbeitet von Niclas Hällström

Next BANG!

Wie das riskante Spiel mit Megatechnologien
unsere Existenz bedroht

Herausgegeben von der
Right Livelihood Award Foundation

Vorwort 7

Danksagung 9

Ein Ausblick auf 2035 12

China Sundown – Weiter so: Geo-Piraterie 20

Was ist mit der Zukunft geschehen? 84
BANG! Technologische Konvergenz im Nanobereich 102
GANG! Die Konvergenz von Politik und Wirtschaft 119
GONE! Gemeinsam gegen das Klima –
Geo-Engineering als Geo-Piraterie 145

Kurswechsel:
Wie sehen die Zukunftsoptionen aus? 161
Kurs Nr. 1: Politik – Auf dem Berggipfel Wache halten 164
Kurs Nr. 2: Frieden – Der Weg aus der Schlacht 203
Kurs Nr. 3: Menschen – Visionen von der Peripherie 236

Kursbestimmung: Was ist möglich? 265

Gemeinsamer Kurs: Gemeinschaft im Alten Haus 274

Über Kurswechsel und das halb volle Stundenglas 288

Anmerkungen 310

Vorwort

Ein Europäer hat heute nach Untersuchungen des WWF ungefähr 40 nachweisbare giftige Chemikalien im Blut. Ein Nordamerikaner isst inzwischen große Mengen genveränderter Nahrungsmittel. Und unsere Atomkraftwerke produzieren täglich strahlende Gifte, von denen noch in Zehntausenden von Jahren tödliche Gefahren ausgehen werden …

Wie kann es in demokratischen Gesellschaften zu solchen Fehlentwicklungen kommen? Warum haben wir gefährliche Technologien nicht einfach mehrheitlich abgelehnt?

In »Next BANG!« beschreibt Pat Mooney neue Risikotechnologien, die heute von Wissenschaftlern, Politikern und mächtigen Finanziers aktiv für den kommerziellen Einsatz vorbereitet werden: Geo-Engineering, Nanotechnologie oder die künstliche »Verbesserung« des menschlichen Körpers. Dieses Buch ist aber nicht nur Sachbuch: Anhand von fiktiven handelnden Personen blickt Mooney 25 Jahre in die Zukunft oder besser in verschiedene Zukünfte. In einer fiktiven Trendlinie folgen wir seinen Akteuren zunächst in eine Zukunft, die sich entlang schon heute absehbarer Trends zu einem Albtraum gescheiterter megatechnologischer Hybris entwickelt hat. Und in den drei darauf folgenden alternativen Szenarien treffen seine Akteure Entscheidungen, die die heutigen Trends ändern und zu hoffnungsvolleren Entwicklungen führen.

»Szenarioplanung« ist heute in der Wirtschaft ein viel benutztes Instrument, um künftige Geschäftschancen und -risiken abzuschätzen. Leider blickt die Zivilgesellschaft – und genauso die Politik – viel zu selten zehn, zwanzig oder dreißig Jahre in die Zukunft, um ihre Strategien zu planen. In der Auseinandersetzung mit Mooneys Szenarien können wir uns fragen, in welcher Art von Gesellschaft wir in dreißig Jahren leben möchten – und wie wir dahin kommen. Die Right Livelihood Award Foundation schickt das Buch an alle ihre Preisträger, um mit ihnen genau diese Diskussion zu führen.

Die Brisanz des Buches liegt darin, dass es zeigt, wie die Technologien, die unsere Zukunft bestimmen könnten, heute zum großflächigen Einsatz vorbereitet werden – und das weitgehend unbemerkt von der Öffentlichkeit.

Atomkraft, toxische Chemikalien oder genmanipulierte Organismen konnten deshalb nicht durch demokratische Entscheidungen verhindert werden, weil hinter ihnen bereits eine zu große ökonomische und politische Macht stand, als ihre Risiken vielen Menschen erst bewusst wurden. Deshalb dürfen wir die Diskussion über Geo-Engineering, Nanotechnologie, synthetische Biologie und die anderen neuen Risikotechnologien nicht länger den selbsternannten Experten überlassen. Die Entscheidungen über ihren künftigen Einsatz fallen jetzt – es ist eine Frage der Demokratie, dass wir alle dabei mitreden.

Ole von Uexküll
Direktor der Right Livelihood Award Foundation, Stockholm, die den sogenannten Alternativen Nobelpreis im Schwedischen Reichstag vergibt

Danksagung

Zwar bin ich als Autor für alle Fehler verantwortlich, möchte aber gleich ausdrücklich den maßgeblichen Beitrag meiner Kollegen bei der ETC Group für die Entstehung dieses Buchs würdigen. Es beruht auf gemeinschaftlicher Arbeit und Forschung und hat von zahllosen Informationen und Ideen unserer Mitarbeiter profitiert. Während der hektischen letzten Wochen und Monate bis zur Fertigstellung des Texts übernahm *Molly Kane* – gerade erst als stellvertretende Direktorin bei ETC eingestiegen – dankenswerterweise alle Möglichen Pflichten und verschaffte mir so den nötigen Freiraum zum Schreiben. Mein ganz besonderer Dank gilt *Charlie Shymko*, die immer wieder an obskuren Stellen die entscheidenden Informationsschnipsel ausgrub und gleichzeitig meinen Computer und den Rest des Büros am Laufen hielt, sowie *Francesca Hyatt*, die tapfer Manuskripte durchackerte und mit am Text feilte. Die undankbarste Aufgabe ist wohl den Übersetzern zugefallen: Unter ihrer Führung sollte mein mit Redewendungen überladenes und hoffnungslos verschachteltes Englisch in glasklares Deutsch übertragen werden!

Keiner hat dieses Projekt mehr unterstützt als *Niclas Hällström*, der während der Schreibphase seine Stellung als stellvertretender – und für das »What Next Project« verantwortlicher – Direktor bei der Dag-Hammarskjöld-Stiftung aufgegeben hat. Er wird sich nun, mit dem Segen der Dag-Hammarskjöld-Stiftung, dem Aufbau des »What Next Exchange« widmen und sein breit gestecktes, zukunftsweisendes Programm weiterentwickeln. Niclas hat während der zurückliegenden fünf Jahre an allen Entwicklungsstadien dieser verschlungenen Geschichte teilgehabt. Mein Dank geht auch an die wunderbaren Menschen, die Niclas und seine Kollegen um die Überzeugungen von What Next scharen konnten. Die Saat für dieses Buch ist in vielen Treffen und Seminaren bei What Next gesät worden. Mein Denken und Schreiben sind diskutiert und Inhalt und Folgerungen vielfach verbessert worden. Außerdem sind dabei wunderbare Freundschaften entstanden.

Das Schreiben der größeren und kleineren Texte im Lauf der Jahre habe ich immer als gemeinschaftliche Leistung empfunden und wollte daher nie meine Familie besonders herausstellen und für ihren Weitblick, ihre Geduld und Nachsicht loben. Da ich mich nun bald auf Mitte sechzig zubewege, muss ich das nun doch einmal klarstellen: Meine ganze Liebe und Dankbarkeit gilt meiner Frau und Partnerin Susie Walsh, meinen Kindern Robin, Kate, Sarah, Jeff, Nick und Kelsey sowie meinen beiden (bis jetzt) Enkeln Stella und Finnegan. Wenn ich über die kommenden dreißig Jahre schreibe, dann liegt das vor allem an ihnen.

Herzlich möchte ich mich auch bei meinen Freunden und Partnern beim Right Livelihood Award (RLA; Alternativer Nobelpreis) und insbesondere bei meinen Mitpreisträgern bedanken, von denen der eine oder andere als Vorbild für die in diesem Bericht vorgeschlagenen Kurswechsel gedient hat. Die Kameradschaft des RLA bedeutet für mich und andere nicht nur dauernde Inspiration, die Stiftung hat mir auch Gelegenheit gegeben, dieses Buch in Bonn im September 2010 zum 30. Jahrestag der Gründung des Alternativen Nobelpreises vorzustellen.

Pat Mooney
ETC Group, Alternativer Nobelpreis 1985
Ottawa, 25. März 2010

Die ETC Group (gesprochen: Et Cetera Group) ist eine gemeinnützige Zivilgesellschaftsorganisation zur Bewahrung und Förderung der kulturellen und ökologischen Vielfalt und der Menschenrechte. Ihre Stärken liegen in der Gewinnung  und Bewertung technischer Informationen, insbesondere aus den Bereichen der Biodiversität in der Landwirtschaft, der Nanotechnologie, Biosynthese, Genomforschung und des Geo-Engineering. Hieraus entwickeln wir Strategien, um möglichen sozioökonomischen Auswirkungen neuer Technologien wirkungsvoll zu begegnen. ETC arbeitet partnerschaftlich mit Zivilgesellschaftsorganisationen und sozialen Bewegungen auf der ganzen Welt zusammen. Weiterführende Informationen über ETC und die Möglichkeit zum Herunterladen der gesamten Publikationen der Organisation auf Englisch und Spanisch finden sich unter:

www.etcgroup.org

What Next Exchange ist eine neue, unabhängige Initiative zur Fortsetzung der Arbeit von What Next, die, neben vielem anderem, den Anstoß zu diesem Buch gegeben hat. Ziel ist es, Menschen und Ideen für Wandel und Alternativen  bei Tagungen, Seminaren und Projekten zusammenzubringen, und das quer über Organisationen, Kontinente und Themen hinweg. What Next Exchange fungiert dabei als Katalysator, identifiziert und untersucht neue Themen, Herausforderungen und Lösungsansätze für die Zukunft. What Next Exchange wird in enger Zusammenarbeit mit der ETC Group auf den hier vorgestellten Ideen und Perspektiven aufbauen, neue Entwicklungen anstoßen und versteht sich als breite Plattform für innovatives Denken und Handeln, vor allem in den Bereichen Klimagerechtigkeit, Ökonomie, alternative Entwicklungen, Wissenschafts- und Wissenssysteme.

www.whatnext.org

Der Right Livelihood Award wird an Personen, Organisationen und Vertreter sozialer Bewegungen vergeben, die sich mit praktikablen Lösungen und Modellen für die dringendsten Probleme unserer Zeit und für menschenwürdige Lebensweisen einsetzen.  Der Preis wurde das erste Mal 1980 vergeben und wird auch als »Alternativer Nobelpreis« bezeichnet. In den dreißig Jahren seines Bestehens wurden bisher 137 Preisträger aus 58 Ländern gewürdigt (Stand 2009). Die Preisverleihung findet jährlich Anfang Dezember bei einer Zeremonie im schwedischen Reichstag statt. Im Gegensatz zu den Nobelpreisen gibt es keine strengen Kategorien. Der Right Livelihood Award setzt damit auch die Erkenntnis um, dass zur Lösung der weltweit anstehenden Probleme holistische Ansätze am vielversprechendsten sind. Er unterstützt die Preisträger nicht nur mit finanziellen und anderen Ressourcen, sondern gibt ihnen öffentliche Anerkennung und Schutz. Oft öffnen sich durch die Verleihung entscheidende Türen für die Preisträger – und die Preisträger geben den Menschen dieser Welt Hoffnung, Inspiration und Mut.

Ein Ausblick auf 2035

Die Arbeit an diesem Projekt begann im Jahr 2005 – drei Jahrzehnte, also eine ganze Generation, nach dem Erscheinen einer Arbeit, die das Denken der Zivilgesellschaft seitdem beeinflusst. »What Now?« (deutscher Titel: »Was tun?«) – der brillante Bericht der Dag-Hammarskjöld-Stiftung aus dem Jahr 1975 – verdient ausgezeichnete Noten für seine Rezepte, wagte aber nur wenige Prognosen. Das ist nicht überraschend, denn die Autoren konzentrierten sich auf das »Jetzt«, die unmittelbar bevorstehenden Schritte, und nicht auf die kommenden dreißig Jahre. »Was tun?« erschien zu einem für die weitere Zukunft entscheidenden Zeitpunkt: Der portugiesische Kolonialismus wie auch der Vietnamkrieg waren zu Ende, die OPEC begann ihren Aufstieg und die UNO verkündete eine neue Weltwirtschaftsordnung. Der Blick in die Zukunft verhieß den Autoren eine friedliche Welt des Multilateralismus, wie sie seit dem Ende des Zweiten Weltkriegs kaum vorstellbar gewesen war. Als sie zusammensaßen, diskutierten und am Text feilten, konnten sie jedoch nicht ahnen, dass sie bereits am Ende einer Ära des sozialen Fortschritts und der Demokratisierung standen, die schon bald vom Neoliberalismus abgelöst werden sollte.

WAS NUN? Dreißig Jahre später taten sich die alte Dag-Hammarskjöld-Stiftung unter Führung von Olle Norberg und Niclas Hällström, ETC und andere Gruppierungen aus ihrem weiten Netzwerk innerhalb der Zivilgesellschaft (immerhin unter Beteiligung mehrerer Preisträger des Alternativen Nobelpreises) zusammen und stießen einen globalen Dialog an, um herauszufinden, ob wir uns nicht einen neuen Kurs – oder viele Kurse – hin zu einer besseren Welt vorstellen könnten. Dieses Buch baut auf den Ergebnissen dieser Diskurse auf, ist aber letztlich der Beitrag eines Einzelnen zu einem sehr viel reichhaltigeren Gedankenaustausch. Die Zusammenarbeit mit dem neu gegründeten What Next Exchange soll aus diesem

Geist wachsen und die Debatten und Diskussionen weiter voranbringen, die dieses Buch hoffentlich auslösen wird.

Trotz beträchtlicher Unsicherheiten muss man wohl davon ausgehen, dass sich der Kurs für die nächste Generation in uneleganter und fantasieloser Weise aus dem Faktum ergibt, dass die Menschheit immer »Kurs halten« möchte – stetig abwärts auf der schiefen Ebene des wirtschaftlichen und ökologischen Niedergangs, der heute die Schlagzeilen bestimmt.

Wenn sich die Zivilgesellschaft eingehend mit einem solchen »Weiter so«-Szenario befasst, wie es unser folgendes Kapitel *China Sundown* illustriert, dann kann sie alternative »Kurse« erarbeiten, auf denen die Menschheit über die nächste Generation zumindest etwas ruhigeres Fahrwasser erreichen kann. All diese Kurse sind während der vergangenen fünf Jahre auf einer langen Reihe von What-Next-Konferenzen und -Seminaren – von Mexiko Stadt und Dehradun bis Porto Alegre und Miami, von Ottawa und Nairobi bis San Salvador und Montpellier – in langen Diskussionen auf ihre Eignung für die Zivilgesellschaft hin abgeklopft worden. Es waren Jahre voller Überraschungen, auch Meinungsverschiedenheiten, wie es unter echten Verbündeten üblich ist. So müssen zwischen diese Seiten am Ende fast zwangsläufig auch Ideen und Ansichten geraten sein, mit denen manch alter Partner nicht ganz einverstanden ist.

TECHNOLOGIE? Im Mittelpunkt dieser Debatte stand ohne Frage die äußerst strittige Bedeutung der Technologie für unsere Zukunft. Viele räumen ein, dass die Technologie unsere Zukunft bestimmen – vielleicht gar beenden – wird; manche halten sie lediglich für ein Werkzeug der Wohlhabenden zur Ausübung von Macht und nicht für eine bestimmende, unabhängig gestaltende Kraft. Andere wiederum sind davon überzeugt, dass der formende Einfluss der Technologie – so sehr sie lange Zeit der Kultur und dem Klassendenken untergeordnet gewesen sein mochte – in der beschleunigten Welt von heute unterschätzt wird. Man kann dem widersprechen, aber nach allgemeiner Überzeugung sahen die letzten beiden Dekaden des 20. Jahrhunderts mehr technische Neuerungen als die gesamten achtzig Jahre davor, und das erste Jahrzehnt des neuen Jahrtausends wartet noch einmal mit deutlich dramatischeren technischen Entwicklungen auf. Die Kurve des technischen Wandels führt so steil nach oben, dass der Prozess kaum zu erfassen ist. Wahrscheinlich ist die Technologie schon jetzt außer Kontrolle – zumindest jenseits der Kontrolle durch die Zivilgesellschaft.

Mancher mag einwenden, dass ein solcher Blickwinkel die Realität verzerrt. Stetig passt die Gesellschaft die Technologien an die sich wandelnden

Gegebenheiten an. Ein technisches Verfahren wird neu erschaffen, ein anderes ausrangiert oder – was häufig vorkommt – absichtlich demontiert. Wenn man die Technologie abgelöst von den Machtstrukturen betrachtet, kann man sie leicht als eindimensional missverstehen, als ewig aufwärts führenden Pfad, als »Naturgewalt«, die zivilisierten Menschen nicht vorenthalten werden darf. Doch das ist absurd.

BANG? Besonders gut lässt sich die zunehmende Bedeutung der Technologie mit der »Little-BANG-Theorie« verdeutlichen, für die in den nachfolgenden Geschichten geworben wird. Ihr zufolge bewegen sich Biologie, Physik und Chemie immer näher aufeinander zu, bis es technologisch »BANG« macht, während sich gleichzeitig Politik und Wirtschaft in einem immer engeren »Korporatismus« verflechten. Dieser wird sich der Wissenschaft und der Technik bedienen, um die Gesellschaft zu beherrschen.

Jim Thomas von der ETC Group hat sich das Wort BANG einfallen lassen; es steht für Bits, Atome, Neuronen und Gene. Die US-Regierung benutzt dafür das vergleichsweise prosaische NBIC für die Konvergenz von Nanotechnologie, Biotechnologie, Informationstechnologie und den kognitiven (engl.: cognitive) Wissenschaften. In Brüssel spricht man lieber über CTEKS – Converging Technologies for the European Knowledge Society (konvergierende Technologien für die europäische Wissensgesellschaft). Von einer parallel dazu ablaufenden Konvergenz von Politik und Industrie, wie sie in BANG enthalten ist, wollen weder die USA noch die EU etwas hören – obwohl sie doch beide eine Politik verfolgen, welche die technologische Konvergenz und damit auch den Korporatismus mehr oder minder gezielt fördert.

Längst kann die Politik infolge ihrer finanziellen Verflechtung mit Handel, Technologie und Industrie gar nicht mehr unabhängig von den großen Industriekonsortien – der »Gang« (Bande) in den nachfolgenden Geschichten – agieren.

Trotz der zentralen Rolle der Technologie in diesen Geschichten habe ich die technischen Spielereien auf ein Minimum beschränkt, um nicht den Blick aufs Wesentliche zu verstellen. Dass die Technik den Weg bestimmt, wird auch ohne zusätzliche Details klar. Kernpunkt ist aber die Frage, wie die verschiedenen Regierungen und mächtigen Industrieunternehmen die Technologie zur Beeinflussung der Gesellschaft und Verfolgung der eigenen Ziele einsetzen. Andererseits muss sich zeigen, ob die Zivilgesellschaft über genügend Verstand, Voraussicht und Mut verfügt, um eine andere Welt möglich zu machen.

2005? Egal, wie man es betrachtet – das Jahr, in dem wir die Handlung der folgenden Geschichten beginnen lassen, war ein traumatisches Jahr. Sein Beginn fällt in die Zeit kurz nach einer gewaltigen Naturkatastrophe – dem schockierenden Tsunami im Indischen Ozean. Darauf folgten die vom Menschen selbst verursachten Tragödien der Hungersnot in Darfur, Gewaltausbrüche in der Londoner U-Bahn und den Pariser Vorstädten und dann wieder (Natur?-)Katastrophen, als die Wirbelstürme Katrina und Rita den Golf von Mexiko heimsuchten und New Orleans unter Wasser setzten. Im Jahr 2005 befanden sich unter den Selbstmordattentätern in Palästina und im Irak so viele Frauen und Kinder wie nie zuvor – ein Kampf gegen die Kanonen der Unterdrücker mit den Särgen von Unschuldigen. All dies ereignete sich im (bis dahin) wärmsten Jahr seit Beginn der Aufzeichnungen. Die Weltbevölkerung erreichte die Marke von 6,5 Milliarden, und zum ersten Mal lebten mehr Menschen in der Stadt als auf dem Land – und alle fragten sich, ob überhaupt noch irgendetwas »natürlich« war.

Immerhin, so sagten wir uns, hatte der Tsunami so großen Schaden angerichtet, weil wir die Küsten so dicht besiedelt und die Mangrovenwälder zerstört haben. Auch New Orleans ging mit aus dem Grund unter, weil Ingenieure an Stellen gebaut hatten, auf die kein Vernünftiger den Fuß setzen würde. Doch trotz aller neuen Ängste ließ man sich Ende 2005 in Paris wieder bei erlesenem, von algerischen Einwanderern serviertem Slowfood nieder, die Globalisierung gab sich in Hongkong ihrem Wahn vom Fortschritt hin, aus den Kneipen von New Orleans drang wieder der Blues von Muddy Waters auf die Gassen, die G8 nahm sich in Russland wichtig und an den Stränden Thailands schlenderten wieder halb nackte Schweden Hand in Hand, gleich neben frisch angesäten Rasenflächen, wo nur Monate zuvor in Fischerdörfern emsiges Treiben geherrscht hatte. In Darfur (trotz einer inzwischen ausgehandelten sogenannten Friedensvereinbarung), im Kongo, in Afghanistan und im Irak änderte sich praktisch nichts – außer natürlich für diejenigen, die dort 2005 gestorben waren.

Wenn 2005 ein Schock war, so war der Anfang von 2010, als diese Arbeit zum Abschluss kam, kaum minder aufwühlend. Im Verlauf von 2008 und 2009 schossen die Treibstoffpreise gemeinsam mit den Kosten für Nahrungsmittel in die Höhe und führten zur Interessenkollision zwischen Autofahrern und hungernden Menschen; die Zahl unterernährter Menschen stieg um weitere 160 Millionen. Nach neuen und unabhängigen wissenschaftlichen Untersuchungen hatte auch die Besorgnis über den Klimawandel einen traurigen Höhepunkt erreicht, trat aber seltsamerweise rasch in den Hintergrund, als die Panik über den bevorstehenden Zusammenbruch der Weltwirtschaft die Schlagzeilen übernahm. Die Ängste vor der schwersten Wirtschaftskrise der letzten hundert Jahre verdrängten die Sorge vor der größten Klimabedrohung der Menschheitsgeschichte. Und wieder wurde der technische Fortschritt als einzig mögliche Lösung der Öl-, Nahrungs- und sogar der Finanzkrise angepriesen, und das angesichts des absurderweise als »Kopenhagener Abkommen« bezeichneten Trümmerhaufens sowie einer weiteren Naturkatastrophe – diesmal eines schweren Erdbebens mit verheerenden Auswirkungen für die Bevölkerung von Haiti.

2035? Es braucht uns nicht zu überraschen, dass sich neo-utopische und dystopische Zukunftsszenarien fast wie ein Hautausschlag auf der Oberfläche dieses neuen Jahrtausends ausbreiten, in Schattierungen von pessimistisch bis endzeitlich. Falls, wie gewisse Wahrsager orakeln, Terroristen, Teenager oder (was wahrscheinlicher ist) übermotivierte Software-Entwickler ein Bit-Süppchen zusammenbrauen, das sich zu einem regelrechten Techno-Tsunami auswächst, dann könnte dieser kleine, elektronische Bazillus in einer Weise einschlagen, wie es der hochgejubelte Y2K-Millenniumsvirus nie getan hat, und das Internet und mit ihm die gesamte Industriekultur innerhalb von Stunden hinwegfegen. Wir würden dann aber nicht in die lässigen 1960er-Jahre zurücktrudeln oder ins Jahr 1975, als Handel und Kommunikation noch praktisch »Web-los« und ohne Mikrochips funktionierten.

Wenn das Internet zusammenbricht, dann könnte die Militärmaschinerie der Welt, so eine Theorie, den Überblick über ihre Gegner verlieren und aus Angst, auch noch die Kontrolle über die eigenen Atomarsenale einzubüßen, lieber gleich den Auslöser drücken. Doch auch wenn die Generäle an sich halten, wird der gesamte Produktions-, Transport- und Kommunikationsapparat austrudeln. In den Städten wären die Vorräte an Nahrung und Energie in kürzester Zeit erschöpft. Nur am Rand der Zentren, auf Bauernhöfen und in Dörfern jenseits der Reichweite des Internets werden Menschen, die sich vielleicht nicht einmal bewusst sind, dass die Wissensgesellschaft sie längst vergessen hat, eine Chance aufs Überleben haben.[1]

Ist es das, was nun kommt? Offenbar ist augenblicklich das Spiel mit unsicheren Prognosen angesagt: Wir sind erschüttert vom Tsunami im Indischen Ozean und den Erdbeben in der Karibik, erschaudern angesichts immer neuer Warnungen vor dem bevorstehenden Zusammenbruch der

Zivilisation und sind geschockt über »eine unbequeme Wahrheit« bezüglich der globalen Erwärmung sowie die vermeintlich so abwegige Aussicht, von einem umherirrenden Asteroiden zermalmt zu werden.

Erstaunlich, wie leicht wir dazu gebracht werden können, nach oben zu schauen, wenn wir doch eigentlich um uns blicken sollten. Ein unausgelasteter Richter hat doch tatsächlich auf Kosten der amerikanischen Steuerzahler ausgerechnet, dass ein großer Asteroid beim Einschlag mit einer Geschwindigkeit von 40 Kilometern pro Sekunde auf der Erde eine extrem heiße Druckwelle (mit einem Vielfachen der Sonnentemperatur) vor sich herschieben würde, die schon alles verbrennt, bevor der Himmelskörper überhaupt die Erdkruste durchschlagen hat.[2] Die Explosion würde die gesamte Erdoberfläche mit feurigem Schutt bedecken, die Polkappen abschmelzen und die Fotosynthese stoppen. Mindestens ein Viertel der Weltbevölkerung wäre schon nach 24 Stunden ausgelöscht, der Rest würde innerhalb von Tagen folgen. Weder Mantras noch Mikrochips würden dagegen helfen – und in diesem Fall wären entlegene Gebiete ebenso betroffen wie Ballungsräume.

Selbst hier wird uns aber versichert, dass sich auch diesem etwas unwahrscheinlichen Fall mit technischen Mitteln vorbeugen ließe: Weltraumteleskope sollen den stellaren Eindringling so zeitig erkennen, dass er mit vorsorglich im Orbit stationierten Atomsprengköpfen zu Bahnschotter zerkleinert wird, bevor er uns auf den Kopf fällt. Vielleicht hätte auch die Nanotechnologie eine – winzige – Alternative parat: »Ein kleiner Satellit (könnte) sich selbst zusammenbauende Nanoroboter auf der Oberfläche des Asteroiden absetzen« und diesen »in harmlose, möglicherweise sogar gewinnbringende Rohmaterialien zum Bau von Raumstationen umwandeln.«[3]

Vielen von uns versagt die Zuversicht angesichts derartiger Abschreckungsmittel – seien sie nun »nano« oder nuklear und nur gegen dicke Brocken aus dem All gerichtet. Unsere politischen und praktischen Fähigkeiten bei der Handhabe des Nukleararsenals geben allerdings nicht gerade Anlass zu übertriebenem Vertrauen. Während der Kubakrise von 1962, als die UdSSR und die USA kurz davor standen, uns alle ins Jenseits zu befördern, da schätzte der amerikanische Verteidigungsminister die Vernichtungschance auf eins zu sechs. Sein Chef, Präsident Kennedy, sah die Wahrscheinlichkeit irgendwo zwischen eins zu drei und eins zu eins.[4] Trotzdem rasselten sie über den Köpfen der Menschheit unverdrossen weiter mit dem Säbel.

MODERNE ZEITEN? Selbst nach dem Fall der Berliner Mauer im Jahr 1989 – auf halbem Weg zwischen »Was tun?« und »Was nun?« – waren die USA und andere reiche Länder weiterhin eher zur Auslöschung allen Lebens bereit, als gegenüber dem ohnehin schon auf dem Sterbebett liegenden politischen Regime der UdSSR auch nur eine Handbreit nachzugeben. Noch 1995 entging die Welt nur knapp einer Katastrophe, als russische Aufklärer eine norwegische Wetterrakete fälschlicherweise für einen amerikanischen Raketenangriff hielten, und es blieb dem instabilen russischen Präsidenten Boris Jelzin überlassen, den Abzug zu betätigen oder auch nicht.[5] Sind wir inzwischen so vernünftig und wohlinformiert, dass so etwas nicht mehr passieren kann? Besteht nicht das Risiko, dass wir angesichts von Terror oder Klimawandel überreagieren und die Menschheit wieder in Gefahr bringen? Unsere Regierungen haben der Stratosphäre Tausende von Atomtests zugemutet; ist es möglich, dass so wenig daraus gelernt wurde, dass sie nun erwägen, den Himmel mit Sulfatpartikeln zur Reflexion von Sonnenlicht anzufüllen? Darf man zur Linderung des Klimawandels in dieser Weise ins Geschehen des Planeten eingreifen, nur um Unternehmen und Verbraucher nicht belasten zu müssen?

Mit Viren, die das Internet bedrohen, und mit Atomwaffen werden wir uns ohne Frage ganz konkret auseinandersetzen müssen; Asteroiden dagegen stören eher unsere Träume, als dass wir ernsthaft fürchten müssten, dass ein streunender Brocken bei uns das Licht ausdreht. Wir suchen den Himmel nach neuen Bedrohungen ab, wo doch tagtäglich konkrete Gefahren zu unseren Füßen lauern.

Kriege und Klimachaos werden auf lange Sicht viel eher durch Bekämpfung von Armut und Ungerechtigkeit beendet werden, als mit technischen Tricks. Schon jetzt wird praktisch jedes soziale Problem nur noch im Hinblick auf technische Lösungen betrachtet. Das ist keine besonders ermutigende Entwicklung.

EIN HINWEIS ZU DEN FOLGENDEN GESCHICHTEN: Die Personen der Handlung sind frei erfunden, aber die beschriebenen Vorgänge vor dem 1. Februar 2010 beruhen größtenteils auf tatsächlichen Ereignissen. Auch viele Geschehnisse weit nach 2009 sind an Vorgängen angelehnt, die sich bereits ereignet haben, doch haben bisher leider weder die politischen Entscheidungsträger noch die breite Öffentlichkeit deren wahre Bedeutung erkannt. Spekulative Vorgänge in den Erzählungen beruhen auf meiner eigenen Einschätzung von Trends und Situationen, die sich mit einiger Wahrscheinlichkeit vorhersagen lassen.

Vielleicht sollte man diese Geschichten als nicht *ganz* ernst gemeinte Science Fiction lesen, die dennoch näher an der Realität sein könnte, als uns lieb ist.

Im Anschluss an die einleitende Erzählung *China Sundown* wollen wir zu einigen zentralen Themen Stellung nehmen und weitere Informationen liefern. Darauf folgen – mit Agierenden, die bereits aus der ersten Geschichte bekannt sind – die Schilderungen der Alternativszenarien. Diese basieren auf der Eingangsgeschichte und führen uns in bestimmte Situationen, in denen gerade die Zivilgesellschaft eine aktive Rolle übernehmen könnte; dabei werden verschiedene Eingriffsmöglichkeiten für die Zivilgesellschaft aufgezeigt. Die drei geschilderten Szenarien laufen am Ende in einem vierten zusammen. Durch diesen fiktionalen Ansatz lassen sich der soziale Wandel und die komplizierte Vernetzung der Probleme in sehr viel feineren Nuancen erforschen. Patentlösungen und ungerechtfertigter Optimismus werden nicht geboten. Wunder ebenfalls nicht. Es mag sein, dass ich die Zivilgesellschaft unterschätze und dass sie mit ihrer Energie und ihrem Einfallsreichtum auch kurzfristig sehr viel mehr erreichen kann. Hoffentlich!

Jetzt aber erst einmal herzlich willkommen im Leben von Suyuan Wu, Qi Qubìng und Alitash Teferra – machen wir uns auf den Weg zum ersten »Kurs« ins Jahr 2035 …

China Sundown
Weiter so: Geo-Piraterie

Dass sie die sechzig überschritten hatte, war der kleinen, stämmigen Suyuan Wu nicht anzumerken, als sie sich im Dezember 2035 energisch ihren Weg durchs Gedränge auf den Straßen von Peking bahnte – das Haar noch immer eher schwarz als grau und im Gesicht nur gerade so viele Fältchen, dass die Blicke der Passanten auf ihre gütigen, vielleicht etwas aufmüpfigen Augen gelenkt wurden. Mit der politisch inkorrekt nach hinten gedrehten Mao-Kappe und dem überdimensionierten, von alten Büchern ausgebeulten Rucksack pflügte die Journalistin durch die in Wellen anbrandende Jugend – wie ein flippiger kleiner Teddybär einen halben Meter unterhalb der wogenden Oberfläche, in ständiger Eile zur nächsten, wichtigen Besprechung.

In der uralten Stadt mit ihren neuen Gebäuden und dem steten Strom von Zuwanderern hatte der Anblick der legendären Bloggerin, die in den Teehäusern und an den Bücherständen der Hauptstadt fast zu Hause war, etwas Vertrautes. Selbst wenn man sie nicht sah, hörte man ihr Lachen meist umso lauter (eine Kinderkrankheit hatte sie fast taub gemacht). Oder sie war gerade wieder einmal dabei, flammende Reden über all das zu halten, was die Menschheit aus der Geschichte noch immer nicht gelernt hatte – ein Thema, das sie niemals losließ.

Ihr allgewaltiger Humor und ihre unerschöpfliche Energie bezauberten auch Kinder, die sich abends, wenn es in Peking Bindfäden regnete, ohne große Aufforderung in die Falten ihres blauen Wollmantels kuschelten und gespannt darauf warteten, was die Journalistin zum Geschehen des Tages zu sagen hatte, während sie ihnen übers Haar strich.

Alle ihre Freunde schätzten sie für ihr politisches Gespür, ihre Schlagfertigkeit und Wärme, aber sie machten sich in diesem Winter 2035 auch Sorgen um sie, weil sie allein lebte. Manchmal war Suyuan die Trauer darüber anzumerken; dann erstarb ihr Lachen unversehens und ihr Körper sank in sich zusammen, sodass sogar die Kinder das Unglück spüren konnten …

WAHLTAG, NOVEMBER 2035: Die Wahl war im Grunde eine bis zum letzten Moment spannende Bollywood-Satire einer orientalischen Thronrevolution. Während des 21-tägigen Wahlkampfs waren die chinesischen Medien völlig außer Rand und Band und prophezeiten, der Ausgang könnte den wirtschaftlichen (wenn nicht gar kosmischen) Zerfall, oder doch zumindest die Spaltung des Landes bedeuten. Die derzeitige Regierungspartei der Nationalen Demokratischen Allianz hatte nach Kräften versucht, den Wahltermin hinauszuzögern, mit dem Argument, es sei besser für das Land, wenn zuvor die Ergebnisse der unabhängigen Untersuchungskommission vorlägen. Die Altkommunisten von der Opposition bestanden auf dem verfassungsgemäßen Wahltermin; immerhin habe die Regierung selbst den Untersuchungsausschuss eingesetzt – und damit auch den über den Wahltermin hinausreichenden Zeitplan zu verantworten. Die Medien schlossen sich überwiegend der Argumentation der Kommunistischen Partei an.

Woche für Woche kamen neue Gesetzesverstöße und Dienstvergehen ans Licht, und in der Bevölkerung wuchs die Wut. Eigentlich hätte sich die Nationale Demokratische Allianz mühelos an der Macht halten müssen, doch eine Woche vor der Wahl sah es ganz so aus, als könne sie von einer Koalition linksliberaler und linksextremer Parteien unter Führung der Kommunisten geschlagen werden. Es drohte eine Minderheitsregierung. Vielleicht würde China nach 16 Jahren wieder von angeblichen Sozialisten regiert werden.

Erst in den Tagen unmittelbar vor der Wahl besserte sich die Lage der Regierungspartei. Eine hoch angesehene Enthüllungsjournalistin der China Independent News Agency CINA, Suyuan Wu, entdeckte E-Mails, aus denen hervorging, dass der Skandal schon Jahre zuvor seinen Ausgang genommen hatte, als noch die Kommunisten an der Macht gewesen waren. Drei Minister dieser Regierung hatten damals nach der verlorenen Wahl dafür gesorgt, dass der Kuhhandel mit Tibet auch unter der neuen Regierung fortgeführt wurde. Das mit der (zu General Electric gehörenden) Firma GEnome assoziierte, gewaltige chinesische Firmenkonglomerat Zhou Xī hatte sowohl die Führungsspitze beider politischer Lager als auch zahlreiche tibetische Regierungsvertreter bestochen und sich damit den alleinigen Zugriff auf die tibetische Datenbank für Biodiversität samt deren Zell- und Genarchiv gesichert.

Zwei Tage vor der Wahl prangerten die Kommunisten die E-Mails in scharfem Ton als politisch motivierte Sabotageakte an. Die Aktion sei von der indischen Regierung angeordnet oder zumindest angeregt, um den indischen Einfluss auf Tibet zu verstärken. Suyuan Wu wurde geheimer Absprachen mit der Regierungspartei bezichtigt. Die Bevölkerung indessen glaubte der Journalistin. Und in einer lächerlichen, nur als Kniefall vor dem weltweiten Medienzirkus begreifbaren Entscheidung rief der Oberste Gerichtshof am Wahltag die Armee in Alarmbereitschaft. Die in Peking allgegenwärtigen Überwachungskameras übertrugen an diesem Tag also in endloser Wiederholung folgende Bilder in die Wohnstuben: Kolonnen gelangweilter junger Männer in Kampfanzügen, die »zum Schutz der Demokratie« ohne Sinn und Zweck leere Straßen auf- und abmarschierten.

Suyuan Wu empfand das Ganze als Komödie. In ihrem Blog, das am folgenden Tag von mehreren überregionalen Zeitungen übernommen wurde, bemerkte sie bissig, die Wahl sei in den Städten durch die Online-Stimmabgabe nach einer Stunde praktisch gelaufen. Und auch draußen auf dem Land, wo manche zum Wählen zu Nachbarn hinübergehen müssten, dauere es nur unwesentlich länger. (Es bestand zwar keine Pflicht zur Stimmabgabe, der Zugang zu den wenigen verbliebenen Sozialleistungen war jedoch an die Registrierung als Wähler gekoppelt, was praktisch einer Wahlpflicht gleichkam.) »Wen sollten die Truppen denn schützen, wenn doch niemand auf der Straße war?«, fragte Suyuan Wu ihre Leser. Wahrscheinlich, argwöhnte sie, war das nur ein Rückfall in die Vergangenheit, als die Regierung schon bei den geringfügigsten Anlässen die Armee aufmarschieren ließ.

Suyuan Wu war noch dabei, ihre Geschichte an CINA zu schicken und ihr Blog zu bearbeiten, als in der Hauptstadt die Meldung eintraf, eine Gruppe chinesischer Klimaforscher sei an der Grenze von Simbabwe und Sambia von halb verhungerten Dorfbewohnern fälschlicherweise für Landvermesser gehalten und getötet worden. Afrikanischen Diplomaten in Peking wurde umgehend nahegelegt, sich von den Straßen fernzuhalten, aus Furcht, wie es hieß, vor ethnisch motivierten Vergeltungsmaßnahmen – eine aufgrund ihrer panischen Reaktion und der weitgehenden Duldung rassistischer Hasstiraden auf nationalistischen Blogs durch die Regierung selbst angefachte Furcht. Und wieder ließ man die Armee in den Straßen aufmarschieren. Den Afrikanern jagten die Soldaten ebensolchen Schrecken ein wie die Gerüchte von Racheakten jugendlicher Banden.

Für den Wahlausgang hatte Suyuan Wu nur beißende Bemerkungen übrig. Der Absturz der Kommunisten in letzter Sekunde hatte einem Zusammenschluss mehrerer mittelgroßer, bürgerlicher Parteien zur Mehrheit im Kongress verholfen. »Die werden dort weitermachen, wo die Vorgänger aufgehört haben«, verkündete sie. »Selbst über zwei oder drei Legislaturperioden hinweg wird keine Regierung das Vertragsnetz entwirren können, das China an die globalen Konzerne kettet. Der hiesige Ableger von GEnome (und damit auch der Mutterkonzern) wird Zugriff auf das tibetische Genarchiv erhalten«, prophezeite sie. »Es ist die einzige Firma – genau genommen ein ganzes Konsortium von Genanalyse- und Datenverarbeitungsunternehmen –, die einem derartigen Projekt gewachsen wäre.«

Nur wenig milder urteilte sie über die neuen Machthaber. In den vierzig Jahren ihrer journalistischen Tätigkeit hatte sie viele von ihnen persönlich kennengelernt. »Reformer sind sie schon«, räumte sie ein, »und einige haben sicher gute Absichten«, fügte sie an, »aber wenn sie erst im Amt sind, werden sie erkennen, wie schmal der Handlungsspielraum ist, und sich im Status quo einrichten. Manche werden sich bestechen lassen. Die meisten sind wie hypnotisiert von der Illusion, sie könnten etwas bewirken, und werden sich mit kosmetischen Korrekturen zufrieden geben.«

Ihre schonungslose Sichtweise hatte sich die Journalistin hart erarbeitet. Als politisch unbedarftes Kind voller Erwartungen hatte sie sich 1989 mit ihren Eltern begeistert auf den Weg gemacht, um sich der Demokratiebewegung auf dem Tiananmen-Platz anzuschließen. Sie hatten die Außenbezirke der Stadt erreicht, als sie von der brutalen Niederschlagung erfuhren. Erschüttert fuhren sie wieder nach Hause.

In den Jahren darauf verbesserte das junge Mädchen trotz zunehmender Schwerhörigkeit beharrlich (mit Hilfe der Eltern, die beide die Sprache unterrichteten) sein Englisch. Bis zu den Protesten von 1999 in Seattle gegen die Auswüchse der von der Welthandelsorganisation WTO geförderten Globalisierung hatte sie noch USA-freundliche Ansichten. Doch schon das, was im offiziellen Fernsehen über die Rolle Amerikas durchdrang, riss sie zurück in die Realität.

Um die Jahrtausendwende zog sie zu Hause aus und arbeitete sich nach oben bis an die Börse in Schanghai, wo sie als Berichterstatterin für Rupert Murdoch Erfahrungen sammelte. Als regimekritisch galt sie zu dieser Zeit noch nicht, ihre mit viel Fingerspitzengefühl recherchierten Reportagen zeichneten jedoch bereits ein plastisches Bild der Kreativität und Korruption, die Chinas Wirtschaft damals in immer neue Höhen trieb. Bald schon ließ News Corp die junge Reporterin auch über Unruhen in ländlichen Gebieten und die wachsende Unzufriedenheit der immer westlicher eingestellten Mittelklasse in den Vorstädten berichten.

GLENEAGLES 2005: Suyuan Wus Leben nahm im Jahr 2005, und nicht etwa 1989 oder 1999, eine entscheidende Wende. Wegen ihres beruflichen Aufstiegs bei News Corp war sie nach Peking umgezogen und sollte bald darauf vom G8-Gipfel im schottischen Gleneagles berichten – ihr erster Auslandseinsatz. Ihren Berufskollegen blieb das Gipfeltreffen von Gleneagles vor allem wegen der Bombenanschläge auf die Londoner U-Bahn in plastischer Erinnerung. Die Terrorattacke überschattete den Gipfel und raubte der von Oxfam und anderen Hilfsorganisationen sowie einer Reihe von Stars aus Musik und Film so hoffnungsvoll gestarteten Kampagne »Make Poverty History – Deine Stimme gegen Armut« gleich zu Anfang allen Schwung.

In Gleneagles räumte die vom zweiten Präsidenten Bush geführte US-Regierung zum ersten Mal ein, dass die globale Erwärmung vom Menschen ausgelöst werde. Ein weiteres Thema des Gipfels lautete »Wissenschaft zum Nutzen der Armen«, und die G8 verschrieben sich dem Kampf gegen Armut, Hunger und Krankheiten mithilfe neuer Technologien. Wenige Wochen nach dem Treffen verkündeten die USA, Japan, Australien, China und Südkorea ein gemeinsames Programm zur Entwicklung neuer Verfahren zur Vermeidung der globalen Erwärmung. Geradezu schrill wurden die Rufe nach einer technischen Lösung für das Klimaproblem, als nur wenige Tage später New Orleans und weite Teile der texanischen Küste nach Überflutungen evakuiert werden mussten, und die Forderungen verstummten nun nicht mehr. Manche Aktivisten meinten damals, man hoffe offenbar, der technische Fortschritt könne zu jedem sozialen Problem als Lösung die passende Silberkugel liefern, und spotteten: »Make Poverty Chemistry – Macht Armut zu einem chemischen Problem.«

Für Suyuan Wu markierte das G8-Treffen den Beginn einer Reihe außerordentlicher Ereignisse, zu denen nicht nur die Wirbelstürme von New Orleans und Texas oder die Krawalle der Immigranten in den Pariser Vororten gehörten, sondern auch die moralische Preisgabe der UN-Millenniumsziele beim World Summit im September und besonders beim Ministertreffen der Welthandelsorganisation zum Jahresende.

HONGKONG 2005: Den Auftrag zur Berichterstattung vom WTO-Ministertreffen in Hongkong erhielt ebenfalls Suyuan Wu. Die großzügigen Tagesspesen sparte sie größtenteils für den Kauf einer Wohnung in Peking auf und kam deshalb zufällig in genau dem billigen Hotel unter, das die Globalisierungsgegner zu ihrem Hauptquartier erkoren hatten. Ein merkwürdiges Volk war das – mal fröhlich und beinahe unbekümmert, aber schon im nächsten Augenblick konnten sie in ihrer Überheblichkeit kaum zu ertragen sein. Klug waren sie, daran war kein Zweifel, aber ob sie wirklich Akteure waren oder doch eher nur Publikum, da war sich Suyuan Wu nicht sicher – waren sie nun Meister der Diplomatie, der Haarspalterei oder der Selbstbefriedigung? Keine Frage, ihre Informationen verbreiteten sie sehr effektiv, aber ein klares Ziel war in diesem Treiben nicht auszumachen.

Abends in den Kneipen – wo es oft spät wurde – witzelten manche über ihr »Stockholm-Syndrom« und nahmen sich damit auf erfrischende Weise selbst auf die Schippe. Suyuan wusste zwar, dass damit eine psychologische Schutzreaktion von Opfern gemeint war, die mit »ihren« Tätern sympathisierten, konnte aber keine Verbindung zu Hongkong oder der WTO erkennen. Mit der Zeit wurde die Journalistin auf gewisse Spannungen zwischen den beiden Flügeln der Bewegung aufmerksam, mit Bauern und Gewerkschaftsvertretern auf der einen und den Aktivisten der Nichtregierungsorganisationen auf der anderen Seite. Der Ton war freundlich, aber gleichzeitig distanziert. Auch die Überzeugungen waren im Grunde sehr ähnlich, doch wurden die Inhalte kaum einmal einstimmig vorgetragen, und gerade die NGO-Anführer kamen ihr häufig wie Möchtegern-Weltverbesserer vor – eine Erkenntnis, die ihr später einmal von Nutzen sein würde.

Im Verlauf des folgenschweren Ministertreffens in Hongkong kam es zu einem von kühnen südkoreanischen Bauern angeführten Straßenkampf. Die Polizeitruppe stürmte schon heran, als ein junger brasilianischer Bauer namens João Sergio die Journalistin und ein schwedisches Ehepaar samt ihrer Tochter Inga in letzter Sekunde in einen Hauseingang zog. Als wieder Ruhe eingekehrt war, steuerte die kleine Gruppe eine Teebude an, wo der Brasilianer sie mit Schilderungen der Heldentaten eines Bauernkomitees in Nordwestchina unterhielt, das mit einem eigenen Weblog landesweit Widerstand gegen die Enteignungspolitik der Regierung mobilisiert hatte. Irgendwie war das Blog unter dem Radar der chinesischen Zensur geblieben, und die Bauern konnten zumindest einen Etappensieg verbuchen. Sofort begriff Suyuan Wu das subversive Potenzial von Internet-Blogs.

Noch am selben Abend besuchte sie auf Anraten des Bauern zusammen mit den Schweden ein von einer Nichtregierungsorganisation veranstaltetes Seminar über neue Technologien. Die Referenten mühten sich – größtenteils vergeblich –, das Publikum davon zu überzeugen, dass der Kampf gegen den Kapitalismus schon bald nicht mehr im Handel, sondern auf dem Gebiet der Technologie ausgetragen würde. »Die Technologie übertrumpft den Handel« war nicht nur der Titel des NGO-Seminars, sondern auch das gebetsmühlenhaft wiederholte Motto fast aller Beiträge.

Die Redner beschrieben, wie sich Physik, Chemie und Biologie im Bereich der Nanotechnik (»Nanometer« bedeutete das Milliardstel eines Meters, wie einige noch unwissenden Teilnehmer des Seminars erfuhren) einander immer mehr annäherten. Diese Konvergenz im Bereich von Atomen und Molekülen, so warnten sie, bedrohe die gesamte Natur und – was für die Verhandlungsführer der WTO noch wichtiger sei – den gesamten Produktionssektor und die Versorgung mit Verbrauchsgütern. Der Hauptredner aus Uruguay sprach leidenschaftlich und mit starkem Akzent über die »Little-BANG-Theorie« – molekulare Selbstvernetzung und Konvergenz von Bits, Atomen, Neuronen und Genen. Der Uruguayer beschwor das Ende des Rohstoffhandels und die wachsende Bedeutung von Patenten herauf. Patente dienten seiner Überzeugung nach schon längst nicht mehr der Innovation, sondern waren vielmehr Teil einer Unternehmensstrategie zur Schaffung technologischer Oligopole und zur Umgehung der Wettbewerbsregeln. Das Publikum des Abends war jedoch zu sehr vom Abbau von Handelsschranken, dem Kernthema der WTO-Verhandlungen, in Anspruch genommen, spendete den Rednern daher höflichen Applaus und wandte sich wieder dem Verschicken von SMS an Freunde und Kollegen zu.

Suyuan Wu begriff schnell, dass der Umgang mit den Aktivisten ihrer Karriere nicht gerade förderlich war. Hongkong starrte vor Sicherheitskräften, und sie zog sich in ein noch billigeres Hotel zurück, das in ausreichender Entfernung sowohl vom Tagungsort der Welthandelsorganisation als auch von den Aktivisten die gewünschte Anonymität bot. Von dort aus berichtete sie über einen weiteren umstrittenen und zweideutigen Beschluss, dessen wahrer Zweck im Verborgenen blieb. Die Bekanntschaft mit den Aktivisten war befremdlich, aber gleichzeitig auch anregend gewesen.

Beim Zusammenstellen eines Jahresrückblicks – sie spannte nach der WTO-Konferenz für einige Tage bei ihren Eltern in einem Vorort von Schanghai aus – ging ihr allmählich die Bedeutung der technischen Entwicklung für die Ereignisse auf, von denen sie berichtet hatte. »Schon Stunden nach den Bombenanschlägen zum G8-Gipfel«, schrieb sie, »waren aus einer halben Million Gesichter auf Aufnahmen tausender Überwachungskameras in London die Bilder der mutmaßlichen Terroristen herausgefiltert worden. Vierzehn Stunden nach den Explosionen sichteten Londoner Bobbys 450 mit Handys aufgenommene Fotos der Anschläge, die auf Flickr.com eingestellt worden waren. Dank der modernen Technik verging nicht einmal eine Woche, bis die Namen der Selbstmordattentäter ermittelt waren. Der einzige Grund, warum George W. Bush die Tatsache der globalen Erwärmung – trotz der Katastrophen an der amerikanischen Golfküste – akzeptiert, ist: Die Industrie hat eine technologische Leitlinie vorgestellt, die den Regierungen selbst bei Anstrengungen zur Verringerung des Ausstoßes an Treibhausgasen ein Wachstum der Wirtschaft in Aussicht stellt. Durch Technologie, heißt es, ließen sich Armut und Hunger ›managen‹. Mit Technologie sei der ›Krieg gegen den Terror‹ zu gewinnen. Und mithilfe von Technologie können die Reichen weiterhin mit großen SUVs herumfahren«. News Corp lehnte den Text ohne weitere Begründung ab.

Im Verlauf ihrer Reisen der folgenden Wochen begriff Suyuan Wu allmählich, was die Referenten des Technologieseminars gemeint hatten. BANG war ja nur der Anfang der Geschichte. Nicht nur die technischen Verfahren um Bits, Atome, Neurone und Gene rückten zusammen, sondern auch Wirtschaft und Verwaltung. Konfrontiert mit Klimachaos, Ölfördermaximum, Terrorismus und Hungersnöten, legte die verängstigte Mittelklasse der Welt ihre demokratischen Rechte nur zu bereitwillig in die Hände einer Elite aus Industrie und Politik, die versprach, den Lebensstandard mithilfe riskanter neuer Technologien aufrechtzuerhalten.

Dazu brauchten diese neuen Technologien noch nicht einmal zu funktionieren; es genügte schon die Ankündigung technischer Neuerungen, die – zentrales Risikomanagement vorausgesetzt – Abhilfe schaffen würden. In einer neuen Kolumne kam die Journalistin zu dem Schluss, hinter dem »Little BANG« stecke der Versuch, die globale Paranoia mittels einer Zangenbewegung zur Errichtung einer neuen Hegemonie zu benutzen.

News Corp lehnte auch diesen Artikel ab, und Suyuan kündigte ihre Stelle. Wirklich riskant war das zugegebenermaßen nicht, da ihre Ersparnisse bei ihrem genügsamen Lebensstil in China mindestens für ein Jahr ausreichten. Nur den Kauf einer Eigentumswohnung musste sie erst einmal aufschieben.

2007: Suyuan Wu blieb nicht lange arbeitslos. Drei Monate nach ihrer Rückkehr vom WTO-Ministertreffen griff sie auf, was der brasilianische Bauer in der Teebude erzählt hatte und startete ihr eigenes Blog. Schon ein Jahr später verbreitete die frisch gegründete China Independent News Agency CINA ihr Blog über Pressedienste in Hongkong, Vancouver und Singapur – durchaus bemerkenswert angesichts von bereits mehr als 160.000 Blogs in China im Jahr 2005 und jährlicher Verdoppelung dieser Zahl.

2008: Die Ereignisse von 2008 verstärkten Suyuans Furcht vor einer globalen Ökophagie. Als Wirtschaftsjournalistin hatte sie den Verbrauchsgüterindex – und dabei insbesondere Nahrungswerte wie Reis – schon seit dem Beginn der Preissteigerungen von 2005 im Auge behalten. Bis 2008 war der Preis für Grundnahrungsmittel gegenüber 2005 um fast drei Billionen US-Dollar hochgeschnellt, und in mehr als 30 Ländern waren wegen Engpässen in der Nahrungsmittelversorgung Unruhen ausgebrochen. Zur Ernährungskrise kam die Treibstoffkrise, doch als sich der Preis für saudi-arabisches Rohöl Mitte des Jahres der Marke von 150 Dollar pro Barrel näherte, geriet die Weltwirtschaft insgesamt ins Wanken.

Im September standen nicht nur Banken sondern ganze Länder vor dem Zusammenbruch. Zum Jahresende pumpten die G8 und China Billionen von Dollars und Euros als Stütze in die Finanzsysteme. Eigentlich hätten sich die Führer der Welt dringend um den Klimawandel und die Ernährungskrise kümmern müssen, fand Suyuan Wu, doch jetzt fuhren sie wegen der Krise einen ausschließlich von nationalen politischen Interessen bestimmten Überlebenskurs.

Ein Hoffnungsschimmer hatte sich in diesem Jahr allerdings am Horizont gezeigt: Bei den amerikanischen Präsidentschaftswahlen im November war ein Schwarzer ins Weiße Haus gewählt worden. Die chinesische Journalistin hatte den Wahlkampftross persönlich und in ihrem Blog begleitet – von der Nominierung des Kandidaten in Denver bis zu seinem Sieg in Chicago. Selbst eine ausgemachte Zynikerin wie Suyuan konnte sich der Begeisterung nicht entziehen.

CHICAGO 2009: Es war bei einer von GEnome Corp ausgerichteten Cocktailparty anlässlich der Amtseinführung von Barack Obama, als sie zum ersten Mal mit Qi Qubìng zusammentraf. Suyuan Wu war sofort klar, dass der jugendlich wirkende Wissenschaftler nicht unbedingt das war, was sie als guten Menschen bezeichnet hätte. Seine Eltern stammten aus Sichuan, waren aber während der Kulturrevolution aus China geflohen. Er war in Vancouver geboren, hatte in Medizin promoviert und sich auf Genomforschung spezialisiert. Da er fließend Mandarin sprach und im Bergland von Sichuan Verwandtschaft hatte, war er als junger Hochschulabsolvent sofort bei GEnome untergekommen und ins Heimatland seiner Eltern zurückverpflanzt worden.

Zhou Xī (das mit der zu General Electric gehörenden Firma GEnome assoziierte chinesische Firmenkonglomerat) und GEnome hatten in Chengdu ein Forschungslabor aufgebaut. Hier lebte Qi Qubìng, er reiste aber häufig in die Hauptstadt und genoss dort das offizielle Flair. Neben der kleinen

Suyuan Wu ragte er auf wie ein Turm, er kleidete sich mit sorgfältig, aber leger vorgetragener Eleganz, war geistreich, Single, komplett verwestlicht und wäre sehr viel lieber im Hauptquartier der Firma in der Nähe von Chicagos Jazzclubs stationiert gewesen als im rückständigen, südchinesischen Hinterland.

Suyuan Wu fand Qi Qubìngs politische Ansichten verabscheuungswürdig, ihn als Person jedoch hochinteressant und seine Gesellschaft äußerst unterhaltsam. Der chinesisch-kanadische Wissenschaftler nannte sie seit ihrer ersten Begegnung hartnäckig »Su«, was bislang nur die australischen Reporter von News Corp mit ihrem breiten Slang gewagt hatten. Bei der Cocktailparty nahmen sich die beiden ständig gegenseitig auf den Arm und unterhielten die anderen Gäste damit prächtig.

In der folgenden Zeit traf Suyuan häufiger mit Qi Qubìng zusammen, als für ihre Nachforschungen über die Machenschaften von GEnome in China notwendig gewesen wäre. Sie wusste sehr genau, was sie zu dem Wissenschaftler hinzog, fragte sich aber, aus welchem Grund er jedes Mal bei ihr vorbeischaute, wenn er in Peking war. Aus Schuldgefühl? Oder um sich bei ihr seiner ideologischen Überlegenheit zu versichern?

Zum Diskutieren trafen sie sich meist in einer Pizzabude der Stadt, wie sie Qi für sein Leben gern besuchte. Immer wollten Freunde bei den unterhaltsamen Treffen dabei sein, und selbst wildfremde Leute spendeten spontan Beifall, wenn einer ihrer rhetorischen Hiebe besonders gut gesessen hatte. Unter der Hand gab Suyuan jedoch zu, dass sie beide bei allem Widerstreit mindestens ebenso viel Spaß hatten.

Der Taubheit der Journalistin war es zu verdanken, dass die Auseinandersetzung nicht allzu erbittert geführt wurde. Qi indessen betrachtete ihre Schwerhörigkeit geradezu als Beleidigung für die medizinische Forschung und versorgte sie mit den allerneuesten Hörimplantaten, kaum dass sie auf dem Markt waren. Suyuan hatte sich dagegen längst mit ihrer Schwerhörigkeit arrangiert und war gekränkt, dass Qi sie als »Beschädigung« ansah. Bei gemeinsamen Abendessen wurden unweigerlich heftige Worte gewechselt, wenn dieses Thema aufkam. Trotzdem blieb der Grundton so herzlich, dass Qi am Ende doch wieder die Zeche übernahm und Suyuan ihn wegen des geradezu unanständigen Spesenrahmens bei GEnome tadelte – ein Widerspruch, der keinem der beiden entgangen war.

2011: Für den Großteil der Welt brachte der Sommer 2011 die entscheidende Wende des noch jungen Jahrhunderts – nicht 2005, als die chinesischen Journalistin ihre persönliche Identitätskrise hatte. Zur weltweiten

Erwärmung kam ein extremes, von 2009 bis 2011 andauerndes El Niño-Phänomen, das im Sommer der gemäßigten nördlichen Breiten seinen Höhepunkt erreichte. Die Hitze war so groß, dass sich im Juni und Juli 2011 riesige Gletschermassen von Grönland ablösten und in den Nordatlantik drifteten. An den Wochenenden setzten sich die wohlhabenden Bewohner von Cape Cod, eine Autostunde von Boston gelegen, mit Picknickkörben an den Strand und genossen das skurrile Schauspiel vorüberziehender Eisberge.

Millionen von Zuschauern verfolgten im Satellitenfernsehen den Zug eines gewaltigen, flachen Eisbergs, der größer war als Rhode Islands und unter dem Namen »Big Mac« zum Medienstar wurde. Die US-Luftwaffe war in Alarmbereitschaft und hatte den Auftrag, Big Mac gegebenenfalls zu Eiswürfeln zu zerbomben. Als sich der Gigant dann tatsächlich der Küste näherte, verhinderte ein plötzlich aufziehender Sturm diesen Einsatz. So wurden die Bewohner der östlichen Teile von Long Island am folgenden Morgen von einem gewaltigen Knirschen geweckt. Der Eisberg pflügte weit ins Küstenland vor und ließ bis ins entfernte Manhattan die Fensterscheiben erzittern.

Die Hitze war gnadenlos. Ob in dampfigen Mansarden in Paris, protzigen Wolkenkratzern in New York oder schäbigen Wohnungen im Londoner East End – Alte und Kranke starben zu Tausenden. Nordamerika war von endlosen Stromausfällen und Spannungsschwankungen geplagt. Am schlimmsten traf es die US-Ostküste just vor dem Wochenende des 4. Juli. Tausende saßen drei Tage lang in steckengebliebenen U-Bahnen und Aufzügen fest, was angesichts der Hitzewelle Hunderte von Todesopfern forderte. Neun Monate später wurden besonders wenige Geburten registriert – auch das kein Wunder angesichts der drückenden Hitze. Auch in Europa und Asien brach die Stromversorgung sporadisch zusammen, wenn auch weniger häufig. In Tokyo, London und Paris stellten die U-Bahnen vorsorglich den Betrieb ein. In London fuhren die Banker mit dem Rad zur Arbeit.

Mit dem Beginn der Wirbelsturmsaison in der Karibik begann für 30 Millionen Amerikaner eine sechsmonatige 24-Stunden-Alarmbereitschaft für die Evakuierung der Wohngebiete. Das verrückte Wetter beflügelte Fundamentalisten und Endzeitpropheten jeder Couleur.

Nachdem die letzten Klimakonferenzen so grandios gescheitert waren, hatte sich unter den Bürokraten der OECD – und auch manchen Staatenlenkern – in aller Stille die Furcht breitgemacht, eine folgenschwere Umweltkatastrophe sei nicht mehr zu vermeiden und stehe, selbst nach den kurzsichtigen Zeitperspektiven gewählter Volksvertreter, höchstwahrscheinlich unmittelbar bevor. Nachdem die Konferenzen nichts erbracht hatten, setzten die reichen Länder alle ihre Hoffnungen auf das Weihnachtsgeschäft und die wenigen positiven Anzeichen für ein baldiges Ende der Finanzkrise. Gezielt lenkten die Apparatschiks in Brüssel, Paris und Washington die Aufmerksamkeit der Öffentlichkeit vom Klimawandel auf die dünn gesäten Hinweise auf einen wirtschaftlichen Aufschwung. Doch wenn sie im Rat zusammensaßen, war die Stimmung gedrückt, und sie wurde immer verzweifelter. Nach den Ereignissen von 2011 ließ sich die globale Erwärmung allerdings nicht länger leugnen.

Noch agierte der junge US-Präsident vorsichtig, drängte aber darauf, die UN-Vollversammlung solle im September die Klimabeschlüsse verwerfen und die eingeschlafenen Verhandlungen zügig wieder aufnehmen. Zur Linderung der Klimaerwärmung müssten auch drastische Maßnahmen ins Auge gefasst werden. Zeitlich klug abgestimmt erschien in den Medien über Sommer und Herbst verteilt eine Unzahl wissenschaftlicher Studien mit immer neuen Szenarien der Klimakatastrophe. Als Abhilfe rieten die Autoren meist zu technischen Lösungen. Eine vom Weltwirtschaftsrat für Nachhaltige Entwicklung WBCSD zusammengestellte Gruppe von wirtschaftsnahen Wissenschaftlern legte zwei Wochen vor der Vollversammlung – in Abstimmung mit dem Generalsekretär der Vereinten Nationen – ihr Gutachten vor. Die Expertengruppe kam zu dem Ergebnis, dass die derzeitigen Bemühungen zur Vermeidung der globalen Erwärmung – der allgemein verunglimpfte Handel mit Emissionsrechten eingeschlossen – bei weitem nicht ausreichte, um den CO_2-Gehalt der Atmosphäre unter den von den meisten Wissenschaftlern geforderten Wert von 350 ppm zu drücken.

Die Industrieexperten schlugen ein technologisches Notprogramm vor, nach Art des Manhattan-Projekts zur Entwicklung der ersten Atombombe im Zweiten Weltkrieg. Nur mit einem neuen, technologischen »Plan B« sei der Klimawandel noch abzuwenden. Außerdem befürworteten sie, die von der Biodiversitätskonvention der UNO 2008 praktisch auf Eis gelegten Versuchsprojekte zur Ozeandüngung wieder aufzunehmen. In einer international abgestimmten Aktion sollten in weiten Gebieten des Pazifiks und des Südpolarmeers Eisen-Nanopartikel ausgebracht werden, was nach Überzeugung der Gutachter zu Algenblüten führen musste. Davon würde nicht nur die Fischerei profitieren, sondern durch das in der Biomasse gebundene CO_2 würde auch die Temperatur gesenkt.

Die Wissenschaftler schlugen außerdem vor, die ENMOD-Konvention, also das Umweltkriegsübereinkommen aus den 1970er-Jahren zu kündigen, das Geo-Engineering-Experimente untersagte. Damit waren groß angelegte klima- und umweltverändernde Eingriffe an Boden, Wasser und Luft gemeint.

Die Experten rieten, den »Thermostaten« der Erde durch ein Spektrum von in der Stratosphäre ausgebrachten, reflektierenden Nanopartikeln »herunterzudrehen«. So könne die Menschheit vor schädlicher UV-Strahlung geschützt und einer weiteren Verschlechterung der Atmosphäre vorgebeugt werden. Theoretisch sei es möglich, »intelligente« Nanopartikel vom Boden aus wie eine Jalousie zu regulieren und damit zu steuern, wann und wie viel Sonnenlicht den Boden erreichte. »BANG«, dachte die chinesische Bloggerin sofort.

Der Bericht explodierte förmlich in den Medien, sodass sich die Öffentlichkeit in einer Art Rauschzustand befand, als dann im September die Vollversammlung zusammentrat. Die »Jalousie« – auch »Sonnenschirm« genannt – wurde zur *cause célèbre*. In seiner Rede vor der Versammlung gelobte Barack Obama, sein Land werde seine gesamten technischen Fähigkeiten für die Rettung der Umwelt zur Verfügung stellen. Mit Blick auf seine Chancen auf eine Wiederwahl versprach er weiterhin, auf der Suche nach dem optimalen wissenschaftlichen Know-how weltweit mit der Industrie zusammenzuarbeiten. Geo-Engineering nannte der Präsident explizit als möglichen Lösungsansatz für den Fall, dass andere Methoden versagten. »Die BANG-Gang kommt voran«, dachte Suyuan.

Die Rede des Präsidenten erhielt ungewöhnlich zurückhaltenden Applaus. Obama, der früher auf jeder Bühne unbezwingbar gewirkt hatte, sah nach den Krisen von Umwelt und Wirtschaft, die seine erste Amtszeit überschattet hatten, grau und zermürbt aus. Delegierte aus Europa und südlichen Ländern nahmen den Vorschlag mit Skepsis auf und äußerten Zweifel daran, dass ihn der Präsident während seiner Wiederwahl-Kampagne auch umsetzen könnte.

Jahre später wurde bekannt, dass die Bush-Administration während der ersten Amtszeit von George W., als Obama noch ein aufstrebender Jungpolitiker war, ein Treffen von Klimaforschern zur Untersuchung des Umbaus der Erde organisiert hatte. Die Vorschläge reichten von einem 1.500.000 Quadratkilometer großen Schutzschild (aus 20 Nanometer kleinen Aluminiumpartikeln) bis zu einer Flotte hochseetüchtiger Turbinen, die Wolken aus Salznebel aufwirbeln sollten, um mehr Sonnenlicht zurückzuwerfen.

»Das ist ein Trick«, wetterte Suyuan in ihrem Blog. »Die wollen nur Geld in ihre heimischen Firmengeflechte pumpen und Einfluss gewinnen, genau wie während der Finanzkrise. Diesmal gaukeln sie uns vor, die Technologieunternehmen würden uns vor der Klimakatastrophe bewahren. Und Geo-Piraterie ist es außerdem. Auf eine weltweite Verminderung der Emissionen können sie sich nicht einigen, aber auf dem eigenem Staatsgebiet kann jede Supermacht, ja eigentlich jedes halbwegs technisierte Land, nach Belieben Geo-Engineering betreiben – ganz egal, ob der Rest der Welt darunter leidet. Internationale Abkommen sind dazu gar nicht mehr nötig.« Niemanden schien das zu interessieren.

NEW YORK 2012: Ein Jahr nach Ratifizierung des US-Antrags trafen sich die Staatsoberhäupter in New York. Die weltweit agierenden Konzerne hatten sich inzwischen zu zwei – zumindest dem Anschein nach – rivalisierenden Gruppen zusammengeschlossen. Sonybishi, Rio-BHP Minerals, das chinesische Zhou Xī-Konglomerat, British-BASF Energy und GEnome bildeten das »Terra-Forma-Konsortium«. Ihnen gegenüber stand ein Zusammenschluss der Exxon Siemens Corp., dem indischen Riesen Tata-Pharma und Microbe-Soft unter dem Namen »Atom-Sphere«. Politische Beobachter äußerten besorgt, dass die neuen Supermächte Indien und China in konkurrierenden Konsortien vertreten waren. Die beiden Gruppierungen versprachen jedoch, ihre technischen Fähigkeiten zum Wohl der Weltgemeinschaft zu bündeln, sofern die Politik die Kartellgesetze dahin gehend modifizierte, dass die Firmen Patente und Geschäftsgeheimnisse ungehindert und exklusiv zwischen den Gruppen austauschen konnten.

Sie forderten außerdem, dass die Regierungen Terra-Forma und Atom-Sphere von jeglicher Haftung ausnahmen oder die entsprechenden Versicherungen abschlossen. Wegen der zu erwartenden Risiken bestanden die Konsortien auch auf staatlichen Garantien für die Jahresrendite der Aktionäre auf dem Niveau der jährlichen Top-Indizes des NASDAQ. Zuletzt verlangten die Gruppen Garantien, dass sie für Unglücksfälle gemäß der ENMOD-Konvention gegen Umweltkriegsverfahren in keinem Fall haftbar gemacht würden – sollte dieses Abkommen nicht außer Kraft gesetzt werden. Die Nationalregierungen fügten sich ohne Diskussion und größeren Widerstand.

»Nicht vor dem ›Terrorismus‹ sollte die Welt erzittern«, feixte Qi Qubìng eines Abends nach dem Essen in seiner Lieblings-Trattoria in Peking und ließ den Rotwein im Glas kreisen, »sondern vor dem ›Terra-ismus‹. Hütet euch vor den Massenaufbauwaffen!« Suyuan spürte eine gequälte Anspannung in seinem Lachen, die den anderen am Tisch entgangen war. Wahrscheinlich belastete ihn die aktuelle Firmenpolitik. Der chinesische multinationale Konzern Zhou Xī betrieb gerade die Übernahme seines

US-Partnerunternehmens – ein Versuch mit machohaften Zügen, sich zum ersten Superkonglomerat Chinas aufzuschwingen. Als Kanadier mit chinesischem Hintergrund in den Diensten von GEnome fand sich Qi unvermittelt zwischen den Fronten.

Die allgemeine Aufregung über den Klimawandel und die rasche Reaktion der Industrie und der Supermächte stürzte die Umweltbewegung in ein ideologisches Chaos. Viele begrüßten es, dass sie und ihre Anliegen nun im Zentrum des Interesses standen. Andere fanden schon den Gedanken an Geo-Engineering abschreckend, hatten aber auch keine tragkräftigen Alternativen auf Lager. Die meisten großen Umweltorganisationen sahen Geo-Engineering als einzigen, zugegebenermaßen beklagenswerten Weg, den dramatischen Verlust an Artenvielfalt im Meer und an Land wenigstens einzudämmen. Kritik an der Technisierung und Machtkonzentration äußerten sie nicht.

Schon bei der gescheiterten Klimakonferenz von 2009 – die El Niño-Katastrophe bahnte sich damals gerade erst an – hatten sich die Führer der Umweltbewegung über einem von der Industrie unterstützen Antrag zerstritten, der Experimente zur Umweltmodifikation möglich machen sollte. Nachwehen dieser Auseinandersetzung lähmten die Bewegung auf Jahre, und das zu einer Zeit, in der klare Aussagen zum Schutz der Umwelt ganz besonders nötig gewesen wären. Als Titel für das Blog zu diesem Thema wählte Suyuan Wu:»Das Stockholm-Syndrom«.

2015: Ob es nun an El Niño lag oder nicht, die Temperaturrekorde von 2010/2011 fügten sich nahtlos ein in die seit Ende der 1980er-Jahre verzeichnete Reihe außerordentlich heißer Jahre. Als die Vollversammlung der UNO im September 2015 die Millenniumskampagne in aller Förmlichkeit abschloss, war das eklatante Verfehlen der Entwicklungsziele kaum noch eine Meldung wert – so groß war die Bestürzung über den Klimawandel. Regierungschefs, von denen nicht allzu viele die Versammlung mit ihrer Anwesenheit beehrten, nutzten das Podium, um ihre Bemühungen zur finanziellen Entlastung der von Trockenheit und von klimabedingt auftretenden Krankheiten gebeutelten industriellen Landwirtschaft ins rechte Licht zu rücken. Präsidenten und Premierminister vertraten die Ansicht, die Bedeutung dieser Anstrengungen mache den Fortschritt bei den Millenniumszielen weniger notwendig. Die Aufwendungen für die Linderung der Folgen des Klimawandels müsse als Beitrag für die öffentliche Entwicklungszusammenarbeit der OECD gesehen werden.

»Wenn der Himmel einstürzt, muss man die Leute mit etwas Spekta-kulärem ins Boot holen. Der Klimawandel bietet dazu den perfekten Vor-wand«, verriet Suyuan ihren Lesern. »Es ist fast zu schön, um wahr zu sein – eine Gelegenheit, all das zu tun, was man schon immer wollte, sich aber nicht zu fragen traute. Der Klimawandel erlaubt es der Staatsmacht, die Gesellschaft zu kontrollieren. Dank geheimer Absprachen und Verschleie-rung können Unternehmen und Regierung der Kritik entgehen, dass sie das Problem überhaupt erst geschaffen haben. Immerhin wurde die globale Erwärmung durch die vom Kapitalismus geförderten ungeregelten CO_2-Emissionen überhaupt erst verursacht. Und das haben die Regierungen nicht nur passiv geschehen lassen; sie haben es den Unternehmen genau genommen überhaupt erst ermöglicht, und jetzt verlangen sie dreist mehr Befugnisse, um das Problem zu lösen.«

Von den schlafwandelnden Medien unbehelligt, strichen unterdessen draußen vor dem Sitzungssaal die Konsortien von Terra-Forma und Atom-Sphere ungeheure staatliche Subventionen und Kredite ein. Terra-Forma verkündete ein von der PR-Abteilung der Gruppe als »Biosynthese« be-zeichnetes Versuchsprogramm. Neuartige Mikroorganismen sollten Ver-schmutzungen an der Meeresoberfläche auffressen und/oder Schadstoffe zu harmlosen Molekülen zersetzen, die sich dann am Grund ablagern konn-ten. Vor dem Beginn der Experimente zur Düngung des Ozeans machten verschiedene NGOs die Regierungsvertreter darauf aufmerksam, dass be-reits zwei Jahrzehnte zuvor vergleichbare Versuche mit Mikropartikeln beunruhigende Resultate erbracht hatten. Der Theorie nach sollte das Ver-streuen von Eisenspänen an der Meeresoberfläche eine künstliche Blüte des Phytoplanktons auslösen. Das Phytoplankton würde Kohlendioxid auf-nehmen, das dann mit der Biomasse zum Meeresboden sinken und da-durch die globale Temperatur senken würde.

Bei einem Versuch hatte die US-Regierung den Humboldtstrom in der Nähe der Galapagosinseln mit Eisenpartikeln geimpft. In einem anderen Ex-periment der Scripps Institution of Oceanography im Jahr 2002 waren süd-lich von Neuseeland tonnenweise Eisenspäne ins Südpolarmeer geschüttet worden. Und eine dritte Partikel-Blüte ereignete sich mit Unterstützung der kanadischen Regierung vor Vancouver Island. Alles in allem waren es zwi-schen Kapstadt, Galapagos und dem Golf von Mexiko etwa ein Dutzend Experimente, die von mindestens ebenso vielen Regierungen – häufig in Kooperation – in Auftrag gegeben worden waren. Die Experimente miss-langen, und viele Wissenschaftler warnten, weitere derartige Aktionen könnten die tropischen Meere möglicherweise sterilisieren oder andere unerwünschte Nebenwirkungen zeigen.»Gebt mir einen halben Tanker voll Eisen«, hatte ein Ozeanograf geprahlt,»und ich gebe euch eine Eiszeit.«

Im Jahr 2007 hatten mehrere fragwürdige Unternehmen die Aufnahme an den führenden Börsen der Welt erreicht, doch aufmerksame Leute in den NGOs hatten Alarm geschlagen. Die Firmen versprachen, CO_2 am Meeresboden zu binden und wollten die damit erworbenen Emissionsrechte an europäische Firmen verkaufen. Sie hofften auch, in den USA und Australien zusätzliche Kunden für den freiwilligen Emissionsausgleich zu gewinnen. Mitte 2008 hatten die 191 Vertragsländer der UN-Biodiversitätskonvention einstimmig ein Verbot sowohl kommerzieller als auch wissenschaftlicher Projekte zur Ozeandüngung in großem Maßstab verabschiedet.

Die Vorstandsvorsitzende von Terra-Forma ließ erklären, ihre Gruppe würde bei den Versuchen weder Roheisen noch Harnstoff einsetzen. Stattdessen entwickle man unter Verwendung von Werkstoffen aus dem Nanobereich völlig neue, synthetische Mikroorganismen mit genau definierten Eigenschaften. So sei sichergestellt, dass die Organismen nur unter ganz bestimmten Umweltbedingungen und nur in besonders stark betroffenen ozeanischen Ökosystemen in Aktion träten. Durch ihre Fotosensibilität seien die Mikroben fest an ein bestimmtes Mikroklima gebunden und absorbierten das CO_2 daher besonders effektiv. Was das Moratorium für Feldversuche endgültig knackte, war die überall verbreitete Erklärung der Firmenchefin, die allvermögenden Mikroorganismen gäben überhaupt kein CO_2 ab und der Meeresboden würde gar nicht tangiert. Die Organismen zerlegten das Kohlendioxid vielmehr in seine Bestandteile und entließen die getrockneten Gase weit hinauf bis über die Stratosphäre, wo sie niemandem schaden könnten. Da der Ozean, streng genommen, nicht gedüngt würde, falle das Projekt auch nicht unter das Moratorium für Geo-Engineering-Versuche.

MEXIKO-STADT 2017:»Meinen Sie das ernst?«, fragte Qi Qubìng und griff nach der Vorspeisenplatte. Die hochgewachsene Diplomatin schlürfte lächelnd an ihrem Drink und genoss sichtlich seine Verwirrung.»Absolut«, versicherte sie.»Wir sind von den Zeugnissen für die Wirksamkeit geradezu umringt.«Sie deutete mit dem langen, nackten Arm anmutig zum mexikanischen Horizont.»Vulkane.«

Sie befanden sich mit mehreren hundert anderen Gästen auf einer weiten Terrasse und blickten auf eines der ältesten Viertel von Mexiko-Stadt herab. Es war Sommer, es war heiß und zu seinem größten Entsetzen schwitzte Qi leicht in seinem Seidenanzug. Ob das nun am Schwitzen lag oder daran, dass die Frau größer war als er oder daran, dass ihm die Unterhaltung so abstrus vorkam – er fühlte sich jedenfalls nicht wohl in seiner Haut. Die Cocktailparty hätte er wohl besser ausfallen lassen und mit der Abendmaschine nach Vancouver fliegen sollen, dachte er gereizt. Schon morgen Vormittag hätte er in Whistler beim Snowboarden sein können.

»Vulkane …«, wiederholte er zweifelnd.

»Genau.« Wieder lächelte seine Gesprächspartnerin. »Als 1991 auf den Philippinen der Pinatubo ausbrach, jagte die Asche direkt bis in die Stratosphäre hinauf, verteilte sich um den ganzen Globus, und für ein paar Jahre sanken die Temperaturen um mehr als ein halbes Grad. Und dabei war das noch nicht einmal ein besonders großer Ausbruch.« Sie redete munter weiter: »Wir wissen von sehr viel größeren Eruptionen in Island und Indonesien während der letzten paar hundert Jahre, nach denen der Himmel jahrelang dunkel blieb und kein Sonnenlicht durchdrang. Wir wissen also, dass es funktioniert«, sagte sie mit sarkastisch triumphierender Geste.

»Und dazu braucht man nichts weiter als 300 oder 500 Roboterschiffe, die die Meere auf- und abfahren und Meerwasser in der Luft versprühen?«

Sie grinste. Ihre weißen Zähne und dunklen Augen blitzten vor dem dunklen Hintergrund ihrer äthiopischen Haut auf. »Und vielleicht noch ein paar tausend Kanonen und, nicht zu vergessen, ungefähr 25 oder 50 Milliarden Dollar pro Jahr. Das ist wenig gemessen an der Rettung der Banken und Autofirmen. Viel allerdings, wenn es darum geht, Kinder zu ernähren, zu impfen und in die Schule zu schicken«, merkte sie mit einem kaum merklichen Anflug von Bitternis an.

»Und weit billiger, als die ganze Industrie auf eine Produktion ohne Treibhausgase umzustellen«, fügte Qi hinzu.

»Es geht ja nicht darum, die Klimaerwärmung abzuwenden, sondern darum, etwas Zeit zu schinden, damit wir über das Ölmaximum hinwegkommen und neue Wege zur Verringerung der Emissionen finden, aber gleichzeitig weiter Geländelimousinen fahren können. Es ist nur ein vorläufiger Plan B. In Wahrheit«, fügte sie an, »ist es natürlich völliger Unsinn.«

Aus dem Augenwinkel sah er die gedrungene Gestalt von Suyuan Wu gefährlich knapp unter dem Tablett eines Kellners heranmarschieren. Er packte die Gelegenheit beim Schopf. »Su!«, rief er und legte dabei theatralisch die Hände an den Mund. »Hast du schon mal von Geo-Engineering gehört?« Und verschwörerisch meinte er zur äthiopischen Diplomatin: »Schwachsinn, wird sie sagen.«

»Blanker Schwachsinn!«, bellte die chinesische Journalistin, die sich immer noch unterhalb des Tabletts mit den Canapés befand.

Qi hob den Arm:»Darf ich vorstellen? Alitash Teferra von der Afrikanischen Union, die sie in Handels- und Umweltdingen von Genf aus auf dem Laufenden hält. Suyuan Wu«, er ließ den Arm galant sinken,»von der China Independent News Agency CINA in Peking. Immer auf der Spur übler Weltkonzerne und verbrecherischer Diplomaten.«

Die Schatten schoben sich schon langsam über die Terrasse, und noch immer angelten die drei Häppchen von den gereichten Tabletts und unterhielten sich über Geo-Engineering. Qi erfuhr mehr Details darüber, wie schon seit Jahrzehnten über Möglichkeiten zur Kontrolle des globalen Thermostaten nachgedacht wurde. Im Augenblick bliesen Wissenschaftler und Politiker lediglich den Staub von alten Theorien und bewerteten diese neu. Das meiste davon, wie beispielsweise den Plan zur Düngung des Ozeans, fanden die beiden Frauen geradezu haarsträubend. Es sei nichts als eine Masche, erklärte Suyuan, um an Emissionszertifikate zu kommen. Noch kurioser war allerdings, was Alitash über die Überlegungen zur Neujustierung der Atmosphäre berichtete: Aus dem Ozean sollte Salznebel in so große Höhen gewirbelt werden, dass die Wolken weißer wurden und mehr Sonnenstrahlen reflektierten. Oder man brachte Staubpartikel in noch höhere Schichten der Atmosphäre ein, um so die UV-Einstrahlung zu vermindern, oder installierte gar einen gigantischen Spiegel oder Sonnenschirm weit draußen im Weltall irgendwo zwischen Erde und Sonne, um deren Strahlung abzulenken.

Qi Qubìng war von Haus aus eigentlich Genetiker, vor allem aber Wissenschaftler, und seine erste Bestürzung wandelte sich rasch in Faszination.»Das könnte also tatsächlich die Lösung sein …«, murmelte er und konnte seinen Enthusiasmus nicht verbergen.

Die Frauen starrten ihn an. Suyuan Wu antwortete knapp:»Nein.« Alitash Teferra begann etwas diplomatischer:»Sie scheinen der Ansicht zu sein, dass Regierungen, die sich nie um den Klimawandel gekümmert haben und bis heute nicht wagen, ihren Bürgern zu sagen, dass sie ihren Lebensstil ändern müssen«, ihr Ton wurde immer eisiger,»… dass diese Regierungen tatsächlich fähig wären, das Wetter zum allgemeinen Wohl zu regeln?«

Qi starrte die wunderschöne Äthiopierin an und sah seine Pläne für diesen Abend entschwinden.»Aber es ist ja nur Plan B, wie Sie schon sagten … und wenn die Politiker ihren Job nicht machen«, merkte er hoffnungsvoll an,»dann schaffen es ja vielleicht die Wissenschaftler?«

Die Stimmung war aber erst einmal dahin. Behutsam lenkte Qi die Unterhaltung wieder in ein scherzhaftes Fahrwasser, und bald lachten sie wieder so laut, dass sich andere Delegierte zu ihnen gesellten. Nach einiger Zeit bemerkte er, dass sich Su und Tash, wie sie sich inzwischen nannten, aus der Runde fortgestohlen hatten und in ein Gespräch vertieft am Terrassengeländer standen. Qi seufzte noch einmal, entschuldigte sich kurz darauf und machte sich auf den Weg zurück zum Hotel. Der Flug nach Vancouver ging früh am Morgen, und mit etwas Glück konnte er wenigstens noch vor dem nächsten Sonnenuntergang auf der Piste sein.

PEKING 2019: Zwei Jahre waren vergangen, seit Qi Qubìng seiner Bekannten Suyuan Wu in Mexiko-Stadt die äthiopische Diplomatin Alitash Teferra vorgestellt hatte. Die Mittdreißigerin war kürzlich von Genf nach Peking versetzt worden und Qi inzwischen bei GEnome zum Forschungsleiter für China aufgestiegen. »Tash« gehörte zur Handelsmission der Afrikanischen Union AU. Neben den aussichtslosen Bemühungen um den Export afrikanischer Erzeugnisse nach China kümmerte sie sich um den Aufbau von Public Private Partnerships zwischen Afrika und der wachsenden Zahl chinesischer Weltkonzerne.

Qi lud Su, die Tash nicht vergessen hatte, zu einem gemeinsamen Abendessen mit der neuesten Repräsentantin Afrikas ein. Beim Essen besprachen sie, wie einzelne, aus menschlichen Zellen gewonnene SNPs (Einzelnukleotid-Polymorphismen – winzigen Variationen der DNA, welche die genetische Variation innerhalb einer Art anzeigen) mithilfe der konvergierenden BANG-Verfahren für die Entwicklung neuer Diagnosetests und Medikamente modifiziert werden. Tashs Eltern waren Agrarwissenschaftler, sodass ihr sowohl die klassische als auch die sich eben entwickelnde Biowissenschaft keineswegs fremd waren.

China und Afrika wollten von GEnome Informationen über gentechnische Verfahren erhalten, mit denen sich die Gesundheitskosten senken ließen. Da zu GEnome auch Agrarunternehmen zählten, unterhielten sie sich auch über den Handel mit Pflanzen-Germoplasma. Sowohl Äthiopien als auch China verfügten über eine große genetische Vielfalt bei den Nutzpflanzen; das Unternehmen seinerseits besaß die für eine kommerzielle Nutzung nötigen Werkzeuge zur Genkartierung. GEnome spekulierte offensichtlich auf den chinesischen (und nicht auf den afrikanischen) Markt, wollte aber mithilfe der eher bescheidenen afrikanischen Forschungseinrichtungen Gene von Nutzpflanzen sowie menschliche Gensequenzen typisieren. Auch Tibet und der Himalaja kamen immer wieder zur Sprache, da sowohl Indien als auch China exklusiven Zugriff auf die human- wie auch pflanzengenetische Vielfalt Afrikas erlangen wollten.

Su hörte allerdings nur mit einem Ohr zu. Sie war gerade dabei, sich hoffnungslos zu verlieben. Die äthiopische Handelsdiplomatin war nicht nur hochintelligent und wunderschön, sondern schien auch ihre Gefühle zu erwidern. Und sie hatten noch eine Gemeinsamkeit – auch Alitash fand Qi witzig, unausstehlich und gleichzeitig unwiderstehlich.

Drei Monate nach diesem ersten gemeinsamen Abendessen hatten sich die beiden auf die Suche nach einer gemeinsamen Wohnung gemacht, und zwar in aller Stille; um Toleranz stand es 2019 in Peking noch nicht besonders gut.

Qi, in seiner großspurigen und immer etwas anstrengenden Art der geborene Kuppler, hängte sich an die Rockzipfel der beiden, als wären sie seine Familie. Er hatte seinerzeit als Postdoc unter anderem auch in Addis Abeba gearbeitet und unterhielt sich hin und wieder, sehr zu Suyuans Verdruss, mit ihrer Partnerin munter auf Amharisch. Der Journalistin blieb dann nichts anderes übrig, als die Reste der schauderhaften Pizzas abzuräumen, die ihnen der Wissenschaftler beharrlich aufnötigte. Qi hatte allerdings auch einen Stapel Alfred-Hitchcock-DVDs mitgebracht, mit Untertiteln, auf die Suyuan geradezu versessen war, wie sie zähneknirschend zugeben musste. Der lebenslustige Wissenschaftler schneite herein, wann immer die Geschäfte ihn in die Hauptstadt führten, und gehörte in der winzigen Wohnung praktisch mit zum Inventar.

Qi war nicht nur entsetzlich überheblich, sondern zählte auch zu den Konservativen, die sich selbst für welterfahrene Liberale hielten. Er ließ keine Gelegenheit aus, die vermeintliche politische Naivität ihres Blogs zu kritisieren. Als er bei einer Diskussion über das allerneueste Hörgerät für Suyuan dann auch noch Tash auf seine Seite ziehen wollte, war es mit dem Freundschaftsdreieck beinahe vorbei.

Suyuan war selbst nicht ganz klar, warum sie den beiden nicht erzählen konnte, dass sie vor Jahren schon Hörimplantate ausprobiert hatte, um Freunden einen Gefallen zu tun. Sie war nicht damit klargekommen. Sie konnte Lippenlesen und, was genauso wichtig war, sie las Gestik und Haltung der Menschen. Hörgeräte brachten sie nur durcheinander. Anstatt ihr verstehen zu helfen, lenkten sie nur ab und nahmen ihren Sinnen die Schärfe. Qi bezeichnete sie deswegen als rettungslos technikfeindlich, was sie widerspruchslos einräumte.

2021: In den internationalen Beziehungen herrschte an vielen Fronten Bewegung. Suyuans Blog war mittlerweile so etwas wie eine nationale Institution und damit praktisch unantastbar geworden. Der in diesem Jahr abgeschlossene Technology Transfer Treaty (TTT) gab den von Atom-Sphere und Terra-Forma eingesetzten Foren für Techniktransfer ihre Rechtmäßigkeit, war jedoch in erster Linie ein Vorwand, um die bereits existierenden Technologiekartelle endgültig festzuschreiben. Außerdem brachte der Vertrag das von der Industrie lange geforderte, weltweit einheitliche Patentrecht und ersetzte den Flickenteppich nationaler und regionaler Bestimmungen, der den transnationalen Umgang und Handel mit geistigem Eigentum bislang sehr erschwert hatte.

Der Gruppe der 77 war das Abkommen als »armutsbekämpfend« schmackhaft gemacht worden mit der Aussicht, dass Industrieunternehmen bestimmten Entwicklungsländern oder -regionen ihre Patentverfahren zum heimischen Gebrauch zur Verfügung stellten. Dabei werde durch regional codierte sogenannte RFID-Mikrochips (Radio Frequency Identification Tags) ein Re-Export der produzierten Waren in die Industrieländer wirkungsvoll verhindert.

Mit dem Vertrag wurde auch offiziell anerkannt, dass die technologische Konvergenz – BANG – in Umwelt, Weltwirtschaft, militärischer Überwachung und Sicherheitsdiensten derart tief greifende Umwälzungen mit sich brachte, dass besondere internationale Vereinbarungen zum Schutz der Gesellschaft erforderlich waren. Mit der Ratifizierung wurde jeder Patentverstoß zu einer Straftat, die staatliche Polizeiorgane und Interpol auf den Plan rief. Von nun an war der Patentschutz nicht mehr Aufgabe der Unternehmen, sondern der Nationalstaaten, die mit ihren Staatskassen fortan auch für »angemessene Lizenzeinnahmen« zu bürgen hatten. Mit dem Vertrag wurde nicht nur der Begriff »Technologietransfer« endgültig zur Worthülse; er markierte den Schlusspunkt einer Entwicklung der Weltwirtschaft weg vom Handel und dem Einfluss der WTO hin zum TTT und damit (wie schon beim NGO-Seminar von Hongkong 2005 vorausgesagt worden war) zum Triumph der Technologie über den Handel.

Die Zustimmung der armen Ländern des Südens war mit einer lautstarken Kampagne erreicht worden, die Aussicht auf eine technische Revolution von Produktion, Landwirtschaft und Energieversorgung versprach. Intensive Forschungsbemühungen von Peking über Bangalore bis Boston hatten bald nach 2020 die molekulare Selbstvernetzung im industriellen, kommerziellen Maßstab Realität werden lassen. Politik und Wirtschaft stimmten darin überein, dass der internationale Handel schnell an Bedeutung verlieren würde. Jeder, der über Selbstvernetzungspatente verfügte, konnte nun nach Belieben am Periodensystem drehen; für die Produktion waren Bodenschätze und Rohstoffe fortan nur noch ein Kostenfaktor unter vielen.

Die USA, Europa, Indien und China trieben den Vertrag mit allen Mitteln voran, denn eine Wirtschaftskrise oder gar ein Krieg um Verfahren und Patente war angesichts der technischen Entwicklung eine sehr reale Gefahr. Mit dem TTT schützten die Großmächte ihre Wirtschaft und stellten die Dominanz über andere Regionen und Märkte sicher. Auch die Preise für afrikanische Erze und fossile Brennstoffe sowie für Grundwasser aus dem gewaltigen Botucatu-Aquifer in Südamerika gerieten durch die drohende Verschmelzung der Nanotechnologien unter Druck, wie Suyuan in ihrem Blog vermerkte. Obwohl BANG am Markt bislang nur eine untergeordnete Rolle spielte, gab schon die bloße Existenz des Phänomens den Konsortien bislang ungeahnte Einflussmöglichkeiten in die Hand.

2025: Durch den TTT wurden China und Indien zum ersten Mal explizit zu Supermächten. Die Bezeichnung hatte allerdings stark an Glanz eingebüßt, seit die Weltkonzerne mit ihrer Wirtschaftsmacht alle anderen Institutionen in den Schatten stellten.

Zur Jahrtausendwende, fünfundzwanzig Jahre zuvor, waren sich die Volkswirte weitgehend einig gewesen, dass China durch sein unerschöpfliches Reservoir an billigen Arbeitskräften – und die konkurrenzlos günstige Produktion fast aller Konsumgüter – zur Weltmacht aufsteigen würde. Dieselben Experten hatten gleichzeitig vorausgesagt, Indien werde durch seine Dienstleistungsindustrie zur Supermacht werden. China war allerdings lange vor Ende des ersten Vierteljahrhunderts in den Dienstleistungssektor eingestiegen, und Indien hatte sich mit intensiver Industrieproduktion ein zweites Standbein aufgebaut. Beide Länder vergaben inzwischen jährlich mehr Doktortitel als Europa oder die Vereinigten Staaten, und sowohl in Indien als auch in China sprachen mehr Menschen Englisch als in den ehemaligen»weißen Herrschaftsgebieten« der USA und des Vereinigten Königreichs.

Mehr als die Überlegenheit auf dem Produktionssektor erwischte die westliche Öffentlichkeit allerdings die geistige Vorherrschaft Chinas und Indiens auf dem falschen Fuß. Qi hatte die Journalistin darauf aufmerksam gemacht, dass bereits während der ersten Dekade allein in Peking mehr Wissenschaftler an der Nano-Konvergenz forschten als in ganz Westeuropa zusammen, und das für ein Zwanzigstel dessen, was ein Wissenschaftler in

Europa kostete. Angesichts ihrer Abhängigkeit insbesondere von afrikanischen Rohstoffen hatten sich die beiden asiatischen Giganten mit großem Elan auf BANG gestürzt und den Wettbewerb mit der EU und den USA um die molekulare Selbstvernetzung erfolgreich bestanden. Im Nanobereich änderten sich die physikalischen Eigenschaften vieler Stoffe grundlegend, erläuterte Qi. So wurde Gold in Form von Nanopartikeln plötzlich chemisch reaktiv. Bewegte man sich auf der Nanometerskala von 100 abwärts zu 25 oder 10, dann änderte sich bei vielen Elementen der Einfluss von Temperatur und Druck auf Eigenschaften wie beispielsweise die elektrische Leitfähigkeit. Somit konnten seltene und kostspielige Grundstoffe – zumindest theoretisch – durch billigere ersetzt werden. Durch Nanotechnologie ließ sich beispielsweise Platin aus Afrika durch sehr viel günstigeres Nickel und Kobalt ersetzten, oder man benutzte Nanopartikel aus Silizium – das es buchstäblich gab wie Sand am Meer – anstelle von chilenischem Kupfer.

Indien und China sorgten sich nicht nur beide um Rohstoffe, sondern drängten in gleichem Maß auf die Technologiemärkte, was den nachbarschaftlichen Beziehungen nicht eben förderlich war. Hin und wieder setzten sie in der UNO gemeinsam ihren Führungsanspruch bei der Gruppe der 77 durch und drängten die südlichen Länder zum Widerstand gegen die Rivalen von der OECD. Doch nur zu oft spalteten sie mit ihrem heftigen Wettbewerb um Grundstoffe und Märkte die Gruppe der 77 in zwei Lager. Besonders in der Himalajaregion und insbesondere in Tibet prallten die Interessen aufeinander, und keine der beiden Großmächte schloss einen Krieg von vornherein aus, denn wer konnte schon mit Gewissheit sagen, ob Rohstoffe nicht doch ihre Bedeutung behielten …

Erst nach Inkrafttreten des Vertrages wurde den immer rascher ins Hintertreffen geratenden Ländern im südlichen Afrika, Zentralasien und Lateinamerika voll bewusst, dass der TTT den Großmächten die exklusive Nutzung der molekularen Selbstvernetzung garantierte, vorgeblich zum Schutz der Umwelt und aus Gründen der militärischen Sicherheit. Die politischen Führer Chinas, Indiens, Europas und der USA warnten eindringlich davor, Ländern mit unzureichender Erfahrung und unsicheren politischen Regimes derart bedeutsame technische Fähigkeiten an die Hand zu geben.

Anfang der 2020er-Jahre waren alle chinesischen Medien – mit Ausnahme von Suyuan Wu – auf Regierungslinie gebracht und unterstützten den TTT. Dies galt ebenso für einen Großteil des Informationssektors weltweit, Suyuans alten Arbeitgeber News Corp eingeschlossen. In ihrer Kolumne vermerkte sie bitter, dass alle drei großen Medienkonglomerate in die Nanotechnik-Konsortien eingebunden waren. Gerade im Telekommunikationsbereich brachte die Nanotechnik enorme Kostensenkungen. Teile des TTT waren heftig umstritten, was die Bürger verwirrte und sich sogar auf Wahlen in den Vertragsländern auswirkte, doch letztlich traten alle Parteien für den TTT ein und versprachen lediglich, sich für gewisse nationale Sonderregelungen einzusetzen, fall sie gewählt würden. Am Ende wurde der Vertrag von allen Ländern ratifiziert, und zwar ohne Änderungen.

Beim Abendessen in der Wohnung in Peking stritt sich Suyuan mit ihrer Partnerin und Qi über die Bedeutung des Vertrages. Qi war zuvor mit mehreren Flaschen unter dem Arm und einem Pizzaboten im Schlepptau in die Wohnung gestürzt. Alitash hatte ihn an der Tür mit einer kurzen Umarmung und der eindringlichen Anweisung »Kein Wort!« begrüßt. Su hinter ihr im Korridor blickte trotzig drein – auf Krücken. Qi runzelte die Stirn. »Hat das Fahrrad nicht kommen hören …«, murmelte Tash.

Eine Flasche Bordeaux und eine Kanne grüner Tee lagen bereits hinter ihnen, als der Wissenschaftler das Thema des Abends anschlug. »Wer wählt, spielt keine Rolle«, urteilte er, »sondern wer über die technischen Möglichkeiten verfügt. Erinnert ihr euch an Thomas Edison, den Gründer von General Electric? Seine erste Erfindung war eine Stimmenzählmaschine. Nur hatten die Politiker leider nicht das geringste Interesse daran, Wahlen zu automatisieren. Edison hat das schnell begriffen und sich darauf verlegt, andere Erfinder übers Ohr zu hauen und dafür zu sorgen, dass die Industrie seine eigenen Patente adoptiert.« Er kicherte ins Weinglas. »Und so hält es GE bis heute. Die wissen nur zu gut, dass man über die Daten verfügen muss, wenn man das Leben kontrollieren will, und haben sich deswegen zu GEnome gewandelt.«

Qi hielt inne. »Von wem stammt dieser alte Song?« Er wusste nur zu gut, dass die beiden Frauen keine Ahnung hatten, was er meinte. »Bobby McGee«, verkündete er. »›Freedom's just another word for nothing left to lose!‹ Demokratie wagen die Mächtigen nur, wenn sie genügend Einfluss auf die Entscheidungsmechanismen – Parteien, Medien, Wahlkampfmittel – und damit auf die wählbaren Alternativen haben. Demokratien gedeihen, wenn das Wählen belanglos wird. Die Wahl zwischen Kandidat X und Kandidat Y genügt völlig für die Illusion.« Trotz seines gelungenen Bonmots wirkte Qi alles andere als selbstzufrieden: »Schaut euch doch an, zu was das Mehrparteiensystem in China verkommen ist.«

Suyuan pochte entrüstet mit der Krücke auf den Boden. Die politische Nachhilfestunde sollte sich der Wissenschaftler in Diensten der Industrie besser sparen. Der Sturz der chinesischen Kommunisten im Jahr 2019 hatte mehr mit Generations- als mit Ideologiewechsel zu tun gehabt. Da war eine schwerfällige alte Garde von einem kosmopolitischen *nouveau regime* (Chinas ›metrosexuellen Mandarinen‹, wie Suyuan sie einmal genannt hatte) abgelöst worden. Den Interessen der ausländischen Industrie waren sie kaum weniger zugänglich als die Kommunisten, behandelten den sozialen Gärungsprozess in den Provinzen aber mit deutlich mehr Fingerspitzengefühl. So zynisch ihre Kommentare auch sein mochten, den Glauben an die Menschen hatte die alternde Reporterin nicht aufgegeben.

»Du selbst hast sie doch die BANG-Gang genannt, oder etwa nicht?«, hielt ihr Qi vor und bezog sich dabei auf die Verflechtung von Regierung und Industriekonsortien.

»Und was hat es dir gebracht?«, warf Tash aus der Küche ein. »Ein bisschen diplomatisches Gespür würde dir wirklich nicht schaden …«

»Aber sie *sind* eine Gang«, beharrte Suyuan und ließ die Krücke wieder aufstampfen. »Ohne Gang gibt's auch keinen BANG. Vielleicht ist BANG ja nur ein Mythos, aber die Gang, die Bande, die existiert wirklich, und kann vor Kraft kaum laufen. Auch die Demokratie ist ein Mythos und war es seit jeher. Wirkliche Macht hatte das Volk doch nie. Und mithilfe von BANG hat die Industrie die Gang nur noch besser festgesetzt.«

»Ich kann deine Begriffe wirklich nicht ausstehen«, schoss Tash zurück. »Du weißt genau, dass Gang Bang ›Gruppensex‹ oder noch schlimmer ›Gruppenvergewaltigung‹ bedeutet. Das ist Raubtiersprache, voller Verachtung. Damit machst du die Misshandlung des Opfers zu etwas Alltäglichem.« Die Frauen starrten sich in die Augen – wütend, aber in der Sache einer Meinung.

PEKING 2026: »Wenn's genau wie bei einem Vulkan ist«, meinte Tash mit finsterem Gesicht, »warum jagen Sie dann nicht gleich einen echten Vulkan in die Luft und sparen dabei einen Haufen Geld?«

Die drei Männer reckten sich kerzengerade auf ihren Stühlen. Die Inder, zwei Vertreter der Firmenleitung und ein Wissenschaftler von Atom-Sphere, saßen ihr im Konferenzraum der AU in Peking gegenüber. Ein gutes Dutzend Vertreter verschiedener afrikanischer Länder hatte die Besprechung bis zu diesem Augenblick mit mäßigem Interesse verfolgt.

»Wie bitte …?«, meinte der ältere der beiden Manager unsicher.

Tash spürte, wie ihr das Blut ins Gesicht schoss: »Wenn das wie bei einem Vulkanausbruch ist, wenn man Aerosole in die Stratosphäre hinaufjagt, warum lässt man dann nicht gleich einen Vulkan ausbrechen? Ich bin ja keine Wissenschaftlerin …«, räumte sie ein. »Das war nur so eine Frage …« Der nigerianische Botschafter auf dem übernächsten Stuhl neben ihr grinste verlegen.

Der indische Wissenschaftler machte ein interessiertes Gesicht und räusperte sich, schwieg aber, als sich der ältere Manager vorlehnte: »Das wäre möglich – theoretisch, natürlich.« Er lächelte die junge Frau großzügig an. »Aber das wäre natürlich viel zu gefährlich. Vielleicht könnten wir einen Vulkan zum Ausbruch bringen, aber wir könnten nicht genau vorhersagen, was passiert. Vielleicht lässt er einen kleinen Rülpser heraus und beruhigt sich wieder; vielleicht setzt er aber auch plötzlich eine ganze Kettenreaktion von Ausbrüchen in Gang, die wir nicht eindämmen können.« Voller Zuversicht und Wohlwollen lehnte er sich wieder zurück.

»Ach so«, sagte Tash, und die drei fuhren fort mit ihrer Powerpoint-Präsentation über Atom-Spheres Pläne, große Mengen von Aerosolen in der Atmosphäre zu versprühen, und wie Afrika davon profitieren könne.

Tata-Pharma, ein Unternehmen aus dem Atom-Sphere-Konsortium, hatte vor, im Rift Valley in Tansania am Lake Natron nahe der kenianischen Grenze ein Sodawerk zu bauen. Die örtlichen Massaihirten und Wissenschaftler stellten sich gegen das Vorhaben, weil sie befürchteten, durch den Abbau könnte der Ol Doinyo Lengai destabilisiert werden, einer der größten Vulkane Afrikas, der sich fast 2.900 Meter über das umliegende Land erhebt. Das Soda sollte nach Sibirien exportiert und dort von den Kanonen von Atom-Sphere zur Abschirmung des Sonnenlichts ausgebracht werden. Für Tansania sollte bei dem Handel eine ordentliche Summe herausspringen. Leider verzeichneten kenianische Vulkanologen schon jetzt eine verstärkte Erdbebentätigkeit und warnten, durch Bergbautätigkeit könne ein Ausbruch ausgelöst werden. Die Tansanier hingegen argwöhnten, Kenia ginge es nur darum, das Sodawerk – und die Profite – auf die kenianische Seite des Lake Natron herüberzuholen.

Am Abend schilderte die äthiopische Diplomatin ihrer Partnerin Su den Verlauf der Besprechung. Die Präsentation sei ziemlich überzeugend gewesen, räumte Tash ein. »Das ist nicht Geo-Engineering«, erwiderte die alte Bloggerin, »das ist Geo-Piraterie!«

2027: Gegen Ende der Dekade spitzte sich die Lage zu. Trotz zahlreicher Vorkehrungen im Vertragstext war die Verbreitung von Nanopartikeln – und zwar sowohl die Verbreitung der Teilchen selbst als auch der »Superstaub«-Netzwerke – völlig außer Kontrolle geraten. Die Ursachen für die sich abzeichnende Gesundheits- und Umweltkrise konnten nie eindeutig geklärt werden, was auch Suyuan in ihrem Blog fairerweise einräumte. Als Prügelknaben mussten jedoch in erster Linie die beiden Konsortien mit ihren Nanopartikel-Programmen herhalten, die überdies den Steuerzahler weit mehr als erwartet belasteten, was mindestens ebenso schwer wog.

Die Feldversuche verliefen zwar unter höchster patentbedingter Geheimhaltung, doch setzte sich der Eindruck durch, dass die von Terra-Forma in die Ozeane eingebrachten künstlichen, Schadstoff absorbierenden Bakterien die Verschmutzung nur noch verschlimmerten. Atom-Spheres Versuche mit der »Jalousie« machte man allgemein für die besorgniserregende Zunahme von allen möglichen Krankheiten verantwortlich. Dichter und Berichterstatter vermeldeten außerdem, dass der Himmel zwar trüber geworden sei, die Sonnenuntergänge dafür besonders spektakulär ausfielen und der Regen bisweilen beinahe fluoreszierte.

Die Konsortien starteten eine Public-Relations-Blitzoffensive und erklärten die Probleme kurzerhand zu Spätfolgen der intensiven chemischen Produktion von 1940 bis zur Jahrtausendwende. Dabei vergaßen sie allerdings zu erwähnen, dass die damals verantwortlichen Unternehmen – unter anderen Namen und mittlerweile mit gewandeltem Image – in den Konsortien noch immer die erste Riege bildeten. Kundige Beobachter wie Suyuan Wu waren sich darüber einig, dass sowohl die alte wie auch die neue chemische Industrie Schuld waren. Suyuan vermutete außerdem, dass auch Atom-Spheres andere wohlfinanzierte und viel gepriesene Technikoffensive – der Bau neuer Druckwasserreaktor-Atomkraftwerke – ihren Teil zu den vielen Erkrankungen beitrug.

Der Widerstand gegen die Atomkraft hatte sich in der allgemeinen Panik über den Klimawandel praktisch in Luft aufgelöst. Noch 2005 hatte es weltweit knapp 450 Atomkraftwerke gegeben; inzwischen waren mehr als 800 in Betrieb oder im Bau. Wieder waren die Umweltschutzgruppen zum Schweigen gebracht worden – die Gefahr einer Kernschmelze erschien im Vergleich mit dem sicheren Klimakollaps als das kleinere Übel.

Was auch immer die Ursachen waren: Die US-Centers for Disease Control und die Weltgesundheitsorganisation WHO in Genf kamen unabhängig voneinander zu dem Ergebnis, dass die Lebenserwartung in den Industrieländern zum ersten Mal seit 200 Jahren messbar abnahm. Die WHO vermeldete außerdem, dass die Zahl der krankheitsfreien Lebensjahre seit dem Jahr 2000 um fünf Prozent gesunken war.

»Das allgemeine Entsetzen«, warnte Suyuan die Blogosphäre, »ist dem digitalen Überwachungsapparat sicherlich längst aufgefallen, aber die Gang war sich wohl lange nicht einig, wie man dem Problem begegnen solle.« Doch die allgemeine Unzufriedenheit war bald mit Händen zu greifen und man entschied sich für eine gute alte Videobotschaft übers Internet. Mit großväterlichem Ausdruck setzte sich Chinas Präsident gemeinsam mit seinem amerikanischen und indischen Amtskollegen sowie den Vorsitzenden der beiden Konsortien vor die Kamera und bemühte sich redlich, seine globale Zuhörerschaft mit wachsweichen Zusicherungen einzulullen, dass die Probleme nur kurzfristiger Natur seien, auf Fehlern der Vergangenheit beruhten und mit den aktuellen Experimenten nichts zu tun hätten. Die Bürger bräuchten nur »den Kurs zu halten« und den Forschern zu vertrauen. In Gesprächsrunden und gleich nach der Sendung durchgeführten Umfragen wurde über die Glaubwürdigkeit der Veranstaltung einhellig der Daumen gesenkt.

BRÜSSEL 2028: Jovial winkte Qi der Geschäftsfrau zu, die am Gang vor ihm Platz nahm. Das war der Haken an der Business Class, dachte er verdrießlich, dass man immer auf Bekannte traf. Widerwillig ließ er den iPod in die Aktentasche gleiten und ging zur Begrüßung hinüber. Die gut aussehende Amerikanerin mittleren Alters mit grau durchsetztem braunem Haar sprach kurz mit der Stewardess und erhielt für den Transatlantikflug nach Chicago den Sitzplatz neben Qi.

Über Irland – und bei einem Irish Whiskey – brachte ihn die Führungskraft von Atom-Sphere beim Aerosol-Programm auf den neuesten Stand. Aus den halbjährlichen Treffen der beiden Konsortien wusste sie, dass sich Qi besonders für genetische Variationen bei in Höhenlagen ansässigen Völkern interessierte. Die Medien hatten berichtet, die in der Stratosphäre ausgebrachten Aerosole könnten zu Lungenschäden führen, wenn sie zur Erde zurücksinken. Qi musste an seine erste Lektion in Geo-Engineering Jahre zuvor in Mexiko-Stadt denken und schnitt eine andere Frage an. »Was passiert, wenn man mit Volldampf die Stratosphäre vernebelt, und plötzlich bricht ein wirklicher Vulkan aus?«

Seine Sitznachbarin setzte das Glas ab. »Dann wird das Sprayen natürlich sofort gestoppt … bis sich alles wieder verzogen hat.«

»Aber die Nanosprays von Atom-Sphere sind doch auf eine Verweildauer von mindestens einem oder zwei Jahren ausgelegt, oder?«

»Ja, das stimmt.« Sie sah ihm direkt ins Gesicht. »Sie müssen wissen, dass wir in letzter Zeit eine Menge neuer Erkenntnisse über Vulkane gewonnen haben. Irgendwo auf der Welt sind zum Beispiel immer acht oder zehn Vulkane aktiv, mit schwachen Eruptionen. Von dort gelangt aber nichts bis in die Stratosphäre. Unsere Leute wissen ziemlich genau, wann und wo ein Ausbruch wahrscheinlich ist, und dann fahren wir unsere künstlichen Vulkane eben zurück, damit die Atmosphäre keine Überdosis abbekommt.«

Das Licht in der Kabine war längst gedimmt und die Frau schnarchte leise im Nebensitz, als Qi die Unterhaltung in Gedanken noch einmal durchging. Wenn man eine plötzliche Kältekatastrophe verhindern wollte, dann musste man Vulkanausbrüche eigentlich mindestens zwei Jahre vorher voraussagen. Wenn diese Leute aber so genau Bescheid wussten – und das mussten sie – warum setzten sie dann nicht einfach abgelegene Vulkane in Gang und sparten damit einen Haufen Zeit und Geld?

MIAMI 2029: Kurz vor Beginn der Wirbelsturmsaison im Nordatlantik wurde eine Luxusjacht aus der Sargassosee nach Miami geschleppt. Alle an Bord – Besatzung und Passagiere – waren tot. Das Schiff wurde fern von Touristen und Journalisten im Industriehafen unter Quarantäne gestellt, und ein Sondereinsatzkommando der Centers for Disease Control machte sich in Spezialanzügen auf die Suche nach Hinweisen für die Todesursache. Ein Verbrechen schien wenig wahrscheinlich. Unbestätigten Gerüchten zufolge waren die Menschen nach Kontakt mit unbekannten Bakterien oder Viren erstickt. Die Sargassosee war immerhin bekannt für ihre im Wasser treibenden Braunalgen, für ihre Nähe zum Bermuda-Dreieck und für die Legenden über Schleimmassen, die ganze Schiffe überwucherten. Es kamen allerdings keine neuen Fakten an die Öffentlichkeit, und das Medieninteresse wandte sich einem grotesken Bollywood-Sexmord zu – angesagt war ab sofort Mumbai und nicht mehr Miami.

In der europäischen Presse berichteten indessen Seeleute von portugiesischen und spanischen Trawlern, sie seien in der Sargassosee durch eine klebrig dichte Schleimschicht gepflügt, die glücklicherweise nicht dick genug war, um die Auslassöffnungen unter Wasser zu verkleben. Ebenfalls in Europa erregte für kurze Zeit Aufsehen, dass das alljährliche Schwärmen der Aallarven in der Sargassosee offenbar ausgeblieben war. Die Bestände des Europäischen Aals waren schon Jahre zuvor durch PCBs – polychlorierte Biphenyle – komplett vernichtet worden, und den Feinschmeckern war nur der Atlantische Aal geblieben. Nun allerdings blieb die Suche der Pariser auf den Speisekarten nach »Anguille à la florentine« ebenso vergeblich wie die Suche der Fischtrawler in der Sargassosee nach den Laichgründen der Aale.

Nach Ende der Hurrikansaison verkündete das Weiße Haus erleichtert, kein einziger US-Bürger habe sein Leben verloren. Im weiteren Verlauf des Kommuniqués bekräftigte der Präsident noch einmal die Anteilnahme der USA für die 80.000 Opfer, die zwischen Venezuela und Argentinien ertrunken oder von Schlammlawinen begraben worden waren. Seltsamerweise hatte sich der Schwerpunkt der Wirbelstürme in den Südatlantik verlagert, und Brasilien war von bislang ungekannten Stürmen heimgesucht worden.

PEKING 2030: Suyuan hatte nun ein neues Betätigungsfeld – die jahrzehntelang sanft abfallende Kurve der Gesundheits- und Umweltkennzahlen stürzte nun steil ab. Die neue Pandemie war praktisch aus dem Nichts aufgetreten; dabei war es wider Erwarten keine neue Form von Vogelgrippe, H1N1 oder eine noch bösartigere Variante von HIV, nicht einmal eine der gut dreißig neuen Krankheiten, die aus den schwindenden Regenwäldern ihren Weg in die Dörfer und Städte der Welt gefunden hatten. Stattdessen war die Schistosomiasis zurückgekehrt, die alte, von Süßwasserschnecken übertragene, auch Bilharziose genannte Wurmkrankheit, die zu schweren Erschöpfungszuständen und, falls unbehandelt, auch zum Tode führen konnte.

In China traten mindestens zwei verschiedene Erregertypen auf. Vor der Fertigstellung des Dreischluchtendamms 2003 und dem allmählichen Aufstauen des Sees hatte der Parasitentyp der Provinz Sichuan stromaufwärts des Damms keinen Kontakt mit dem Parasitenstamm aus der Gegend des Sees gehabt. Die Hochlandvariante befiel vorzugsweise Menschen und verbreitete sich durch die Nutzung menschlicher Fäkalien als Dünger. Die harmlosere Seevariante befiel hauptsächlich Wasserbüffel. Schon bevor durch den Damm die Super-Bilharziose geschaffen wurde, waren in den Bergen Infektionsraten von bis zu 60 Prozent verzeichnet worden. Und schon im Jahr 2005, noch während sich der See langsam füllte, hatte die Weltgesundheitsorganisation vor dem neuen Parasiten gewarnt, der nicht nur China, sondern alle Tropenregionen der Welt bedrohte.

Dann wurde die Lage noch schlimmer: Aus Hunde- oder Fuchsbandwürmern vom tibetischen Hochland und dem westlichen Sichuan, sogenannten Echinokokken, gelangten Gene ins Erbmaterial der Bilharziose-Würmer, und die Pandemie ließ sich nicht mehr aufhalten. Noch 2005 waren weltweit 600.000 Menschen an der neuen Echinokokkose erkrankt. Im Jahr 2021 befiel der neue Hybridparasit 60 Millionen Menschen allein in China, und die WHO verzeichnete Seuchenherde bis Mumbai und Nairobi. Neun Jahre später demonstrierte der Superparasit seine Anpassungsfähigkeit und befiel als Zwischenwirte neben Hunden und Büffeln nun auch Vögel und Schweine. Die Gesundheitspolitiker der Welt geizten mit Informationen und verbreiteten vorsichtigen Optimismus.

Suyuan wusste, dass die Welt bislang noch keine derart virulente, artübergreifende Epidemie zu überstehen gehabt hatte. Sie wusste auch, dass eine Gruppe von Kunststudenten von einer Universität in Sichuan beim Internationalen Wettbewerb für Gentechnik-Maschinen des Massachusetts Institute of Technology MIT den zweiten Preis gewonnen hatten. Sie hatten mithilfe von »Biobricks« am Laptop eine Zelllinie von Echinokokken entworfen, die so aussahen, als würden sie mit dem Schwanz wedeln. Die Journalistin berichtete, die Studenten hätten das Genom von Echinokokkus als Datei aus dem Internet heruntergeladen. Dann hatten sie am MIT in der »Biobricks«-Bibliothek – künstlich hergestellten DNA-Stücken, die man wie elektrische Schaltkreise, oder noch treffender, wie Legosteine zusammensetzte – gestöbert und damit ganz gezielt biologische Funktionen hinzugefügt. Die veränderte Genomdatei hatten sie per E-Mail an eine taiwanesische Gen-Schmiede geschickt, wo aus der Datei die entsprechende Gensequenz synthetisiert worden war. Die DNA war auf einer Plastikkarte (die einer Kreditkarte verdächtig ähnlich sah) per FedEx an die Studenten am MIT zurückgegangen. Dort hatten sie aus der DNA zusammen mit ihrem Professor den neuen Mikroorganismus zum Leben erweckt. Das Ganze hatte kaum drei Tage gedauert – praktisch die Zeit für den Versand – und die Studenten kaum den Preis einer Kinokarte gekostet.

Als Suyuan den Blogeintrag fertig hatte, musste sie Tash gegenüber einräumen, dass es angesichts all der alten und neuen Probleme für Umwelt und Gesundheit praktisch niemandem – Politiker und Aktivisten eingeschlossen – mehr möglich war, die genauen Ursachen für den Verfall des Lebensstandards zu benennen oder gar ihn zu bekämpfen.

GENF 2031: Auf Druck von Großbritannien und den USA, mit widerstrebender Unterstützung Chinas und unter zähneknirschender Duldung Indiens richtete die Weltgesundheitsorganisation öffentliche Gesundheitszonen ein, um die Ausbreitung der neuen Krankheiten über die Ursprungskontinente hinaus zu verhindern. Dies führte zu drastischen Einschränkungen im Reiseverkehr und Handel zwischen Norden und Süden. Immer neue Wellen von Wirtschafts- und Gesundheitsflüchtlingen brandeten über Mittelasien, Schwarzafrika und Lateinamerika, doch eine medizinische Barriere versperrte den Weg in die Industrieländer.

In ihrem Blog mutmaßte Suyuan, dass die Quarantänezonen mindestens zum Teil aus wirtschaftlichen Gründen errichtet worden waren, denn nun konnte der Norden dem Süden unerhörte Handelskonditionen aufzwingen. Die Nanotechnik-Produktion war eine überwiegend biologische Angelegenheit. Die Selbstvernetzung im Nanomaßstab besorgten künstliche Bakterien, speziell gezüchtet für die Herstellung von allem Möglichen, vom iPod bis zum T-Träger. Die biologische Komponente in der Fertigung erlaubte es, Exporte mit dem Hinweis auf mögliche biologische Kontamination der Produkte und auf die Gefahr von Mutationen weitgehend zu unterbinden. In Wirklichkeit, erklärte sie ihren Lesern, sollten die Handelsbarrieren die Nanoproduktion der Industrieländer zu einer Zeit schützen, als diese bei der Ausweitung der Fertigungskapazitäten in finanziellen Engpässen steckten.

Die bereits gebeutelten Länder im Süden gerieten durch die neuen Krankheiten, den Klimawandel und den Verlust der Absatzmärkte in akute Notlage. Aus Scheindemokratien wurden Militärdiktaturen, und der Norden sah darüber hinweg. Die Rüstungsunternehmen der beiden Konsortien versorgten die Machthaber mit dem Allerneuesten, was BANG an Waffen zu bieten hatte – von neurotoxisch bis nano-nuklear. Die neue Waffengeneration war nicht nur erheblich effizienter und wirkungsvoller, auch die Kosten für die Überwachung von Dissidenten wurde durch die billigen, winzigen und energiesparenden Materialien der Nanotechnik drastisch gesenkt.

Bei Konflikten griffen die Armeen des Nordens nur in Ausnahmefällen ein. Seit den 1970er-Jahren und dem Vietnamkrieg waren große Militäreinsätze wegen der Medienberichterstattung – mit den unvermeidbaren Leichensäcken – politisch immer weniger durchsetzbar geworden. Die peinliche Erfahrung und die ungeheuren Kosten der Kriege im Irak und in Afghanistan zu Anfang des 21. Jahrhunderts hatten den Bodenkrieg als politisches Mittel noch einmal entscheidend diskreditiert. Die Bürger der OECD-Länder waren sich allerdings nicht ganz im Klaren, was sie von Hightechwaffen geringer Reichweite halten sollten, die den Guerillakrieg in Städten zu den reinsten Selbstmordkommandos machten.

Suyuan erinnerte daran, dass dem Stockholmer internationalen Friedensforschungsinstitut SIPRI zufolge zwischen 2005 und 2030 weltweit im Süden bei bewaffneten Konflikten mehr Menschen getötet worden waren, als in allen Kriegen des blutigen 20. Jahrhunderts zusammen. »Die Industrieländer waren so sehr mit eigenen Problemen beschäftigt, dass die ›regionalen‹ Kriege dort praktisch gar nicht wahrgenommen wurden«, schrieb Suyuan.

2032: Die politischen Unruhen waren vom Süden in den Norden geschwappt. Suyuan berichtete, dass junge Menschen wegen der neuen Gesundheitsrisiken und des sozialen Unfriedens höchstwahrscheinlich ein kürzeres, kargeres und mehr von Gewalttätigkeit geprägtes Leben führen würden als ihre Eltern. Das hatten die Regierungen ganz anders versprochen.

Angesichts der allgemeinen Enttäuschung und Verzweiflung hatten fundamentalistische Bewegungen regen Zulauf, während selbst in wohlhabenden Ländern ethnische und religiöse Auseinandersetzungen am sozialen Gefüge nagten. Die Menschen verlangten Erklärungen, warum so vieles im Argen lag.

Litten die Städte unter der heillosen Überforderung des Gesundheitssystems, so war draußen auf dem Land das Klimachaos allgegenwärtig, und die Nahrungsmittelproduktion der Welt geriet in ernsthafte Schieflage. In Uganda war ein Befall mit Getreideschwarzrost vermeldet worden. Ein halbes Jahrhundert lang hatte die unter dem Kürzel UG99 bekannte Variante der Pilzkrankheit im Weizenanbau keine nennenswerten Schäden verursacht. Der Rostpilz war nach Zeiten der Ruhe immer wieder einmal aufgetreten, bislang jedoch nie außerhalb seiner Ursprungsregion.

Dann hatte sich UG99 plötzlich nach Kenia ausgebreitet, war nordwärts bis Äthiopien vorgedrungen, über das Rote Meer in den Jemen übergesprungen und hatte sich weiter bis in den Sudan und nach Ägypten verbreitet. Dann stieß er über den Nahen Osten nach Pakistan und Indien vor. Auf der Suche nach möglichen Abwehrmaßnahmen durchkämmten Genetiker fieberhaft die Genbanken und genetischen Datensammlungen, und Molekularbiologen setzten vorgefertigte DNA-Stränge – »Biobricks« – zusammen, doch nichts konnte den ständig mutierenden Rostpilz aufhalten. Niemand zweifelte mehr ernsthaft daran, dass der Getreidepilz auch die Kornkammern von Australien, Nordamerika und Europa erreichen würde.

Kurz nach der Entdeckung von UG99 hatten Bauern in Sansibar beim Roden der Maniokpflanzen bemerkt, dass die Wurzelknollen verfault waren. Die oberirdischen Pflanzenteile schienen völlig gesund, doch die nahrhaften, spindelförmigen Wurzelknollen waren ungenießbar. Zuerst verbreitete sich die neue Maniokkrankheit langsam, doch mit der Zeit entzog sie den ärmsten Bauern in den Dörfern überall in Afrika die Ernährungsgrundlage und brachte Tod und Zerstörung.

Im Jahr 2032 war die Nahrungskrise zu einem perfekten Sturm angewachsen. In Verbindung mit der globalen Erwärmung führten die grassierenden Krankheiten der Nutzpflanzen zu stagnierenden Erträgen, wenn nicht zu katastrophalen Ernteeinbrüchen. Den Spekulanten zerrannen die Getreidereserven unter den Händen, noch bevor sie damit spekulieren konnten.

Die gestiegene Nachfrage nach Fleisch und Milchprodukten in Indien und China hatte zwar nur geringen Einfluss auf diese Entwicklung, wurde aber rasch zum Grund für die Krise ausgerufen. Dabei war die Erzeugung von Nahrungsmitteln praktisch unbemerkt von einem anderen Tsunami überrollt worden: der explodierenden Nachfrage nach Biokraftstoffen. Autos und Menschen standen nun in direktem Wettbewerb um Agrarerzeugnisse und Ackerboden. Das Problem der Biokraftstoffe bestand im Grunde schon seit einem Vierteljahrhundert, doch war der Protest mit dem Versprechen der Industrie verebbt, die Ausgangspflanzen für Kraftstoffe der zweiten Generation würden nur auf sogenannten marginalen Flächen angebaut, und die Konkurrenz zur Nahrungserzeugung würde damit nach und nach verschwinden. Aus den Augen, aus dem Sinn – genau diese marginalen Flächen, die »Allmende« vergangener Zeiten, hatten im ländlichen Afrika noch immer das Überleben bis zur nächsten Ernte sichergestellt; nun aber wurde hier der Treibstoff für die Autos in Europa und China produziert. Erst als im Jahr 2030 der Nahrungsmangel die Städte erreichte, musste sich die Welt der Erkenntnis stellen, dass die synthetische Biologie ihre Versprechungen nicht eingelöst hatte.

Auf den Hunger folgte – wie immer – der Krieg. Als Reaktion auf die vielfältigen Bedrohungen der Nahrungsmittelversorgung starteten staatliche Agrarwissenschaftler gemeinsam mit den beiden Konsortien ein Programm zur Entwicklung resistenter Weizen- und Manioksorten. Aus den Forschungsabteilungen war zu erfahren, dass die beiden Konsortien gemeinsam auf 50 Prozent des weltweiten Umsatzes mit Saatgut kamen. Bei Pestiziden erreichten sie 89 Prozent und bei Gensequenzen für »klimafeste« Nutzpflanzen kontrollierten sie den Markt praktisch zu 100 Prozent.

Peking 2033: Die Wortgefechte zwischen Suyuan und Qi gingen unvermindert weiter. Su saß mit Inga Thorvaldson in einem Hotel beim Tee, als sich Qi mehr oder minder elegant in dem Sessel neben ihr niederließ, ihr einen lauten Schmatzer auf die Mao-Kappe drückte und Ingas Wange mit einer ungleich leiseren Variante bedachte. »Sie müssen die kommunistische Gewerkschaftlerin aus Schweden sein«, kicherte er vergnügt, »die hier den Tempel reinigen möchte.«

Aus der kleinen Inga Thorvaldson war eine Gewerkschaftsfunktionärin geworden, eine Rechtsanwältin und Mitglied im Exekutivkomitee des Weltsozialforums. Sie und Suyuan waren in Verbindung geblieben, seit sie sich beide 2005 in Hongkong zufällig in denselben Hauseingang gekauert hatten. Trotz oder gerade wegen des Affronts war Inga neugierig auf Qi – sie hatte schon so manche Geschichte über ihn gehört – und streckte ihm die Hand hin:»Ich interessiere mich genauso für verrückte Wissenschaftler wie für ihre noch verrückteren Unternehmen.«

»Dann wird das ein langes Abendessen werden mit uns beiden«, Qi lächelte,»ich war nämlich gerade eine ganze Woche lang Gast im schwimmendem Labor von ›Reagenzglas-Tony‹ Wong.«

»Nicht möglich!« Suyuan sprang auf.»Eine ganze Woche? Bei dem Abendessen werde ich aber mit am Tisch sitzen! Wie ist er denn so? Und seine Dschunke, wie ist die?«

»Dschunke?«, fragte Inga.

Suyuan erklärte:»Dschunken sind die Segelschiffe der chinesischen Seeleute von früher. Echte Dschunken mit Segeln aus Bambus gibt es so gut wie keine mehr. Wong hat sich eine Super-Dschunke bauen lassen, mit starken Motoren und allem Navigations-Schnickschnack.«

Der Wissenschaftler grinste breit zur Gewerkschaftlerin hinüber.»Wie wär's mit Pizza? Sonst ist sie ja durch nichts aus der Ruhe zu bringen«, fügte er verschwörerisch an.

»Dann schon lieber etwas in einer Schale, das man mit Stäbchen isst«, grinste Inga zurück.»Ich bin so selten hier.«

»Dr. Anthony Wong ist alles andere als verrückt«, erklärte Qi, während sie aßen.»Ein arrogantes Arschloch vielleicht schon. Vielleicht ist er nicht ganz so gescheit wie er tut, aber das ist immer noch ziemlich gescheit.«

Suyuan hatte sich ihm gegenüber gesetzt, um kein Wort zu verpassen. »Aber was treibt er den lieben langen Tag dort draußen auf dem Schiff? Schreibt er seine Memoiren? Stolziert er wirklich nackt an Deck herum und prahlt mit seinen Entdeckungen?« Sie platzte fast vor Neugierde.

»Mehr als nötig, aber mit den Kleidern legt man ja auch viel Glaubwürdigkeit ab.«

Inga lachte.

Qi fuhr fort:» Mit der Dschunke sammelt er an der Meeresoberfläche Gene von fotosynthetischen Organismen, mit denen er die Landwirtschaft retten und das Ölfördermaximum überbrücken will.«

Das einer Admiralitätsdschunke aus dem 15. Jahrhundert nachempfundene Schiff konnte es an wissenschaftlicher Ausstattung in der Tat mit den meisten Labors an Land aufnehmen.

»Algengene.« Qi schmunzelte.»Die gehören auch dazu, aber eigentlich hat Tony das Netz sehr viel weiter ausgeworfen.« Er blickte theatralisch um sich.»Er greift nach den drei Vierteln der Biomasse, die der Mensch bisher nicht direkt nutzt. Und das ist ohne jeden Zweifel …«– mit einem Mal war der Ton des Wissenschaftlers sehr ernst –»… der größte monopolistische Zugriff auf die Natur, den man sich vorstellen kann.«

»Ach ja, die sagenhafte Kohlenhydratwirtschaft …«, meinte Inga und lehnte sich gemütlich zurück.»Meine Chemiegewerkschaften liegen mir immer wieder damit in den Ohren. Seit gut zwanzig Jahren droht das doch schon am Horizont, fällt aber immer wieder über den Rand der Erdscheibe hinunter.«

»Die Anfänge beim Bioprocessing in den Achtzigerjahren waren schon ziemlich bescheiden«, räumte Qi ein,»aber Reagenzglas-Tony und seine Firmen nehmen das fotosynthetische Material von der Ozeanoberfläche und bauen sich daraus ihre eigene DNA, und zwar von Grund auf. Selbstvermehrende Mikroben hat er bereits, und jetzt ist er dabei, ganz bestimmte Sorten zu entwerfen, die praktisch jeden biologischen Grundstoff in jede andere gewünschte Substanz umwandeln können. Und er ist kein Einzelkämpfer. Die Chinesen und Amerikaner finanzieren ihn gemeinsam. Die großen Konsortien, ja praktisch alle größeren Firmen in Chemie oder Agrobusiness, haben inzwischen Joint Ventures am Laufen. So gut wie alles, was zu Beginn des Jahrhunderts an Biosynthese-Unternehmen gegründet wurde, ist längst in diesen Gemeinschaftsunternehmen aufgegangen. Die Aktivisten nennen sie die neuen ›Biomassters‹ … die Zusammensetzung von ›Biomasse‹ und ›Master‹ finden sie wahrscheinlich witzig. Rund um die BANG-Konsortien schießen diese Biosynthese-Joint Ventures wie die Pilze aus dem Boden«, sagte Qi.»Auf Dauer muss das die Konsortien schwächen. Versteht ihr nicht?«, fragte er erregt.»Bei Biosyn treffen sich Technik und Biowissenschaften und sie bauen völlig neue biologische Einzelteile und Systeme, die in der Natur überhaupt nicht vorkommen, oder sie verändern Baupläne und Funktionen der natürlichen Systeme.«

»Doch, doch«, meinte Suyuan säuerlich.»Das versteht sie sehr gut. Biosyn. Gentechnik ohne Grenzen, wir haben's kapiert.«

»Und auf perverse Weise ergibt das sogar einen Sinn«, meinte Inga nachdenklich.

»Die Gene waren schon immer das Interessanteste an der BANG-Konvergenz«, spann Suyuan den Gedanken weiter,»und wisst ihr auch, warum? Weil die DNA zum Bauen geschaffen ist und das im Nanobereich auf vollendete Weise vorführt. Statt selbstreplizierende, mechanische Roboter war es von vornherein sinnvoller, Designermikroben zu entwerfen, die alles Mögliche produzieren konnten. Mit der Biosynthese wird das Produktionsmittel gleichzeitig zum Endprodukt für den Konsum. Statt tief in der Erde zu bohren oder am Meeresboden herumzuwühlen, braucht die Industrie nur die Biomasse von der Erd- oder Ozeanoberfläche abzuschöpfen und in Treibstoff, Fasern, Baumaterial, oder was immer der Markt verlangt, umzuwandeln. Die Gang braucht die Biomasse nur in ihre Bestandteile zu zerlegen und neu zusammenzusetzen.« Die Journalistin war immer lauter geworden.

»Damit werden Felder und Wälder, Meere und Flüsse – alles, was bislang noch nicht konsum-merzialisiert war – zu Rohmaterial für BANG«, fügte Inga an.

»Da die wackere Zivilgesellschaft dies offenbar schon alles weiß, was wird sie dann dagegen unternehmen?«, fragte Qi die beiden Frauen mit mehr als nur einer Prise Zynismus.

»Für die Gewerkschaften ist es schwer, über die anstehenden Tarifverhandlungen hinauszusehen«, meinte Inga Thorvaldson verteidigend. »Überall droht Stellenabbau, und gerade die Chemiegewerkschaften haben an die Robotik viel Boden verloren. Viele haben die Biosynthese einfach noch nicht im Blickfeld.«

»Greenpeace ist Tony und seiner Dschunke schon lange auf den Fersen«, sagte Suyuan,»und die Idee mit der ›Gen-Tunke von Tonys Gen-Dschunke‹ bei der letzten Jahresversammlung war wirklich gelungen. Aber wie soll man jemanden festnageln, der es geschafft hat, dass ihn fast die ganze Welt als letzten Hoffnungsschimmer ansieht. Die NGOs kriegen bei den Stiftungen einfach kein Geld für die Kampagne gegen die Biosynthese. Der Kampf läuft einfach an zu vielen Fronten gleichzeitig.«

»Ein richtiger Zuckerschock«, pflichtete Qi bei. »Alle halten die Kohlenhydratwirtschaft mit der Umwandlung von Biomasse in Energie für die ideale Lösung der Energie- und Klimaprobleme.« Schweigend aßen die drei weiter …

2034: Alitash wünschte sich ein Baby. Suyuan, die sehr viel älter war, hätte eine Adoption bevorzugt, aber Tash ließ sich nicht abbringen. Schließlich willigte Suyuan in eine künstliche Befruchtung ein. Wie immer sparte Qi nicht mit guten Ratschlägen. GEnome hatte ein Programm von leistungssteigernden»Human Performance Enhancement«-Medikamenten (HyPE) und Implantaten entwickelt und stellte diese verdienten Mitarbeitern gerne »zum Selbstkostenpreis« zur Verfügung.

Mit diesen Medikamenten für Gesunde, das wusste Suyuan, erzielte das Unternehmen die höchsten Profite und man hatte sich schon Mitte der 1970er-Jahre entschieden, hier die Forschungsanstrengungen besonders zu bündeln. Präparate für Gesunde hatten eigentlich nur Vorteile. Gesunde wurden nicht krank und verloren daher nicht ihre Arbeit. Die Kosten spielten für sie keine Rolle und sie erregten bei den Medien und in der Politik nicht das Mitleid, das die Pharmabranche immer wieder zu Preissenkungen gezwungen hatte. Die Gesunden starben nicht, und, was noch besser war, sie konnten nicht noch gesünder werden. Waren sie erst einmal auf ihre Rezepte eingestellt, dann ließen sie die Behandlung jahrelang unverändert weiterlaufen. Vier Jahrzehnte zuvor hatte die Entwicklung mit plastischer Chirurgie und Lifestyle-Medikamenten wie Viagra und Antidepressiva bereits begonnen, doch inzwischen bot die Arzneimittelindustrie Produkte zur Leistungssteigerung von Gedächtnis, Gehör und Sehfähigkeit an, dazu für Eltern und ihre Kinder Präparate für eine höhere Denkleistung und Wahrnehmungsfähigkeit in einer Welt, in der ein Vollzeitjob keineswegs selbstverständlich war.

Suyuan lehnte die von der Firma angebotene Optimierung des Babys ab und wurde von Qi dafür wie schon so oft als altmodisch bezeichnet. Sie entgegnete wütend, die Firma betreibe die Spaltung der Gesellschaft in jene, die sich die neuen Präparate leisten wollten und konnten, und die anderen, die sich nicht »verbessern« lassen wollten oder denen schlicht das Geld dazu fehlte. Ihre Diskussionen nahmen an Schärfe zu und Suyuan wollte wissen, warum sich die pharmazeutischen Unternehmen nicht an die Lösung der wirklichen Gesundheitsprobleme der Welt machten.

Mit Antibiotika hatte sich die Branche vor fast einem Jahrhundert ihren Ruf und wirtschaftlichen Stellenwert erworben, doch deren Wirksamkeit war angesichts immer neuer, resistenter Superbakterien am Kollabieren. Die großen Armutskrankheiten wie Malaria, Tuberkulose, HIV/AIDS und Amöbenruhr waren noch immer präsent, kosteten Millionen das Leben und fanden (außer bei kurzfristigen, schlecht durchdachten, philanthro-kapitalistisch motivierten Kampagnen wie der Bill and Melinda Gates Foundation zu Beginn des Jahrtausends) kaum Beachtung.

Wenige Monate später nahmen Suyuan und Qi ihr Lieblingsthema Demokratie wieder auf – natürlich zu Hause bei einem Stück Pizza. Suyuan trug den Arm in Gips.

»Ein Dreirad. Fahrerflucht«, seufzte Tash.

»Ziemlicher Rückschritt«, bemerkte Qi.

Suyuan hörte nicht hin und machte sich an die Pizza.

»Keine wirkliche Demokratie«, dozierte Qi, »ohne Privatsphäre! Ist euch klar, wie wenig davon übrig geblieben ist? Klar, alle sogenannten Demokratien haben scharfe Gesetze zum Schutz des Privaten, aber kaum waren die Gesetze in Kraft, da haben die Leute die Informationen freiwillig herausgerückt und bezahlen uns sogar noch dafür, dass wir sie nehmen.« Er genoss das sichtlich. »Vor Jahren hatte die Pharmaindustrie ernsthafte Probleme mit Rückrufaktionen. Da haben wir den Leuten erzählt, wenn sie gegen Geld ihr persönliches Genom kartieren und uns Einsicht nehmen ließen, dann könnten wir feststellen, ob sie die fraglichen Medikamente nehmen könnten oder nicht. Die Daten würden nur zum persönlichen Nutzen der Person und zu Forschungszwecken innerhalb des Unternehmens benutzt. Bei der Größe der Technologiekonsortien hieß das allerdings, dass die Daten praktisch in alle Welt gingen. Und den Leuten konnte es mit der Übertragung der Gendaten gar nicht schnell genug gehen!«

Suyuan musste ihm zustimmen. »Ganz ähnlich lief es doch mit den neuen Kommunikationsmöglichkeiten. Um die Jahrtausendwende dachten wir doch alle«, fuhr sie fort, »das Internet und die Mobiltelefone würden die Information demokratisieren und die Initiative der Bürger stärken. Eine Weile lang stimmte das ja auch. Letzten Endes aber machten das Netz und die Handys es den Regierungen leicht, zu verfolgen und genau zu kartieren, was jeder Einzelne tat und mit wem. Und dabei wurde diese ganze Technik als ›Public Domain‹ – Allgemeingut – gepriesen!«

Wehmütig dachte Suyuan an ihren Großbritannienaufenthalt im Jahr 2005. Manche Aktivisten dort waren von den Bürgerkarten begeistert gewesen, und Besitzer von GPS-Handys in ganz England hatten unglaublich detaillierte Karten ihrer Gemeinden angefertigt, mit Informationen über die Bewohner und die verschiedensten Ereignisse. Dann waren die Karten alle zusammengefügt und ins Internet gestellt worden. Das hatte – wirkungsvoller als bei der nach Suyuans Meinung weithin überschätzten Satellitentechnik – die Demokratisierung vorantreiben sollen. Stattdessen gab man der Regierung einen ungeheuren Schatz an sozioökonomischen und politischen Informationen an die Hand.

Qi war in seinem Element. »Und was lernen wir daraus? Nichts. Im 19. Jahrhundert beim Telegraphen und im 20. beim Radio herrschte die gleiche Euphorie. Dichter und Verfechter kündigten ein neues Zeitalter von Transparenz, Wahrheit und wirklicher Demokratie an. Keiner hielt es für möglich, dass die Machthaber den Äther kontrollieren könnten. Seht euch die Medizin und die Humangenomik an. Da haben Menschenrechtsaktivisten und Bürgerrechtler – und sogar diese Genfer Gruppe, WHO Watch und deine Freundin Anita Krishna – jahrzehntelang für wirkungsvolle Gesetze zum Schutz persönlicher Krankheits- und Gendaten gekämpft, und das sogar mit Erfolg, und dann? IBM bringt das Genographie-Programm ins Rollen; jeder darf für 100 Dollar einen DNA-Test kaufen, mit dem er IBM seine komplette genetische Information überlässt, und Millionen Menschen greifen tatsächlich zu! Kaum zu fassen.« Seine Stimme schwankte zwischen Lachen und Seufzen. »The people united will always be defeated – ein geeintes Volk wird immer besiegt werden.«

»Handys und Internet haben aber auch manches Gute gebracht, selbst damals«, sagte Tash. »In Obamas erstem Präsidentschaftswahlkampf … und schon vorher, Mitte der Neunzigerjahre, da haben die Zapatisten in Mexiko übers Internet von ihrem Kampf berichtet.«

Suyuan hielt sich zurück. Beim Thema Medien und Privatsphäre war sie sich oft unsicher in ihrem Urteil. Natürlich war die Überwachung allgegenwärtig, aber das System hatte auch Lücken – hoffte sie.

Eine halbherzige Antwort zu geben, wäre ihr genau so unangenehm gewesen wie Qi, eine solche zu erhalten. Dabei fiel es ihr nicht schwer, WHO Watch und ihre alte Mitstreiterin Anita Krishna in Schutz zu nehmen. In langen, mühsamen Verhandlungen hatte sie die Bürgerrechtsbewegungen davon überzeugt, den Vereinten Nationen und ihren speziellen Organen wie der Weltgesundheitsorganisation mit einer einheitlichen Strategie zu begegnen. Am Ende aber fehlte den europäischen Geldgebern das Verständnis für die globale Bedeutung der Arbeit von WHO Watch, und sie drehten der Nichtregierungsorganisation den Geldhahn zu. Vielleicht war es ein strategischer Fehler gewesen, dass Krishnas Gruppe den Zugriff der Gang auf das menschliche Erbgut bekämpft hatte, aber die richtige Taktik war angesichts der komplexen Sachverhalte nicht leicht zu finden. Die meisten der unter WHO Watch agierenden NGOs wünschten sich Aktionen, die auch kleine, progressive Fördervereine verstanden und mit Geld unterstützten. Wenn Qi der Widerstandsbewegung vorwarf, ihre Aktionen auf schnelle Erfolgserlebnisse auszurichten, dann traf er damit leider genau ins Schwarze.

Wie bei den meisten gemeinsamen Abendessen in letzter Zeit musste Tash, als sie sich von Qi verabschiedete und ins Bett ging, die Tränen zurückhalten. Suyuan griff nach dem Laptop und hackte das nächste Blog herunter. Suyuan glaubte, ihre Partnerin sei diesen Stimmungsschwankungen erst unterworfen, seit sie so auf Mutterschaft fixiert war. Aber dagegen tun konnte sie trotzdem nichts.

Ihr neuestes Blog handelte vom Versagen der Meerwasserentsalzung. Vom Südchinesischen Meer bis zum Mittelmeer wurde das Trinkwasser immer knapper, und Krankheiten breiteten sich aus. Seit dem vorigen Jahr fiel eine der auf Nanotechnik basierenden Filteranlagen nach der anderen aus. Unter enormen Kosten mussten von Accra bis Lissabon Ansaugrohre, Nanosensoren und Filter ersetzt werden, weil irgendetwas die Systeme entweder verstopfte, wie im Nordatlantik, oder zersetzte, wie an Standorten im Süden. In diesem Jahr hatte das Problem auch den Indischen Ozean und damit die Versorgung von Metropolen wie Kalkutta, Colombo, Mumbai und Mombasa erfasst. Auch Städte von Recife bis Buenos Aires am Südatlantik waren nun betroffen.

Doch erst als auch Miami, Atlanta und New York die Trinkwasserkrise zu spüren bekamen und Urlauber in Florida über merkwürdige Hauterkrankungen zu klagen begannen, formierte sich auch international der Wille zum Handeln. Washington beharrte zwar darauf, es handle sich um einen durch den Klimawandel verstärkten Nebeneffekt des aktuellen El Niño-Ereignisses, aber Suyuan war sich sicher, dass Terra-Forma und deren künstliche Mikroben Ursache des Problems waren. Sie vermutete, dass es aufgrund der besonderen molekularen Fähigkeiten der Biester zu unkontrollierten Kreuzungen verschiedener Meeresorganismen gekommen sein musste – nur konnte die Journalistin das nicht beweisen.

Die Krise spitzte sich zu, und bald geriet der fast vergessene Botucatu-Aquifer wieder ins Blickfeld der internationalen Politik. Hydrogeologen zufolge enthielt die unter Pampa und Savanne des südlichen Südamerika verborgene, wasserführende Gesteinsschicht genug, um den gesamten Trinkwasserbedarf der Welt für zwei Jahrhunderte sicherzustellen. In New York – bei den Vereinten Nationen und bemerkenswerterweise auch weiter unten in Manhattan an der Wall Street – verlangten Diplomaten und Investoren umgehend Zugriff auf die Ressource.

Als Reaktion auf die explodierende Spekulation mit dem Rohstoff Wasser schlug Brasilien vor, ein »Kartell für Wasserschutz und -handel« zu gründen, das Suyuan sofort als H2OPEC verulkte. Neben Brasilien sollten dem Gremium Kanada, China und Russland angehören, doch H2OPEC blieb im Rohr stecken. Suyuan erläuterte übers Internet, Kanadas Wasservorkommen seien bereits an die USA abgetreten, das Wasser in Russland sei vergiftet, das in China vergeben, vergiftet oder beides, und auch die brasilianischen Wasserressourcen seien durch die intensive Produktion von Biotreibstoffen schon weitgehend erschöpft.

BRASILIEN 2034: Nicht einmal einen Monat nach ihrem Wasser-Artikel stand Suyuan in einer ländlichen Siedlung in Paranà über Brasiliens wichtigstem unterirdischen Wasserspeicher. Mit großer Freude war sie einer Einladung als Rednerin vor dem Weltsozialforum gefolgt, das nach all den Jahren wieder einmal im brasilianischen Porto Alegre stattfand. Inga Thorvaldsons Einladung hatte sie einfach nicht widerstehen können. Vor Jahrzehnten hatte Suyuan diese weltweit an verschiedenen Orten abgehaltenen Treffen als eine der wenigen Möglichkeiten der Zivilgesellschaft gesehen, sich politisch zu organisieren. Nach den anfänglichen Erfolgen und dem raschen Wachstum um die Jahrtausendwende war das Weltsozialforum aber allmählich zum Spielball verschiedener politischer Lager geworden, die sich um die Führungsrolle stritten.

Einen ersten Einschnitt brachte das Forum von Mumbai 2004 mit einer zur selben Zeit am selben Ort abgehaltenen Konkurrenzveranstaltung, die dem »offiziellen« Sozialforum den Rang streitig machte. So sehr Suyuan mit den progressiven Kräften des WSF sympathisierte, die für eine aktiveres Eintreten gegen die Globalisierung warben, so war ihr doch bewusst, dass der »öffentliche Raum« und der freie Gedankenaustausch unerlässlich waren, wenn man wirklich etwas erreichen wollte. Nur mit ausreichender Gefolgschaft und festem Zusammenhalt konnte die Zivilgesellschaft der politisch-industriellen Elite ebenbürtig entgegentreten.

Aber das sollte nicht sein. Schon 2012 hatte eine giftige Mischung aus ideologischem Starrsinn und persönlicher Eitelkeit die Bewegung in verfeindete Lager und thematisch eng gefasste Foren zersprengt, die nicht an die Popularität und Schwungkraft der ersten Weltsozialforen heranreichten. »Die gleiche Welt ist wahrscheinlich«, hatte Suyuan damals aller Illusionen beraubt gedacht, in Abwandlung des WSF-Mottos »Eine andere Welt ist möglich«. Das Forum von 2034 in Porto Alegre war der verzweifelte Versuch brasilianischer Bauern und verschiedener sozialer Bewegungen aus Lateinamerika, die vor fast einem Vierteljahrhundert verpasste Gelegenheit doch noch einmal zu ergreifen.

In Porto Alegre nahm sie natürlich Kontakt zu alten Freunden auf. Da war zum einen Anita Krishna, die ehemalige Koordinatorin von Qis Lieblingsfeind, der mittlerweile aufgelösten WHO Watch. Und auch mit João Sergio, dem Landarbeiter aus der Bewegung der brasilianischen Landlosen, den sie beim Ministertreffen der Welthandelsorganisation 2005 in Hongkong kennengelernt hatte, war sie in Kontakt geblieben. Die Bewegung hatte in Lateinamerika inzwischen beträchtlichen Einfluss erlangt. João Sergio saß inzwischen im Vorstand der Landarbeiterbewegung und hatte die Journalistin und Anita Krishna in eine Kooperative der Bewegung in Paranà eingeladen. Viele Jahre zuvor war die Siedlung Versuchsstation von Syngenta für Feldversuche genetisch veränderter Sojabohnen gewesen. Dann hatte die Landarbeiterbewegung das Land besetzt und die brasilianische Regierung gezwungen, Syngenta zu einer Strafe von einer halben Million Dollar und zur Übergabe des Landes an die Bauern zu verurteilen. Im folgenden Jahr besetzte Syngenta das Land erneut; es gab Proteste, bei denen die Miliz einen Bauern tötete. Erst nach Amtsende von Luiz Inácio Lula da Silva als Präsident Brasiliens nahmen die Bauern das Land erneut in Besitz.

João Sergio hatte über die Jahre graues Haar bekommen, dazu einige verdächtig aussehende Narben, aber sein Charme hatte kein bisschen gelitten. Mit funkelnden Augen und energischem Schritt führte er sie durch eine Siedlung, die das mit dem Klimawandel einhergehende Chaos recht gut bewältigt hatte. »Wir zapfen hier an, was vom Aquifer noch übrig ist«, erläuterte er Su und Anita. »Die Biosprit-Barone haben noch keinen Wind davon bekommen, aber das ist nur eine Frage der Zeit – gut möglich, dass die Brunnen schon vorher trockenfallen …«

Der seit der Jahrhundertwende einsetzende Boom der Kohlenhydratwirtschaft und Biotreibstoffe hatte die Nahrungsmittelproduktion hier in Brasilien genauso zusammenbrechen lassen wie in Nordamerika und Afrika. Mit dem Trumpf jahrzehntelanger Erfahrung bei der Umwandlung von Zuckerrohr in Treibstoff war die Regierung Lula in den weltweiten Markt für Bioenergie eingestiegen. Man hatte verzweifelt gehofft, wie Indien und China zur Supermacht aufzusteigen, genau wie vorige Regierungen, die auf Wohlstand aus Kaffee, Zuckerrohr, Kautschuk oder Viehzucht gesetzt hatten – das Resultat war dasselbe.

Die Anbauflächen für Zuckerrohr wuchsen auf ein Vielfaches, Sojabohnen und Mais drängten ins Weideland, und Viehzucht und Ackerbau gaben den Regenwäldern des Amazonas gemeinsam den Rest. Mochte Brasilien vor der UN-Biodiversitätskonvention noch so sehr beteuern, die Wälder würden durch die Treibstoffplantagen nicht berührt – durch den Dominoeffekt war genau das Gegenteil der Fall. Energiepflanzen brauchten aber mindestens ebenso viel Wasser wie Nahrungspflanzen, und die großen Agrokonzerne und Biosprit-Konglomerate hatten ungleich mehr Einfluss als die brasilianischen Kleinbauern, weswegen das gewaltige Grundwasservorkommen rasch und unkontrolliert ausgebeutet wurde. Dann aber verwüsteten Wirbelstürme immer häufiger die Atlantikküste, sintflutartige Regenfälle erodierten den ungeschützten Ackerboden, und die Erträge gingen zurück. Arme Bauern konnten sich weder Kunstdünger noch Treibstoff oder Wasser leisten und mussten zu Hunderttausenden in die Städte abwandern.

Auf dem Spaziergang durch das vergleichsweise üppige Grün der Felder erzählte João Sergio, Brasilien sei auf dem besten Weg, unterm Strich zum Nahrungsimportland zu werden – als Produzent von Bioethanol und Biodiesel im Austausch gegen Reis aus Asien.

»Trotz allem«, wandte Suyuan ein, »sieht es hier doch nicht schlecht aus. Haben sich die Bauern hier nicht gut an den Klimawandel angepasst?«»So gut auch wieder nicht.« João zuckte mit den Achseln. »Da haben wir uns ein bisschen selbst in die Tasche gelogen. Lange Zeit haben wir uns eingeredet, mit unserem überlieferten Wissen und der genetischen Vielfalt unserer Anbaupflanzen kämen wir besser mit dem Klimawandel zurecht als die großen Industriefarmen.« Er seufzte. »Leider haben wir den Wasser- und Flächenbedarf für Energie aus pflanzlicher Biomasse unterschätzt, und auch der drastische Temperaturanstieg und das verrückte Wettergeschehen haben uns völlig überrascht.«

Über den Hügeln im Westen ging sehr malerisch eine seltsam glitzernde Sonne unter.

»Der Mais, der Weizen und die Sojabohnen hier sind noch nie bei derart extremen Temperaturen angebaut worden. Unsere Ertragseinbußen sind gewaltig.«

João Sergio erhob sich vom Tisch und ging auf die Straße hinaus.

»Bäuerinnen aus den Anden – Bolivien und Chile hauptsächlich – haben versucht, uns zu warnen, aber der Vorstand ließ sich nicht belehren.« Er fuhr sich durchs graue Haar. »Die Frauen hatten in den Bergregionen ein System zum Austausch von Sämereien eingerichtet, hätten aber etwas Unterstützung gebraucht, um das Netzwerk über die Grenzen der lokalen Ökosysteme hinweg auszuweiten. Bekommen haben sie nichts. Und wir schlagen uns hier gerade so durch. Aber wenn der Aquifer versiegt …«

Seine Worte verklangen in Richtung der silbernen Wolken am Horizont.

Viel Zeit verbrachten Suyuan und Anita in der Kooperative auch mit Marcolino di Gaspar, einem Arzt und hochbegabten Gesundheitspolitiker. Er war zeitweise Präsident des Verwaltungsrats von WHO Watch und in dieser Eigenschaft auch NGO-Kandidat für den Posten des Generaldirektors der Weltgesundheitsorganisation gewesen. Nun unterstützte er João Sergio dabei, die alternative Gesundheitsbewegung und die Landarbeiterverbände zusammenzubringen.»Gottlob ist er nicht in die WHO gewählt worden!«, meinte Anita bei einer Flasche von João Sergios Selbstgebrautem zu Suyuan.»Den hätten sie gar nicht verdient gehabt.«

Am nächsten Morgen fuhren Anita und Marcolino mit dem Bus zurück nach Porto Alegre, wo sie mit Inga Leichenschau über das Sozialforum halten wollten. Mithilfe der Bauern gelangte Suyuan über die Grenze in den Gran Chaco von Paraguay und weiter zum wieder instand gesetzten US-Militärflugplatz von Mariscal Estigarribia, etwa 250 Kilometer von der bolivianischen Grenze entfernt.

Es war nie ganz klar geworden, warum dieser Flugplatz 2005 gebaut worden war. Manche behaupteten schon damals, mit der Luftwaffenbasis solle der Anspruch der USA auf das darunterliegende Grundwasservorkommen bekräftigt werden. Andere deuteten ihn als Instrument, um auf neue, vermeintlich linksgerichtete Regierungen der Region Druck auszuüben, die sich damals mit regionalen Handelsabkommen der Globalisierung widersetzten. In Bolivien, das auch große Erdgasvorkommen besaß, war 2005 ein wirklich fortschrittlicher Indio zum Präsidenten gewählt worden. Einer verbreiteten Ansicht zufolge gerieten die Vereinigten Staaten darüber in Panik und riefen die Armee auf den Plan, um gegebenenfalls einzugreifen.

Was immer die Gründe gewesen sein mochten – die USA stellten auf dem Gebiet des Grundwasservorkommens mittlerweile die größte Streitmacht dar. Mit der Unterstützung des paraguayischen Pendants zur brasilianischen Landarbeiterbewegung konnte sich Suyuan fünf Tage lang mit Bauern und Dorfbewohnern über die Militärbasis, die Wassersituation und die wirtschaftliche Lage unterhalten. Besuch aus China war hier nicht alltäglich, und so dauerte es nicht lange, bis die US-Streitkräfte von ihrer Anwesenheit erfuhren. Der Journalistin blieb nichts anderes übrig, als sich in aller Eile wieder über die Grenze zu begeben, in den Schutz der brasilianischen Landarbeiter. Nicht ihre eigene Sicherheit war bedroht gewesen, das wusste sie gut, sondern die ihrer Gastgeber.

Dann ließ sich der Abschied nicht länger hinauszögern. João nahm sie fest in die Arme und meinte tröstend:»Keine Sorge, auch wenn alle Städte und Großmächte zusammenbrechen, werden wir hier immer noch unser Land bebauen. Das Kämpfen sind wir gewohnt. Was glaubst du, woher ich all die Narben habe?«Sie lächelte traurig und erwiderte seine Umarmung.

Von Brasilien flog Suyuan weiter nach La Paz in Bolivien. Von dort reiste sie mit öffentlichen Bussen weiter bis Rosetta hoch oben auf dem Altiplano, wo sie die alte Bäuerin Marta Flores kennenlernen wollte, von der ihr João Sergio erzählt hatte. Flores führte noch immer ein Netzwerk kleinbäuerlicher Züchter an, die Gemüsesorten entwickelten, denen die Saatkonzerne – bislang – keine Aufmerksamkeit schenkten. Durch die Zusammenarbeit mit einer Vielzahl von Bauern der Andenregion wurden hier an der Basis der Gesellschaft brauchbare Antworten auf den Klimawandel gefunden.

Mit der unerwartet beschleunigten Erwärmung der Erde nach 2010 kam die allgemeine Überzeugung, dass für die 380 Millionen nur für den Eigenbedarf produzierenden, kleinbäuerlichen Betriebe das Ende besiegelt sei. Den selbstgezüchteten Sorten räumte man – bei aller Vielfalt – wenig Chancen ein, gegen steigende Temperaturen und immer neue Schädlinge und Krankheiten zu bestehen. Die agrarwissenschaftlichen Forschungsinstitute der Welt rangen die Hände und UN-Behörden warnten vor Landflucht in bislang ungesehenem Ausmaß. Und wo immer Kleinbauern auf sich gestellt waren und keine Perspektive mehr sahen, traf die Prognose auch ein. Millionen flohen in die Ghettos und Barrios.

Waren die Bauern aber organisiert, dann verlief die Geschichte – wenn auch leider nicht oft genug – anders. Die bäuerlichen Netzwerke stellten behutsam auf Sorten um, die bisher in größerer Höhe gediehen waren. Zwischen klimatisch ähnlichen Regionen verschiedener Kontinente wurden fieberhaft Sorten und Arten ausgetauscht. Als die multinationalen Saatgutkonzerne darauf aufmerksam wurden, zwangen sie die Regierungen, den Austausch zu unterbinden, mit der Begründung, er verletze »phytosanitäre« Bestimmungen, leiste der Verbreitung von Nutzpflanzenkrankheiten Vorschub und fördere den Gebrauch von minderwertigem, mit Unkraut verunreinigtem Saatgut. Die meisten Netzwerke gingen ein. Die Gruppe um Marta Flores gehörte zu den wenigen, die durchgehalten hatten.

Dann benutzten die USA ihre Macht über den Aquifer und den dringenden Wasserbedarf der Region, um die Jahre zuvor vom venezolanischen Präsidenten Hugo Chavez gegründete Bank Lateinamerikas in die Knie zu zwingen. Grundlage der Bank waren die Öl- und Gasreserven der Region gewesen. Chavez hatte davon geträumt, einen am Euro angelehnten lateinamerikanischen Peso-Standard einzuführen. In den Anfangsjahren war die Bank mit der Destabilisierung des Dollars recht erfolgreich gewesen und die USA hatten an Einfluss verloren. Im Lauf der Zeit hatte die politische Unterstützung der Peso-Bank aber nachgelassen, und die lateinamerikanischen Zentralbanken hatten auf US-amerikanischen Druck auch Dollar- und Eurobestände anlegen müssen. Da es an breiter Unterstützung fehlte, konnten die USA unter der Hand mit Wasserknappheit drohen, bis den Latinos nichts anderes übrig blieb, als zum Dollar-Standard zurückzukehren.

ADDIS ABEBA 2035: Wie vereinbart, begleitete Qi in der Zwischenzeit Tash auf ihrer Dienstreise nach Addis Abeba, wo sie die Afrikanische Union über die Handelsaussichten mit China unterrichten sollte. Für Qi war dies eine willkommene Gelegenheit, alte Freunde zu besuchen und sich über den Fortgang von Untersuchungen zu informieren, an denen er Jahre zuvor selbst beteiligt gewesen war. Tash ging es natürlich in erster Linie darum, ihre Familie wiederzusehen und die Befruchtung in die Wege zu leiten. Trotz Qis lautstarker Proteste waren sie und Suyuan übereingekommen, dass der Samen von einem afrikanischen Spender kommen sollte. Qi ließ sich nicht davon abbringen, dass es das Kind, falls Tash in China blieb, mit chinesischem Aussehen dort leichter haben würde.

In Addis herrschte wie immer ein gewaltiges, staubiges Durcheinander. Während der vergangenen Jahre hatten sich am allgegenwärtigen Nahrungsmangel immer wieder zerstörerische Krawalle entzündet. Im Augenblick genoss die Stadt eine vorübergehende Phase der Ruhe, aber die betonierten Maschinengewehrstellungen an allen wichtigen Straßenkreuzungen ließen keinen Zweifel an den Zuständen aufkommen. Trotz der zur Schau getragenen Gelassenheit war den Menschen auf der Straße die Wut anzumerken.

Nach vier Tagen intensiver Beratungen im Handelsministerium stiegen Tash und Qi in einen alten Mercedes, und Tashs Onkel fuhr mit ihnen einen halben Tag lang das Rift Valley hinunter bis Kombolcha. Hier wohnten Tashs Eltern und ihre Schwester. Die Eltern hatten in der öffentlichen Verwaltung gearbeitet und sich nach der Pensionierung wieder hierher zurückgezogen, als die Straßenkämpfe in Addis immer näher an ihr Stadtviertel herangerückt waren. Ihr Heimatort war ein kleines Dorf gewesen, als sie in die Hauptstadt gezogen waren, und noch immer besaßen sie hier etwas Land und in der näheren Umgebung viel Verwandtschaft. Tashs Vater Teferra und ihre Mutter Sophia waren Agrarwissenschaftler und lebten förmlich auf, als sie wieder selbst Landwirtschaft betrieben. Eigentlich waren sie um der eigenen Sicherheit willen hergekommen und hatten nicht erwartet, ihr altes Dorf in derart gutem Zustand und die Gemeinschaft so wohlorganisiert vorzufinden. Der Klimawandel hatte auch dem Rift Valley zugesetzt, aber die Gemeinde hatte sich als zäh erwiesen und sogar zum Positiven entwickelt.

Qi ließ seinen Neigungen als Entertainer freien Lauf und unterhielt Tashs Vater mit Anekdoten über die Auswüchse der chinesischen Kultur. Natürlich prahlte er dabei mit seinem Amharisch und gab Geschichten aus seiner Zeit als junger Wissenschaftler in Äthiopien zum Besten. Tash spazierte unterdessen mit ihrer Mutter durch die Felder und ging Freunde besuchen.

Ende der 1980er-Jahre hatte die Genbank der Hauptstadt in Zusammenarbeit mit einer kanadischen NGO erreicht, dass ihre Wissenschaftler wieder traditionelle Teff- und Hirsearten in den Dörfern einführen konnten. Ursprünglich sollte so der Erhalt der genetischen Vielfalt sichergestellt werden, doch schon Mitte der 1990er-Jahre waren die äthiopischen Bauern und Agrarwissenschaftler intensiv dabei gewesen, neue Sorten zu züchten. Die Bauern wünschten sich größtmögliche Diversität, um ihre ursprünglichen Sorten optimal auf die Veränderungen durch den Klimawandel einzustellen. Trotz verschiedener Rückschläge und Widerstand von Saatgutfirmen und sogar der eigenen Regierung hatten sich die Bauern durchgesetzt und ihr Netzwerk zum informellen Austausch von Genmaterial auf das ganze Tal bis ins Hochland ausgebreitet.

Saatgut war aber nur der Ausgangspunkt für den Aufbau des Netzwerks gewesen. Bald schon waren die althergebrachten, dörflichen Strukturen und Verbände der Bauern auch wegen der Notwendigkeit ausgeweitet worden, die Züchtung von Nutztierrassen zu verbessern und Vermarktungsstrategien zu erarbeiten, die nicht vom Wohl von Regierung und Regionalverwaltung abhingen.

Und während die Wirtschaft des Landes an den Auswirkungen der Globalisierung zugrunde ging und die Bürokraten in Addis in Panik gerieten und zusehends an Einfluss verloren, sorgten die bäuerlichen Netzwerke für stabile Lebensbedingungen ihrer Angehörigen. Die Mehrparteiendemokratie in der Hauptstadt verkam bald zu einem formlosen Oligopol, aber das machte das bewährte System demokratischer Mitbestimmung im Tal nur noch stärker.

Tashs Mutter war als Agrarwissenschaftlerin im Dorf sehr willkommen gewesen, doch hatte sie ihre Lektion Demut gelernt. »Die Leute hier wissen so viel«, sagte sie ihrer Tochter. »In der Schule und später in Addis hat es immer geheißen, die Bauern seien zu konservativ und ungebildet, um neue Ideen aufgreifen zu können. Aber mit ihrem Verständnis für das Land nutzen sie das Ökosystem viel effizienter, als wir das jemals erträumen könnten. Sie sind nicht konservativ – sie sind bloß vorsichtig; bei Neuerungen haben sie immer die Auswirkung auf das ganze Ökosystem im Blick. Und ich habe hier großartige Neuerungen miterleben dürfen.«

Dem alten Mercedes von Tashs Onkel war die lange Fahrt zurück nach Addis nicht mehr zuzutrauen. Tashs Mutter vermittelte die beiden deshalb an Abebe Jideani, einen Freund der Familie und Fuhrunternehmer. Jideani schlug sich mit zwei von den Knien abwärts verkümmerten Beinen durchs Leben – wahrscheinlich genetisch bedingt, nahm Qi an. Nach einem scharfen Blick von Tash beherrschte er sich, dem jungen Fahrer von einer neuen Art von Beinprothese vorzuschwärmen, die GEnome gerade entwickelte.

Der Wissenschaftler staunte nicht schlecht über die selbst gebastelten Bedienungselemente, die das Fahren auch ohne Füße ermöglichten. Während der Fahrt erzählte Abebe, er habe vorübergehend am in Afrika abgehaltenen Sozialforum mitgearbeitet. Angesichts der ständigen internen Machtkämpfe habe er aber die Hoffnung verloren und sich nach dem Debakel von Zimbabwe wieder ganz seiner Transportfirma gewidmet.

Qi gab sich größte Mühe, seine Freude über die Rückkehr zu den Restaurants und Tanzlokalen von Addis nicht allzu offen zu zeigen. Er war begeistert vom äthiopischen Tanzstil mit dem charakteristischen Schütteln der Schultern, und in den internationalen Hotels waren einige dieser Lokale erhalten geblieben. Tash starrte die meiste Zeit aus dem Fenster. Zwei Tage später waren sie schon zurück in Peking und warteten auf Suyuans Rückkehr aus Südamerika.

Alitash war inzwischen befruchtet worden, und schon nach wenigen Stunden war die Schwangerschaft bestätigt worden. Die werdende Mutter war voller Glück – und Sorge. Ihrer Familie und dem ganzen Dorf zu Hause ging es zwar gut, aber die insgesamt schwierige Lage ihres Heimatkontinents machte ihr schwer zu schaffen. Was war das nur für eine Welt, in die sie ihr Kind gebären sollte? Konnte sich der Widerstand über das Rift Valley hinaus ausbreiten? Gab es in anderen Teilen Afrikas vielleicht ähnlich erfolgreiche Beispiele? Abends dachte sie oft daran, das Kind zu Hause bei ihrer Familie zur Welt zu bringen. Doch dann bestand die Gefahr, dass sie wegen der immer strengeren Quarantänebestimmungen nicht nach Peking zu Suyuan zurückkehren konnte.

Der Handel zwischen Afrika und den asiatischen Supermächten ging merklich zurück. Es wurde immer deutlicher, dass China in Afrika vor allem einen Reservevorrat an fossilen Brennstoffen, Boden und mineralischen Rohstoffen sah, den man anzapfte, falls die Nanotechnik scheiterte oder untragbare Auswirkungen nach sich zog. Mit jeder neuen Nachricht von Tashs Kollegen bei der Afrikanischen Union verstärkten sich ihre Befürchtungen.

PEKING 2035: Suyuan, Tash und Qi waren im gespenstisch schillernden Regen von Peking spazieren gewesen. Trotz des Geglitzers war der Himmel düster. Bei Atom-Sphere wurde das beharrlich als Zeichen des Erfolgs gepriesen. Suyuan hielt es eher für Luftverschmutzung durch Nanopartikel. Tash war inzwischen im siebten Monat. Die Schwangerschaft hatte sie förmlich aufblühen lassen. Die abendlichen Spaziergänge hatte sie der Gesundheit wegen aufgenommen. Suyuan hatte Zweifel, ob die Abendluft wirklich gesundheitsfördernd war, sagte aber nichts. Außerdem humpelte sie wieder.

»Von einem Kinderwagen ausgebremst worden?«, hatte Qi gefragt, und Tash hatte mit einem Schulterzucken geantwortet:»Rückt nicht damit heraus.«

»Könnt ihr einen Stern erkennen?«, wollte Suyuan wissen. Sie sahen zum Himmel hinauf.»Wir gehören zur ersten Generation, bei der die meisten im ganzen Leben nicht ein einziges Mal die Milchstraße zu Gesicht bekommen. Es heißt, selbst im Tal des Todes in Kalifornien, Hunderte von Kilometern von der nächsten Großstadt entfernt, seien Luft- und Lichtverschmutzung so stark, dass das Funkeln der Sterne nicht durchdringt.«

Auf dem Altiplano in den Anden hatte sich Suyuan mit Marta Flores auch über Cosmovision unterhalten. Nach der andinen Weltanschauung war alles Belebte und Unbelebte im Gleichgewicht. Zwischen dem Lebendigen und Nicht-Lebendigen gab es keinen Unterschied.

»Können Menschen überhaupt noch eine ›Cosmovision‹ entwickeln«, sann sie laut,»wenn der Kosmos gar nicht mehr zu sehen ist?«

Zurück in der Heimat beschäftigte sich die Journalistin naturgemäß wieder weniger mit der Wasserknappheit; stattdessen wollte sie von Qi erfahren, warum GEnome und andere Pharmakonzerne den Ausbruch der Bilharziose und neuer Haut- und Atemwegserkrankungen komplett verschlafen hatten. Waren sie denn nicht moralisch zu größtmöglichen Anstrengungen verpflichtet? Gerade jetzt, wo GEnome von Zhou Xī geschluckt worden war; die Chinesen hatten geschickterweise den amerikanische Namen beibehalten und die Konzernzentrale – zumindest vorläufig – in Chicago belassen.»GEnome ist nur seinen Anteilseignern verpflichtet«, hatte Qi ihr entgegengehalten.»Und für sie müssen wir so viel Geld wie möglich verdienen.«

Es störte Suyuan sehr, dass die beiden anderen auf dem Spaziergang häufig Blicke wechselten, und Tash, an Qi gewandt, etwas auf Amharisch murmelte. Seit ihrer Rückkehr hatte sie den Eindruck, die beiden führten etwas gegen sie im Schilde, aber wahrscheinlich bildete sie sich das nur ein.

Qi, der dem Gespräch offensichtlich eine andere Richtung geben wollte, fuhr fort:»In Wahrheit brauchen neue Entwicklungen gar nicht erfolgreich zu sein, um Geld damit zu verdienen. Mann muss nichts weiter tun, als die Regulierungsbehörden und Konsumenten davon zu überzeugen, dass sie die neue Technologie benötigen. Wie war's denn bei der Biotechnologie? Monsanto und Konsorten brauchten nur zu versprechen, dass sie die Hungrigen satt machen würden, wenn die Regierungen die genetisch veränderten Pflanzen zuließen. Und was ist passiert? Die Gentechniker haben dabei routinemäßig Marker für Antibiotikaresistenz eingebaut, weil sich damit leicht und ohne große Kosten feststellen ließ, ob ein Gen wie gewünscht in die Pflanzenzelle übertragen worden war. Deshalb tragen praktisch alle genmanipulierten Pflanzen Gene für Antibiotikaresistenz in sich! Die gelangen natürlich in den Boden und von dort zurück in die Nahrungskette! Ziemlich hirnlos, das muss man schon sagen. Aber die kleinen Gentechnik-Boutiquen wollten der Wall Street damals unbedingt beweisen, dass sie ein Produkt schnell auf den Markt bringen konnten, und haben dafür alle möglichen Abkürzungen in Kauf genommen. Als Folge ist die ganze Welt mit diesen Genen verseucht, manche Zentren der Diversität von Nutzpflanzen sind unwiederbringlich verloren – denken wir nur an den Mais in Mexiko – und gegen den Hunger wurde nichts erreicht. Aber die Unternehmen haben dicke Profite eingestrichen und, was noch wichtiger ist, sie haben die Kontrolle über einen stark zersplitterten Markt übernommen.«

Triumphierend stieß er den Zeigefinger in ihre Richtung.

»Und am Anfang haben wir noch gedacht, die Verseuchung mit gentechnisch veränderten Pflanzen sei beabsichtigt«, meinte Suyuan, »um dann die Terminator-Gene – das Selbstmord-Saatgut – mit dem Argument auf den Markt zu drücken, nur so ließe sich die Verseuchung eindämmen.«

»Dazu sind die großen Konzerne gar nicht schlau genug«, erwiderte Qi, »und falls doch, dann hättest du's ihnen längst nachgewiesen! Außerdem konnten sie bei der Sache ja gar nicht verlieren. Wenn die neuen Produkte funktionierten – wunderbar! Waren sie ein Reinfall, dann hatte die Firma mit ihrer Hilfe trotzdem den Markt an sich gerissen.«

Qi lief langsam warm. »Schaut euch doch an, wie es im letzten Jahrhundert mit der chemischen Industrie begonnen hat. Heute wissen wir, dass die damals hochgelobten neuen Substanzen mindestens so viele Probleme schufen, wie sie gelöst hatten. Mit DDT, FCKW und Asbest hat der ganze Schlamassel angefangen. Und damals wie heute brauchte die Industrie den Regulierungsapparat nur so weit zu beeinflussen, dass auch den Politikern nichts anderes übrig blieb, als zu beschwichtigen und zu vertuschen.«

Am späten Abend stritt sich Suyuan noch mit Tash wegen der billigen Implantate und Behandlungsmethoden von GEnome und konnte danach nicht einschlafen. Tash hielt manche Angebote für das Baby für durchaus bedenkenswert. Dabei war Suyuan noch immer in Rage wegen Qis inzwischen abgeschmettertem Vorschlag, das Kind zu »orientalisieren« – und nun das! Qi hatte sich nicht davon abbringen lassen, dass ein afrikanisches Kind in China sein Leben lang mit Diskriminierung zu kämpfen haben würde. Damit hatte er natürlich recht, was die Sache für Suyuan noch schlimmer machte. Tash hatte ihr inzwischen geraten, Qi lieber nicht so ernst zu nehmen.

Anfang des 21. Jahrhunderts hatte die pharmazeutische Industrie an Gentherapien geforscht, mit katastrophalen Ergebnissen. Gen- und Keimbahntherapien funktionierten praktisch nie. Das lag zum Teil am mangelnden Verständnis für die Funktionen und Eigenschaften der Proteine, der RNA und insbesondere der ungenutzten, »nichtkodierenden« DNA-Abschnitte bei Krankheiten. Schwerwiegender war, dass der menschlichen Gesundheit durch den Klimawandel, die Veränderung der Ökosysteme durch Geo-Engineering, durch die chemischen Altlasten und die neuen Nanopartikel ganz neue Gefahren drohten.

Eine Handvoll Unternehmen hatte aus den dreißig Jahre zuvor gemachten Erfahrungen gelernt und sich auf die Entwicklung atomar modifizierter Organismen (AMOs) anstelle von genetisch modifizierten (GMOs) verlegt. Den Umweltbelastungen und Krankheiten ließ sich möglicherweise durch minimale Anpassungen der Atomstruktur der DNA begegnen. GEnome war auf diesem Gebiet führend, wozu auch die bahnbrechende Entwicklung einer DNA mit sechs statt vier verschiedenen Nukleotiden gehörte. Außerdem erreichte eine ganze Palette nanomechanischer Implantate Marktreife. Suyuan wusste, dass Qi an der Domestizierung eines an alpine Hochlagen angepassten Raupenpilzes arbeitete, der nur in Tibet und Bhutan vorkam. Der Pilz stärkte die menschlichen Atemwege und beugte durch die Luft übertragenen Krankheiten vor. Die traditionelle chinesische Medizin kannte das Präparat seit zweitausend Jahren, doch erst als chinesische Sportler Anfang der 1990er-Jahre unerwartete Medaillengewinne mit der Einnahme von Raupenpilzen erklärten, war der Pilz wirklich in Mode gekommen.

Im Jahr 2030 waren bionische Netzhäute, Trommelfelle, Gliedmaßen sowie verschiedene Organe, Knochen und Gewebe (aus lebendem wie auch unbelebtem Material) ganz alltäglich – auch wenn sie nicht immer hielten, was sie versprachen. Suyuan berichtete über neue Errungenschaften der Forschung mit einer Mischung aus Erstaunen und

Entsetzen. Kaum eine Neuentwicklung wurde von den wenigen verbliebenen öffentlichen Gesundheitssystemen übernommen. So blieben sie den Reichen vorbehalten. Wohlhabende Steuerzahler wollten nicht für Sozialleistungen für andere aufkommen, die sich die leistungssteigernden HyPE-Medikamente nicht leisten konnten oder sie aus anderen Gründen ablehnten.

BRÜSSEL 2035: »Wenn Sie den Planeten abkühlen wollten …«, fragte die dunkelhaarige Frau mit den grauen Strähnen den alten Mann neben ihr, »wo würden Sie einen Vulkan ausbrechen lassen?«

Er strich sich abwesend durch den Bart. »Die Sache lässt Ihnen wohl keine Ruhe …«

»Genau«, sagte sie und reichte ihm die Tasse.

Er rührte Zucker in den Tee. »Ich bin Physiker und kein Meteorologe«, wandte er ein.« Sie nickte und wartete ab.

»Wenn Sie die ganze Erde abkühlen wollen, dann brauchen Sie einen Vulkan in Äquatornähe. Obwohl …« – er blickte sie nachdenklich an – »… wenn Sie nicht so einen Wirbel machen wollen, dann genügt ein Ausbruch in gemäßigten, nördlichen Breiten, und die Kühlung beschränkt sich im Großen und Ganzen auf die Nordhalbkugel.«

»Und der Vorteil wäre …?«, fragte sie.

»Nun, allein auf den Aleuten liegen Hunderte von Vulkanen, und wahrscheinlich noch einmal so viele in Kamtschatka. Dann können die Russen oder Amerikaner die Angelegenheit auf dem eigenen Staatsgebiet regeln, und weit ab vom Schuss ist es trotzdem! Im Gegensatz zu den Tropen lebt ja praktisch niemand dort oben, und Absicht wäre praktisch kaum nachzuweisen. Wenn die Lavaströme die Flachwasserbereiche um die Aleuten erreichen, dann ist das, als wenn man kaltes Wasser in eine rot glühende Pfanne gießt. Da fliegt eine ganze Menge Sulfat fast bis in die Umlaufbahn. Kleine Mittel, große Wirkung!«

Er machte eine kurze Pause, bevor er fortfuhr: »Mit einem großen Vulkanausbruch in Kamtschatka, auf den Aleuten oder in Island würden Sie sogar gleich drei Fliegen mit einer Klappe schlagen. Je nach Stärke bekämen Sie mehrere Grad Abkühlung für zwei oder drei Jahre, und das vor allem im Norden. Außerdem würde der saure Regen sulfatreduzierende Bakterien begünstigen, die den methanerzeugenden Bakterien in den Sümpfen den Garaus machen. Damit ließe sich das Ausgasen von Methan aus arktischen Permafrostböden für acht oder zehn Jahre stark drosseln. Die Abkühlung und die Asche würde außerdem den Anstieg des Meeresspiegels etwas verlangsamen. Entspricht das in etwa dem, was Ihre Leute geschildert haben?«, fragte er.

»Ziemlich genau.« Sie zögerte. »Und die Risiken?«

»Nun, möglicherweise verlagert sich der asiatische Monsun, was Trockenheit und Hungersnöte im Norden des indischen Subkontinents und vielleicht auch in Nordafrika zur Folge hätte.« Der alte Mann sah sie direkt an: »Haben Ihre Leute das erwähnt?«

»Nein. Und was noch?«

»Mit ein bisschen Glück erzeugen sie Sandstürme im Sahel, und der Staub wird bis zur Sargassosee getragen. Das würde die Temperaturen weiter senken und damit auch die Wahrscheinlichkeit für Wirbelstürme an der amerikanischen Ostküste.«

»Da kann man ja kaum Nein sagen, nicht wahr?« Sie nahm ihre Teetasse und stand auf. Der alte Mann ging durch den abgedunkelten Raum zurück zu seinem Schreibtisch und lachte leise in sich hinein.

DER TAG NACH DER WAHL, 2035: Bei der Geburt des kleinen Jungen – an dem fast nichts auf die äthiopische Herkunft seiner Mutter deutete – waren Suyuan und Tash bereits nicht mehr zusammen gewesen. Grund für die Trennung war, dass sich Tash für zwei von GEnome angebotene Implantate entschieden hatte – eines zur Verbesserung der Gedächtnisleistung des Kindes, das andere für erhöhte Toleranz gegenüber CO_2 und ultrafeine Stäube.

Im Juni war das Baby fast gestorben, weil sich die »Respirozyten«, GEnomes künstliche Blutzellen zur Steigerung der Hirnleistung, überhitzt hatten. Nur durch außerordentlich aggressive Chemotherapie ließen sich die rebellischen Zellen vernichten und das Kind retten. Das Krankenhaus war der Auffassung, die Implantate seien nicht miteinander kompatibel. GEnome konterte, der chirurgischen Abteilung des Krankenhauses fehle es nur an der nötigen Erfahrung.

Bald darauf trafen sich Suyuan und Qi zu einem frühen Mittagessen – Pizza in seiner Lieblings-Trattoria. Die Einladung war für sie nicht ganz unerwartet gekommen. Wahrscheinlich wollte er über das Baby und den Streit mit Tash reden, womöglich, um einer eventuellen gerichtlichen Auseinandersetzung vorzubeugen. Vielleicht wollte er auch nur klarstellen, dass die jüngsten Bestechungsaktivitäten in Tibet in der Firmenhierarchie weit über ihm ausgekungelt worden waren und er nicht das Geringste damit zu tun hatte. Das wusste sie aber bereits.

Nach der kurzen und wenig erbaulichen gemeinsamen Mahlzeit überreichte er ihr, elegant wie immer, mit seltsam feierlicher Geste ein Bündel Papier und einen USB-Stick. Er meinte, sie wisse schon, was damit zu tun sei, bat sie aber, mit Veröffentlichungen über den Inhalt eine Woche zu warten. Er sagte, er kehre nach Kanada zurück und würde in einigen Tagen bei GEnome kündigen.

Sie wollte wissen, was er als nächstes vorhatte, verkniff sich aber die Frage nach dem Grund seiner Kündigung. Das würde er ihr schon noch irgendwann erzählen.

Vielleicht ginge er ja für eine Zeit lang nach Genf, vielleicht zur Weltgesundheitsorganisation, grübelte er laut vor sich hin. Er wollte ganz offensichtlich nicht mehr in China sein, wenn ihr Blog erschien. Beim Abschied, als er ihr im silbrigen Sonnenlicht draußen vor dem Lokal verlegen die Hand hinstreckte, nahm sie ihn spontan in den Arm – sie wusste auch nicht, warum. Unter seiner eleganten Kleidung schien er dünner geworden zu sein. Sie sah ihm nach, als er ins Taxi zum Flughafen stieg.

Suyuan machte sich mit klopfendem Herzen an die Lektüre, die Füße auf dem Sofa und eine Hand an der Tasse mit grünem Tee. Sie war noch nicht weit gekommen, als am Nachmittag eine SMS von Tash kam: Qi war kurz vor dem Flughafen bei einem Autounfall getötet worden. Ein Lastwagen hatte das Taxi zerquetscht. Auch die Fahrer der beiden Fahrzeuge waren tot. Die Polizei hatte Tashs Telefonnummer in seiner Tasche gefunden und sie unterrichtet.

Suyuan flehte Alitash an, sofort zu verschwinden und bei gemeinsamen Freunden draußen auf dem Land unterzutauchen. In ein oder zwei Tagen würde sie sich wieder melden. Dann reservierte Suyuan per SMS einen Platz in der Einschienenbahn nach Chengdu. Sie benachrichtigte einen Kollegen bei der CINA, sie sei für ein paar Tage in Chengdu und bat, Nachrichten entgegenzunehmen.

Sie brauchte fast die ganze Fahrt, um die Unterlagen und den Inhalt des USB-Sticks zu lesen. Mehrere Passagen las sie darauf ein zweites Mal.

GEnome hatte im Terra-Forma-Konsortium eine entscheidende Rolle bei der Entwicklung der Nanopartikel gespielt, die Schadstoffe an der Ozeanoberfläche abbauen sollten. Trotz gegenteiliger Beteuerungen erforschte das Unternehmen auch Methoden und Lokalitäten für das Verpressen von CO_2 in untermeerischen Kavernen. Selbst in den internen Unterlagen wurde das Verfahren und seine wissenschaftliche Rechtfertigung offen angezweifelt. In unveröffentlichten Prüfberichten war man zu dem Ergebnis gekommen, dass ein derartiges Unternehmen scheitern musste. Zum einen drangen die künstlichen Nano-Bakterien nach Belieben in Zellen und DNA anderer Meereslebewesen, was vertraulichen Berichten zufolge zu massivem Artensterben und Mutationen führte.

Das andere Problem waren die Kavernen. Unter dem gewaltigen Druck des darüberliegenden Ozeans verhielt sich das Kohlendioxid in den Hohlräumen im Grunde wie das Helium in einem Luftballon; es war nur eine Frage der Zeit, bis das CO_2 wieder entwich. Die Wissenschaftler erinnerten das Konsortium an den Vorfall am Nyos-See in Kamerun. Dort hatte sich aus dem Untergrund aufsteigendes Gas im Lauf der Zeit im Bodenwasser angesammelt. Am Abend des 21. August 1986 war durch eine leichte Erschütterung eine Entgasungsreaktion in Gang gekommen, die schlagartig gigantische Mengen an CO_2 freisetzte. Das tödliche Gas, schwerer als Luft, strömte durch zwei Täler ab und tötete 1.700 Menschen und Tausende von Tieren. Die Forscher des Projekts wollten nicht ausschließen, dass sich am Ozeanboden Ähnliches ereignen könne.

Nun war GEnome – und damit Terra-Forma – mit Atom-Sphere allerdings ein Abkommen zum Austausch von Technologie eingegangen. Atom-Sphere stand vor dem Problem, die unerwartet leichtflüchtigen Abfallprodukte seiner super-atomaren Kraftwerke zu entsorgen. Wenn man schon kein CO_2 in die untermeerischen Hohlräume pressen konnte, dann doch wenigstens den verkapselten Atommüll.

Beim Lesen erfuhr Suyuan, dass auch das Jalousie-Projekt von Atom-Sphere noch mehr Probleme bereitete als bereits bekannt waren – vor allem aber natürlich mehr Probleme als bisher zugegeben worden waren. Zum einen brachte das Konsortium die Diffusion der Nanopartikel in der Stratosphäre nicht unter Kontrolle, was die enorm gestiegene Zahl der Atemwegs- und Krebserkrankungen am Boden mit verursacht hatte. Zum anderen waren die Versuche ohne Zweifel verantwortlich für die Dürrekatastrophen in Afrika und den nun sehr unregelmäßig auftretenden Monsun in Asien.

Zu Beginn der Zwanzigerjahre des neuen Jahrtausends hatte die amerikanische Öffentlichkeit der jährlichen Wirbelsturmsaison mit beinahe panischem Bangen entgegengesehen. Prediger hatten ihre in der Mehrzahl betagten Gemeindemitglieder mit der Ankündigung in Schrecken versetzt, die Apokalypse beginne mit der Vernichtung ihrer Anwesen mit Meerblick – samt deren Bewohnern. Ein zweites »New Orleans« könne Hunderttausende das Leben kosten, der Wiederaufbau Unsummen verschlingen und die Hoffnung amtierender Politiker auf Wiederwahl zunichte machen. Auf persönlichen Druck des US-Präsidenten brachte Terra-Forma auf der Oberfläche der Sargassosee »kohlenstoffknabbernde« Mikroorganismen aus, die sich eigentlich noch im Versuchsstadium befanden.

In den Papieren wurde die Verbindung zur Tragödie der in der Sargassosee treibenden Jacht mit den Toten von 2029 und dem von Fischtrawlern aus beobachteten zähen Schleim auf der Wasseroberfläche gezogen. Bei GEnome wusste man eindeutig, dass das eigene Konsortium dafür die Verantwortung trug.

In der zweiten Dekade des 21. Jahrhunderts war Dr. Tony Wong zu seiner Weltumsegelung aufgebrochen – aus Anlass des 600. Jahrestags der Umrundung der Südspitze Afrikas durch chinesische Seefahrer, die in der Folge möglicherweise auch den Rest des Globus umrundet hatten. Natürlich diente die Fahrt auch der Forschung. Von der umgebauten und deutlich vergrößerten Fischer-Dschunke aus wurden weltweit Wasserproben genommen und auf ihre Artenvielfalt untersucht. Selbst in der Sargassosee war »Reagenzglas-Tony« überrascht von der genetischen Vielfalt innerhalb des ersten Fadens [ca. 1,8 m] Tiefe unter der Oberfläche. Mithilfe seiner legendären Sequenzierautomaten konnte er eine Million bislang unbekannter Gene (einschließlich neuer Fotorezeptor-Gene) und Tausende von neuen Arten beschreiben.

Wongs Arbeit war vom US-Energieministerium (DOE) gemeinsam mit der Chinesischen Akademie der Wissenschaften finanziert worden. Da er nur an der Meeresoberfläche Proben nahm, hatte Su damals vermutet, er sei vor allem an der Fotosynthese interessiert. Entweder wollte er Möglichkeiten entwickeln, den Ozean als Nahrungsquelle zu nutzen, falls der Klimawandel das Ackerland der Welt verwüsten sollte, oder er baute aus den Fotosynthese-Genen neue Landorganismen.

Qis Unterlagen zufolge hatte selbst das DOE Bedenken gegen die Senkung der globalen Temperatur durch Düngung des Ozeans mit Eisen. Der Wissenschaftler aus Hongkong sollte für seine Auftraggeber in der Regierung daher neue, für eng begrenzte aquatische Lebensräume angepasste, eisenhaltige Lebewesen kreieren, die den eisenlimitierten Plankton nähren und CO_2 abbauen konnten. Die künstlichen Mikroben blieben der Theorie nach in ihrem Habitat und sollten so programmiert werden, dass sie sich nur vermehrten, wenn die gestiegenen Wassertemperaturen die Entstehung von Wirbelstürmen erwarten ließ.

Sehr zur Verwunderung der GEnome war der Versuch ein durchschlagender Erfolg gewesen. Hurrikane waren im Versuchsgebiet wirkungsvoll unterdrückt worden – nur leider hatte sich der Schwerpunkt nach Süden verlagert, mit verheerenden Auswirkungen für die Karibik und Brasilien. Daraufhin startete Terra-Forma Versuche mit anderen Mikroben aus Wongs Arsenal, um ähnliche, aber an die Karibik und den Südatlantik angepasste, Organismen zu entwickeln.

Es war ein endloser Kreislauf. Wie zu erwarten, trug die Verschiebung von Stürmen und der Export von Naturkatastrophen nicht zur Verfeinerung der politischen Gepflogenheiten bei. Durch die Eingriffe von Terra-Forma an der Meeresoberfläche gerieten auch die Experimente von Atom-Sphere in der Stratosphäre gehörig durcheinander. Suyuan erfuhr aus ihrer Lektüre, dass die neuen genetischen Konstruktionen mit künstlichen Nukleotiden (also nicht nur A, C, T und G) und einer DNA mit Kombinationen aus sechs Buchstaben unbeabsichtigt ins Erbgut anderer Arten übersprangen. In einem Memo, offenbar der Kopie einer Kopie, vermutete ein Wissenschaftler aus dem Brüsseler Labor von GEnome, die Sechser-DNA der Lebewesen des Unternehmens seien in SAR11 (Pelagibacter ubique) inzwischen »akzidentell präsent«.

SAR11 war der einfachste und häufigste Einzeller in Salzwasser und kam in allen Meeren und praktisch in jeder Tiefe vor. In einem angehefteten zweiten Memo (von einer Lobbyistin und ehemaligen Wissenschaftlerin in Brüssel) waren die möglichen Folgen für Umwelt und Politik zusammengefasst. Sie warnte, jegliche Mutation von SAR11 könne die Ökologie der sieben Weltmeere in wenigen Jahrzehnten auf den Kopf stellen. Und falls etwas über den »bedauerlichen Zwischenfall« durchsickere, sei Terra-Forma in wenigen Tagen erledigt.

Angesichts der sich rapide verschärfenden Krise und unter großem politischen Druck kamen die beiden Konsortien gegen Jahresende zusammen, um sich über das weitere Vorgehen abzustimmen. Nach außen hin demonstrierte man partnerschaftliche Zusammenarbeit, doch in Wahrheit verliefen zwischen den Konsortien tiefe Gräben. Terra-Forma war eine Allianz hauptsächlich chinesischer und US-amerikanischer Unternehmen und hatte sich gegen den Druck aus Lateinamerika und Europa, den Dollar wenigstens vom Euro abzukoppeln, eisern an den Dollar geklammert. Atom-Sphere andererseits beruhte auf europäischen und indischen Grundsätzen, und man hatte sich für den Euro entschieden, doch waren die Präferenzen bei der Leitwährung nicht das größte Problem. Sowohl Indien als auch China fürchteten, an Einfluss zu verlieren, und sorgten sich um die knapper werdenden Rohstoffe. Diese Interessen prallten besonders in der Himalajaregion aufeinander, was das internationale Vorgehen der beiden Konsortien maßgeblich bestimmte. In einer Notiz vom Vorabend des Treffens bezweifelte ein Vorstandsmitglied von GEnome, dass die chinesischen und indischen Unternehmen »ihre kulturell enge, von Nationalismus bestimmte Vergangenheit überwinden könnten, um das höhere Ziel eines konsortienübergreifenden Profits zu erreichen«.

Suyuan las weiter und begriff, dass beide Seiten diese nationalen Befangenheiten schließlich doch überwunden hatten. Einer profitierte immer vom Klimawandel. So war durch die Erwärmung die Nordwestpassage den ganzen Sommer befahrbar. In einer wärmeren Arktis war die Öl- und Gasexploration sehr viel einfacher. Das war wichtig, denn unter der Arktis schlummerte ein Viertel der verbliebenen Öl- und Gasreserven der Welt. Außerdem waren da die Gashydrate, eisähnliche, kristalline Feststoffe im Permafrostboden Sibiriens, die mehr Energie enthielten, als alle Vorkommen an Erdöl, Erdgas und Kohle zusammengenommen. Von Atom-Sphere entwickelte Nanopartikel-Klassen ermöglichten Terra-Forma eine wirtschaftliche Gewinnung der Kristalle, und im warmen Klima konnten Supertanker die Energie problemlos zum Verbraucher transportieren. Neue atomar optimierte Typen von SAR11 beschleunigten das Verfahren. Wenn die beiden Konsortien zusammenarbeiteten, konnten sie sich gegenseitig zu höheren Profiten verhelfen und waren weniger Kritik ausgesetzt.

Suyuan war beim Lesen erstaunt, dass die Konsortien nicht von Anfang nach dieser Strategie vorgegangen waren; es handelte sich lediglich um einen nachträglich ausgearbeiteten »Plan B« zur Risikovermeidung. So viel zur von der Widerstandsbewegung so heiß geliebten Theorie von der weitreichenden industriellen Verschwörung, dachte sie.

So sehr sie auch danach suchte, nirgends wurde ausdrücklich eingeräumt, dass BANG insgesamt ein Fehlschlag gewesen war. Einige Fortschritte bei den Solarzellen und neuen Werkstoffen waren sogar recht vielversprechend. Forschung auf diesen Gebieten trieben die Konsortien allerdings nur mit mäßigem Einsatz voran. Allerdings fand sie das Eingeständnis, dass sich der Zustand der Stratosphäre und damit auch die Lage bei den neuen Krankheiten weiter verschlechtern würde, mit schrecklichen Folgen für die Menschen und ebenso für die Artenvielfalt.

Im Auftrag beider Gruppen suchte GEnome bei Hochlandbewohnern der Anden und des Himalajas nach Genen für UV-Resistenz. Ebenso forschte das

Unternehmen an Genen für Belastungsfähigkeit bei Nutztieren und -pflanzen, die es den Industrieländern erlauben sollten, ihre Nahrungsprodukion trotz der Zersetzung der Stratosphäre aufrechtzuerhalten. Aus dem Hauptquartier von GEnome in Chicago kamen Aufforderungen, die Feldforscher sollten »in den Randgebieten«, abgelegenen Anbau- und Weidegebieten, nach besonders »formbaren« Tieren und Pflanzen Ausschau halten.

Beim Lesen über GEnomes Aktivitäten im Himalaja erfuhr sie auch, wie lange sich Qi schon mit der Bilharziose beschäftigt hatte. Schon als Student in Äthiopien war er auf die Erkenntnisse zweier äthiopischer Wissenschaftler zur Wirksamkeit eines traditionellen Kräuter-Pestizids namens Endod gestoßen, mit dem sich die Zwischenwirte der Wurmparasiten – Schnecken – vertilgen ließen. Er hatte sich für die Verbreitung der Methode eingesetzt, doch als die Universität von Toledo in Ohio die Ergebnisse der Äthiopier an sich riss und lukrative Patente zum Schutz der Schifffahrt auf den Großen Seen vor der Zebramuschelplage erwirkte, war Qi so ernüchtert gewesen, dass er in den internationalen Biotechnologiekonzern GEnome eintrat.

Nachdem er chinesischer Abkunft war und fließend Mandarin sprach, wurde er natürlich rasch nach China versetzt und auch mit Aufgaben in der Himalajaregion betraut. Als sich 2005 beim Dreischluchtendamm die beiden Erregertypen der Bilharziose vereinten, hatte Qi den Unterlagen zufolge sein Unternehmen und auch die chinesische Regierung gewarnt, dass eine Kreuzung dieses Erregers mit dem tibetischen Bandwurm nicht nur möglich, sondern sehr wahrscheinlich war. Bei GEnome waren inzwischen aber HyPEs angesagt; Medikamente für Arme – und besonders die Ärmsten der Armen in Tibet und Äthiopien – interessierten den Konzern nicht.

Die rasche Ausbreitung der Krankheit ließ bei der kommunistischen Führung in China Sorge um die eigene politische Zukunft aufkommen, doch zu einer gezielten Kampagne kam es nicht. Der Konzern ließ Qi allerdings in seiner Bilharzioseforschung gewähren, als Ergänzung zu seinen Arbeiten am tibetischen Raupenpilz und der genetischen Diversität des Menschen. Bei Alitashs Versetzung nach Peking hatte Qi seine Verbindungen zu GEnome und nach Äthiopien spielen lassen. Dafür sorgte die äthiopische Diplomatin vor der Verschärfung der Quarantänebestimmungen für einen regen Austausch von Endod-Germoplasma zwischen ihrem Heimatland und Tibet. Suyuan fand einen Vertrag, in dem Qi und GEnome die Verpflichtung eingingen, Endod nicht ohne Zustimmung aus Äthiopien für kommerzielle Zwecke zu verwenden. Sie hatte allerdings Zweifel, ob GEnome diese Übereinkunft je zur Kenntnis genommen hatte.

Vor zwei Jahren war Qi die Anpassung des äthiopischen Endod an chinesische und tibetische Umweltbedingungen geglückt, und er hatte aus der Pflanze ein noch wirkungsvolleres Biozid extrahiert, das sogar mit der Super-Bilharziose fertig wurde. Anbau und Gewinnung des Wirkstoffs konnten die Bauern, die an seinen Forschungen mitgewirkt hatten, leicht selbst vornehmen und umliegende Flüsse und Seen damit behandeln. Die Erfolgsrate lag bei fast 100 Prozent.

Unter den Papieren war auch ein Brief der Lobbyistin aus Brüssel an Qi, in dem sie zum Erfolg gratulierte und ankündigte, er werde bald von den Patentanwälten der Zentrale in Chicago hören. Dann folgte ein Antwortbrief von Qi mit einer Kopie des Vertrages zur Nichtpatentierung des Endod-Präparats. GEnome kochte offensichtlich vor Wut und weigerte sich, das Präparat herzustellen. Man befürchtete sogar, Qis Entwicklung auf öffentlichen Druck billig und lizenzfrei auf den Markt bringen zu müssen. Er wurde ermahnt, mit Vertretern der chinesischen Regierung oder der Weltgesundheitsorganisation keinesfalls über den Vorgang zu sprechen und das weitere Vorgehen ganz der Firma zu überlassen. Aus der Korrespondenz schloss Suyuan, dass Qi seine Arbeitgeber weiter unter Druck setzte, aber er wurde hingehalten.

Schließlich ließ GEnome Qis Forschungsergebnisse von einem Ghostwriter zusammenfassen und in einer unbedeutenden Fachzeitschrift veröffentlichen. Qi war außer sich, weil der Artikel dort kaum die Aufmerksamkeit der WHO oder der chinesischen Wissenschaftler erregen konnte. Außerdem gaben Titel und Kurzfassung keinen Hinweis auf die Bedeutung der Forschungsergebnisse für die Bekämpfung der Bilharziose. Die Veröffentlichung diente lediglich dazu, GEnome juristisch abzusichern für den Fall des Vorwurfs, wichtige Forschungsergebnisse unterdrückt zu haben.

Dann folgte eine Mitteilung der Chefin der Abteilung für Biosynthese mit dem Vorschlag, den Endod-Wirkstoff in einem völlig neuartigen Vergärungsprozess, der gerade entwickelt werde, zu synthetisieren. So könne GEnome das Verfahren unter Umgehung der Verpflichtung gegenüber Äthiopien patentieren lassen und die Substanz an einem einzigen Standort in China massenweise produzieren. Durch Zugabe einiger Standard-»Booster« ließe sich das Risiko etwaiger Resistenzen durch Mutationen eindämmen und außerdem der Patentschutz, und damit das Monopol, bis ins folgende Jahrhundert sichern. Und das Beste sei, so die Forschungsleiterin, dass man private Stiftungen in den USA leicht dazu bringen könne, das ganze Programm als »Medizin für die Armen« zu finanzieren. Die eingesparten Mittel könnten in voller Höhe der Grundlagenforschung auf anderen, profitableren Gebieten der Biosynthese zufließen. Wenn man nur die WHO dazu brachte, anstelle der von Bauern angebauten Pflanze Endod mit all ihren Unsicherheiten den »reinen« Wirkstoff zu empfehlen, dann konnte man auch Geld damit verdienen.

Qi hatte daraufhin vor einem möglichen Versagen des bislang unerprobten Fermentierungsverfahrens gewarnt, was zwangsläufig Finanzmittel vom erprobten, dezentralen Verfahren unter Beteiligung der Bauern abziehen musste. Qi wandte außerdem ein, künstliche »Booster« seien wegen der mit dem Feldbau einhergehenden, leichten Verunreinigungen gar nicht nötig. Überdies ließen sich mit Endod auch die allfälligen Verteilungsprobleme vermeiden, da die meisten Bauern ihre Arzneipflanzen selbst erzeugten oder sie sich von einem Nachbarn besorgen konnten. Ein Antwortschreiben auf diesen Brief konnte Suyuan nicht finden.

Aus Qis E-Mails war zu lesen, dass er damals nahe daran gewesen war, den Job hinzuschmeißen. Seine Vorgesetzten in Chicago hielten ihn mit dem Angebot bei der Stange, weiter an einer Arznei aus Hochlandpilzen gegen Atemwegserkrankungen zu forschen. Qi sah derartige Präparate eigentlich als Notpflästerchen für reiche Leute gegen eine Krankheit, die sie dem Geo-Engineering-Programm desselben Konzerns verdankten. Trotzdem stieg der Wissenschaftler wieder ein, denn die Arbeit war bislang außerordentlich spannend gewesen.

Dann stieß Suyuan auf eine an sie persönlich gerichtete Nachricht: Qi selbst war der Samenspender für Tashs Baby gewesen. In Äthiopien hatte er Tash davon überzeugt, dass ein Kind mit afrikanischem Aussehen in China sehr unter Diskriminierung leiden würde. Aufgrund der Bestimmungen waren Ehen oder Samenspenden zwischen Afrikanern und Chinesen inzwischen allerdings praktisch ausgeschlossen. Qis kanadischer Pass und seine Beziehungen zu GEnome halfen jedoch wieder, die bürokratischen Hürden zu umgehen. Er bat Suyuan wegen der Heimlichtuerei um Verzeihung und schrieb, Tash und er hätten befürchtet, dass sie ihm die Samenspende verübeln würde. Außerdem hatte er ein schlechtes Gewissen, weil er Tash zu den Implantaten gedrängt hatte.

Su war von Schmerz fast überwältigt. Nach und nach begriff sie jedoch, dass dies nichts mit Qis Verstrickung in all die schmutzigen Machenschaften zu tun hatte – sie hatte Angst um Tash und das Baby.

Kurz nach Büroschluss und im Dunkeln stieg sie in Chengdu aus dem Zug. Hastig adressierte sie einen Umschlag mit den ganzen Papieren und dem USB-Stick an Tash und fuhr mit dem Taxi direkt zur Forschungszentrale von GEnome. Das Haupttor war geschlossen, aber in der Einfahrt standen mehrere Autos und in den Zimmern des Hauptgebäudes brannte Licht. Ein Tor in einer Seitenstraße war noch offen.

Sie passierte den schmalen Durchgang und ging auf das Bürogebäude zu. Die Überwachungskameras erkannten sie sofort. Der Wachmann steckte sein Handy weg und trat hinter ihr entschlossen aus dem Schatten. Seine Aufforderung, stehen zu bleiben, hörte sie nicht. Auch das Warnsignal seiner Piezer-Elektroschockpistole hörte sie nicht. Und auch nicht den folgenden Schuss …

POSTSKRIPTUM – DEZEMBER 2035: *Die Verleihung des Friedensnobelpreises in diesem Jahr war höchst brisant. Einige Abgeordnete des norwegischen Parlaments weigerten sich, an der Feier teilzunehmen. Der diesjährige Sponsor des Preises, Terra-Forma, hatte dafür gesorgt, dass die Ehre dem großen Propheten der Biosynthese Anthony Wong zuteil wurde. Tony, den man auch mit Mitte neunzig längst nicht unterschätzen durfte, bekam den Preis für seine unermüdlichen Bemühungen, den Hunger der Welt durch Entwicklung neuartiger Organismen für Landwirtschaft und Aquakultur zu besiegen. Terra-Forma stellte in Aussicht, die alte Geißel werde schon bald endgültig besiegt sein.*

Spötter merkten an, Wang sei nun schon der vierte Wissenschaftler, dem ein Nobelpreis für den Sieg über den Hunger verliehen werde. Angesichts der Vorgänger werteten sie den Wissenschaftsunternehmer aus Hongkong allerdings als würdigen Preisträger.

Suyuan urteilte weniger zynisch und gab in ihrem Blog einen überraschend hoffnungsvollen Ausblick auf die Zukunft. Langsam kam sie in ihrer Wohnung in Peking wieder zu Kräften, konnte sich aber noch immer nicht genau an die jüngsten Ereignisse erinnern. Die Preisverleihung verfolgte – und hörte – sie vor ihrem Videoschirm. Die Übertragung wurde kurz unterbrochen von der Meldung, nach einem starken Erdbeben vor der Inselkette der Aleuten sei möglicherweise mit einem Vulkanausbruch zu rechnen. Die US-Regierung habe vorsichtshalber die Evakuierung der Bewohner der Inuit-Dörfer in der Umgebung der größeren Vulkane angeordnet. Suyuan war erstaunt, wie gut sie mit ihren neuen Cochleaimplantaten hörte und fragte sich einmal mehr, warum sie das großzügige Angebot von GEnome nicht schon vor Jahren angenommen hatte.

Was ist mit der Zukunft geschehen?

PROZESSION, PENDEL … ODER SENSE? Unser Dasein sehen wir in der Regel chronologisch. Wir folgen einer Prozession durch die Geschichte, erreichen Höhen des Triumphs und eignen uns auf diesem Weg Natur und Wissen an … Dass die Menschheit scheitern könnte, zurückfallen, selbstvergessen an Gänseblümchen schnuppern und den geraden Weg verlassen könnte, ist eigentlich nicht vorgesehen. Viele sehen diesen mehr oder weniger stetigen Vorwärtsdrang allerdings überlagert von einer Pendelbewegung. So schwingt unser soziopolitisches Umfeld im Rhythmus von Methoden, Maschen und Memen[6], politischen und poetischen Moden und geistigen Manierismen in weitem Bogen von einem Extrem ins andere – und wir bleiben unterm Strich meist nahe der Mitte.

Dabei lässt sich weder aus der Geschichte noch aus der menschlichen Vernunft ableiten, warum das so sein muss. Die gebetsmühlenhaft wiederholte Beteuerung, der Menschheit sei noch immer eine Lösung eingefallen, entbehrt jeder realen Grundlage. Immer wieder sind Teile der Menschheit – und Menschlichkeit – über den Rand hinuntergefallen. Zivilisationen brachen zusammen und gingen in Flammen auf. Und nun, während meiner persönlichen Lebensspanne, hat der Mensch erstmals die Gelegenheit erlangt, selbst ein Massenaussterben herbeizuführen. Angesichts der von der Geschichtsschreibung überlieferten Katastrophen aus 7.000 Jahren wäre es geradezu fahrlässig, die nur mit knapper Not lebend überstandenen letzten sechzig Jahre als aussagekräftige Berechnungsgrundlage für eine Versicherungspolice auf die Zukunft der Menschheit zu verwenden.

Alle Rettungsmaßnahmen in *China Sundown* sind im Grunde technische Notlösungen. Wenn die Menschheit in unserem »Weiter so«-Szenario den sozialen Katastrophen mit selbstgefälliger Scheuklappenmentalität begegnet, dann geschieht dies aus der Überzeugung heraus, dass die Wissenschaft das Problem schon lösen werde. Ist das ungerecht? Was ist mit all den anderen Brillen, durch die wir die Zukunft ins Auge fassen können, ja, fassen müssen – Klassenkampf, Widerstreit der Religionen und Kulturen, Patriarchat, Fähigkeit und Behinderung, geografische und klimatische Gegebenheiten, die launenhafte Verteilung von Wasser, Energie, Ackerboden und Rohstoffen, die Schlachtfelder von Eigenständigkeit und Ideologie – oder schlicht die Ausprägung menschlicher Tugenden und Schwächen?

In *China Sundown* haben die Entscheidungsträger und andere sogenannte Realisten ihre Bemühungen um einen gezielten gesellschaftlichen Wandel und sozial ausgewogene Lösungen aufgegeben. Stattdessen setzen sie auf eine Alchemie, die ihnen verspricht, das Arsen des Oligopols in die Silberkugel der technischen Lösung zu verwandeln. Leute wie Qi Qubìng erklären im Brustton der Überzeugung (beim Pizzaessen und nach einem Tag gottesfürchtigen Plünderns), der Kampf gegen die Machteliten und die unmittelbaren Ursachen der Ungerechtigkeit sei unrealistisch und bringe die Menschheit nicht weiter; die Lösung liege in der allmählichen Verbreitung des Wohlstandes durch technische Neuerungen. Wie in der Liedzeile: »You'll get pie in the sky when you die [Kuchen bekommst du im Himmel, wenn du stirbst]« des Arbeiterführers und Liedermachers Joe Hill.

Auch den sozialen Ausgleich in den Ländern des Südens möchte dieser dem »internationalen Fortschritt« verpflichtete Kreis mithilfe der Technik herbeiführen. »Planung« und »Entwicklung« sind nicht mehr nötig; mit etwas Geld für den Technologietransfer stellt sich auch der gewünschte Fahrstuhleffekt ein – es geht für alle aufwärts. Das Gegenmittel für Krankheiten heißt Genomforschung; der Hunger in der Welt wird besiegt durch mehr Geld für die Biotechnologieforschung; die Klimaerwärmung wird durch Geo-Engineering abgewendet; den Rückgang der Erdölförderung kompensiert die Biosynthese; Twitter ist die Antwort auf das »Demokratiedefizit« und die Armut wird mithilfe der Nanotechnologie besiegt. Etwaige Rückschläge sind auf mangelnden Glauben an unsere unwiderlegbar von der Technik bestimmte Zukunft zurückzuführen.

AUF DER KIPPE: Eine der Maximen in *China Sundown* ist die exponentielle Entwicklung der technischen Möglichkeiten, trotz folgender Tatsachen: Klimaforscher halten es für möglich, dass das Klima an einem bestimmten Punkt »umkippt« und damit auch ganze Ökosysteme unwiederbringlich verloren gehen. Mediziner warnen, ein Erreger wie die Vogelgrippe könnten sich von einem Dorf in Laos aufmachen und als Pandemie die Gesundheitssysteme der Welt zum »Kippen« bringen. Andere Wissenschaftler prognostizieren, durch den technischen Fortschritt könne die Welt in einen rasenden, kaum beherrschbaren Wandel »kippen«. Jede dieser Möglichkeiten wäre für sich Bedrohung genug, doch steht ernsthaft zu befürchten, dass die Systeme – mehr oder weniger – gleichzeitig »kippen« werden.

Fatalerweise stehen diese Vorgänge augenscheinlich in keinem ursächlichen Zusammenhang, sind räumlich weit voneinander getrennt, haben verschiedene Auslöser und werden in verschiedener Weise wahrgenommen; die Zusammenhänge werden deshalb von den Entscheidungsträgern und der Öffentlichkeit nicht erkannt. Exponentielle Veränderungen haben die tückische Eigenheit, dass zu Beginn sehr wenig passiert; allmählich kommen die Prozesse dann aber in Schwung, bis die ganze Geschichte praktisch explodiert. Schon 1969 verblüffte Michael Crichton mit dem vielbeachteten Beispiel eines *E. coli*-Bakteriums, das sich unter optimalen (und daher unmöglichen) Bedingungen alle 20 Sekunden teilt. Bestünde nun die ganze Erde aus geeigneter Nahrung, dann hätte die Bakterienkolonie schon nach 24 Stunden exponentiellen Wachstums Größe und Masse der Erde erreicht. Kurioserweise würde ein Großteil der von *E. coli* vertilgten Opfer erst wenige Minuten vor Mitternacht bemerken, dass sich vom Horizont her der Nachthimmel verdunkelt. Aber zu diesem Zeitpunkt wäre es längst zu spät.[7]

ICOLI?

Vor nicht allzu langer Zeit bemerkte der etwas schräge Guru Ray Kurzweil (der angeblich täglich 250 Pillen schluckt und es für möglich hält, dass er ewig lebt), die technische Entwicklung der Menschheit über die vergangenen hundert Jahre trage durchaus Züge einer exponentiell wachsenden Bakterienkolonie.[8] Wenn also, um beim Bild zu bleiben, nach drei Jahrzehnten unmerklicher Veränderungen nun seit drei Jahren etwas zu spüren ist, worüber wir uns seit zwei Jahren Gedanken machen, dann hätte die politische Debatte erst vergangenes Jahr eingesetzt – zu spät, um die Katastrophe von heute noch abzuwenden. So stellt sich nach Kurzweil der derzeitige technologische Wandel dar, doch passt das Bild ebenso gut auf unsere träge Reaktion während der letzten hundert Jahre auf die industrielle Revolution und auf das Fortschreiten des Klimawandels.

Die Vorstellung, dass sich der technische Wandel kontrollieren lässt, muss mehr als gewagt erscheinen. In einem Buch von 2003 wettete der Präsident der Royal Society in England, Lord Martin Rees, mit seinen Lesern, dass noch vor 2020 mindestens eine Million Menschen bei einem technologischen Missgeschick ums Leben kommen werden. Die Chance, dass die Menschheit das 21. Jahrhundert überlebt, sieht er bei gerade einmal 50:50.[9] In der Eingangsgeschichte *China Sundown* wird der Einfluss des exponentiell wachsenden technischen Fortschritts begrenzt; seine Bedeutung wird jedoch im Zusammenhang mit der technologischen Konvergenz im Nanobereich – der von Su und Qi diskutierten »Little-BANG-Theorie« – eingehend erörtert. Kann eine Gesellschaft den technischen Fortschritt auf gerechte und verantwortungsvolle Weise handhaben? Bevor wir uns in den drei Alternativ-Szenarien mit den konkreten Einflussmöglichkeiten der Zivilgesellschaft befassen werden, verschaffen wir uns einen Überblick über die wichtigsten Entwicklungen in *China Sundown*. Anschließend werden wir uns intensiv mit den Bereichen Technologie (BANG), Politik, Regierungen und Wirtschaft (GANG) und Umwelt (GONE) auseinandersetzen.

Was ist …

BANG: *China Sundown* geht von der Möglichkeit aus, dass sich Biologie, Physik und Chemie in einer wissenschaftlichen Singularität vereinigen (BANG!), in der alles auf Atome und Moleküle reduziert wird. Damit soll der Zivilgesellschaft das Bestreben von Entscheidungsträgern in Politik und Industrie veranschaulicht werden, die Natur auf den kleinsten gemeinsamen Nenner – Atome und Moleküle – zu reduzieren und zu vermarkten. Derartige Denkweisen führen zwangsläufig zu Firmenkonsortien wie Atom-Sphere und Terra-Forma. Deshalb müssen wir uns die relevanten Technologien genauer ansehen, und zwar so, dass das Wechselspiel von Wissenschaft, wirtschaftlicher Macht und politischem Gefüge – bei ETC die »Little-BANG-Theorie« genannt – deutlich wird[10]. Werfen wir also einen Blick auf zwei in der Eingangsgeschichte besonders wichtige Bereiche technischer Neuerungen.

NANOTECHNOLOGIE: Die praktisch unsichtbar winzigen – aber dennoch sehr realen – Produkte dieses Forschungszweigs bilden den bedrohlichen Hintergrund von *China Sundown*, und zwar von dem Zeitpunkt an, als Suyuan Wu beim WTO-Ministertreffen 2005 in Hongkong das Seminar »Die Technologie übertrumpft den Handel« besucht. Die Redner argumentieren, die Nanotechnologie führe zu stark vermindertem Bedarf an und Handel mit Rohstoffen, zugunsten von molekularen Produkten. Dieses Seminar wurde von South Centre ausgerichtet, und Silvia Ribeiro und

Jim Thomas von ETC stellten dort, genau wie in *China Sundown* beschrieben, die Ergebnisse einer Untersuchung über Rohstoffe und Nanotechnologie vor.[11]

In *China Sundown* drängen die Supermächte wegen der raschen Fortschritte bei der Nutzung der molekularen Selbstvernetzung von Nanomaterialien in der Produktion auf den Abschluss des Technology Transfer Treaty. Vom TTT wird in den Alternativ-Szenarien noch viel zu hören sein. Aber wie wahrscheinlich ist ein solches Abkommen überhaupt? In der Klimadebatte zählte gerade in Kopenhagen der Technologietransfer zu den wichtigsten und umstrittensten Themengebieten. Die Industrieländer bieten den Entwicklungsländern (angeblich) umweltfreundliche Technologien – im Gegenzug für umfangreichen Patentschutz. Leider (jedoch verständlicherweise) greifen die Entwicklungsländer begierig nach allem, was an neuen Technologien zu haben ist. So gesehen sind wir vom TTT, wie er in unseren verschiedenen Geschichten vorkommt, gar nicht mehr allzu weit entfernt.

In der Eingangsgeschichte werden Nanopartikel aus Zinkoxid und Titandioxid in der Stratosphäre verteilt, wo sie das Sonnenlicht reflektieren sollen. In Wirklichkeit sind wir noch nicht so weit. Nanopartikel dieser Verbindungen sind allerdings schon heute im Handel – als Sonnencreme. Unmittelbar nach dem verheerenden Wirbelsturm Katrina warb eine neue Nanotechnologiefirma, ihre Produkte könnten bei Ölverseuchung des Meeres bis zum 40-fachen des Eigengewichts an sich binden und so die Gefahren für Lebewesen zumindest mindern.[12] Ende März 2006 entwickelten in Deutschland 77 Menschen plötzlich akute Atemprobleme, nachdem sie mit einem Reinigungsspray für Toiletten und Badezimmerfliesen in Kontakt gekommen waren. Sechs Personen mussten im Krankenhaus behandelt werden. Der Reinigungswirkstoff »Magic Nano« war dem Vernehmen nach identisch mit einem mehrfach genehmigten Inhaltsstoff früherer Produkte. »Magic Nano« wurde hastig aus den Verkaufsregalen entfernt und die Nanotechnik-Industrie beeilte sich zu versichern, das Produkt sei in Wahrheit überhaupt nicht »nano«, sondern eine konventionelle Rezeptur. Man habe lediglich vom Nano-Nimbus profitieren wollen.

Ohne allgemein anerkannte Normen – ja nicht einmal verbindliche Messmethoden – konnte weder technisch noch juristisch geklärt werden, ob die winzigen Partikel ein Problem darstellten. Die gesamte Nanotech-Industrie hielt den Atem an und betete, dass mit einem fragwürdigen Produkt aus einer Palette von mehreren Hundert ähnlichen Produkten nicht gleich der ganze neue Industriezweig in den Abfluss gespült würde.[13] In

China erkrankten 2009 sieben Frauen, nachdem sie in einem Ausbeutungsbetrieb Klebstoff auf Polystyrol gesprayt hatten; zwei von ihnen starben. Der Fall konnte nicht restlos aufgeklärt werden, doch fanden sich bei der Autopsie in den Lungen beider Frauen künstliche Nanopartikel.[14] Zum gegenwärtigen Zeitpunkt ist weltweit nur für ein einziges Nanotechnik-Produkt – eine Waschmaschine, in der Silber-Nanopartikel zur Desinfektion verwendet werden – eine offizielle Richtlinie erlassen worden.

BIOSYNTHESE (ALIAS SYNTHETISCHE BIOLOGIE ALIAS NANOBIOTECHNOLOGIE):

In *China Sundown* wird eine Jacht in den Hafen von Miami geschleppt, nachdem ihre Besatzung erstickt ist – offenbar infolge einer biologischen Verschmutzung in der Sargassosee. In der Geschichte wird vermutet, ein absichtlich freigesetzter, transgener Organismus habe den überall anzutreffenden Meereseinzeller SAR11 (Pelagibacter ubique) befallen und verbreite sich nun unkontrolliert in allen Weltmeeren. Dies ist bislang so nicht geschehen und wird es vielleicht auch nicht, aber der Einzeller SAR11 existiert wirklich, genau wie das wissenschaftliche Interesse an Modifikationen der Biologie der Meeresoberfläche. US-Forscher sind mit Unterstützung des US-Energieministeriums tatsächlich unterwegs und sammeln Gene fotosynthetischer Mikroorganismen der Sargassosee.[15] Und aus »Red Tides« (natürlichen Algenblüten von Rotalgen) aufgewirbelte, an Neurotoxinen reiche Aerosole bereiten Urlaubern in Florida bisweilen ernsthafte Hals- und Lungenbeschwerden.[16]

Für Biosyntheseforscher bedeutet Leben, kleine Bausteine zu entwerfen und diese dann miteinander zu verbinden. So sind Wissenschaftler aus Florida und Kalifornien bereits jetzt über die allen irdischen Lebewesen gemeinsame DNA (mit den vier Nukleotidbasen A, C, G und T) hinausgegangen und haben zwei weitere Basen eingebaut. Es könnten sogar bis zu zwölf solcher zusätzlichen Basen möglich sein. Damit dürften Forscher eines Tages mehr *künstliche* Vielfalt in einem Reagenzglas haben, als das gesamte Amazonasgebiet an *natürlicher* Biodiversität bietet.

Die Biosynthese eröffnet allerdings viele verschiedene Wege fürs Katzenmachen … oder was sonst gewünscht wird. Genomforscher können inzwischen DNA nach Wunsch zusammenbauen, aber sie können der Zelle auch beibringen, die DNA einfach nur auf andere Weise zu lesen. Wissenschaftler der Universität von Cambridge haben Anfang 2010 verkündet, sie hätten Zellen dazu gebracht, die vier Basenpaare der DNA in Vierer- statt wie üblich in Dreiergruppen zu lesen. Anstelle von 20 verschiedenen Aminosäuren zum Bau von Proteinen könnte diese gesprächigere DNA theoretisch 276 verschiedene Aminosäuren und damit Material zum Bau völlig anderer Lebensformen zur Verfügung stellen.[17] ETC bezeichnet dies als »extreme Gentechnik«[18]. Mehr davon später.

Neben neuen Technologien ist in der Eingangsgeschichte von vielen Bedrohungen für Gesundheit und Umwelt die Rede. In *China Sundown* wird ein allmählicher Verfall der Gesundheit der Weltbevölkerung geschildert, parallel zur Zerstörung der Umwelt und in engem Zusammenhang mit der globalen Erwärmung. Im Folgenden zeichnen wir die wichtigsten Entwicklungen nach:

KLIMACHAOS: Sowohl das Abschmelzen der Gletscher Grönlands als auch die Möglichkeit, dass der warme Golfstrom abdriftet und Westeuropa zu einem zweiten Sibirien macht, als auch die Wahrscheinlichkeit, dass der Meeresspiegel weiter steigt und Wirbelstürme an Heftigkeit zunehmen – all das ist bestens dokumentiert und wird die Leser kaum überraschen. In *China Sundown* ist die globale Erwärmung der Rahmen für die gesamte Handlung. Überzeugte Zweifler an der Klimaerwärmung findet man heutzutage nicht mehr viele; ob sie aber das zentrale Problem darstellt, wird weiter diskutiert. Wir sollten auf jeden Fall Vorsicht walten lassen. Industrie und Politik fokussieren das Interesse der Öffentlichkeit immer mehr auf den Klimawandel und machen sich damit Naomi Kleins viel zitierte »Schock-Strategie« zunutze, derzufolge sich in einer allgemeinen Panik- und Krisenstimmung auch drastische sozioökonomische und umweltrelevante Reformen relativ leicht durchsetzen lassen.

Doch mag der Klimawandel noch so bedrohlich sein, mit technischen Tricks wird sich das Problem nicht lösen lassen. Verbrauchsreduktion und eine gerechte Verteilung der Ressourcen dürfen hierbei keinesfalls aus den Augen verloren werden.

GEO-ENGINEERING: Die greifbarste Gefahr droht Suyuan und Alitash auf dem Weg ins Jahr 2035 sicherlich durch Geo-Engineering. Kaum eine Woche nach Fertigstellung der ersten Rohfassung von *China Sundown* zerstörte ein Hurrikan New Orleans und einen beträchtliches Stück der Golfküste von Mississippi. Rein zufällig hatte ich genau diesen Fall eben im Voraus beschrieben. (Niclas Hällström, mein Kollege beim What Next Exchange, meinte in einer E-Mail, ich solle sofort mit dem Schreiben aufhören!)

Dass ich bei einem Wirbelsturm mit meiner Prognose »Glück gehabt« habe, bedeutet noch lange nicht, dass ich auch damit recht behalten werde, dass Geo-Ingenieure im Zuge ihres kostengünstigen Plans B Erdbeben auslösen, um damit Vulkanausbrüche in Gang zu setzen. Die Entscheidung der Leute von BANG für angeblich »natürliche« Vulkanausbrüche ist sicherlich das dunkelste Kapitel von *China Sundown*; die so in die Stratosphäre gebrachten Sulfate sollen die globale Temperatur und die Methanemissionen senken sowie den Meeresspiegelanstieg bremsen. Es gibt keinerlei Hinweise, dass sich jemand ernsthaft mit derlei Plänen befasst. Dies ist reine Fiktion. Aber Dichtung ist nur selten merkwürdiger als die Realität. Werden sich die kühlen Köpfe am Ende durchsetzen? Es ist immer schwer auszumachen, wer auf welcher Seite steht. Technische Lösungen für das Klimaproblem sind für die Industrie sehr reizvoll; angesichts staatlicher Fördermittel und Konzessionen zur Entwicklung der Verfahren argumentieren sie, ein Umbau der Wirtschaft und ein Umdenken bei Wachstum und Konsum sei nicht nötig – die technische Rettung sei ja bereits unterwegs. In anderen Worten frisst der Neoliberalismus die Gans und kriegt die goldenen Eier trotzdem.

PANDEMIEN: Die in *China Sundown* geschilderten Gefahren für die Gesundheit sind nicht übertrieben. Stromabwärts des Dreischluchtendamms haben sich tatsächlich zwei Typen der Bilharziose gekreuzt, und im Hochland von Tibet lauern Raupenpilz und Hundebandwurm. Dieser hat sich allerdings nicht mit der Bilharziose vermischt.

Die Beeren der Endod-Pflanze werden von Frauen in Äthiopien tatsächlich seit Generationen gegen Bilharziose eingesetzt, und es stimmt ebenfalls, dass zwei äthiopische Wissenschaftler, die mit den Frauen zusammengearbeitet haben, das Präparat auf der ganzen Welt als wichtigen Schritt zur Vorsorge gegen die Krankheit vorgestellt haben. Ihre weitere Forschungsarbeit wurde tatsächlich durch zwei von der University of Toledo (Ohio, USA) eingeholte Endod-Patente stark behindert. Auf Anfrage erhielten sie von der Universität das Angebot, für je 25.000 US-Dollar die nötigen Lizenzen für die Arbeit mit den Patenten erwerben zu können. Die beiden Wissenschaftler erhielten vom schwedischen Parlament den Alternativen Nobelpreis (Right Livelihood Award) verliehen, aber die Bilharziose ist weiterhin eine ernste Bedrohung.[19]

Die Weltgesundheitsorganisation geht von einer – fortgesetzt – hohen Wahrscheinlichkeit für das Auftreten einer Pandemie aus; dabei muss die Bedrohung keineswegs von der Bilharziose oder von China ausgehen. Ob es sich um Bilharziose, DNA mit sechs Buchstaben oder genmanipulierte SAR11-Mikroben handelt, ist dabei nebensächlich. Krebs sowie durch chemische Substanzen hervorgerufene Erkrankungen verbreiten sich schon jetzt epidemisch. Zwar sind erste Schritte zur Eindämmung karzinogener Substanzen unternommen worden, doch erscheinen neue Chemikalien in einer Zahl auf dem Markt, die von den Regulierungsbehörden unmöglich erfasst werden kann. Immer wieder tauchen verbotene Chemikalien in Entwicklungsländern auf, und viele bereits freigesetzte Substanzen werden ihre schädliche Wirkung auf Gesundheit und Umwelt noch für Jahrzehnte entfalten, bis sie endlich abgebaut sind. Wir befinden uns im Grunde mitten in einem chemischen Krieg.

EROSION DER GESUNDHEIT: Die in *China Sundown* beschriebene schleichende Verschlechterung der Gesundheitsparameter in den Industrieländern lässt sich nachweisen. Die Werte von US-amerikanischen Frauen, die in den Siebzigerjahren das Erwachsenenalter erreichten, haben sich gegenüber Vergleichsgruppen der Jahrzehnte davor messbar verschlechtert. In Schwarzafrika wird die mittlere Lebenserwartung im Jahr 2010 voraussichtlich auf 45 Jahre sinken – den Wert der Fünfzigerjahre.[20] Derzeit geht die Lebenserwartung weltweit in 38 Ländern zurück.[21] Und schon 2005 gab es mehr fettleibige als hungernde Menschen.

FIRMENKONZENTRATION: Nach außen hin verkörpert die Politik in *China Sundown* noch immer die Entscheidungsgewalt, doch ist sie längst zum Handlanger multinationaler Konzerne geworden. Nach Suyuan Wus Ansicht lassen es die vielfältigen wirtschaftlichen, technischen und finanziellen Verflechtungen gar nicht mehr zu, dass Regierungen unabhängig von den Interessen der Großunternehmen agieren. Dies ist die »Gang« in unserer Geschichte. Das mag überspitzt erscheinen, ist es aber nicht.

Im Grunde werden die Zustände sogar noch sehr zurückhaltend beschrieben. Unternehmen treten juristisch schon jetzt als »Personen« auf und treten in »Vereinbarungen« (Verträge) mit Regierungen ein. Zahlreiche bilaterale Vereinbarungen der Vereinigten Staaten beispielsweise garantieren bestimmten Unternehmen Rechte, die noch vor dreißig Jahren nicht durchsetzbar gewesen wären. So werden Regierungen dazu verpflichtet, Rechte von Unternehmen zu verteidigen, auch mit gewaltsamen Mitteln.

Je schlanker die Regierungsapparate werden, desto mehr sind sie auf Informationen der Industrie – häufig technische Informationen – angewiesen. Falls sich durch die Konvergenz im Nanobereich der Bedarf an konventionellen Rohstoffen verringert, dann sinkt damit auch der Einfluss der

Nationalstaaten als Eigner dieser Ressourcen, und der Einfluss der Industrie wächst. Staatliche Macht gründet nämlich zu einem guten Teil auf der Fähigkeit, land- und forstwirtschaftliche Ressourcen und Bodenschätze zuzuteilen oder zu verweigern.

Viel Einfluss übt die öffentliche Verwaltung traditionell auch über das Transportwesen aus. Wird die herkömmliche Produktion aber durch molekulare Selbstvernetzung und quantenmechanische Veränderung der Eigenschaften der chemischen Elemente verdrängt, dann wird die Kontrolle über Transport – und bestimmte Materialien – hinfällig.

BANG und der damit einhergehende Korporatismus sind längst Realität, auch wenn Politik und Industrie stets behaupten, man treffe Vorsorge für die Zukunft. Der Öffentlichkeit werden dabei auf die jeweiligen Interessen zugeschnittene, frei erfundene Utopien oder Schreckensszenarien präsentiert. Schon aus diesem Grund sollten den Menschen Alternativen angeboten werden: Was wird geschehen, wenn BANG und Konsorten bekommen, was sie wollen? Was sind die Folgen, wenn wir ihre Auslegung der Wirklichkeit akzeptieren? Dass die USA auch China, Indien und die EU als gleichberechtigte Supermächte neben sich dulden müssen, braucht uns weder zu überraschen noch zu ängstigen. Auch eine Zusammenarbeit der Supermächte mit Industrieverbänden bei der Errichtung einer »Quarantäneschranke« zwischen reichen und armen Regionen darf nicht überraschen. Was jedoch die Alarmglocken schrillen lassen sollte, ist der in *China Sundown* thematisierte Trend zur immer stärkeren Steuerung der öffentlichen Meinung und Gängelung der Demokratie, bis sich kein Widerspruch mehr regt.

GLÄSERNE GESELLSCHAFT: Suyuan Wu trennt sich nach den Bombenanschlägen von London im Jahr 2005 von News Corp unter dem Eindruck der Menschen in England, die alles Mögliche über ihr Leben bei Flickr.com oder auf den Websites der digitalen Karten einstellten. Nach noch nicht einmal fünf Jahren im Netz rühmte sich die Internet-»Telefongesellschaft« Skype der ungeheueren Zahl von 276 Millionen Mitgliedern, von denen bis zu 12,5 Millionen gleichzeitig online waren. Viele halten dies für den sichersten Kommunikationsweg.

Sollten sie da nicht schon jetzt falsch liegen, dann werden sie es wahrscheinlich in Bälde. Im Jahr 2005 wurde My Space (mit damals 220.000 neuen Mitgliedern täglich[22]) – wo viele freiwillig ihre intimsten kleinen Geheimnisse preisgaben – nach dem unbezwingbaren Google zur zweitbeliebtesten Website der Welt, und wurde von Rupert Murdochs News Corp aufgekauft.[23]

Schon 2008 musste My Space den Platz an der Spitze der sozialen Netzwerke an den noch ausgefeilteren Konkurrenten Facebook abtreten, der nach eigenen Angaben über 350 Millionen Nutzer verfügt. Der *Economist* vermerkt treffenderweise, wenn Facebook ein Land wäre, dann wäre es nach der Bevölkerungszahl das drittgrößte der Welt.[24] Und was nicht in Facebook oder MySpace auftaucht, ist bestimmt in einem der zwei Blogs zu finden, die im Internet jede Sekunde neu gestartet werden.[25]

Suyuan Wu macht sich in unserer Geschichte Sorgen, dass Flickr. com den Sicherheitsorganen die Arbeit abnimmt, aber in der Realität kamen schon ein Jahr nach den Londoner Anschlägen pro Minute zehn Stunden Privatvideos bei YouTube an,[26] und heute geraten die Fernsehsender in helle Aufregung, weil »Real-Reality«-Internet dem alten »Reality«-TV den Rang abzulaufen droht.

Über die elektronische Überwachung sind wir längst hinaus. Wir können inzwischen auch biologisch überwacht werden. Und wenn wir die Information freiwillig abtreten, dann brauchen wir noch nicht einmal ausspioniert werden. Bill Clinton wusste das schon vor Jahren. Bei einem Besuch in einem englischen Pub im Jahr 1997 ließen seine Betreuer unauffällig das Bierglas mitgehen, aus dem er getrunken hatte, um zu verhindern, dass sich jemand mit einem Wattestäbchen in den Besitz der DNA des US-Präsidenten bringt (besser spät als nie!). In England macht inzwischen der UK Human Tissue Act (Gesetz über menschliches Gewebe) von 2004 den Diebstahl fremder DNA strafbar.[27] Doch wie Qi Qubìng in *China Sundown* spöttisch darlegt, können noch so viele Gesetze zum Schutz der Privatsphäre erlassen werden – unsere Neurosen, unsere Selbstsucht oder der Gruppenzwang werden uns dazu bringen, alles für eine lächerliche Summe abzutreten – oder für was immer wir aufbringen können. Bis 2008 haben schon 250.000 Menschen je 100 Dollar für ein Test-Kit bezahlt, mit dem sie ihre eigene (mittels Wattestäbchen aus der Wangenschleimhaut entnommene) DNA zur Analyse an das Genographic Project von IBM und National Geographic schicken können.

Wenn der Große Bruder etwas über uns erfahren möchte, dann braucht er nur zu fragen – oder anzubieten, uns für das Annehmen der Information etwas zu berechnen.

Die Blog-Journalistin Suyuan Wu regt sich in der Einführungsgeschichte mehrfach über die allgegenwärtige Überwachung auf. Dagegen ist wenig von »massiv gewalttätigen Personen« die Rede. Die Reaktion der Regierung auf diese Bedrohung wird später in den Alternativ-Szenarien beschrieben.

PHYSIKALISCH-BIOLOGISCHE GRUNDLAGEN: In unserer Geschichte ist viel die Rede von der Verbindung zwischen Atom-Sphere und Terra-Forma und den vier Großmächten. Die Möglichkeiten der neuen Technologien lassen Politik und Wirtschaft gar keine andere Wahl, als enger zusammenzuarbeiten. Dass wir uns längst auf diesem Weg befinden, lässt sich an den bereits erteilten Patenten für Nanotechnologie ablesen.

Schon vor Jahrzehnten gewährte die US-Verwaltung – in meinen Augen in eindeutiger Missachtung geltender Gesetze – Patente auf künstlich hergestellte chemische Elemente. (Zwei Elemente, Americium und Curium, sind in den USA patentiert.) In jüngerer Zeit wurden in den USA verschiedentlich Patente zur Nutzung Dutzender Elemente im Nanobereich in einem guten Dutzend verschiedener Industriezweige ausgestellt. Zum ersten Mal werden dabei weitreichende Monopol-Patente erteilt, die sich auf die gesamte Wirtschaft auswirken könnten. Selbst auf dem schon beinahe »konventionellen« Gebiet der Biotechnologie erlangen Unternehmen mit weitreichenden Patenten Monopolstellung bei DNA-Sequenzen, die zur Erzeugung stressresistenter Pflanzen (Klimawandel und andere abiologische Einflüsse) von Bedeutung sein könnten.

Da praktisch alle Blütenpflanzen diese Gensequenzen tragen, betreffen die Patente die gesamte Landwirtschaft. Praktisch die gesamten patentierten DNA-Sequenzen befinden sich heute in den Händen von nur sechs multinationalen Saatgut- oder Chemiekonzernen. Dabei sind diese Exklusivrechte politisch durchaus anfechtbar, und es ist gut möglich, dass die Unternehmen – Monsanto, BASF, Bayer, DuPont, Syngenta und Dow – vor Gericht zum Verzicht auf die Patentrechte gezwungen werden können.

Wen kümmert's?

Spekulationen darüber, »was geschehen wird«, kann man durchaus als bedeutungslos ansehen. Was zählt, ist das, »was ist« – und wie man vom »Was ist« zum »Was wollen wir« gelangt. Das Starren in die Kristallkugel ist müßiger Voyeurismus. Zu vielfältig sind die natürlichen und vom Menschen beeinflussten Variablen, als dass man sie zielführend deuten könnte. Spielt es wirklich eine Rolle, ob man von einer Silberkugel (silver bullet) oder einem Wahlzettel (paper ballot) niedergestreckt wird? Wird der Planet ein anderes Schicksal nehmen, wenn anstelle der USA China oder Indien die Vormachtstellung erlangt? Mit einem nano-nuklearen Krieg könnten wir uns zurück in die Barbarei bomben, globale Ökophagie könnte das Ökosystem und unsere Lebensgrundlage vernichten, oder wir ersticken alle langsam in einer Wolke giftiger Partikel und tippen noch eine letzte Warnung an galaktische Anhalter, bevor uns die drahtlosen Blackberrys aus der Hand gleiten.

Dass die Menschheit während der nächsten dreißig Jahre jederzeit von einer derartigen Katastrophe (oder mehreren) heimgesucht werden könnte, kann nicht geleugnet werden. Es erscheint sogar mit jedem Tag wahrscheinlicher, dass die Eiskappen in unkontrolliertes Abschmelzen »abkippen«, oder dass die Existenz der Erde durch ein fehlgeschlagenes Experiment mit einem Teilchenbeschleuniger von heute oder mit einem Molekularvernetzer von morgen innerhalb von Stunden auf dem Spiel steht. Doch wie heißt es so schön – wahrscheinlich treten wir sang- und klanglos von der Bühne ab und nicht mit einem großen Knall.

IST DIE ZIVILISATION WIRKLICH IN GEFAHR? WENN JA, WÜRDEN WIR DAS ERKENNEN? Mit »dem Aussteigen« hat der Homo sapiens bislang keine konkrete Erfahrung. Wir reden uns ein, dass Zivilisationen nicht einfach in einer Katastrophe untergehen. Kulturen verschmelzen eher oder wandeln sich. Noch immer sind sich die Historiker nicht einig, was nun das römische Weltreich zu Fall gebracht hat – waren es Bleirohre in der Wasserversorgung, Willkürherrschaft, Vetternwirtschaft, Klimawandel in der asiatischen Steppe, Bodenerosion oder doch eher die Verpflichtung hunnischer Söldner? Nur daran, dass der Niedergang allmählich erfolgte, herrscht kein Zweifel; manche mochten damals den Untergang vorausgesagt haben, aber den meisten war die Tatsache wohl gar nicht bewusst, als sie eintrat.

Weder Geschichtswissenschaftler noch Umweltexperten können das Verschwinden der Maya-Kultur in Yucatán erklären oder alle Gründe dafür nennen, warum Europa vor 500 Jahren die Herrschaft über den Indischen Ozean erlangte. Die amerikanische Revolution – dieser große Kampf um die Demokratie – wurde nach Ansicht der Historiker von einem Drittel der Bevölkerung unterstützt, ein Drittel war dagegen und ein Drittel war sich nicht einmal sicher, ob die Revolution überhaupt stattfand. Die Kette der Ereignisse, die letztlich zum Ausbruch des Ersten Weltkriegs führte, wird noch auf Jahrzehnte Gegenstand von Diskussionen sein. Aufstieg und Fall von Zivilisationen sind komplizierte Vorgänge.

Wenn nicht gerade ein Meteoriteneinschlag oder eine gravierende Technikkatastrophe die Menschheit auslöscht, dann werden auf dem Totenschein des kosmischen Leichenbeschauers wohl eher die Folgen verschärfter Ungerechtigkeit und/oder ungebremsten Konsums vermerkt sein. An der bisherigen Geschichte gemessen schreitet der Niedergang von Erde und Menschheit offenbar rasch und unerbittlich voran, aber im hektischen, täglichen Alltag mit seinen Sorgen, Nöten und kleinen Freuden ist von diesem Verfall nicht viel zu spüren.

Mein Freund Brian K. Murphy berichtete im April 2005 in einem Vortrag von einer Unterhaltung mit seinem Sohn beim Frühstück: Der junge Mann kam zu dem Schluss, man brauche sich keine Sorgen um die Zukunft zu machen, da die Welt ohnehin auf ihr Ende zusteuere. Der Vater räumte ein, der Sohn habe vermutlich recht, aber es wäre vernünftig, für den gegenteiligen Fall einen Plan B bereitzuhalten.

Die Vorhersage von Katastrophen ist eine riskante Sache: Immerhin lag Paul R. Ehrlich mit der »Bevölkerungsbombe« falsch, die Paddock-Brüder irrten sich bei »Famine – 1975!« und der Club of Rome ist bei »Die Grenzen des Wachstums« vielleicht etwas übers Ziel hinausgeschossen. Ronald Reagans Innenminister sah sogar keinen Grund, fossile Brennstoffe zu sparen, da die »Wiederkunft des Herrn« ohnehin unmittelbar bevorstand.

Andererseits vertrauen Technikgläubige fest darauf, dass derartige Vorhersagen zum Ende der Menschheit verfrüht sind. Die Wissenschaft hat ihrer festen Überzeugung nach noch immer eine Lösung gefunden.

Technikgläubigkeit ist allerdings keine besonders sichere Basis für den Aufbau unserer Zukunft. Erst seit etwa sechzig Jahren – seit der Entwicklung von Atomwaffen – ist die Menschheit fähig, sich selbst vollständig (und innerhalb kürzester Zeit) zu vernichten. Dass wir das ein paar Jahrzehnte lang heil überstanden und einen Atomkrieg vermieden haben, kann für die nächste Generation kaum eine sichere Grundlage für Optimismus sein – und erst recht nicht für den Rest dieses unsicheren Jahrhunderts. Die Möglichkeit (oder Unmöglichkeit) einer globalen Ökophagie ist keine gute Planungsgrundlage.

ZUSAMMENBRUCH ODER SCHIEFE EBENE? Die Welt wird wahrscheinlich nicht untergehen – jedenfalls nicht so bald. Sie steuert jedoch auf eine Kollision zu, die manche Gesellschaften nicht überleben werden. Ein Plan B ist eine gute Sache. Unsere Zukunft ist nicht zwingend – und auch nicht wahrscheinlich – schwarz oder weiß.

Von Brian Murphy in Kanada praktisch eine halbe Welt entfernt, spricht Simon Terry in Neuseeland von der Notwendigkeit eines Plans C – eines Notfallplans. Falls die in Plan B vorgesehene weiche Landung misslingt, sollte eine vernünftig denkende Gesellschaft einen Plan für eine drastische Umgestaltung der Welt entwickeln. Dieser mag vorsehen, sich auf das zu konzentrieren, was am Rand der Machtzentren noch zu retten ist. Wir müssen nicht wählen zwischen Erfolg (der triumphalen Fortsetzung der Prozession) oder Misserfolg (der nuklearen Vernichtung oder Umweltkatastrophe).

Ob zurecht oder nicht, vertreten viele Historiker die Auffassung, dass sich die europäische Kultur nach Stagnation oder Niedergang (zwischen dem 5. und 10. Jahrhundert n. Chr.) wieder erneuert hat. Die mesoamerikanische und andine Kultur liegt nach Ansicht der Historiker seit fünf Jahrhunderten darnieder. Der Nahe und Mittlere Osten hat seit den Tagen der Assyrer eine lange Talsohle durchschritten, ist mit der Muslimischen Bewegung aufgelebt und hat schon lange vor dem endgültigen Fall des Osmanischen Reichs wieder einen Niedergang erlitten.

Das Bild auf- und absteigender Zivilisationen ist nicht besonders attraktiv – besonders wenn sich die eigene gerade auf dem absteigenden Ast befindet. Weltreiche sind gekommen und gegangen, aus vielerlei Gründen, doch sollte man den Bestand von Weltreichen nicht mit dem Erfolg von Kulturen gleichsetzen. Wenn Assyrer, Griechen, Römer und Osmanen schwere Zeiten zu überstehen hatten, dann bedeutet das noch lange nicht automatisch, dass die von ihnen unterworfenen Völker untergingen. Nun ja, vielleicht doch. Assyrer, Griechen, Römer und Mayas verloren beim Fall ihrer Weltreiche allesamt einen guten Teil ihrer Bevölkerung. Auch die Ackerböden waren größtenteils verloren, was die Versorgung von Menschen und den Unterhalt des politischen Systems fast unmöglich machte. Wenn ein Weltreich seine natürliche Existenzgrundlage nicht vernünftig verwaltet, dann sagt das allerdings eher etwas über das Wesen der Kleptokratie als über Zivilisationen aus. Im peruanischen Colca-Tal treiben Bauern auf terrassierten Hängen seit 1.500 Jahren erfolgreich Landwirtschaft – möglicherweise, weil sie einfach niemand dabei gestört hat.[28] Eines jedoch wissen wir mit großer Sicherheit: Wenn Reiche zerfallen, hinterlassen sie ein Chaos.

Ein Zusammenbruch ist ein schreckliches Ereignis, selbst wenn er nicht mit totaler Vernichtung einhergeht. Die Gründe für die Auflösung können vielfältig sein: Erosion des Ackerbodens, Klimawandel, Invasionen oder Pandemien. Der Schwarze Tod raffte in Europa ein Drittel der Bevölkerung dahin. Fast ebenso verheerend war die Spanische Grippe von 1919 mit 40 bis 100 Millionen Toten – weit mehr, als im Ersten Weltkrieg umkamen. Und es ist eine Tatsache, dass in der westlichen Hemisphäre 90 Prozent aller Angehörigen der Naturvölker an eingeschleppten Krankheiten starben. Wenn aus Wäldern Wüsten werden und Meere sterben, dann liegt das nicht nur am Taumeln der Erdachse oder an El Niño. Von den Azteken bis zu den Assyrern waren immer wieder ganze Zivilisationen nahe an der völligen Auslöschung. Wenn wir der Vernichtung der Menschheit entgehen sollten, dann mag das für die Überlebenden nur wenig tröstlich sein, denn schon der nächste »Tsunami« – sei er seismischen Ursprungs, wirtschaftlich, ökologisch oder militärisch – könnte auch für die Überlebenden das Ende bedeuten. Wenn wir uns umschauen und unsere Erfahrungen der vergangenen Jahrhunderte berücksichtigen, dann ist der Weg in die Katastrophe, realistisch betrachtet, doch sehr viel wahrscheinlicher, als der Weg ins Nirwana.

....

EINE KARTE FÜR DIE ZUKUNFT
Für Optimisten, Pessimisten und Realisten …

- Viele erwarten, dass auch in Zukunft die mittlere Lebenserwartung, das Nahrungsangebot und der Bildungsstand stetig ansteigen. Gerade angesichts der 2008 beginnenden Nahrungs-, Öl- und Finanzkrise dürfte es dieselben Menschen kaum verwundern, wenn sich gleichzeitig weltweit die Schere zwischen Arm und Reich weiter öffnet. Andere halten einen Rückgang der Lebenserwartung und Probleme in der Nahrungsmittelversorgung in den kommenden Jahrzehnten für wahrscheinlich. Immerhin verzeichnen die USA als Architekt der Weltwirtschaft zum ersten Mal einen leichten Rückgang der Körpergröße[29] sowie eine überraschende und nicht erklärbare Abnahme des mittleren Geburtsgewichts.[30] Da sowohl in armen wie reichen Ländern der Anteil an fettleibigen Menschen zunimmt, muss mit einem Absinken der Lebenserwartung gerechnet werden.

- Die meisten Wissenschaftler stimmen darin überein, dass weder das Kyoto-Protokoll noch die wertlose Übereinkunft vom Dezember 2009 in Kopenhagen die globale Erwärmung stoppen werden. Außerdem ist es äußerst unwahrscheinlich, dass sich die Politik in naher Zukunft zu wirksamen Maßnahmen gegen die drohende Umweltkatastrophe durchringen wird. Genau aus diesem Grund schenken überraschenderweise auch ernst zu nehmende Wissenschaftler und politische Entscheidungsträger den Verheißungen des Geo-Engineering so viel Aufmerksamkeit. In *China Sundown* wie in der wirklichen Welt ist Geo-Engineering für die Energieversorger und ihre Freunde ein wahrer Goldesel.

- Die meisten werden außerdem erwarten, dass bei Militarismus und Rüstungsausgaben in naher Zukunft kein Rückgang zu erwarten ist. Auch der sogenannte Krieg gegen den Terror mit den dazugehörigen Wellen von religiösem Fanatismus und Marktfundamentalismus ist nach Ansicht der meisten Beobachter noch lange nicht zu Ende. Was Suyuan Wu und uns selbst betrifft, kann jeder überall ein »Feind« sein, weshalb die Staatsmacht auch überall präsent sein muss – der *Zukunftsbericht* der Universität der Vereinten Nationen beschwor ja schon 2005 das Feindbild der »massiv gewalttätigen Person« herauf.

- Vielleicht ist sogar die Zukunft der Demokratie mit Mehrparteiensystem ungewiss. Einerseits sehen wir eine ermutigende Zunahme von Aktionen bis hin zur offenen Rebellion gegen die Regierungseliten. Andererseits wird die Öffentlichkeit durch übermäßig personenbezogene Politik, Verdummung in den Medien und das Herbeireden von BANG-Sachzwängen eingelullt und die Politikverdrossenheit gesteigert. So darf erwartet werden, dass sich der sogenannte politische Liberalismus weiter ausbreitet und die Mitbestimmung bei politischen Entscheidungen weiter erodiert wird. In *China Sundown* stellen neu gewählte Politiker fest, dass die Wirtschaft ihrer Länder vertraglich bis zum Sankt Nimmerleinstag an internationale Konzerne gebunden ist. So ist auch die demokratische Einflussnahme der folgenden Generationen bereits an die Interessen der Unternehmen verpfändet, und dies ist beileibe keine düstere Zukunftsvision. Dies geschieht heute.

- Es herrscht allgemein die Ansicht, dass das Wissen oder doch zumindest die wissenschaftlichen Erkenntnisse exponentiell zunehmen werden, ohne dass ein Ende abzusehen ist. Wir bekommen dadurch stetig bessere und komplexere Werkzeuge zur Gestaltung unseres Lebens an die Hand. Damit sind möglicherweise große Risiken verbunden, aber die meisten sind der Ansicht, dass uns als Lösung nur die Wissenschaft bleibt, wenn wir der Menschheit schon nicht die Habgier austreiben können. In *China Sundown* halten die Großkonzerne allerdings verschiedene Technologien absichtlich zurück und fördern lieber Verfahren, die den Einfluss der Industrie noch vergrößern. Aber so geschieht es bereits seit Hunderten von Jahren. Den meisten entgeht dabei, dass die Welt auf lokaler Ebene sehr viel rascher überliefertes Wissen und Erfahrung verliert, als in den Forschungslaboratorien neu gewonnen wird.

- Trotz erschreckender Entwicklungen in vielen Teilen der Welt erleben die meisten Menschen heute mehr Gleichberechtigung der Geschlechter und mehr Toleranz hinsichtlich ihrer sexuellen Orientierung.

- Zu Beginn der Finanzkrise war kurz, heftig und etwas naiv Hoffnung aufgekeimt – inzwischen rechnet jedoch niemand mehr ernsthaft mit einem baldigen Niedergang des Kapitalismus oder auch nur mit einem Wandel der Beziehung von Politik und Industrie. Viele rechnen hingegen mit einer Verlagerung des geopolitischen Schwerpunkts von den USA nach Asien und dem Aufstieg von China, Indien und möglicherweise Brasilien zu Supermächten. Ob sich dadurch grundlegend etwas ändert, ist allerdings fraglich.

- Trotz Finanzkrise und vielen gegenteiligen Beteuerungen glaubt kaum jemand an ein Ende der Globalisierung; viele Menschen träumen hingegen von – und arbeiten hart an – alternativen Formen der Weltbürgerschaft.

BANG!
Technologische Konvergenz im Nanobereich

Ende 2006 sprach Leonel Alarcon, ein Quechua-Anführer aus Cochabamba im bolivianischen Hochland, bei einem Workshop in Kombolcha, eine Tagesreise nördlich von Addis Abeba im Rift Valley gelegen, vor Menschen, die sich um den Erhalt der lokalen Vielfalt der Nutzpflanzen bemühen. Die Organisatoren aus 16 Ländern, darunter Nepal, Indien and Ost-Timor, Mali, Südafrika, Sambia, Kuba, Chile und Honduras, feierten mit Diskussionen zum Thema »Was nun?« einen Jahrestag ihrer gemeinsamen Arbeit. Die Unterhaltung zwischen dem Quechua-Führer und Dr. Melaku Worede, einen äthiopischen Genetiker, hätte fast im Wortlaut das Gespräch von Marta Flores mit Alitash Teferras Eltern sein können. Bei Diskussionen und Besuchen auf Bauernhöfen während der zwölf Tage sprach man über die Vermehrung von Quinoa und Teff genauso wie über den Klimawandel und die Gefahren der Nanotechnologie. An diesem Tag erläuterte Leonel, was die von der andinen »Cosmovision« geprägten Quechua unter dem Begriff Wissenschaft verstanden. »Alles gleicht sich aus«, legte er dar. »Unsere Wissenschaft unterscheidet nicht zwischen biotisch und abiotisch – zwischen belebter und unbelebter Natur, zwischen Himmel und Erde, zwischen Frau und Mann. Wir werden alle von Pachamama geleitet.«

Dem wird der Biosyntheseforscher J. Craig Venter wie auch seine Kollegen aus der Nanotechnologie wahrscheinlich zustimmen. Sowohl die andine Cosmovision als auch die Technovision des Silicon Valley sprechen von einer Singularität – von der technologischen Konvergenz im Nanobereich – und haben (zumindest auf manchen Ebenen) vieles gemein. Die BANG-Technokraten sehen die Konvergenz allerdings nicht als stetigen, kreisförmigen Prozess, sondern als Revolution und totale Umwandlung, die unsere Gesellschaft grundlegend verändern wird.

In *China Sundown* reisen Suyuan Wu, Alitash Teferra und Qi Qubìng noch immer mit Magnetbahnen und Flugzeugen herum, schicken sich SMS und schreiben Blogs. Su wird mit Elektroschocks aus einer Piezer-Pistole außer Gefecht gesetzt, was einem schon heute passieren könnte.

Beobachter der Wissenschaftspolitik und Marketingleute aus der Industrie werden *China Sundowns* Ausblick auf 2035 möglicherweise jämmerlich fantasielos finden. Wo sind die Haushaltsroboter und in die Kleidung integrierte Computer? Was ist mit den Wunderfasern, mit denen wir während der Hatz durch Leben und Beruf ständig unsere Erscheinung verändern können? Was ist mit der Freizeitgesellschaft, der verlängerten Lebensspanne und den bewusstseinserweiternden Implantaten, die das Leben noch interessanter machen sollen? Und was ist mit dem Sieg über die Armut? Die Welt wird sich wohl anders entwickeln, als in *China Sundown* geschildert. Zu viele technische Spielereien hätten aber vom Kern der politischen Realität abgelenkt. Die Eingangsgeschichte kann und will nicht vollständig sein. Entscheidend ist, dass die BANG-Macher wissenschaftliche Entwicklungen benutzen, um auf Kosten von Umwelt und Allgemeinheit ihre Privilegien zu verteidigen. Aber das ist ja nichts Neues.

KONVERGIERENDE TECHNOLOGIEN: BANG (oder Nanotechnologie) ist kein Hirngespinst aus einer fiktiven Zukunft – es ist bereits Realität. Die Meinungsmacher der Nanoindustrie sprachen schon 2005 von einem weltweiten Marktvolumen für Nanomaterialien und Nanotechnik-Produkte in Höhe von 400 Milliarden Dollar – wohlgemerkt nicht nur der Wert der Nanotechnologie an sich. Damit käme die Nanotechnologie (wobei man die Fähigkeiten der Industrie bei der Vermarktung nicht unterschätzen sollte) auf 15 Prozent der Industrieproduktion weltweit, was dem kombinierten Marktvolumen von Telekommunikation und Informatik entspricht oder dem Zehnfachen der gesamten Biotechnologie-Branche – und das, obwohl Nanotech noch in den Kinderschuhen steckt.[31] Heute fließt mehr Geld in Nanotechnologieforschung als in den 1940er-Jahren in das Manhattan-Projekt zur Entwicklung der Atombombe oder in das Apollo-Programm, das Neil Armstrong 1969 zum Mond brachte. Es ist schlicht das größte Forschungsprogramm in der Geschichte der Wissenschaft.

Im ersten Jahrzehnt des neuen Jahrtausends flossen weltweit etwa 50 Milliarden Dollar in die Erforschung der Nanotechnologie.[32] Fast 50 Länder haben inzwischen eigene Forschungsprogramme aufgelegt, und es geht in diesem Rennen wohl nicht ums Gewinnen, sondern eher darum, nicht abgehängt zu werden. Die Royal Society in England untersuchte 2004 den Forschungszweig, und Mitglieder der Arbeitsgruppe versicherten mir, allein in der Umgebung von Peking forschten mehr Wissenschaftler an Nanotechnologie als in ganz Westeuropa, und dies bei einem Zwanzigstel der Kosten pro Forscher. Praktisch alle Nobelpreisträger in Physik, Chemie oder Medizin der letzten 15 Jahre haben im Nanobereich gearbeitet, auch wenn das Wort »nano« im Urkundentext nicht immer erwähnt wird.

Die Nanotechnologie eröffnet der Industrie ungeahnte Möglichkeiten. Dabei bezeichnet »nano« zunächst einmal keine Technologie, sondern die

Zehnerpotenz 10^{-9}, also ein Milliardstel; ein Nanometer (nm) ist demnach ein milliardstel Meter – das entspricht etwa zehn aneinandergereihten Wasserstoffatomen und ist achtzigtausendmal kleiner als die Dicke eines Haars. Nanotechnologie ist also im Grunde nichts anderes als die Manipulation von Atomen und Molekülen – den Grundbausteinen der Materie. Noch ist es Zukunftsmusik, doch suggeriert unsere Geschichte, dass die Industrie schon bald in der Lage sein wird, alles von diesen Grundbausteinen ausgehend aufzubauen. Anstatt Gestein zu brechen oder Holz zu schlagen und für den Bau von Häusern oder Büchern zu verwenden, sollen wir eines Tages all die unnötigen Abfälle (und eine Menge Energie) sparen, wenn wir uns, dank »nano«, Einbauküche und Essen maßgeschneidert und Atom für Atom zusammenbauen. Gut möglich, dass wir uns im 21. Jahrhundert einen guten Teil der nötigen Rohstoffe aus den Müllhalden des verschwenderischen 20. Jahrhunderts holen werden.

Ein aus atomar dünnen Schichten aufgebauter Stuhl (ganz zu schweigen von einem Haus) mag in ruhigen Zeiten etwas zerbrechlich erscheinen – geradezu selbstmörderisch allerdings angesichts eines asiatischen Tsunamis oder Erdbebens wie kürzlich in Haiti. Hier kommt jedoch die zweite Eigenheit der Nanotechnologie zum Tragen – die Ausnutzung von Quanteneffekten. Bisher reichten Industrieprodukte vom Mikro- bis zum Makromaßstab und blieben damit im Bereich der klassischen Chemie und Physik mit wohldefinierten Eigenschaften von Elementen und Verbindungen. Unterhalb von etwa 200 bis 300 Nanometer räumt die klassische Chemie das Feld, und Quanteneffekte nehmen in drastischer Weise Einfluss auf die Eigenschaften der Elemente.

Das gibt den Herstellern gewissermaßen ein ganzes Potpourri von Periodensystemen der Elemente an die Hand, aus denen sie ihre Rohmaterialien wählen können, was die Industrie stark verändern dürfte. Wird Nickel, Kupfer oder Kohlenstoff in abnehmenden Teilchengrößen von 200 nm, 100, 75, 50, 25 oder 5 nm bereitgestellt, dann ändern sich praktisch alle physikalischen Eigenschaften kontinuierlich – Farbe, Elastizität, elektrische Leitfähigkeit, Verhalten bei Druck- und Temperaturänderung. Dies gilt auch für das wegen seiner Schönheit und Widerstandsfähigkeit gegen Korrosion gerühmte Gold, das in feinster Partikelgröße beinahe eine rote Färbung annimmt. Einige Veränderungen sind sehr scharf definiert: Bestehen die Partikel aus 7 bis 24 Atomen, dann ist Gold hoch reaktiv und wirkt als Katalysator. Weder bei 6 noch bei 25 Goldatomen ist das so, sondern ausschließlich in diesem scharf abgegrenzten Bereich. In Südafrika werden

Laboranten angewiesen, Gold-Nanopartikel so vorsichtig wie das Ebola-Virus zu behandeln. Bei der Arbeit mit dem Metall im Nanobereich sind »Raumanzüge« vorgeschrieben – mit dem Gold an unserem Ringfinger hat das nicht mehr viel zu tun. Einen ähnlichen Effekt zeigt gewöhnliche Kalkkreide. Das bröselige Zeug, das Lehrer auf der ganzen Welt benutzten und teilweise immer noch benutzen, wird im Nanobereich hundertmal stärker als Stahl und sechsmal leichter. Oder nehmen wir Aluminiumoxid. Zahnärzte verwenden es für Füllungen. Es ist sicher, harmlos und reaktionsträge. Bei der US-Luftwaffe wird es im Nanobereich in Bombenzündern verwendet. Ob schöne Zähne oder keine Zähne – das ist letztlich nur eine Frage der Korngröße.

So eröffnet die Nanotechnologie nicht nur neue Produktionsmöglichkeiten von den Grundbestandteilen aufwärts, die Materialien besitzen auch ungeahnte und möglicherweise wertvolle physikalische Eigenschaften wie Festigkeit oder Flexibilität.

Die Nanotechnologie verwischt außerdem die Grenzen zwischen belebter und unbelebter Materie. Aus der Sicht von Atomen und Molekülen ist DNA nichts weiter als Wasserstoff, Stickstoff, Sauerstoff und Kohlenstoff – mit ein bisschen Zucker für den Geschmack. Zwei wichtige Nukleotidbasen, Guanin und Cytosin, bilden sich sogar spontan in tonigen Lösungen.[33] Wenn es nun gelingt, die DNA auf Atomebene so umzustrukturieren, dass sie neuartige Aminosäuren und Proteine oder gar neue Arten von DNA produziert?

Bislang basierte alles Leben auf der Erde auf den vier Nukleotidbasen A, C, G und T – den Leitersprossen der DNA-Doppelhelix. Bislang. Was geschieht, wenn andere oder zusätzliche Basen entwickelt – und vielleicht sogar patentiert – werden?[34] Warum nicht eine DNA mit sechs Buchstaben oder zwölf Basen? Auch dies ist kein Hirngespinst. Wie schon erwähnt: Wissenschaftler haben bereits erweiterte Vier-Basen-DNA sowie DNA-Varianten mit fünf und sechs Basen konstruiert.[35]

Das größte Problem der Nanotechnologie war bisher, etwas zu bauen, das so groß ist, dass wir es mit unseren opponierbaren Daumen auch ertasten können. So mag es möglich sein, einen Hamburger Atom für Atom zusammenzusetzen, aber wir müssten lange aufs Essen warten – vielleicht so lange, wie das Universum alt ist. Damit würde die Slowfood-Bewegung zwar in ungeahnte Bereiche vorstoßen, aber wir dürfen annehmen, dass Nanotechnologie wohl kaum das Ernährungsproblem der Welt lösen wird.

Aber auch die die DNA arbeitet im Nanobereich. Wenn man nun die DNA so manipuliert, dass sie den Code für die Herstellung anderer Moleküle trägt, dann wäre das Geschwindigkeitsproblem beim Bau Atom für Atom gelöst. Die DNA ist schließlich ständig am Bauen, und das sehr schnell – ein Bakterium in ein paar Minuten, ein Baby in neun Monaten; nur für einen Elefanten braucht sie etwas länger. Mit Nanobiotechnologie soll in Zukunft nicht nur unser tägliches Brot erzeugt werden, sondern auch unsere Tageszeitung, Werkzeuge und Unterhaltung, alles mit der Präzision modifizierter DNA.

Mit BANG oder Nanotechnologie geht nicht nur ein völlig neuer Größenmaßstab einher, sondern auch eine neue Ebene der Komplexität. Vier Punkte sind hier zu nennen:

Zunächst einmal ist da, wie stets, die Frage nach Macht und Einfluss. Da nun das Atom für alles und jedes – lebendig oder nicht – der Grundbaustein ist, hat derjenige, der über die Produktion verfügt, auch die totale Kontrolle. Nehmen wir zum Beispiel das US-Patent Nr. 5 874 029 von 1999 über Methoden zur Nanonisierung von Partikeln. Das Verfahren findet überall dort Verwendung, wo kleine Partikel benötigt werden: bei der Erzeugung von Arzneien, Nahrung, Chemikalien, Katalysatoren, Polymeren, Pestiziden, Sprengstoffen, Lacken und in der Elektroindustrie – kurz gesagt, in praktisch allen Wirtschaftszweigen.

Dann ist da beispielsweise US-Patent Nr. 5 897 945 der Harvard-Universität über Nanodrähte aus den 33 verschiedenen chemischen Elementen Titan, Zirkonium, Hafnium, Vanadium, Niob, Tantal, Chrom, Molybdän, Wolfram, Mangan, Technetium, Rhenium, Eisen, Osmium, Kobalt, Nickel, Kupfer, Zink, Kadmium, Scandium, Yttrium, Lanthan, Bor, Gallium, Indium, Thallium, Germanium, Zinn, Blei, Magnesium, Kalzium, Strontium und Barium. Mit einem einzigen Patent möchte Harvard demnach ein Monopol über fast ein Drittel des Periodensystems erlangen.[36]

Wegen der grundlegenden Funktion von Atomen werden Nanotechnologiepatente zu großen Umwälzungen in der Unternehmens- und Wirtschaftsstruktur führen, mit Allianzen und Übernahmen, die wir uns heute noch schwer vorstellen können. Mit Atom-Sphere und Terra-Forma liegen wir vermutlich recht nahe an der Entwicklung der kommenden Jahrzehnte.

Zum Zweiten sind da die Auswirkungen auf Umwelt und Gesundheit. Bis jetzt wurden die Änderungen der Materialeigenschaften im Nanobereich von den Gesetzgebern weltweit so gut wie ignoriert. Die Regulierungsbehörden unterscheiden bei chemischen Verbindungen nicht nach der Partikelgröße; von Quanteneffekten war bis vor kurzem nichts bekannt, also spielten sie keine Rolle. Wenn also ein Kosmetikhersteller oder Nahrungsmittelbetrieb die Verwendung einer bereits genehmigten Substanz, diesmal aber in Form von Nanopartikeln, anmeldet, dann interessiert das die Behörde nicht. Die Substanz ist für diesen Zweck bereits zugelassen und muss nicht neu geprüft werden, nur weil sich die Korngröße geändert hat.

Die in Sonnencremes und anderen Kosmetika häufig eingesetzten Nanopartikel aus Zinkoxid und Titandioxid unterscheiden sich teilweise grundlegend von ihren megamolekularen Cousins. Sonnencreme kommt normalerweise als weiße Paste aus der Tube und muss eingerieben werden. Im Nanobereich hingegen sind ZnO und TiO_2 für Lichtwellen unsichtbar, und die Creme ist transparent. Das mag zum Schutz vor UV-Strahlung nützlich sein, aber es könnten auch leicht 70 nm-Partikel in unsere Lunge gelangen. Teilchen mit 50 nm können tief in Zellen eindringen. Unterhalb von 30 nm werden Partikel für unser Immunsystem unsichtbar und könnten unbemerkt die Blut-Hirn-Schranke oder die Plazenta passieren. Das Wenige, was wir bisher über die Auswirkungen von Nanopartikeln auf die Gesundheit wissen, lässt allerdings auf große Gefährdung schließen, wenn die Teilchen ins Innere der Zellen gelangen.

Zum Dritten verhalten sich die Regulierungsbehörden bei den Mengen ebenso nachlässig wie bei der Korngröße. In vielen Ländern brauchen die Hersteller keine Genehmigung für Produktionsmengen unter einer Tonne pro Jahr. Nun bedeckt aber ein einziges Gramm Kohlenstoff-Nanoröhrchen eine Fläche von einem ganzen Quadratkilometer. Unter einer Tonne davon würde nicht nur Bonn oder Berlin, sondern ganz Deutschland verschwinden, bevor sich der erste Politiker wundert, wo denn die Sterne geblieben sind.

Noch ist Deutschland nicht von künstlichem Nanomaterial überzogen, aber Schokoriegel sind es schon jetzt; Nanopartikel sind in Getränken und werden – als Nano-Toxine – auf Golfplätzen versprüht. Wir reiben sie als Sonnencreme und andere Kosmetikprodukte in unsere Haut und tragen sie zum Schutz gegen Flecke und Knitterfalten auf der Kleidung. Nanopartikel sind in Autos und Flugzeugen, Computern, Handys und Hunderten von anderen Alltagsprodukten.

Dies könnte ein Problem sein. Die Nanotechnologie ist der am schnellsten wachsende Produktsektor aller Zeiten, mit tief greifenden Folgen für unsere Gesellschaft und Wirtschaft – und noch immer weiß die Politik nicht recht, wie sie die Frage der Sicherheit angehen soll.

Dann ist da noch der vierte Gesichtspunkt, der uns zurückbringt zur Frage von Eigentum und Kontrolle: die neue Kommerzialisierung der Natur. Bei den Verhandlungen zum Technology Transfer Treaty (TTT) in unserer Geschichte geht es für die Großmächte um Garantien für den Zugang zu den Rohstoffen für den Fall, dass die Nanotechnologie versagt, für die Industriekonsortien hingegen um die Sicherung der Monopole und Absicherung gegen Schadenersatzforderungen bei den Geo-Engineering-Experimenten. So prescht China im Rennen um die Kontrolle der Nanotechnologie voran, betreibt aber gleichzeitig harte Interessenpolitik zur Sicherung des exklusiven Zugangs zu Afrikas Bergbauprodukten und fossilen Brennstoffen. Seit 1995 haben sich die chinesischen Investitionen in Afrika verzehnfacht; in der Mitte und im Süden des Kontinents machen chinesische Unternehmen Ansprüche auf Platin und Kupfervorkommen, in Angola, Nigeria und im Sudan auf Ölvorräte geltend.[37]

Der industrielle Norden wie der arme Süden haben indessen beide Grund zur Sorge. Da sich die Eigenschaften der Elemente im Nanobereich verändern, werden manche bis dato gefragte Rohstoffe vielleicht morgen schon bedeutungslos sein. Andere Materialien, deren Abbau heute kaum lohnt, können schon morgen zum Schlüssel zu Macht und Reichtum werden.

Wie hieß es gleich noch mal in *China Sundown* und auch in einem Seminar, das tatsächlich 2005 in Hongkong stattgefunden hat? Genau: Die Technologie übertrumpft den Handel.

Bei dieser Konferenz erörterten die Teilnehmer einen Bericht von ETC, in dem gewarnt wurde, dass die Nanotechnologie wichtige Devisenbringer der Entwicklungsländer ersetzen könnte. So hatte Chile, wo mehrere Zehntausend Familien vom Kupferabbau leben, dem Bericht zufolge erst kurz zuvor zwölf Milliarden Dollar in die Modernisierung des Kupferabbaus und der Verhüttung investiert. Einige Nanotech-Unternehmen hoffen, das Kupfer elektrischer Leitungen durch Kohlenstoff-Nanopartikel ersetzen zu können. Damit könnte Kupfer, das im Augenblick zu stark überteuerten Preisen gehandelt wird, vielleicht schon in einem Jahrzehnt nicht mehr gefragt sein.

Auch Platin aus Sambia, Simbabwe und Südafrika erlebt mit 846 Dollar pro Feinunze gerade einen Boom, wird aber vielleicht schon bald (wie in den Alternativszenarien zu lesen sein wird) durch eine in Kanada entwickelte Nanoverbindung aus Nickel und Kobalt unter Druck geraten.[38] Als Schmuckmetall wird das Edelmetall gefragt bleiben, doch bei der Verwendung in Katalysatoren wird ihm Nickel bei einem Preis von einem Dollar das Pfund wohl rasch den Rang ablaufen.

Dann ist da noch Gummi. Seit dem Zweiten Weltkrieg machen synthetische Produkte dem Naturkautschuk starke Konkurrenz, und Prognosen über das Ende der Gummiplantagen sind nie verstummt. Erstaunlicherweise scheint auch die Nanotechnologie Verwendung für Produkte aus Naturkautschuk zu haben – zum Beispiel in Form einer so widerstandsfähigen Beschichtung aus Gummi-Nanopartikeln, dass Autoreifen nicht nur das Auto, sondern auch den Fahrer überdauern werden. Dies hätte zur Folge, dass in Thailand Millionen von Familien, die vom Kautschukanbau leben, ihre Bäume ausreißen und rasch etwas anderes anpflanzen müssen.

Schon seit langem geht in den Entwicklungsländern die Sorge vor »Kunststoffen« um. Allerdings haben synthetische Produkte mit wenigen Ausnahmen kein Naturprodukt vollständig vom Markt verdrängen können. Dies könnte – trotz Nanotechnologie – auch in Zukunft so bleiben, doch schon allein die Möglichkeit, dass die neuen Produkte die Nachfrage nach Grundstoffen beeinflussen könnten, wirkt sich destabilisierend auf die Wirtschaft der Entwicklungsländer aus – mit gravierenden Auswirkungen auf Märkte, Preise und Besitzverhältnisse. Den Rohstoffländern selbst bleibt hierbei nur eine Beobachterrolle.

Ein gutes Beispiel hierfür ist die Baumwolle. Weltweit wirkt ungefähr eine Milliarde Menschen (Familienmitglieder mit eingeschlossen) an ihrer Erzeugung und Verarbeitung mit.[39] In den 1960er- und 1970er-Jahren machten zahlreiche Kunstfasern wie Nylon, Rayon und Polyester der Baumwolle den Rang streitig, doch blieb sie wegen ihrer natürlichen Eigenschaften – dem angenehmen »Griff« und der Atmungsaktivität – ein gefragtes Produkt. Die Textilindustrie der Industrieländer sagt allerdings voraus, dass auf Atomebene modifizierte Nanofasern das komfortable Tragegefühl der Baumwolle schon bald übertreffen werden, bei zusätzlichen Vorteilen hinsichtlich Faserfestigkeit, Haltbarkeit, Temperaturausgleich und Farbwahl. Schon jetzt verkaufen sich Hemden und Hosen mit Nanobeschichtungen zum Schutz vor Falten und Flecken in den Einkaufszentren von Bonn bis Peking außerordentlich gut. Ist der Preis erst auf marktfähiges Niveau gedrückt, und halten die Funktionseigenschaften der Fasern, was sie versprechen, dann wird sich Baumwolle gegen Stoff aus Kohlenstoff-Nanoröhrchen oder etwas Vergleichbarem am Markt kaum auf Dauer halten können.

Forscher der Universität von Stanford haben mit einem nahtlosen Kleidungsstück auf einen Schlag einen guten Teil der Sicherheitsfragen und Fragen der Wirtschaftlichkeit der Nanotechnologie beantwortet. Sie haben Kohlenstoff-Nanoröhrchen in Baumwoll- und Polyesterstoffe eingewoben; die Kleidung kann nun nicht nur Strom leiten, sondern auch speichern. Vielleicht werden eines Tages geschniegelte New Yorker durch ihren Tag powern und dabei ihre iPods und iPhones mit Strom versorgen. Noch bereiten die Kosten von derzeit etwa 100 Dollar für ein Kilogramm Kohlenstoff-Nanoröhrchen etwas Sorge, aber Wissenschaftler halten schon bald einen Preis von 20 Dollar pro Kilo für möglich.[40] Immerhin reicht dieses eine Kilogramm bei Kohlenstoffröhrchen von 1 nm Durchmesser für Tausend Quadratkilometer Stoff – man könnte also für 100 Dollar ganz Manhattan in schicke Power-Dresser verwandeln. Trendig und gleichzeitig mollig warm – bei Regen und besonders bei Gewitter.

Auch für Getränke tropischen Ursprungs könnte es schwierig werden. Große Nahrungsmittelkonzerne wie Kraft haben schon vor Jahren davon gesprochen, Getränke zu entwickeln, die jeden vom Kunden gewünschten Geschmack annehmen und zwar erst, wenn sie getrunken werden. Dazu sollten Kapseln mit Nanopartikeln aus Kaffee, Tee, Kakao, Zucker oder was auch immer alle zusammen in einem Flüssigkeitsbehälter schwimmen. Der Konsument stellt den gekauften Behälter dann in einen etwas weiterentwickelten Mikrowellenofen und wählt eine Heizfrequenz, welche die gewünschten Geschmackskapseln knackt. Für die gekapselten Nanogetränke wäre vermutlich weniger vom betreffenden Agrarprodukt nötig, und das Getränk ließe sich sehr viel länger lagern. Die Nachfrage nach Kaffee, Tee, Kakao und Zucker würde nicht komplett wegbrechen, aber doch merklich einknicken. Nach jahrelangen, lautstarken Ankündigungen hat Kraft das Projekt nun aber offenbar leise einschlafen lassen. Ich vermute, dass sich bei Kraft und der übrigen Nahrungsmittelindustrie doch Bedenken wegen der Verbrauchersicherheit geregt haben.

Bei alten Hasen der Welthandels- und Entwicklungskonferenz (UNCTAD) und anderen Gremien für den Warenaustausch sind Gruselgeschichten über den bevorstehenden Preisverfall von Wirtschaftsgütern Dutzendware und werden selten ernst genommen – verständlicherweise, muss man sagen. Aber hier liegt der Fall anders. Zum einen steckt in unseren Nahrungsmitteln und Textilien bereits Nanotechnologie. Zum anderen könnte dieser Umbruch eine ganze Reihe von Agrarprodukten und Rohstoffen praktisch gleichzeitig treffen – etwa innerhalb eines einzigen Jahrzehnts.

Die Wirkung auf die Wirtschaft wäre verheerend. Was aber am wichtigsten ist – schon die Ankündigung eines Getränks, wie es Kraft vorschwebte, könnte die Preise zumindest vorübergehend in den Keller rutschen lassen, wovon wieder Importeure und Händler profitieren würden.

BIOSYNTHESE (ALIAS SYNTHETISCHE BIOLOGIE ALIAS NANOBIOTECHNOLOGIE):

Die Biosynthese ist das »Feuchtgebiet« oder der biologische Zweig der Nanotechnologie – mit eigenen spezifischen Problemen und Möglichkeiten. Die Wissenschaftler dieses Forschungszweigs strafen die konventionelle Gentechnik (Biotechnologie) mit Verachtung. Das Verpflanzen von Genen von einer Art in die andere betrachten sie als grobschlächtige und potenziell gefährliche Arbeitsweise. Das Leben, beteuern Biosyntheseforscher, sei kompliziert und wir verstünden noch nicht genau, wie Gene in lebenden Organismen eigentlich funktionieren. Als Lösung konstruieren sie ihre eigenen Gene oder DNA, ein Basenpaar (oder gar Atom) nach dem anderen. Diese Genomik von Grund auf mag sehr langwierig erscheinen – und das war sie auch –, aber die Technik schreitet rasch voran. Der konventionellen Gentechnik wirft die Biosynthese vor, sie transferiere im Buch des Lebens lediglich einzelne Wörter von einem Band in den nächsten – die Biosynthese dagegen schreibe gleich das ganze Buch selbst.

Und wie geht das? Drew Endy (vielleicht der bekannteste und am meisten bewunderte Wissenschaftler auf diesem Gebiet) begann seine Laufbahn nicht als Biologe, sondern als Ingenieur. Er baut einfach gerne Dinge zusammen. Erst kürzlich wechselte er vom MIT an die Universität von Standford, um dort an Biosynthese zu arbeiten. Auf seinem Schreibtisch stehen vier große Flaschen, je eine mit A, C, G und T, den Bausteinen der DNA. Drew sagt, aus dem Inhalt der Flaschen ließe sich theoretisch genügend DNA erzeugen, um alle Menschen der Welt zu kopieren. Die meisten Forscher bezögen ihre »Buchstaben« von einer Zuckerrohrfarm in Südchina. Warum, das wisse er auch nicht so genau, aber es sei eigentlich egal, weil A, C, G und T im Grunde Zucker seien. Auf dem freien Markt gibt es schon für etwa 400 Dollar einen gebrauchten Gen-Synthesizer – ein Kasten etwa wie ein Fotokopierer, der über Bluetooth mit einem Laptop spricht. Und für die vier Flaschen mit den »Buchstaben« gibt es je eine Halterung.

An diesem Punkt beginnt die Kreativität. Mit Software aus dem Internet kann man den Synthesizer dazu bringen, ganz nach Anweisung Basenpaare von DNA zusammenzubauen. Man muss aber schon eine Menge Ahnung davon haben – und eine Menge Zeit – um etwas auch nur halbwegs

Brauchbares zu produzieren. Man kann sich aber auch das Genom einer Spezies aus dem Internet herunterladen (dort sind Tausende verschiedene verfügbar) und den Gen-Synthesizer bitten, dieses Basenpaar für Basenpaar nachzubauen. Dann kann man damit herumspielen. Als dritte Möglichkeit lädt man sich das Genom herunter, nimmt am Laptop ein paar Änderungen vor und schickt die neue Gensequenz dann per E-Mail an eine beliebige »Genfabrik« irgendwo zwischen Neuengland und Neu-Delhi, und nach ein paar Tagen kommt die Designer-DNA per Post geliefert, auf einem Stück Plastik von der Größe einer Kreditkarte. Ein Techniker, der wahrscheinlich mehr als man selbst davon versteht, kann die DNA dann in das ursprüngliche Genom einfügen. Das ist Do-it-yourself-DNA … der erste Schritt auf dem Weg, Gott zu werden.

Leben ist Lego. Bauen kann man praktisch alles, sagen die Verfechter, Stück für Stück, solange jeder Legobaustein genau bemessen und geprüft ist. Was wir »Leben« nennen, ist für die Biosynthese eher so etwas wie »Verdrahtung«. Die beteiligten Wissenschaftler sprechen vom Leben, als handle es sich dabei um elektrische Schaltkreise oder Computersoftware.

Wir sollten nicht vergessen: Die Hälfte unserer Gene teilen wir mit dem Regenwurm, eine andere Hälfte mit der Banane und ein Viertel mit der Fruchtfliege. Das meiste der erfolgreichen DNA auf der Welt muss also ziemlich alltägliche Ware sein. Theoretisch kann es also zusammengebaut, ins Regal gelegt und nach Bedarf hier und dort eingefügt werden. Wenn Biosyntheseforscher ihre eigene DNA zusammenbauen, dann – so die Folgerung – können sie sicher sein, dass sie sich auch wie beabsichtigt verhält. Im nächsten Schritt geben sie den DNA-Bausteinen eine neue Struktur und testen diese Bausteine im Labor. Aus diesen lassen sich dann völlig neue Lebensformen bauen, die verlässlich die beabsichtige industrielle Funktion erfüllen.

IN VITRO, IN VIVO, IN VENTER: Am meisten dürfte Außenstehende an der Biosynthese genau diese Überzeugung verstören: dass man Leben von Grund auf erschaffen kann – nicht nur Bakterien, sondern auch verschiedene Pflanzen, Arten, Stämme und Reiche. Tony Wong aus *China Sundown* hat keinen Auftrag des US-Energieministeriums zum Erzeugen einer neuen Lebensform – J. Craig Venter schon. In den Neunzigerjahren leitete er das offizielle US-Forschungsprogramm zur Entschlüsselung des menschlichen Erbguts, doch er verließ das Projekt und gründete seine eigene Firma. Als Bill Clinton und Tony Blair im Jahr 2000 gemeinsam die erste Genkarte des

Menschen feierten, stand Craig Venter als Vertreter des Privatsektors gleich neben Clinton. Im Jahr 2008 ging Venter noch weiter und kartierte sich selbst – als erster Mensch mit wirklich vollständig entschlüsseltem Genom. Auch das erste Hundegenom – von seinem Hund Shadow – verdanken wir Venter, ebenso das erste Genom eines Nagetiers (vermutlich auch sein Haustier). Nun möchte Venter jedoch in unbekannte Regionen vorstoßen: Er möchte die erste künstliche, sich selbst vermehrende Lebensform zusammenbauen.

Nach aufwendiger Suche stieß Venters Arbeitsgruppe auf den einfachsten Organismus des Planeten, *Mycoplasma genitalium*, ein in menschlichen Genitalien hausendes Bakterium. Venters Team nahm den mit 517 Genen ausgestatteten Parasiten und reduzierte ihn auf 386 funktionelle Gene.[41] Nach dieser Vorlage wollen Venter und Mitstreiter (darunter auch der Nobelpreisträger Hamilton Smith) innerhalb der nächsten zwei Jahre eine komplett neue Lebensform entwickeln. Genaugenommen kündigen sie das seit drei Jahren an, aber wer Gott selbst herausfordert, braucht es mit dem zeitlichen Rahmen nicht so genau zu nehmen. Beim vierten jährlichen Biosynthesekongress Ende 2008 in Hongkong zweifelte allerdings niemand daran, dass Venter sein Versprechen auch einlösen würde. Bei ETC taufte Kathy Jo Wetter das zu erwartende neue Lebewesen »Synthia«, was die Medien gerne aufgegriffen haben.

QUANTENPLÄNE: Das Schaffen neuen Lebens scheint bislang noch einige Schwierigkeiten zu bereiten; dafür klappt das Wiedererschaffen bereits bekannter Organismen hervorragend. Im Jahr 2002 glückte Wissenschaftlern beispielsweise der Nachbau des Poliovirus.[42] Synthetische Pocken können inzwischen in zwei Wochen zusammengebaut werden – etwa zum Preis eines Neuwagens. Erst kürzlich haben Forscher dem Windpockenvirus ein Interleukin-4 (Il-4)-Gen hinzugefügt und damit eine höchst virulente Variante geschaffen, gegen die der Mensch keine Abwehrmechanismen besitzt.[43] Den Erreger der berüchtigten Spanischen Grippe, der von 1918 bis 1919 mindestens 40 Millionen Menschenleben ausgelöscht hat, bevor er gnädigerweise verschwand, haben andere Wissenschaftler wieder auferstehen lassen – mithilfe von DNA-Bruchstücken aus Grippeopfern, die im arktischen Eis von Alaska eingefroren waren.[44]

Wir müssen festhalten, dass sich der Denkansatz »Leben als Lego« und die Do-it-yourself-DNA (von der Stange) als äußerst erfolgreich erwiesen hat. Allein in den USA können Wissenschaftler bei 32 verschiedenen Gensynthesefirmen DNA bestellen und erhalten innerhalb weniger Wochen die gewünschten Lebensfäden per Post zugeschickt. In den meisten Ländern ist es zwar verboten, jemandem per Post das Fieber auf den Hals zu schicken, aber bei DNA-Stücken, die später zu Marburg-Viren oder Pocken zusammengebaut werden können, sind Produktion und Postversand völlig legal. Dabei sind die Risiken beträchtlich. Mit demselben Verfahren sollen nun in aufsehenerregenden Projekten auch ein 27.000 Jahre altes Mammut sowie unser naher Verwandter, der Neandertaler, wieder zum Leben erweckt werden.[45]

Die Erschaffung von Leben ist schon jetzt ein blühendes Geschäft. Noch vor dreißig Jahren brauchten Hunderte von Wissenschaftlern sechs Jahre – und Millionen von Dollars – für die Synthese eines einzigen Gens. Heute liefert die Biosynthese DNA zum Preis von »a buck-a-base« – einem Dollar pro Base, in Sonderangeboten auch schon für 50 Cents. Das Genom von Bakterien bekommt man in wenigen Tagen für ein paar Hundert Dollar sequenziert, und in Fachkreisen geht man davon aus, dass ein menschliches Genom schon in ein paar Jahren innerhalb weniger Stunden komplett entschlüsselt werden kann. Im Vorfeld der Biosynthesekonferenz 2008 in Hongkong verkündete der Harvard-Professor George Church, seine neu gegründete Firma plane, ein menschliches Genom für 5.000 Dollar zu sequenzieren. Ende 2009, ein gutes Jahr später, während viele bestürzt das Scheitern der Kopenhagener Klimakonferenz verfolgten, erklärten andere Wissenschaftler, bei ihnen sei eine komplette Kartierung in Kürze für 1.000 Dollar zu haben. Schon bald werden viele Menschen in den reichen Ländern mit einem in die Schulter gepflanzten Mikrochip durchs Leben wandeln, auf dem für medizinische Notfälle die persönliche Genkarte gespeichert ist. Hiervon später mehr.

UNAUSGEGORENE VERFAHREN – FETTER PROFIT: Kluge Wissenschaftler und Realisten sind sich natürlich darüber im Klaren, dass die Manipulation der Natur auf dem Atomniveau sehr viel komplexer ist, als uns die Industrie glauben machen will. Sich gegenüber der Natur als Gott aufzuspielen, hat nie wirklich funktioniert. Wenn die ganze Propaganda verklungen ist, werden sich Industrie und Politik eingestehen müssen, dass die Erzeugung von belebten oder unbelebten Materialien durch plumpes Herumschieben von Atomen und Molekülen eine bedenkliche Angelegenheit voller Gefahren für Mensch und Umwelt ist. Die Mehrzahl sieht die Biosynthese als ein weiteres halb gares System für schnellen Reichtum, das zum Scheitern verurteilt ist.

Das ist vermutlich auch die Wahrheit. Trotzdem sollten wir aus dem jahrelangen Kampf gegen die Gentechnik in der Landwirtschaft eines gelernt haben: Auch mit schlechter Wissenschaft lassen sich Profite erzielen. Zumindest die erste Generation von genmanipuliertem Saatgut war in wissenschaftlicher Hinsicht Pfusch. In heller Aufregung über das Standing an der Wall Street und ungeachtet aller Qualitäts- und Sicherheitsfragen drückten Gentechnik-Boutiquen unbrauchbare Produkte auf den Markt. Viele Bauern mussten teuer dafür bezahlen; bei Feldfrüchten wie Mais wurden die Zentren der Artenvielfalt massiv kontaminiert, die Ausfuhrmärkte verunsichert, Händler und Konsumenten verärgert. Trotzdem haben die Gentechnikfirmen gute Geschäfte gemacht, und auch die Verunreinigung mit genmanipulierten Sorten dient ihren Interessen.

So könnte es auch bei der Biosynthese sein. Zum Reichwerden brauchen die Unternehmen wissenschaftlich gar nicht alles richtig zu machen. Wichtig ist es, die Konkurrenz aus dem Feld zu schlagen und die Verantwortlichen für die Regulierung ins Boot zu holen, indem sie durch geeignete Maßnahmen politisch angreifbar gemacht werden. Fundierte wissenschaftliche Arbeit ist dazu gar nicht nötig.

ZUCKERSCHOCK: Bei der Biosynthese kann es passieren, dass man vor lauter schrägen Bakterien den Blick auf die Biomasse verliert. In wirtschaftlicher Hinsicht ist es nicht interessant, Brontosaurier zu rekonstruieren – es geht darum, die Biomasse an sich zu kommerzialisieren. Qi Qubìng erwähnt dies bei einem Abendessen mit Su und Inga Thorvaldson in Peking. Qi stellt fest (und dies ist mit Abstand die erschreckendste Statistik, die mir bekannt ist), dass schon heute 23,8 Prozent des Jahresertrages an landgebundener Biomasse kommerzialisiert sind; damit bleiben 76,2 Prozent verfügbar.[46] Um den Zugriff auf diesen Teil ringen Unternehmen wie Craig Venters Synthetic Genomics, Amyris Biotechnologies und Biodesic. Diese jungen Biosynthesefirmen starteten in der Regel mit Kapital aus Stiftungen und öffentlichen Fördertöpfen, bemühen sich aber immer mehr um große Investoren wie BP, Exxon und Shell sowie Chemiegiganten wie DuPont und Monsanto.

Der potentielle Markt für Biomasse ist riesig. Die jungen Unternehmen hoffen, auf dem Brennstoff- und Energiesektor die Marktanteile der fossilen Brennstoffe zu übernehmen, wenn die Ölförderraten erst einmal ihre Talfahrt antreten. Dabei ist nicht nur von Treibstoff, sondern auch von Strom die Rede. Amyris beispielsweise ist eine Allianz mit den größten Energie- und Zuckerkonzernen eingegangen und stampft vor den Toren von Sao Paulo eine komplette Biosyntheseanlage aus dem Boden, in der aus Zuckerrohr (und wer weiß, aus was noch) Treibstoff und Strom gewonnen werden sollen.

Neben dem billionenschweren Markt für fossile Brennstoffe lockt der Markt für Bioplastik mit 1,8 Billionen Dollar sowie noch einmal 1,2 Billionen für weitere Biomaterialien – alles Früchte der neuen Kohlenhydratwirtschaft. Diese Branche denkt nicht mehr an Endprodukte wie Holz, Fasern, Futter oder Treibstoff – hier geht es nur noch um Produktion von Biomasse, die sich zur Erntezeit in das verwandeln lässt, was am Markt gerade den besten Preis erzielt. Der Trick ist, den gesamten Organismus (Maisstengel, Rutenhirse, Algen, Bäume etc.), ob essbar oder nicht – insbesondere auch Zellulosefasern – in Handelsware umzuwandeln.

Überrascht? Dazu gibt es eigentlich keinen Grund. Schon jetzt gilt beispielsweise für Nordamerika, dass mehr als 70 Prozent der mit der Nahrung aufgenommenen Kalorien aus Weizen, Mais, Sojabohnen und Reis stammen, direkt oder als »Füller« in Tausenden von industriell hergestellten Nahrungsmitteln. Und dieselben vier Nutzpflanzen tauchen in Tausenden von Industrieprodukten auf. Die Kohlenhydratwirtschaft ist schon seit Jahrzehnten im Kommen.

Die neuen »Biomassters« haben allerdings ein Problem. Öffentlichkeit und Politik wollen davon überzeugt werden, dass die Kohlenhydratwirtschaft weder mit der Nahrungsproduktion für die Hungrigen der Welt konkurriert, noch die Umwelt belastet oder zusätzliche Treibhausgase produziert. Dazu wird behauptet, dass die Biomasse auf ungenutzten Ödlandflächen – vornehmlich in tropischen und subtropischen Regionen – produziert wird, keine Grundwasservorkommen erschöpft und außerdem für die Verbesserung der Atmosphäre mit Emissionszertifikaten belohnt wird.

Dies ist natürlich unmöglich. Menschen und Umwelt können heute weder Flächen noch Biomasse erübrigen. Diese sogenannten marginalen Ökosysteme sind Jagd- und Sammelgebiete, Weiden und Medizinschränke der örtlichen Bevölkerung; meist werden sie im Einklang mit Gaia bewirtschaftet. Die multinationalen Biomassekonzerne können dieses Land und sein Wasser nur stehlen und die Auswirkungen des Klimawandels damit verschlimmern.

Die Modifikationen des Lebens auf der Ebene der Atome ist in ethischer Hinsicht äußerst fragwürdig und wird massive Folgen für die Umwelt nach sich ziehen. Wir haben damit am siebten Schöpfungstag die

Tür aufgetreten und die Woche auf 14 Tage verlängert. Wir können nun nicht nur radikal andere – brillante oder bizarre – Lebensformen erzeugen, wir schaffen auch neue Krankheiten und Impfstoffe, Biomaterialien und Biotreibstoffe und wir erschaffen uns selbst neu. Sind wir dann Menschen? Oder sind wir dann Supermenschen? Wann genau sind wir nicht mehr ganz menschliche Wesen? Werden das die Leute von BANG entscheiden?

BANG – WIE GEHT'S WEITER MIT DER TECHNOLOGIE?

Überblick über sechzig Jahre (1975–2005–2035):

- Im Jahr 1975 brachte Atari den ersten Heimcomputer auf den Markt, und Bill Gates ließ sein erstes Programm patentieren. Im Jahr 2005 übertraf die Rechenleistung von Spielcomputern bei Weitem das, was den Astronauten der NASA dreißig Jahre vorher zur Verfügung stand.[47] Bis 2035 wird ein Laptop für 1.000 Dollar die Rechen- und Kognitionsleistung des menschlichen Gehirns wahrscheinlich deutlich übertreffen.

- Im Jahr 1975 brauchte man ein ganzes Jahr, um elf Basenpaare der DNA zu sequenzieren (das erste Gen war nach sechs Jahren sequenziert), die erste private Biotechnologiefirma (Genentech) befand sich in Gründung, und Mikrobiologen brachten auf der Asilomar-Konferenz die Politik dazu, der Gentechnik-Industrie die Regulierung selbst zu überlassen. Im Jahr 2005 konnte DNA schon für einen Dollar pro Basenpaar sequenziert werden; ein Bakterium wurde in zwei Wochen sequenziert und es fand ein Biosynthese-Kongress statt – wieder in Asilomar! Diesmal wurde geraten, die Regierungen doch in die Regulierung einzubinden. Im Jahr 2035 wird man ein menschliches Genom in wenigen Minuten für ein paar Dollar kartieren können, und die Unternehmen werden die Politik drängen, marktfeindliche Tendenzen zu bekämpfen.

- Bis 1975 hatte kein Wissenschaftler je ein Atom »gesehen«. Im Jahr 2005 konnten mit Rastertunnelmikroskopen die Bewegungen einzelner Atome beobachtet werden, und Wissenschaftler schufen Kohlenstoff-Nanoröhrchen von der Länge zweier Fußballfelder. 2035 wird molekulare Selbstvernetzung für jedermann möglich und wirtschaftlich praktikabel sein – leider aber verboten und von den BANG-Mitgliedern scharf kontrolliert.

Vorgehen:

- BESCHLEUNIGUNG – Die technische Entwicklung erfährt einen scharfen Aufwärts-Knick. Politik und Bevölkerung können der raschen Veränderung nicht mehr mit geeigneten Maßnahmen begegnen. Gemäß dem Vorsichtsprinzip muss die Gesellschaft auf das Recht bestehen, »Nein!« oder »Langsamer!« zu sagen.

- KONVERGENZ – Biologie, Physik und Chemie bewegen sich im Nanobereich, also auf der Ebene von Atomen und Molekülen, aufeinander zu – die »Little-BANG-Theorie«. Wäre es nicht Zeit, ein »Internationales Abkommen für die Bewertung neuer Technologien« zu entwickeln?

- SIMLIFE – Die Biosynthese verwischt die Grenzen zwischen lebendigem und unbelebtem Material sowie zwischen dem Menschen und anderen Arten. Wäre es nicht Zeit für eine Bewegung mit dem Ziel »Keine Patente auf die Natur«?

Was nun?

- RECHTE: Verantwortungsbewusste Wissenschaftler könnten gemeinsam mit der Zivilgesellschaft eine Bewegung für langsames Wachstum anstoßen, die, neben anderen Aufgaben, ein »Internationales Abkommen für die Bewertung neuer Technologien« (engl.: ICENT; International Convention on the Evaluation of New Technologies) aushandelt.[48]

GANG!
Die Konvergenz von Politik und Wirtschaft

*»Man kann das ganze Volk einige Zeit und einen Teil
des Volkes alle Zeit, aber nicht das ganze Volk alle Zeit zum
Narren halten …«* ABRAHAM LINCOLN

*Man kann aber das ganze Volk dazu bringen, sich alle Zeit
selbst zu überwachen.*

Als Jugendliche, im Jahr 1989 mit ihren Eltern auf dem Weg zum Tiananmen-Platz, hatte Suyuan Wu, wie sie später einräumte, noch eine ziemlich naive Vorstellung von der Demokratie. Bei ihren Recherchen über die zunehmende Verflechtung der beiden Klimakonsortien mit den Großmächten erkennt sie die symbiotische Beziehung zwischen den Führungseliten von Industrie und Politik. Beim Schlagabtausch mit Qi Qubìng und Alitash Teferra in der Pizzeria gerät sie in Rage, als Qi gemeinerweise behauptet: »The people united will always be defeated – ein geeintes Volk wird immer besiegt werden.« Am Ende wird sie von einem Elektroschocker niedergestreckt und lässt sich Cochleaimplantate einsetzen. Nicht nur was sie hört, ist nun anders, sondern auch *wie* sie versteht, *was* sie hört. Ist das zu zynisch? Allzu einfach?

Im Jahr 1975 nahm der Biologe und Verhaltensforscher der Universität Oxford Richard Dawkins ein Freisemester und schrieb »Das egoistische Gen«[49], ein herausragendes Buch aus einer Reihe verstörender Bücher der Zeit. Dawkins vertrat die These, die DNA mit ihren Genen sei bei der Evolution des Menschen nur einer von vielen bestimmenden Faktoren gewesen. Die Menschen würden allerdings selbst kulturelle »Meme« – Gedankeneinheiten – mit der Fähigkeit zu darwinscher Selbstreplikation entwickeln. Es war ein ziemlich haarsträubendes und zunächst nicht weitergesponnenes Konzept – jedenfalls fanden sich nur wenige Befürworter. Für die Buchausgabe von 1989 schrieb Dawkins: »Ich bin mir nicht sicher, ob die Umwelt der menschlichen Kultur tatsächlich das besitzt, was notwendig ist, um eine Evolution im Darwinschen Sinne in Gang zu setzen.«
 Nun könnte man das Konzept einer memetisch bestimmten Kultur zur Kenntnis nehmen und zur Tagesordnung übergehen, wäre da nicht bei einem Treffen hochrangiger Regierungsvertreter, Wissenschaftler und Wirtschaftsleute drei Monate nach dem 11. September 2001 in Washington

die Mem-Forschung zur vorrangigen Aufgabe erklärt worden. Zwei Jahre später verwies auch Martin Rees auf die Memetik, als er besorgt vor der Möglichkeit warnte, soziale Strömungen könnten medikamentös »behandelt« und die menschliche Natur manipuliert werden.[50] Der entscheidende Grund, warum wir diese Theorie zur Informationsweitergabe hier weiterverfolgen wollen, ist jedoch der: Sie ist schlüssig. Dem *Zukunftsbericht* der Universität der Vereinten Nationen von 2005 zufolge stehen wir am Beginn einer Ära der »massiv gewalttätigen Person«.[51] Wenn nun aber jeder überall und auf beliebige Weise in Gewalttätigkeiten ausbrechen kann, dann kann massive Überwachung bestenfalls eine Teillösung sein. Massive Überwachung wird mit ziemlicher Sicherheit massive Gegenreaktionen provozieren. Besser also, wenn die Gesellschaft sich freiwillig fügt. Bringt man die Menschen dazu, die Informationen aus eigenem Antrieb zu liefern, dann kann das System viel wirkungsvoller verteidigt werden. Noch besser wäre, wenn die Gesellschaft gleich auch noch die Kontrolle über das eigene Handeln aufgibt. Dann könnten die Leute von BANG nachts wirklich ruhig schlafen. Diese Argumentation und Perspektive sollte die Öffentlichkeit genau unter die Lupe nehmen.

Massiv gewalttätige Personen (MGP)

Wie bereits erwähnt, wettete Martin Rees im Jahr 2003, dass noch vor 2020 eine Million Menschen durch »Bio-Terror« oder »Bio-Error« den Tod finden würden.[52] Besondere Bedrohung für die Sicherheit geht Rees zufolge neuerdings jedoch vom Einzelnen aus. »Wir stehen am Beginn einer Ära«, sagte der Astronom, »in der ein Einzelner durch einen heimlich geführten Anschlag Millionen töten oder eine Stadt auf Jahre hinaus unbewohnbar machen kann.«[53] Selbstmord-Bombenattentate beispielsweise – die »konventionelle« individuelle Massenvernichtungswaffe – waren vor 1975 praktisch unbekannt; im Jahr 2000 wurden bereits 43 ausgeführt, und 2005 ereigneten sie sich praktisch täglich.[54]

Rees und die UN-Universität mahnen uns zur Vorsicht gegenüber unseren Nachbarn. »... Die nukleare Bedrohung wird jedoch überschattet werden von anderen Gefahren, die ebenso destruktiv und weit weniger kontrollierbar sein könnten«, warnt der Präsident der Royal Society. »Es wäre denkbar, dass sie nicht in erster Linie von Regierungen ausgehen, nicht einmal von ›Schurkenstaaten‹, sondern von Einzelpersonen oder kleinen Gruppen, die Zugang zu immer fortgeschrittenerer Technologie haben. Das Spektrum der Möglichkeiten Einzelner, Katastrophen auszulösen, ist beunruhigend vielfältig.«[55]

Rees hat natürlich recht. Doch wird die »massiv gewalttätige Person« von der Politik vorgeschoben, um die Gesellschaft zur Abtretung ihrer Rechte zu bewegen und totale Überwachung zu rechtfertigen. Und solange irgendjemand irgendetwas anstellen kann, fordert der Machthaber auch das Recht, mit jedem alles anstellen zu können.

ALLES, ÜBERALL: Unglücklicherweise verleiht ausgerechnet die Nanotechnologie der Bedrohung durch MGPs noch mehr Gewicht. Bei einer Nanotech-Messe in St. Gallen 2005 erfuhr Hope Shand von ETC am Stand einer Firma, die Nanokarbonröhrchen – das Aushängeschild der jungen Branche – in großen Mengen verkauft, man versende die Röhrchen nur in winzigen Mengen, da sie in größeren Gebinden leicht explodierten.[56] Auch das von Zahnärzten bei Füllungen häufig verwendete Aluminiumoxid kann in Form von Nanopartikeln explodieren. Na und? Wenn man einigen der meistgeklickten Videos im Internet Glauben schenkt, dann explodiert eine Zweiliterflasche Diet Coke, wenn man Mentos Mints hineinwirft.[57] Nur eine dieser vier explosiven Substanzen – Aluminiumoxid, Nanokarbonröhrchen, Mentos Mints und Coke – darf an Flughäfen nicht durch die Sicherheitsschranken: Coke. (Aber Sie brauchen im Flugzeug nur bis nach dem Start zu warten, dann bringt Ihnen die Flugbegleiterin die Coladose gerne an den Platz.) Der springende Punkt ist, durch die Nanotechnologie ist bei keiner konventionellen chemischen Verbindung die Verwendung als Waffe zweifelsfrei auszuschließen. Schon allein diese Tatsache stellt heute die gesamte Planung von Verteidigungsstrategien auf den Kopf.

JEDER, JEDERZEIT: Sind Sprengstoffe erst einmal allgegenwärtig, dann wird es durch die neuen Kommunikationsmethoden immer wahrscheinlicher, dass jemand eine Massenvernichtungsperson sein könnte. »Obwohl die moderne Technologie eine jederzeitige weltweite Kommunikation ermöglicht«, warnt Martin Rees, »macht sie es tatsächlich leichter, dass man sich in einen geistige Kokon einspinnt … Dafür hielt sie [die »Heaven's-Gate«-Gruppe] ausgewählte, elektronische Verbindungen zu den anderen Anhängern ihres Kults auf anderen Kontinenten aufrecht, die sie in ihrer Weltsicht bestärkten.[58]

Cass Sunstein, Juraprofessor an der Universität von Chicago, spricht dabei vom »Daily Me (deutsch: tägliches Ich)«[59] – der gezielten Nutzung der Internet-Suchmaschinen zum Herausfiltern dessen, was eine Person interessiert, um so die aktuellen persönlichen Überzeugungen und Vorurteile zu bestätigen. Im Gegensatz zum normalen Radio und Fernsehen, wo man – trotz allfälliger Unzulänglichkeit – auch mit anderen Meinungen und unangenehmen Fakten konfrontiert wird, können Internet-Chatrooms und Suchmaschinen zu Vereinsamung und Entstehung von Extremismus führen. So bedauerlich das für den Betroffenen sein mag – und gefährlich für die Gesellschaft – der BANG-Clique bietet es den perfekten Vorwand für Überwachung bis in den privaten Bereich.

Massiv überwachte Gesellschaft (MÜG)

Die Bedenken der bürgerlichen Gesellschaft gegenüber der Überwachung sind uralt, sitzen tief und tragen fetischistische Züge. Gerade in sozialen Bewegungen der Entwicklungsländer des Südens haben viele Menschen allen Grund zum Misstrauen – immerhin sind Morde an Bauernführern, Anführern von Naturvölkern, Gewerkschaftlern und Enthüllungsjournalisten dort nur allzu oft an der Tagesordnung. Bei uns im Norden hingegen wären viele eher bestürzt, wenn sie der Beachtung (wegen mangelnder Bedeutung oder fehlendem Engagement) nicht wert befunden und deshalb nicht überwacht würden. Natürlich ist Überwachung keine Lappalie, und selbstverständlich ist sie eine Bedrohung für die soziale Gerechtigkeit, aber entscheidend ist, dass Überwachung in Zukunft größtenteils durch Selbstaufgabe, also das freiwillige Abgeben von Information, ersetzt werden wird.

GLÄSERNE GESELLSCHAFT: Zunächst einmal zur Überwachung: Im gleichen Jahr, in dem Richard Dawkins »Das egoistische Gen« vollendete, brachten die USA gemeinsam mit England, Kanada und Australien ein Programm zur globalen Telefonüberwachung namens »Echelon« auf den Weg. Schon damals begriff fast jeder in der Zivilgesellschaft, dass es einen Unterschied machte, ob alles auf Band aufgenommen wird, oder ob alles mitgehört – und verstanden – wird. Die Zeiten sind vorbei. Echelon leistet längst beides. Und das ist nur der Anfang.

In praktisch endlosen Schleifen kreisen Satelliten und unbemannte »Drohnen« über unseren Köpfen und überwachen die nationale Souveränität, aufgewirbelte Giftstoffe, Fischtrawler auf Abwegen, Drogenhändler und Wirtschaftsflüchtlinge. Moderne Infrarotkameras erkennen die »Signatur« einer Person, die zuvor in einem Bett geschlafen hat. Mit Parabolmikrofonen kann man eine Unterhaltung am anderen Ende eines Fußballfeldes belauschen. Mit einem dreidimensionalen Paraboloid lassen sich Schallwellen zu ihrer Quelle zurückverfolgen. Moderne Technik erlaubt es, aus longitudinalen Schallwellen auch nach deren Passieren durch zwei Fensterscheiben noch verständliche Sprache herauszufiltern.[60] Wenn Sie etwas sagen, dann kann es auch jemand hören.

Japanische Wissenschaftler haben 20 nm kleine Detektoren für Chemikalienspuren entwickelt. Noch erkennt jeder Detektor nur eine bestimmte Substanz, doch schon bald werden Geräte mit neuen Materialien viele potenzielle Giftstoffe gleichzeitig erfassen können. Ein durch gesteuerte Selbstvernetzung von Kobalt- und Nickeloxid erzeugtes Material ist durchsiebt von 3 nm schmalen »Nanoporen«.[61]

Außerdem können wir immer und überall beschattet werden. Von Japan aus forscht die US-amerikanische Defense Advanced Research Projects Agency (DARPA) an einem »digitalen Insekt« – einem mobilen, autarken Spionagegerät mit Solarbatterie und Nanosensoren für Ton, Infrarot und sichtbares Licht und zusätzlichen chemischen Detektoren. Die winzige Apparatur schickt ihre Erkenntnisse dann in digitalen Microbursts an eine nahe Auffangstation.[62]

In diesem Fall sind die militärischen Absichten offensichtlich, doch lässt sich mit solchen Entwicklungen auch im zivilen Bereich Geld verdienen. Die Bild- und Tontechnik ist bereits jetzt nanoisiert, kostenreduziert und massenproduziert – nur die Gesellschaft leider noch nicht genügend dafür sensibilisiert. Die aktuelle Überwachungstechnik ist leistungsfähig, wirtschaftlich und für breite Schichten verfügbar.

PFLUGSCHARE ZU SCHWERTERN: Das der Bibel entlehnte Motto »Schwerter zu Pflugscharen« der Friedensbewegung der DDR ist uns geläufig, nur leider ist seine Umkehrung sehr viel wahrscheinlicher. Charles I bekam den Salpeter für sein Schwarzpulver aus den Ställen von englischen Bauernhöfen. Nachdem europäische Bauern mit dem bescheidenen Anbau von Kartoffeln aus den Anden schon 200 Jahre lang marodierende Armeen in Schach gehalten hatten, mussten sie dieselben Kartoffeln plötzlich als Verpflegung für preußische und österreichische Truppen produzieren.[63] Die Idee für das erste Maschinengewehr bekam Richard Gatling bei der Entwicklung einer Saatgut-Drillmaschine,[64] und Eli Whitney nutzte seine Erfahrung aus der Erfindung der Baumwollentkörnungsmaschine zur Produktion von Feuerwaffen mit auswechselbaren Einzelteilen.

Bei der Suche nach einem Ersatz für natürliche Stickstoffquellen – Stickstoff erhielt das Deutsche Reich vor Inkrafttreten der alliierten Seeblockade während des Ersten Weltkrieges noch in Form von Guano aus Chile – entwickelten Fritz Haber und Carl Bosch die Ammoniaksynthese, was den Einsatz chemischer Kampfstoffe auf den Schlachtfeldern des Ersten Weltkriegs möglich machte. In ähnlicher Weise führte die Entwicklung der ersten chemischen Schädlingsbekämpfungsmittel vor dem Zweiten Weltkrieg – besonders 2,4-D und DDT – zum hochtoxischen, im Vietnamkrieg eingesetzten Entlaubungsmittel »Agent Orange«.

Mitte der Sechzigerjahre startete der US-Präsident Lyndon Johnson »Project Gromet«; durch Geo-Engineering sollte dem unter anhaltender Trockenheit leidenden indischen Bundesstaat Bihar zu Regen verholfen werden.[65] Hieraus wurde in den späten Sechziger- und frühen Siebzigerjahren »Operation Popeye« – im Grunde der Versuch, die vietnamesischen Soldaten auf dem Ho-Chi-Minh-Pfad zu ertränken.

Genaugenommen *sind* Pflugschare Schwerter. Quer durch die Weltgeschichte wurde die Herrschaft über die Nahrungsreserven als Massenvernichtungswaffe eingesetzt. Seit den Fünfzigerjahren hat von US-Senator Herbert Humphrey (dem späteren Vizepräsidenten unter Lyndon Johnson) bis zu Richard Nixons Landwirtschaftsminister Earl Butz praktisch jeder die amerikanische Agrartechnik und den Nahrungsmittelüberschuss als eine entscheidende Waffe im Arsenal der Außenpolitik bezeichnet.

NEBENPRODUKTE UND SPIONAGE-EFFEKTE: Diese Tradition ist heute stärker denn je. Dass die Unterhaltungselektronik beim Militär einen Umbruch in der Überwachungstechnik auslöst, ist heute ebenso wahrscheinlich wie das Durchsickern militärischer Technologien in den Bereich der Konsumprodukte. Jährlich wird Unterhaltungselektronik im Wert von 700 Milliarden Dollar umgesetzt – dazu zählen eine Milliarde Mobiltelefone – und sie stellt damit die vergleichsweise kurzsichtige militärische Forschung und Entwicklung leicht in den Schatten.[66] Sensoren, die einst zum Erkennen schwacher Strahlung ferner Sterne entwickelt wurden, helfen der US-Armee nun beim Aufspüren von Guerillakriegern und stecken heute in jeder Digitalkamera. Eine Einbahnstraße ist dieser Transfer allerdings nicht: Die Sonden, die uns beeindruckende Nahaufnahmen von Jupiter geschickt haben, sind eigentlich Nebenprodukte der Rivalität der Supermächte. Das Hubble-Weltraumteleskop hätte sehr viel mehr gekostet, wäre es nicht parallel zu Spionagesatelliten entwickelt worden.[67] Martin Rees ist jedoch der Ansicht, die Nachfrage nach technischen Neuerungen werde eher von General Electric als von den Generälen der Armee angetrieben.[68]

Der Trend geht eindeutig zur mehrfachen kommerziellen Nutzung – Commercial Off The Shelf Technology (COTS) genannt. Spionagesatelliten erreichen mit COTS-Technik eine Bildauflösung von 10 Zentimetern – damit kann man Autonummern erkennen und sogar das Grinsen im Gesicht eines Admirals.[69]

NANOSOLDATEN: Trotzdem trägt das Militär entscheidend zu dieser Entwicklung bei. Seit Beginn der US-Nanotechnikinitiative im Jahr 2001 floss mehr als ein Drittel der ausgelobten Fördermittel in Militärprojekte.[70] In Westeuropa (England, Schweden) sowie in Israel, China, Malaysia und Indien finanziert das Militär Nanotechnologieforschung. Zu den wichtigen militärischen Forschungszielen in der Nanotechnologie zählen das schnelle Aufspüren von Biowaffen, leichte und widerstandsfähige Panzer- und Schutzmaterialien, stärkere Sprengstoffe und Zünder für Mini-Atombomben, nanotechnologisch optimierte Soldaten (in den USA »War Fighters« genannt) und dazu »Informationsdominanz« mithilfe der Nanotechnologie.

Nach den Worten des ehemaligen indischen Präsidenten (und Raketenwissenschaftlers) Abdul Kalam wird die Nanotechnologie »die Konzepte der Kriegsführung grundlegend revolutionieren«. BANG tritt zu einer Zeit auf den Plan, in der »Konflikte niedriger Intensität« und der »Krieg gegen den Terror« politisch hohe Priorität besitzen.

Im Zuge des 11. Septembers sind auch die letzten Barrieren zwischen militärischer und gewerblicher Überwachung beiseite geräumt worden. Radiofrequenz-Identifikations-(RFID-)Chips sind winzige Siliziumbauteile, die einfache digitale Datensignaturen aussenden, wenn sie aus bis zu 10 Metern Entfernung mit einer bestimmten Radiofrequenz bestrahlt werden. Die kleinsten RFID-Chips haben heute die Größe eines Sandkorns,[71] und Supermarktketten wie Wal-Mart und Tesco verlangen, dass Paletten und Umverpackungen zur Erleichterung der Inventarisierung und Erschwerung von Diebstahl mit RFID-Chips ausgestattet sind. Schon tragen auch einige Produkte in den Verkaufsregalen solche Chips, und bald werden es alle sein. RFID-Chips stecken schon jetzt in manchen Autos, Reifen, Kreditkarten, Medikamenten, Haustieren, ja sogar in Häftlingen und Reisepässen (in den USA seit 2006, in Deutschland seit dem 1. November 2005).

Das US-amerikanische Unternehmen Verichip hat bei der Food and Drug Administration FDA die Zulassung eines Chips erwirkt, der unter die Haut eingepflanzt wird, medizinische Daten speichert, den Zugang zu besonderen VIP-Bereichen erlaubt und es ermöglicht, Senioren, Kinder oder Arbeiter auf Abwegen zu lokalisieren. Die Firma Nanoplex hat sogar ein ganzes Sortiment sehr viel kleinerer Nanobarcodes – gestreifte Nanopartikel – entwickelt, die einer Substanz beigemischt oder aufgesprüht werden können; der eindeutige Code kann noch aus mehreren Metern Abstand entziffert werden.

Nach den RFID-Chips als lediglich passiven Informationsträgern setzt die Industrie nun auf winzige, drahtlose »Smart Dust«-Sensoren. Diese sammeln aktiv Informationen über ihre Umwelt und leiten sie an einen unsichtbaren Dritten weiter. Das Labor für Robotik und intelligente Maschinen der Universität Berkeley hat auf diesem Gebiet im Auftrag des US-Verteidigungsministeriums bereits erste Erfolge erzielt. Die winzigen, selbstständig agierenden, drahtlosen Sensoren (»Motes«, deutsch »Stäubchen«, genannt) können über einem Schlachtfeld abgeworfen werden, von wo sie die Kommandozentrale über Truppenbewegungen, chemische Kampfstoffe und die Temperatur informieren. Die ersten Motes waren etwa pfenniggroß, verfügen aber über Nano-Bauteile und sinken rasch im Preis, während Intel, Motorola, Honeywell und andere Firmen die Produktion hochfahren. Letztlich soll die Sensorik aber auf Staubkorngröße schrumpfen, damit das Militär, der Justizminister und vielleicht auch Ihre eigene Mutter in Zukunft über alle schmutzigen Details Bescheid wissen.

Allerdings ist auch Smart Dust im Grunde zu passiv, weil er ohne die Unterstützung geeigneter Höhenwinde nicht recht vom Fleck kommt. Deshalb arbeitet das Labor in Berkeley an insektengroßen Flugrobotern mit drahtlosen Sensoren. So ein nur zentimetergroßer »Robofly« soll mit der Präzision einer Stubenfliege fliegen und landen können.[72] Noch fliegt Robofly nicht, aber etwas größere, autarke Spionagedrohnen sind bereits in der Luft. Die militärische Luftfahrtindustrie sponsert alljährlich den Micro Aerial Vehicle (MAV)-Wettbewerb um den kleinsten unbemannten und mit Videoübertragung ausgestatteten Flugapparat. Das kleinste MAV von 2004 maß knapp 11 Zentimeter.[73]

Womöglich lässt sich die unbemerkte Überwachung aus der Luft leichter realisieren, wenn man auf Roboter ganz verzichtet und die Sensoren stattdessen lebenden Insekten aufschnallt. Schon im September 1997 präsentierte das Institut für Bio-Robotik der Universität Tokyo »Roboroach«, eine gewöhnliche Küchenschabe mit im Panzer implantierten Sensoren, die es den Forschern erlauben, die Bewegungen der Kakerlake fernzusteuern. Nach Ansicht japanischer Wissenschaftler werden elektronisch gesteuerte und mit Minikameras und anderen Mikrosensoren ausgestattete Insekten schon in wenigen Jahren bei den verschiedensten heiklen Missionen zum Einsatz kommen – sie könnten bei Rettungsarbeiten nach Erdbeben durch den Schutt krabbeln oder sich für gute, alte Industriespionage unter Türen hindurchzwängen.[74] In den USA und vielen anderen Ländern ist das Militär von den Bestimmungen zur Anmeldung und Offenlegung von Patenten ausgenommen. Daher darf es nicht verwundern, dass die Forschung an biologischen – und nanobiologischen – Überwachungsmethoden mit zunehmendem öffentlichen Interesse und verstärkt geäußerten Bedenken aus dem öffentlichen Blickfeld praktisch verschwunden ist.

Selbstaufgabe statt Überwachung

Wichtig auf dem langen Weg ins Jahr 2035 ist nicht so sehr, was die Politik mit uns macht, sondern das, was wir uns selbst antun. Wenn man mit massiv gewalttätigen Personen ernsthaft rechnen muss, dann kann selbst die aufdringlichste Überwachung keine vollständige Sicherheit garantieren. Unsere Hilfe wird gebraucht. Suyuan Wu und Qi Qubìng stellen in *China Sundown* fest, dass die Bevölkerung wichtige persönliche Informationen schneller liefert, als die Verwaltung sie einfordern kann. Erinnern wir uns: Nach den Bombenanschlägen von 2005 in London liefen bei Flickr.com schon Hunderte von sachdienlichen Handyfotos ein, noch während die BBC die Nachricht verbreitete. Suyuan Wu berichtet, dass nicht nur in England Fotos aus GPS-Kamerahandys verbreitet werden – mit sehr detaillierten Informationen über Nachbarn und Wohngebiete. Das geschieht nicht in Zukunft, sondern schon heute. Wir verpetzen uns selbst!

Organisationen der Zivilgesellschaft haben sich vielleicht zu sehr auf die Überwachung konzentriert und darüber die Selbstaufgabe vergessen. Ein US-amerikanischer Journalist fuhr kürzlich mit seinem Lieferwagen und mit preiswerter und frei verkäuflicher COTS-Technik durch ein besseres Wohngebiet und konnte »Nanny Cam«-Übertragungssignale häuslicher Videoanlagen und damit Ton- und Bildinformationen aus dem Inneren der Häuser empfangen.[75] Ganze Wohnanlagen und Straßenzüge liefern Amateurfilme über Leben und Launen der Bewohner – in Echtzeit! Nimmt man diese Videos zusammen mit den Millionen, die bereits jetzt bei YouTube eingestellt sind, den täglich bei MySpace ausgeplauderten Geheimnissen und den 100 Millionen durch Internettelefonie bei Skype etc. offenbarten Mustern sozialer Netzwerke, dann bleibt nicht mehr viel, das Sie und Ihre Freunde noch nicht verraten haben. Nehmen wir das hinzu, was wir als Bürger und Konsumenten unter den Augen der Überwachungskameras in U-Bahnen und Bussen, an Straßenecken und Supermarktkassen des reichen Teils der Welt schon jetzt stillschweigend in Kauf nehmen, dann ist es nur noch ein kleiner Schritt, bis sich Städter der Welt zufällig als Fernsehstars im Reality-TV anderer Leute wiederfinden werden.

Wir spionieren uns nicht nur selbst für andere aus, wir bezahlen sogar dafür! Wie bereits erwähnt: Unglaublich viele Menschen – hauptsächlich in den USA – machten je 100 Dollar locker für ein Test-Set zur Übergabe ihrer DNA an IBM. Das Unternehmen hatte gemeinsam mit der National Geographic Society ein Genografieprogramm zur Kartierung der weltweiten genetischen Vielfalt gestartet. Wer die 100 Dollar zahlte, wollte vielleicht wissen, ob er entfernt mit Bill Gates oder Attila, dem Hunnenkönig, verwandt ist. (Einige interessierte nur, ob da überhaupt ein Unterschied besteht.) Die Industrie möchte natürlich so viel wie möglich über genetische Muster und Eigenheiten erfahren. Steigbügelhalter bei dieser absurden sozialen Umkehrung ist das Gesundheitssystem.

Erinnern Sie sich noch an Dr. Tony Wong aus der Einleitungsgeschichte? In der realen Welt bietet Dr. J. Craig Venter (der dem fiktionalen Tony Wong der Erzählung in manchem ähnlich ist) demjenigen einen Preis, der ein menschliches Genom für weniger als 1.000 Dollar entschlüsselt. Wie weiter oben erläutert, können Menschen bald mit einem eingepflanzten Mikrochip mit gespeicherter persönlicher Genkarte durchs Leben gehen. (Fragt sich nur, wer einem dann über die mit Chip versehene Schulter sieht!)

Sowohl die pharmazeutische als auch die Sicherheitsbranche haben enormes Interesse an genetischer Vielfalt. Bei Homo sapiens lassen sich anhand von Einzelnukleotid-Polymorphismen (SNPs) nicht nur Individuen und Gemeinschaften unterscheiden, sie helfen auch bei der Lokalisierung von Zusammenhängen zwischen DNA und Krankheiten und der Entwicklung von Test-Kits. Craig Venter hat sich bekanntermaßen selbst sequenziert, aber Menschen europäischer Herkunft männlichen Geschlechts sind in der Welt der Gene alles andere als rar. Deshalb haben Medizinanthropologen während der vergangenen zwanzig Jahre die Erde regelrecht durchkämmt und Blutproben genommen – von den Yoruba in Westafrika, den Hun in China sowie von kleinen Populationen in Papua-Neuguinea und Panama bis in die Kalahari.

Die Forscher rechtfertigen dies meist mit historischen oder anthropologischen Interessen oder sie nennen humanitäre Gründe. Manchmal zu

Recht. Mitte Februar 2010, während der Arbeit an diesem Buch, verkündete das Schweizer Pharmaunternehmen Roche, man habe gemeinsam mit einer Reihe von Universitäten das Genom dreier Buschleute aus der Kalahari sowie das des bekanntesten Friedensstifters der Welt, Desmond Tutu, sequenziert.[76] Natürlich war hauptsächlich der berühmte Erzbischof in den Schlagzeilen, wegen seines Engagements für die Genforschung und die damit verbundene Hoffnung auf eine bessere medizinische Versorgung des südlichen Afrikas.[77] Für mich war Desmond Tutu schon immer ein Held, und ich erinnere mich gut an ein mit ihm gemeinsam veranstaltetes Seminar beim All African Council of Churches vor fast zwanzig Jahren, wo ich vor den versammelten Theologen über Biotechnologie referierte. Aber der Gedanke, dass Wissenschaftler und Politiker der Industrieländer – die noch nicht einmal genügend Moskitonetze oder Kondome nach Afrika schaffen können – nun hochmoderne biosynthetische Medikamente für Hirten in der Kalahari entwickeln, ergibt einfach keinen Sinn. Dafür könnten die einzigartigen SNPs der Hirten sehr wohl bei der Entwicklung neuer Diagnose-Kits nützlich sein, mit denen die Pharmakonzerne dann doch zumindest ihre Bilanzen auffüttern werden.

Die Menschen werden ihre Genome offenbaren, weil Ärzten dann bei der Behandlung ein größeres Spektrum von Medikamenten zur Verfügung steht, ohne dass genetische Gründe dagegen sprechen. In den vergangenen Jahrzehnten wurden Tausende Substanzen schon im Forschungsstadium verworfen – oder nachträglich vom Markt genommen –, weil ein kleiner Teil der Bevölkerung durch schädliche Nebenwirkungen gefährdet ist. Mit persönlichen Genkarten können die Arzneiunternehmen viele auf Eis gelegte Medikamente wieder auf den Markt bringen.

Dafür muss die Bevölkerung allerdings private Informationen an die Pharmabranche abtreten. Für den Patienten dient dies der Vermeidung von Krankheiten; man kann es aber auch als Strategie zur Vermeidung von Risiken zugunsten von Versicherungswirtschaft und Arbeitgebern sehen. Auch die besten Gesetze zum Schutz der Privatsphäre hindern Menschen nicht daran, persönliche Informationen freiwillig abzugeben – ob durch »Nanny-Cams«, Handykameras oder eine DNA-DVD im Oberarm. Ebenso wenig werden Gesetze jemanden daran hindern, absichtlich (oder unabsichtlich) etwas über die Nachbarn auszuplaudern.

Wenn man es allerdings schafft, das Denken theoretischer Terroristen und sozialer Abweichler – oder geschäftlicher Konkurrenten – zu beeinflussen, dann wird Überwachung ganz und gar unnötig werden.

Digitale Demokratien?

Stimmt es nicht, dass neue Kommunikationsmittel auch zur Förderung der Demokratie beitragen können? Anfang der 1980er-Jahre waren viele Umweltschützer entsetzt über den Siegeszug der Heimcomputer; manche Aktivisten indessen machten sich die neuen Möglichkeiten zunutze und brachten mit raschen Analysen und neuen Organisationsformen Regierungen und Industrie gelegentlich sogar ins Hintertreffen.[78] Noch dramatischer lag der Fall 1979 im Iran, wo Tonbandkassetten den Aufstand von Ayatollah Khomeini gegen das Schah-Regime erst möglich machten. Amateurfunker in ihren Autos bewirkten den Sturz von Ferdinand Marcos in den Philippinen 1986. Bei den Protesten von 1989 auf dem Platz des himmlischen Friedens wurde die weltweite Unterstützung mithilfe von Faxgeräten mobilisiert.[79] Die kuriose Amtsenthebung des philippinischen Präsidenten Joseph Estrada im Jahr 2001 soll mittels SMS vorangetrieben worden sein. In Ghana hingegen ermöglichten die gleichen Handys in den Jahren 2000 und 2004 vergleichsweise gerechte Wahlen.[80] Im Jahr 2004 gelangten Handyfotos, die amerikanische Gefängniswärter an Freunde zu Hause geschickt hatten, in die Hände der *Washington Post*, was der Glaubwürdigkeit des US-Engagements im Irak einen harten Schlag versetzte. Die Kunde von Protesten der iranischen Opposition im Juni 2009 erreichte die Welt und auch die iranischen Mitbürger über Twitter.

Diese politischen Ereignisse betrafen Länder des Südens, geprägt von Gewaltherrschaft, gegängelten Medien und unzureichenden konventionellen Kommunikationsnetzen. In all diesen Fällen konnte die Staatsmacht von der Zivilgesellschaft durch geschickte Nutzung neuer Kommunikationswege übertölpelt werden. Beim Sturz von Estrada verschickten die Philippinos am Tag geschätzte 45 Millionen SMS, damals mehr als das Doppelte des gesamten weltweiten täglichen SMS-Verkehrs. In den Philippinen gab es damals kaum 3 Millionen Festnetzanschlüsse, aber die 76 Millionen Einwohner verfügten über 4 Millionen Mobiltelefone.[81] Wird das Mobiltelefon der Demokratie in den Ländern des Südens zum Durchbruch verhelfen?

Etwa 80 Prozent der Weltbevölkerung leben heute im Empfangsbereich von Mobilfunknetzen, und 15 Prozent haben Internetzugang.[82] Die Entwicklungsländer holen bei der Internetversorgung gegenüber den Industrieländern auf. Der Versorgungsgrad hat sich von 1 zu 41 im Jahr 1992 auf 1 zu 10 im Jahr 2004 verbessert.[83] Steht die Revolution also unmittelbar bevor?

Das haben wir schon öfter geglaubt. Die Erfindung des Telegrafen – und besonders des Unterseekabels – wurde einst genauso als entscheidender Fortschritt für die Demokratie begrüßt wie das Internet heute. Romantiker verkündeten, nun werde die Wahrheit ans Licht kommen. Machtstrukturen in Politik und Wirtschaft würden durchleuchtet. Am Ende festigte der Telegrafendraht natürlich die Macht der Länder und den wirtschaftlichen Einfluss der Unternehmen, von denen die Technik kontrolliert wurde. Bereits nach wenigen Jahrzehnten herrschten die englische Eastern Telegraph und die amerikanische Western Union über die Drähte.[84]

Beim Radio war es nicht anders. Als plötzlich jeder mit nur etwas technischem Verstand Zugang zum Äther hatte, glaubten viele, die Revolution müsse nun losbrechen. Wie sollte die Politik auch die Luft kontrollieren? Man erwartete eine Ära der Meinungs- und Informationsfreiheit, in der die Menschen endlich wahre Demokratie leben konnten. Aber die Regierungen übernahmen trotzdem die Kontrolle über die neue Technik, in Europa von Anfang an, und gewährten nur ausgewählten Gruppen Zugang zum Äther. Ab Mitte der 1920er-Jahre musste die US-Regierung gegen das Gedränge auf den Frequenzbändern einschreiten und die Vergabe von Sendeplätzen reglementieren.[85] Mit dem Beginn der Weltwirtschaftskrise – einem Höhepunkt sozialer Unruhen – war es mit der Freiheit im Äther schon wieder vorbei.[86]

Ähnliche Hoffnungen waren auch ans Kabelfernsehen geknüpft, als sich Ende der Sechziger- und Anfang der Siebzigerjahre Bürger in Nordamerika und anderswo in Gruppen zusammenfanden und lokale Fernsehkanäle zur Stärkung von Gemeinschaft und Demokratie aufbauten. Einige Lokalsender haben überdauert, aber niemand beachtet sie. Die Kabelsender sind bei den alten Fernsehgiganten eingegliedert worden und seither mit Kinos, Radioanstalten, Zeitungen, Zeitschriften und dem Internet zu Medienkonglomeraten verschmolzen.

Was darf die Zivilgesellschaft ernsthaft vom Internet erwarten, wenn dessen Grundstruktur vom US-Militär kontrolliert wird? Allein bei Skype plaudern ständig mehr als zwölf Millionen Menschen miteinander, aber Skype existiert im Internet, das vom US-Militär beherrscht wird. Im Jahr 2005 wurde Skype von eBay übernommen und wird gerade zu großen Teilen an ein Konsortium von Investoren weiterverkauft – und Rupert Murdoch hat MySpace gekauft. Google hat YouTube übernommen und

Mark Zuckerberg, der Gründer von Facebook, hat Übernahmeangebote abgelehnt, die ihn zum Milliardär gemacht hätten, und versucht stattdessen, Twitter entweder zu kaufen oder nachzuahmen, um der nächste Bill Gates der Welt zu werden.[87]

ISPY: Soziale Netzwerke sind ein zweischneidiges Schwert … jeder braucht einen Freund … und Netzwerke brauchen ja nicht unbedingt groß zu sein, um ihre Aufgabe zu erfüllen und die nötige Intimität zu bieten. Bei My-Space kann jeder (mit Breitbandverbindung) mitmischen; zu A-Space – einem Netzwerk für die globale Intelligenz – haben dagegen nur 14.000 Fachleute Zugang und können sich dort ungehindert austauschen, abstimmen, sogar gegenseitig bemitleiden – und den Rest von uns kontrollieren.[88] Ich wette, sie benutzen dabei Open-Source-Software!

Atome für den Frieden?
Angewandte Sozialwissenschaft zur Beruhigung?

Professor Jacob Hamblin von der Universität Clemson besteht darauf, dass die angewandte Sozialwissenschaft nicht erst nach dem 11. September erfunden wurde. Sie entwickelte sich auch nicht ausschließlich Mitte der 1970er-Jahre. Im Jahr 1930 trieb Sozialwissenschaftler die Sorge um, die Folgen der Industrialisierung und der bevorstehenden Automatisierung könnten die Industriegesellschaft destabilisieren. Daher müsse man auf das Bewusstsein der Bevölkerung Einfluss nehmen – zum Wohl des Fortschritts und zur Erhaltung der öffentlichen Ordnung. Zu den wichtigsten Verfechtern der angewandte Sozialwissenschaft gehörte das International Committee on Mental Hygiene. Prominente angewandte Sozialwissenschaftler vertraten die Theorie, soziale Probleme seien eine Frage der »psychologischen Justierung«. Das Internationale Komitee für geistige Hygiene indessen wandelte sich bald zur World Federation on Mental Health (WFMH) unter der Führung des kanadischen Psychiaters G. Brock Chisholm, dem späteren ersten Generaldirektor der Weltgesundheitsorganisation WHO.

Im Dezember 1953 trat der neu gewählte US-Präsident Dwight D. Eisenhower (mit dem ebenfalls neu gewählten Generalsekretär Dag Hammarskjöld an seiner Seite) vor die UN-Vollversammlung und verkündete sein Programm »Atome für den Frieden«, womit er, vermutlich ungewollt, in der »Familie« der UN-Organisationen einen Fressrausch um die Führungsrolle bei der neuen Initiative auslöste. Letztlich zog die UN-Organisation für Erziehung, Wissenschaft und Kultur (UNESCO) dabei den Kürzeren gegenüber der auf US-Anregung gegründeten Internationalen Atomenergieorganisation (IAEO). Trotzdem tat sich die UNESCO mit Chisholms Organisation zusammen auf der Suche nach Wegen, wie sich die wissenschaftliche Debatte über die Risiken der Kernenergie steuern ließe und man die Bedenken der breiten Öffentlichkeit zerstreuen könnte.

Nach Ansicht von UNESCO und WFMH begegnete man der allgemeinen Aufregung am besten durch Änderungen in der Erziehung und Steuerung der Medien. Die Angewandte Sozialwissenschaft sprach dabei von »Verhaltensmodifikation« für ganze Gesellschaften und »psychiatrischer Behandlung« der Welt, um der Menschheit die Anpassung an die neuen Technologien zu erleichtern. Wer die Kernenergie fürchtete, wurde als in sozialer Hinsicht unzulängliche Person hingestellt, die sich panisch vor fast allem ängstige. Sowohl die UNESCO als auch die Weltgesundheitsorganisation WHO sahen die Atomenergie im Kontext eines allgemeinen technologischen Trends hin zur Automation als nutzbringend für die Gesellschaft an. Die Vorstellung, dass Wissenschaftler durch Eingriffe beim Erziehungssystem sowie bei den Massenmedien die Gesellschaft und ihre soziale Grundhaltung verändern könnten, hielt sich bis weit in die Sechzigerjahre, wurde aber dann von der Bürgerbewegung gegen Rassismus, der Ablehnung des Kriegseinsatzes in Vietnam und dem Misstrauen angesichts der Umweltzerstörung hinweggefegt, wenn auch nur zeitweise.[89]

Meme und demokratischer Widerspruch

Kann man die Entwicklung der menschlichen Kultur wirklich von außen steuern? Hoffentlich nicht. Wird die Politik trotzdem derartige Manipulationen versuchen? Ja, höchstwahrscheinlich. Und, ob mit Erfolg oder nicht, und ob Sie das mögen oder nicht – schon allein der Versuch wird große Verwerfungen mit sich bringen. Auch wenn die Idee unglaublich erscheint, der Versuch ist glaubwürdig, und die Zivilgesellschaft sollte gewappnet sein.

Schon Mitte der Siebzigerjahre hätte Richard Dawkins mit Sicherheit vertreten, dass eine politische Manipulation, die zu einer derartigen Selbstaufgabe der Gesellschaft führt, bereits ein »Mem« darstellt. Längst werden

Meme von den Massenmedien und vom öffentlichen Erziehungssystem entwickelt und gesteuert. Durch Fernsehkomödien und Lehrpläne sind viele gesellschaftliche Normen neu erschaffen worden. Manche sind durchaus positiv zu beurteilen, wie die Abneigung gegen Rauchen und Alkohol am Steuer, oder die Toleranz hinsichtlich der sexuellen Orientierung. Andere waren zweifellos schädlich, wie die Geringschätzung indigenen Wissens, die Verleugnung des Klimawandels oder die Missachtung nachhaltiger Lebensweise bei gleichzeitiger Verherrlichung der Konsumgesellschaft. All dies sind »weiche« Meme.

Wenn es so etwas wie die »massiv gewalttätige Person« wirklich irgendwo gibt, oder wenn die Leute von BANG das zumindest für möglich halten, oder wenn es ihren Interessen dient, die Gesellschaft von der Existenz dieser MGPs zu überzeugen, dann ist die Installation eines allumfassenden Überwachungssystems der logische »erste Schritt«. Wirklich wirkungsvoll ist aber nur die Selbst-Überwachung – die Schaffung einer Überwachungskultur, an der wir alle mitwirken.

MEDIKAMENTIERUNG VON MEMEN: Martin Rees warnt:»… neue Techniken könnten das menschliche Wesen weit zielgerichteter und wirksamer verändern als die Medikamente und Drogen, die wir heute kennen …«[90] Es ist denkbar, dass Gesellschaften und Länder bis zur Jahrhundertmitte einen drastischen Wandel vollzogen haben werden, dass die Menschen … sich in ihren Einstellungen (vielleicht durch Medikamente, Chip-Implantate und dergleichen) von der heutigen Bevölkerung der Erde unterscheiden …[91] Nichtgenetische Veränderungen könnten noch schneller eintreten und die Wesensart der Menschen in weniger als einer Generation verändern, so rasch, wie neue Drogen entwickelt und auf den Markt gebracht werden können. Man wird möglicherweise noch in diesem Jahrhundert damit beginnen, die im Verlauf der uns bekannten Geschichte unverändert gebliebenen Grundzüge des Menschen umzugestalten.«[92]

Rees steht mit dieser Ansicht nicht allein. In »Das Ende des Menschen« warnt der amerikanische Politologe Francis Fukuyama, der gewohnheitsmäßige und allgemeine Gebrauch stimmungsverändernder Medikamente würde uns zu blassen, fügsamen Zombies verkommen lassen.[93] Fabelhaft! Wie könnte man die Gesellschaft effektiver vor massiv gewalttätigen Personen schützen?

Es sollte nicht überraschen, dass in Politik und Industrie Gedankenspiele zum Einsatz von Medikamenten und Implantaten zur besseren Kontrolle der Gesellschaft stattfinden. Schon jetzt werden Traurigkeit und Unzufriedenheit in allen ihren Formen als persönliche Gesundheitsprobleme abqualifiziert. Falsch ist nicht, dass ein Bürger arbeitslos ist, oder nicht ausgelastet – falsch ist, dass ihn das bedrückt. Aber dagegen gibt es eine Pille. Nicht der ständige Stress ist das Problem, oder zu viel soziale Ungerechtigkeit oder zu viel Umweltverschmutzung – das Problem ist, dass uns diese Dinge stören. Auch dagegen gibt es eine Pille. Und nicht, dass unsere Bosse zu viel von uns erwarten, dass wir zu viel Schlaf brauchen oder den ständig steigenden Anforderungen unserer Arbeitgeber nicht genügen, ist das Problem. Da gibt es Pillen, die den Schlafbedarf verringern, das Gedächtnis stärken und unser Denken beschleunigen. Nicht die Leute von BANG müssen sich anpassen, das Volk muss angepasst werden.

Der Autor Ethan Watters ist der Ansicht, die soziale Kontrolle sei eine der großen Erfolgsgeschichten der Globalisierung. In seinem Buch »Crazy Like Us« beschreibt er die weltweite Ausbreitung der Psychologie unserer westlichen Kultur und, in ihrem Gefolge, der Stimmungsdrogen der Pharmaindustrie. Wo westliche Psychiater und Psychologen individuelle Probleme sehen (wie z.B. Depression nach dem Tsunami von 2004), erleben die Betroffenen ihre Situation eher als einen Zusammenbruch der Gemeinschaft oder der verwandtschaftlichen Beziehungen – und nicht als persönliches Problem. Die Behandlung der individuellen Depression eröffnet natürlich die Möglichkeit, am Ausgeben von Pillen zu verdienen. Die Instandsetzung zerstörter Gemeinschaften ist da sehr viel komplizierter und teurer.[94]

Wenn Tashs Baby ein Cochleaimplantat zur Verbesserung der Gedächtnisleistung erhält – oder Su sich eines für ihr Hörvermögen einsetzen lässt, wer darf dann den Schalter für Senden/Empfangen bedienen?

IBRAINS? Mit dem Konzept der Meme eng verwandt ist die Fähigkeit von Neurowissenschaftlern, das Gedächtnis und andere Gehirnfunktionen nicht nur zu verstehen, sondern auch zu regulieren. Genau dafür erhielt Dr. Eric Kandel 2000 den Medizin-Nobelpreis. Er verfolgte bei der Meeresschnecke *Aplysia* den neurologischen Weg der Erinnerung – von der ersten Erregung bis zur Speicherung in einem Netz genau lokalisierbarer und (zumindest theoretisch) manipulierbarer elektrischer und chemischer Verbindungen. Manche Wissenschaftler halten genau das auch beim Menschen für möglich; so könne man beispielsweise Patienten beim Überwinden von Traumata helfen, indem die Erinnerung an die schrecklichen Ereignisse abgestumpft oder ganz ausgelöscht wird. Es gibt aber auch weitaus weniger teilnahmsvolle Anwendungen für Kandels Erkenntnisse.[95]

Beim Wühlen in anderen Hirnregionen bewirkten zwei Forscher am Institut für Neurowissenschaften in San Diego bei der wohlbekannten Fruchtfliege durch verstärkte Ausschüttung des (von einem einzigen Gen codierten) Enzyms CYP6a20 eine dreißigfache Steigerung der Aggressivität. Ein Merkmal wie die Aggressivität lässt sich normalerweise nicht auf ein einziges Gen zurückführen, aber interessanterweise haben die Fruchtfliege und der Mensch ein Viertel der DNA gemeinsam.[96] Lässt sich diese Aggressivität dann vielleicht auch bei Soldaten auslösen – oder abschalten?

EPISCHES ERBE? Sehr viel interessanter wäre es, wenn sich das Gehirn so ausrichten ließe, dass Meme – also kulturelle, erlernte Informationseinheiten – von einer Generation an die nächste weitergegeben werden. Wenn sich beeinflussen lässt, wie – oder was – wir denken, können diese neuralen Muster dann auch vererbt werden? Forscher von der Universität Umeå in Schweden halten das für möglich. Gemeinsam mit Kollegen in England haben sie entdeckt, dass bei präpubertären Jugendlichen durch Nikotin oder Alkohol ausgelöste epigenetische, das heißt nicht in Veränderungen in der DNA-Sequenz gründende, Veränderungen an Kinder und Enkel weitervererbt werden. Bei Männern in England, die früh mit dem Rauchen begonnen hatten, ergab eine Langzeitstudie, dass epigenetische Veränderungen, die zu Fettsucht und anderen Gesundheitsproblemen führten, an Söhne und Enkelsöhne weitergegeben wurden. Einer anderen in Nordschweden durchgeführten Untersuchung zufolge gaben Großeltern, die zwischen dem neunten und zwölften Lebensjahr häufig hatten hungern müssen, ihren Kindern eine erhöhte Lebenserwartung weiter. Wissenschaftler sorgen sich nun, dass epigenetische Veränderung auch zur Vererbung von Krankheiten wie der Huntington-Krankheit führen könnte.[97]

Vielleicht sickern ja nicht nur Krankheiten von einer Generation in die nächste. Inzwischen wurde festgestellt, dass auch emotionale Einflüsse wie Stress durch Mobbing bei Mäusen epigenetische Veränderungen hervorrufen. Noch lässt sich nicht mit Sicherheit sagen, ob Großeltern Stress an ihre Enkel vererben oder nicht.[98] Sollten sich Meme aber tatsächlich über mehrere Generationen in einem Menschen verankern lassen, dann könnte das, auch hinsichtlich der Kosten, interessante Möglichkeiten eröffnen. Schon jetzt schlagen Wissenschaftler vor, der menschlichen Genkarte für die Suche nach epigenetischen Eigenschaften oder Krankheiten eine Epigenomkarte zur Seite zu stellen.[99]

PARASITISCHE MEME: Schon vor dreißig Jahren befasste sich Richard Dawkins nicht nur mit den weichen, mechanischen Memen. Dawkins dachte nach über die Entwicklung viraler oder parasitischer Meme (ohne sie explizit vorherzusagen oder gar zu versprechen), welche die Evolution der Menschheitskultur tatsächlich beeinflussen könnten. Anfang Dezember 2001 – weniger als drei Monate nach dem 11. September – veranstalteten das US-Handelsministerium (DOC) und die National Science Foundation (NSF) unter Schirmherrschaft des Weißen Hauses ein Treffen von wissenschaftlichen Experten sowie wichtigen Vertretern aus Industrie und Politik zum Thema »Die Zusammenführung von Technologien zur Verbesserung der menschlichen Leistung«. Dr. William Bainbridge von der NSF postulierte in seinem Vortrag über »kulturelle Memetik«, man könne das neurologische Verhalten einer Kultur oder Gemeinschaft kartieren und mit diesem Wissen die Reaktion auf bestimmte Reize anpassen oder doch zumindest vorhersagen. Die Anwesenden waren sich völlig im Klaren, dass der entscheidende wissenschaftliche Impuls für die Zukunft möglicherweise weder von der Nanotechnologie noch der Genomik ausging, sondern von den Neurowissenschaften.

Immer häufiger gelingt es, die Nervenverbindung von den Sinnen bis zu einer Empfangsregion (oder auch mehreren) im Gehirn zu verfolgen. Wissenschaftler lassen heute Nervenleitungen wachsen und steuern Nervenimpulse. Nach außen hin dient diese Forschung dem Ziel, chronische Schmerzen zu lindern, Ängste zu unterdrücken oder suchthaftes Verhalten zu heilen. Die Erkenntnisse könnten aber ebenso gut dazu dienen, bei Soldaten die Angst auszuschalten oder Globalisierungsgegner in Apathie verfallen zu lassen.

Das klingt zumindest sehr nach dem Protokoll des Washingtoner Treffens. Bainbridge und sein NSF-Kollege Gary Strong sagten ihren Hörern: »… das klassische Problem der Gesellschaftswissenschaft war doch: Warum und in welcher Weise weichen manche Menschen und Gruppen vom gesellschaftlichen Standard ab, bisweilen sogar in Form von Verbrechen bis hin zum Terrorismus. Bei dessen Bekämpfung könnte dem Gesetzgeber ein grundlegendes Verständnis der für die Erzeugung radikaler Oppositionsbewegungen verantwortlichen memetischen Prozesse entscheidend weiterhelfen.«[100]

Nicht alle Diskussionen der Konferenz drehten sich um die Unterdrückung von Gewalt. Nach dem Debakel des WTO-Treffens von Seattle sorgten sich NSF und Handelsministerium auch um die wirtschaftlichen Folgen: »Eine wissenschaftliche Erkundung der Memetik über verschiedene

Forschungsdisziplinen hinweg könnte helfen, das Verhältnis zwischen verschiedenen sozialen Gruppen und der Globalisierung besser zu verstehen – einem in letzter Zeit mit großem Interesse verfolgten Thema. Die fundamentalistischen Gruppen stehen nicht mehr am Rand«, versicherten Bainbridge und Strong.»Bei ihrem Ringen um Vielfalt und Veränderung gehen sie taktisch vor und sind deshalb nicht nur ins Zentrum des Interesses von Kulturanthropologen, sondern auch von Ordnungskräften und politischen Entscheidungsträgern gerückt. Manche ihrer ›Ideen‹ könnten sich zu einem Gesellschaftsvirus auswachsen ...« Die beiden fuhren fort mit der Warnung,»...manche ›Ideen‹ breiten sich ... so rasch und mit ähnlichen schädlichen Folgen für die Bevölkerung aus, wie biologische Viren.«[101]

Was also tun? Die in Washington versammelten Wissenschaftler und Bürokraten kamen zu dem Schluss:»Wenn wir über eine genauere Karte der Kultur nach Art der Linnéschen biologischen Klassifikation der Organismen in Arten und Gattungen verfügten, dann könnten wir den Menschen helfen, die gewünschte Kultur zu finden; wir könnten darüber hinaus ›unbewohnte‹ Kulturbereiche für die profitable Besiedelung durch die wachsende Industrie ausfindig machen. Die Memetik«, betonten die politischen Berater,»könnte uns dabei helfen, Angriffe auf die kulturelle Vorherrschaft Amerikas abzuwehren.«[102]

Einer bestimmten Kultur galt bei dieser Konferenz ganz besondere Sorge, und Strong und Bainbridge schlugen vor, die US-Regierung solle »eine dezentrale digitale Bibliothek schaffen, die sich allen Aspekten der islamischen Kultur widmet, mit besonderem Augenmerk auf deren Entwicklung und Spaltung.«[103]

Bainbridge und Strong vertraten nicht ausdrücklich die Meinung der US-Regierung, doch in der Zusammenfassung des NSF/DOC-Berichts wird betont, dass ihrem Vorschlag für ein»Humankognomprojekt« – einem Plan zur Kartierung der Neuronen und Meme im menschlichen Gehirn analog zum Humangenomprojekt zur Kartierung der DNA – von den versammelten Vertretern aus Politik und Industrie»höchste Priorität« zugemessen wurde.[104]

GONDII STATT GANDHI: Haben Neurowissenschaftler wirklich einen Einfluss auf Denken und Verhalten des Menschen? Kann man eine Kultur beeinflussen? Es war gerade die mögliche Existenz von Parasiten und neuralen Viren – den Gegenstücken zu den heutigen Computerviren –, die Richard Dawkins vom Einfluss der Meme auf die Kultur überzeugte. Die Natur ist –

von den Insekten bis zu den Säugetieren – voller Beispiele für das »Umpolen« des Gehirns zum Nutzen einer anderen Spezies, Selbstmord eingeschlossen. Wissenschaftler aus Oxford (aber nicht Dawkins) haben einen winzigen Parasiten namens *Toxoplasma gondii* entdeckt, der bewirkt, dass sich Mäuse auf verhängnisvolle Weise zu Katzen hingezogen fühlen. Der tierische Einzeller bringt auch Ratten dazu, ihn zu seinem bevorzugten Wirtstier, der Katze, zu bringen. Im Nagetier verharrt er im Ruhestadium und wird erst aktiv, wenn dieses von der Katze verschlungen wird.[105]

Forscher aus Montpellier in Südfrankreich berichten, dass gewisse im Körper von Heuschrecken lebende Saitenwürmer im Gehirn des Wirts spezielle Proteine ausschütten, die dazu führen, dass sich die Heuschrecke zur Paarungszeit der Würmer ins Wasser stürzt und ertrinkt.[106]

Neuseeländische Biologen haben herausgefunden, dass der Plattwurm *Curtuteria australis* befallene Herzmuscheln daran hindert, sich im Wattenmeer einzugraben, worauf diese leicht von Vögeln, den nächsten Wirten des Wurms, erbeutet werden können.[107]

Und dann ist da der bemerkenswerte kleine Leberegel Dicrocoelium dendriticum, der seine Eier in der Galle von Kühen und Schafen legt. Diese werden ausgeschieden und von Schnecken gefressen, in deren Verdauungsdrüse sie sich weiter vermehren und abermals ausgeschieden werden. Ameisen fressen den Schneckenschleim und werden nun vom Parasiten gesteuert. Wenn die Sonne untergeht und die Temperatur fällt, werden die befallenen Ameisen dazu gebracht, die Kolonie zu verlassen und sich an der Spitze von Grashalmen oder Blütenpflanzen festzubeißen. Der Vorgang wiederholt sich allabendlich, bis die Ameise von einem Endwirt gefressen wird. In der Kuh oder dem Schaf wandert der Parasit dann wieder in die Galle, und der Kreis beginnt von Neuem.[108]

Dass Parasiten den Willen von Heuschrecken und Mäusen beeinflussen können, stellt noch keinen prinzipiellen Beweis dafür dar, dass sich kulturelle oder politische Neigungen des Menschen ebenso leicht »umziehen« lassen. *Toxoplasma gondii* ist allerdings auch ein häufiger Gast im Menschen, was zu einer Toxoplasmose führt. Bei den meisten bricht sie nicht aus. Aber einige Wissenschaftler vertreten die umstrittene Ansicht, es stehe in Zusammenhang mit abnormen Verhaltensmustern, wie Promiskuität bei Frauen und Gewalttätigkeit bei Männern.

Ich möchte hier nicht den Eindruck erwecken, dass die Regierungen demnächst nano-manipulierte Bakterien oder Viren in die Wasserversorgung oder Getreidesilos einschleusen, damit wir bei der nächsten Wahl das Kreuz an der »rechten« Stelle machen. Ich möchte aber darauf aufmerksam machen, dass einerseits Versuche der BANG-Leute zur Steuerung des Volkswillens zu den politischen Gegebenheiten gerechnet werden müssen, und andererseits, dass sie über wirkungsvolle Möglichkeiten verfügen. So beunruhigend Überwachung auch sein mag, sind es doch gerade die Selbstpreisgabe von Informationen und die besonderen Eigenheiten der Meme, die von der Zivilgesellschaft ganz besondere Wachsamkeit erfordern. Wenn das Volk nicht auf eine sozialpolitische Lösung für Probleme sozialer Ungerechtigkeit besteht, dann wird sich unter Berufung auf massiv gewalttätige Personen »das ganze Volk« zwangsweise unter die Kontrolle von anderen begeben und zwar für »alle Zeit«.

OPIUM FÜR DAS VOLK? Bei den Römern gab es Brot und Spiele; der europäische Feudalismus hatte seine Religion; in England erhielten Fabrikarbeiter zuerst Gin, später tatsächlich Opium. Heute haben wir Facebook, Reality-TV, die Katastrophen der Abendnachrichten und darüber hinaus noch eine ganze Reihe weiterer suchterzeugender Substanzen zur Auswahl. Genügt das denn Politik und Wirtschaft noch nicht?

GRIPS UND GELD: Mitte 2008 waren bei mehr als 500 Neurotech-Unternehmen mindestens 600 verschiedene Präparate zur Verbesserung der geistigen Fähigkeiten in Vorbereitung. Zielgruppe sind etwa eine Milliarde Menschen, die nach Schätzung der WHO psychischer Hilfe bedürfen. Für das letzte Jahr mit verlässlichen Daten (2006) geben Beobachter das Volumen des Neurotechnologiemarktes mit 120 Milliarden Dollar an, davon 101 Milliarden für Psychopharmaka. Das potenzielle weltweite Marktvolumen ist schwer zu berechnen. Nach der Faustregel kosten psychische Störungen (was immer das sein mag) die Gesellschaft zwei Billionen Dollar pro Jahr. Doch selbst diese Zahl beschreibt den Markt nicht adäquat. Was würden denn Sie ausgeben, um nicht den Verstand zu verlieren?

Im Jahr 2005 ließen mindestens 10,2 Millionen US-Bürger kosmetische Operationen an sich vornehmen, von Botoxspritzen und Gesäßlifting über Brustmuskel- und Brustimplantate bis zu Fettabsaugung und »Vaginalverjüngung«.[109] Seit dem ersten Retortenbaby 1978 haben mehr als drei Millionen Kinder ihr Leben in einer Petrischale begonnen. Im Jahr 1989 wurden noch weniger als 30.000 Babys nach In-vitro-Fertilisation (IVF) geboren, doch bis 2002 stieg die Zahl bereits auf 200.000. In Ländern wie Dänemark und den Niederlanden beruhen heute vier Prozent der Geburten auf IVF.[110]

Das Marktpotenzial ist gewaltig. Heute wird eines von sechzehn Kindern nach Industriestandards mit einer genetisch bedingten geistigen oder körperlichen Behinderung geboren. Eine von zehn Personen leidet nach allgemeiner Übereinkunft an einer psychischen oder physischen Störung, deren Behandlung jemand für erforderlich hält. Hinzu kommt das eine von sechs Paaren mit Zeugungsschwierigkeiten sowie die Eltern, die das Geschlecht ihres nächsten Kindes selbst wählen wollen. Der Markt für Designerbabys kennt fast keine Grenzen. Führende Privatkliniken brüsten sich, sie könnten Embryos auf 150 verschiedene Gendefekte hin untersuchen.[111] Nur mit Hunger, Armut und Ungerechtigkeit werden wir irgendwie nicht fertig.

Die neuen Technologien werden nur denen zur Verfügung stehen, die sich die Steigerung ihrer Leistung auch leisten können. Neuerungen aus dem Nanobereich versprechen nicht nur Schutz vor den Folgen der Umweltzerstörung, sondern auch verbesserte Gedächtnisleistung und körperliche Fitness. Durch die Patentbestimmungen werden Menschen mit verbesserten Fähigkeiten ihre »Lizenzen« für jede Generation natürlich neu erwerben müssen und/oder sollten Kinder nur mit anderen Lizenzträgern mit erhöhter Leistung zeugen.[112] Wer dies ablehnt – oder sich die Leistungssteigerung nicht leisten kann – wird nach und nach zum Untermenschen und Ausgestoßenen abgestempelt werden. In primitiveren Zeiten nannte man so etwas Sklaverei.

»Gleich beim Eingang steht eine beklemmende menschliche ›Gestalt‹ – eine Trompe-l'œil-Montage mit 23 Prothesen, eingefügt in einen menschlichen Umriss. Auf dem weiteren Weg entlang der Schaukästen erhält die dunkel projizierte Gestalt der Reihe nach die entsprechenden Prothesen: eine Brille zuerst, gefolgt von Hörhilfen, Zahnersatz, künstlichen Organen und künstlichen Gliedmaßen. Dann jedoch, am Eingang der Abteilung über künstliche Gewebe, wirft der Mann alle Geräte von sich, zum Zeichen, dass dieses neue Forschungsfeld eines Tages all die biomechanischen Hilfsmittel hinfällig machen wird. Seltsamerweise erscheint die erste, unbewegte ›Gestalt‹ trotz ihrer kitschigen Asymmetrie auf gewisse Weise echter und lebendiger als die zweite, bewegte Figur … Dreh- und Angelpunkt im Konzept der Ausstellung ist demnach die Frage, woran es liegt, dass die Symbiose von organischem Leben und Technik uns einerseits so vertraut erscheint, uns aber gleichzeitig zutiefst verstört.«[113]

Im Jahr 2005 war im Deutschen Museum in München die Sonderausstellung »Leben mit Ersatzteilen« zu sehen, ein Gang durch die Geschichte der menschlichen Bemühungen, sich selbst wiederherzustellen. Der Besucher erhielt die Gelegenheit, sich mit den Möglichkeiten und Gefahren einer transhumanistischen Zukunft auseinanderzusetzen. In unserer Rahmengeschichte berühren wir diese Perspektive mit den Suyuan Wu und Tashs Baby aufgezwungenen Implantaten nur am Rande.[114]

WIE GEHT'S WEITER MIT DER POLITIK?

Überblick über sechzig Jahre (1975–2005–2035):

- CHAOS: *Newsweek* nannte 1975 wegen der beispiellosen Zahl von Drohungen gegen die US-Atomindustrie und der Furcht vor einem Terroranschlag gegen das World Trade Centre in New York »das Jahr des Terrors«[115]. US-Regierungsbehörden drohten, zum Schutz der Atomanlagen müssten die Bürgerrechte eingeschränkt werden.[116] Im Jahr 2005 erlaubten Sonderrechte für das US-Heimatschutzministerium, jedermann jederzeit zu überwachen. Im Jahr 2035 wird die »friedliche Atomnutzung« der Nanotechnologie eine ganz neue Qualität der Absprachen zwischen Politik und Industrie erforderlich machen: die BANG-Konsortien.

- FUSIONEN: Der Wert der Zusammenschlüsse von Unternehmen betrug 1975 weltweit etwa 20 Milliarden Dollar. Im Jahr 2005 waren es bereits 2,7 Billionen. Vor dem Zusammenbruch der Märkte 2008 stieg der Wert der globalen Fusionen auf fast 4,5 Billionen Dollar. Im Jahr 2035 spielen Fusionen keine große Rolle mehr, da die Unternehmen in globalen Konsortien eingebunden sind.

- PATENTE: US-Behörden erklärten 1975 die weitreichenden Fotokopie-Patente von Xerox für ungültig, da wettbewerbsfeindlich. Fast die Hälfte aller wegen mangelnder »erfinderischer Tätigkeit« (US-Patentrecht: »nonobvious«) angefochtenen US-Patente wurden für ungültig erklärt. Exxon versuchte, das historische Verbot von Patenten auf Leben mit einem (1980 genehmigten) Antrag auf Schutz für einen gentechnisch veränderten Mikroorganismus umzustoßen. Im Jahr 2005 verfielen nur noch fünf Prozent der wegen mangelnder »erfinderischer Tätigkeit« angefochtenen Patente, und Multi-Genom-Patentanträge waren an der Tagesordnung. Im Jahr 2035 werden für alle natürlichen oder unnatürlichen Entdeckungen Patente auf Lebenszeit (plus siebzig Jahre) gewährt und strafrechtlich geschützt werden.

- MACHER: 1975 kam die schwierigste Antwort auf die Frage »*Was nun?*« von der Gruppe der 77 und betraf die neue Wirtschaftsordnung der Welt. Im Jahr

2005 war die Welt am meisten gespannt auf Bill Gates' Antwort. Im Jahr 2035 geht die Frage »*Was nun?*« an die Vorstandsvorsitzenden der in Atom-Sphere und Terra-Forma zusammengeschlossenen Unternehmen.

- UNBEFUGTE: Im Jahr 1975 wurden die UN-Verhandlungen zum Verbot kriegerischer Klimamanipulationen (ENMOD) aufgenommen. Im Jahr 2005 wollte der US-Kongress ein Gesetz zur Wettermanipulation im Schnellverfahren verabschieden. Im Jahr 2035 werden die vier Großmächte das Klima gemeinsam mit den beiden Geo-Engineering-Konsortien überwachen.

- MEDIZINER: Die Weltgesundheitsversammlung der WHO stellte 1975 eine »Liste der unentbehrlichen Medikamente« zusammen, die jedem zu einem erschwinglichen Preis zur Verfügung stehen sollen. Bei der Peoples' Health Assembly von 2005 hatten 30 Prozent der Weltbevölkerung noch immer keinen Zugang zu den Medikamenten auf der Liste. Im Jahr 2035 wird die WHO die Liste abschaffen, da auf ihr keiner der unentbehrlichen leistungssteigernden Medikamente verzeichnet sind.

- VERSPRECHER: In der UN-Vollversammlung 1975 bekräftigten die OECD-Staaten ihre Zusage, jeweils 0,7 Prozent des Bruttoinlandsprodukts an Entwicklungshilfe zu leisten. Bei der Beurteilung der Millenniumsziele 2005 bestätigten die meisten OECD-Mitglieder ihre zuvor eingegangenen Verpflichtungen. Im Jahr 2035 wird weder von den Millenniumszielen noch von den 0,7 Prozent die Rede sein.

Vorgehen:

- GOV.COM: Mit der Akzeptanz der Vorgabe, dass Gesetze zum Zweck maximaler Effizienz der Märkte existieren, wird die Politik 2035 die Entwicklung neuer Umwelt- und Gesundheitstechnologien schützen und den Zugriff auf Rohstoffe sichern für den Fall, dass die Nanotechnologie versagt. Die Verteidigung der Bürgerrechte und der Erhalt technischer Vielfalt liegt ganz in den Händen der NGOs.
- VERTEIDIGUNG: Die Konzentration auf den Terror bedingt die »massiv gewalttätige Person«. Jeder kann zur Bedrohung werden, überall. Deshalb muss die Regierung auch jeden überall überwachen. Die NGOs müssen die Gerechtigkeit anstelle des Terrorismus zum Handlungsschauplatz machen.
- WIDERSPRUCH: Einerseits verabschiedet die Politik Gesetze zum Schutz der Privatsphäre vor Überwachung, andererseits unterstützt sie Technologien, die Bürger dazu verleiten, alles über sich preiszugeben. Die Neurowissenschaften (und insbesondere die Memetik) werden zur Wunderwaffe der Terrorabwehr. Die NGOs müssen das Recht auf Widerspruch verteidigen.

Was nun?

- Beharrlichkeit: Wir sollten fortschrittliche Interessengruppen der Bereiche Nahrung, Gesundheit, Erziehung, Kultur und Umwelt zu einer gemeinsamen Aktionsfront zusammenführen.

WIE GEHT ES WEITER, NR. 1: WERDEN WIR GEWINNEN ODER VERLIEREN?

Schlimme Zeiten

- Das gleichzeitige Auftreten von ökologischer, ressourcenvernichtender und politischer Instabilität (Terrorismus) in einer Welt voller neuartiger bio- und nanotechnologischer Waffen, in der sogar die Grundbegriffe der Menschlichkeit ungewiss sind, verschafft der herrschenden Elite beste Voraussetzungen dafür, einer verunsicherten und entmutigten Öffentlichkeit ihren Willen aufzuzwingen. Wir sollten das Schlimmste erwarten und aus einem dezentralen Netzwerk von Organisationen der Zivilgesellschaft heraus beharrlich Widerstand leisten.

Seltsame Zeiten

- Die derzeitige Instabilität ist ein zweischneidiges Schwert. Ein unerwartetes Ereignis – ob ökologisch, ökonomisch oder politisch – könnte unvermittelt zu einem Wechsel der öffentlichen Meinung und politischen Marschrichtung führen. Wir sollten einerseits die Widerstandskraft der Gemeinschaft stärken, andererseits aber jede sich bietende Gelegenheit beim Schopf packen. Die Geschichte ist voller Überraschungen.

Höchste Zeiten

- Nie zuvor hat eine Zivilgesellschaft global agiert, so rasch Zulauf gewonnen und solche Stärke an den Tag gelegt. Zum ersten Mal verfügen wir über die Kommunikationsmöglichkeiten, den Zusammenhalt und die Foren, um einen massiven demokratischen Wandel zu bewirken. Jetzt ist die Zeit für zumindest vorsichtigen Optimismus und für Organisation – lokal bis global.

GONE!
Gemeinsam gegen das Klima – Geo-Engineering als Geo-Piraterie

»Lassen wir das Debattieren darüber, ob die Treibhausgase nun vom Menschen verursacht wurden oder natürliche Ursachen haben; konzentrieren wir uns lieber auf Technologien, die das Problem lösen.« US-PRÄSIDENT GEORGE W. BUSH, 25. MAI 2006[117]

Im Jahr 1975 tat sich die Central Intelligence Agency CIA mit *Newsweek* zusammen und warnte uns alle vor globaler Abkühlung – im selben Jahr, als britische Wissenschaftler die Existenz eines Lochs in der Ozonhülle über der Antarktis nachwiesen und, zufällig, die Sowjetunion und die USA der UN-Vollversammlung identische Anträge zum Verbot von Klimamanipulationen für militärische Zwecke vorlegten.[118]

Dreißig Jahre später, im Jahr 2005, sprach jeder – und sogar der US-Präsident – über globale Erwärmung. Wissenschaftler warnten, der Temperaturanstieg über der arktischen Eiskappe und im sibirischen Permafrost könnte die Erde in eine Klimakatastrophe »abkippen« lassen, und der US-Senat erklärte sich bereit, eine Vorlage zu prüfen, die ihm das Recht zum Eingriff ins US-Klima übertrug.

Weitere dreißig Jahre später, in *China Sundown* im Jahr 2035, ist der Klimawandel bittere Realität, und die OECD-Länder konspirieren mit der Industrie, um die Anteilseigner mittels Geo-Engineering aus der Schusslinie zu halten. Es sollte nicht verwundern, dass in unserer Geschichte die Umweltdebatte um die Frage kreist, ob der Klimawandel nicht durch die industrielle Revolution verursacht, und durch die erste chemische Revolution (etwa 1940–1970) verschärft wurde. Die Geschichte handelt von den verzweifelten Versuchen, die globale Erwärmung mit einer zweiten chemischen Revolution auf Basis der technologischen Konvergenz im Nanobereich zu verhindern. Die globale Erwärmung dominiert die Medien, fast die gesamte Umweltdebatte und einen Großteil der politischen Agenda.

Dennoch gehen wir in *China Sundown* davon aus, dass Politik und Industrie genau das versuchen werden, was auch George W. Bush vorgeschlagen hat – die Rettung mittels einer technologischen Silberkugel. Atom-Sphere soll die Ozonschicht flicken, die Treibhausgase neutralisieren und uns mit Sulfat-Nanopartikeln, die in die Stratosphäre geblasen werden, vor schädlichen Sonnenstrahlen abschirmen. Terra-Forma hat vor, marine Mikroorganismen auf Atomebene so zu verändern, dass sie mehr CO_2

schlucken und das Wasser abkühlen, aus dem die Wirbelstürme hochkochen. Industrie und Politik mögen so etwas Geo-Engineering nennen; für andere ist so etwas Geo-Piraterie und globale Ökophagie.[119]

Die Umwelt wird natürlich in vielerlei Weise bedroht. Die Nachwehen unseres ersten Chemieabenteuers machen uns noch immer zu schaffen. Das überraschende Herunterfahren des schwedischen Atomreaktors Forsmark im Juli 2006 (wobei zwei von vier Sicherheitssystemen ausgefallen waren)[120] ließ zwar die Befürchtungen der Allgemeinheit wieder aufflammen, doch ist die Kernkraft wieder im Kommen, und zumindest ein Teil der Umweltbewegung scheint geneigt, sie als einzige »politisch durchsetzbare« Alternative zu fossilen Brennstoffen zu tolerieren, was auch in *China Sundown* thematisiert wird.

Geo-Engineering ist keine potenzielle Bedrohung, sondern Realität. Seit dem Debakel von Kopenhagen haben die große Politik und verschiedene Milliardäre ihre Bemühungen um Untersuchung einer Reihe technischer Szenarien samt zugehöriger Experimente verstärkt. Seit Anfang 2009 überbieten sich die Medien förmlich mit Geschichten über Geo-Engineering als »Plan B«. Wissenschaftliche Institute und Nobelpreisträger haben reihenweise Berichte und Anträge vorgelegt, um die Politik zur Finanzierung ernsthafter Feldversuche zu bewegen. Im englischen Parlament wie auch im US-Kongress haben die Anhörungen schon begonnen.

Anfang 2010 berichteten Enthüllungsjournalisten, Bill Gates investiere privat in Geo-Engineering-Forschung und werde bei einigen Geo-Engineering-Patenten zur Senkung der Meerestemperatur und Steuerung von Hurrikanen sogar als Miterfinder genannt. Währenddessen hat der durch Virgin Air bekannt gewordene Milliardär Richard Branson verkündet, er habe eine Kommandozentrale für den Klimakrieg eingerichtet und sei für alle Klimaoptionen offen – zuvor hatte er schon einen Preis von 25 Millionen Dollar für eine Technik ausgesetzt, durch welche sich die Stratosphäre reinigen lässt.

PROOF OF PRINCIPLE: Die Aussicht auf globale Erwärmung ist schon erschreckend genug, aber die Vorstellung, dass Geo-Engineering die Lösung bringen soll, ist geradezu lächerlich. Sind die an Geo-Engineering geknüpften Erwartungen denn realistisch? Unglücklicherweise hat die Menschheit längst den Nachweis erbracht, dass die Umgestaltung der Erde ausgezeichnet funktioniert. Schon mit der industriellen Revolution ist uns das geglückt. Man muss nur genügend Sumpfgebiete auffüllen und Monokulturen anlegen, und das Ökosystem reagiert. Wenn man genügend Wälder abholzt, ändert sich das Klima. Mit genügend industrieller Umweltverschmutzung verschwindet die Ozonschicht, und stattdessen übernimmt der Smog. Bei Geo-Engineering ist der Nachweis des Wirkprinzips nur zu offensichtlich!

Geo-Engineering – ein kurzer Abriss

WOLKEN UND SILBERSTREIFEN AM HORIZONT: Es hat eine Weile gedauert, bis wir das Ausmaß unseres Einflusses auf den Planeten begriffen haben. Noch 1930 war der Physiker und Nobelpreisträger Robert A. Millikan davon überzeugt, menschliche Aktivitäten könnten etwas so gigantischem wie der Erde unmöglich dauerhaft Schaden zufügen. Während er das sagte, erfanden Chemiker Fluorkohlenwasserstoffe (FCKW) – den Cocktail, der für die Ausdünnung der Ozonschicht in der Stratosphäre verantwortlich ist und Mitte der Achtzigerjahre zu hektischer zwischenstaatlicher Betriebsamkeit und den Protokollen von Wien und Montreal geführt hat.

Dass man der globalen Erwärmung mit technischen Mitteln begegnen könnte, ist ebenfalls keine neue Idee. Schon in den Vierzigerjahren entdeckte der angesehene Meteorologe Bernard Vonnegut (der Bruder des Romanautors Kurt Vonnegut), dass versprühter Silberjodid-Nebel Wolken zum Regnen bringen kann. Daraufhin setzte die Politik sofort intensive Studien zur Beeinflussung der Umwelt in Gang. Bis dahin war die Wolkenimpfung Exzentrikern und Bauernfängern vorbehalten gewesen.[121]

Die Bilanz der Versuche von Politik und Industrie zur Einflussnahme auf das Wetter fällt bestenfalls zweifelhaft aus – beginnend mit US-Präsident Lyndon Johnsons Regenprogramm für das Mitte der Sechzigerjahre von der schlimmsten Hungerkatastrophe seit Jahrzehnten heimgesuchte Bihar. Der Versuch misslang, was das US-Militär nicht davon abhielt, im Vietnamkrieg im Zuge der streng geheimen »Operation Popeye« über dem Ho-Chi-Minh-Pfad zwischen 1966 und 1972 mehr als 2.300 Flugeinsätze mit Silberjodid zu fliegen.[122] Der Transportweg sollte durch den künstlich verlängerten Monsun unpassierbar gemacht und als Zugabe die Reisernte Nordvietnams durch Überschwemmungen zerstört werden. Der Regen nahm tatsächlich zu, die US-Luftwaffe konnte das jedoch nicht eindeutig auf die Kampagne zurückführen.

Das Regenmachen war schon immer eine heikle Sache. Im Jahr 1952 ertranken in Lynmouth in Südwestengland bei einer plötzlich auftretenden Flutwelle 34 Menschen, wofür heimliche Experimente der Royal Air Force verantwortlich gemacht werden – erwiesen ist das jedoch nicht. Im Jahr 1972 saßen in Stockholm UN-Vertreter in einer Konferenz über die Umwelt des Menschen zusammen, während in Rapid City im US-Bundesstaat South Dakota nach einem Wolkenbruch 238 Menschen ertranken; in der Nähe hatten Versuche zur Wolkenimpfung stattgefunden. So darf es nicht verwundern, wenn die Öffentlichkeit ein gesundes Misstrauen gegen öffentliche wie private Versuche hegt, unsere Wolken mit Silberstreifen zu versehen.

Im Jahr 2005 fanden in vielen Ländern ernst zu nehmende Experimente zur »hygroskopischen Wolkenimpfung« statt, unter anderem in den USA, in Thailand, China, Indien, Australien, Israel, Südafrika, Russland, den Vereinigten Arabischen Emiraten und Mexiko.[123] Der World Meteorological Organization der UNO zufolge finden in 26 Ländern regelmäßig Versuche zur Wetterbeeinflussung statt.[124]

Die Begeisterung der Militärmächte der Welt für Wetterkontrolle bleibt trotz des fragwürdigen Erfolgs in Vietnam ungebrochen. Ein Bericht der US-Luftwaffe mit dem Titel *Weather as a Force Multiplier: Owning the Weather in 2025* (dt. etwa: *Wetter als Wirkungsmultiplikator: Wie wir uns bis 2025 das Wetter zu eigen machen*) kam zu dem Schluss: »... das Wetter wird unsere wirkungsvollste Waffe sein.«[125] Im Jahr 2004 kam es zwischen den beiden chinesischen Städten Pingdingshan und Zhoukou in der Provinz Henan fast zu gewaltsamen Auseinandersetzungen, da beide das lokale Wetter durch Ausbringen von Silbernitrat in der Troposphäre zu beeinflussen versuchten.[126] Die windabwärts gelegene Stadt hatte der anderen vorgeworfen, ihr das Wetter zu stehlen.

Dies hinderte die chinesische Führung allerdings nicht daran, dem Internationalen Olympischen Komitee für Peking 2008 sonnige Spiele zu versprechen – gewährleistet durch Wetterbeeinflussung. Dummerweise war das nicht mit dem thailändischen König abgesprochen, dem 2006 zwei Patente für die Erzeugung von Regen zugesprochen worden waren.[127] Bei den Olympischen Spielen fiel dann viel Regen, was daran liegen könnte, dass der König zum Spielverderber wurde, weil China keine Lizenzgebühren gezahlt hatte.

Geo-Engineering ohne Grenzen

Etwas daraus gelernt? Die Geschichte der Versuche zur Beeinflussung von Wetter und Klima für wirtschaftliche wie auch militärische Zwecke ist zweifellos lückenhaft. Könnte die Politik dem Klimawandel nicht wirkungsvoller entgegentreten? Immerhin haben die Regierungen im Fall des Ozonlochs vielleicht verspätet, aber unzweifelhaft verantwortlich gehandelt und schließlich die FCKWs aus dem Verkehr gezogen.[128] Allerdings hatte sich auch keine wirkliche Alternative geboten. Die FCKWs waren nachweislich für den Abbau von Ozon verantwortlich, was an den Stränden, an denen Reiche ihre Ferien verbrachten, zu verstärktem Auftreten von Hautkrebs geführt hatte. Angesichts des Ozonlochs fiel Politik und Industrie auf die Schnelle keine andere Strategie ein, als die schädlichen Substanzen zu verbieten.

Die Ursachen und Folgen des Klimawandels sind dagegen sehr viel komplexer, und viele Politiker und Experten wollen der drohenden Katastrophe noch immer eine positive Seite abgewinnen. In den Jahren seit der Entdeckung des Ozonlochs 1975 haben Unternehmen und Politik den Wählern zumindest in den OECD-Ländern mit Erfolg eingeredet, jeglicher Wandel könne völlig schmerzfrei erzielt werden. Heute jedoch gibt sich die Elite aus Industrie und Politik nicht mehr damit zufrieden, die Tatsachen zu verschleiern, sondern hofft, mit dem Hinweis auf technische Lösungen die Pfründe der Reichen auf Dauer zu sichern.

Clyde Prestowitz beispielsweise frohlockt als viel beachteter Cheerleader der Wirtschaft, dass US-Autofahrer heute mit einem Fass Öl doppelt so weit kommen wie 1975. Mit neuester Technik könnten die USA ihre Energieeffizienz noch ein zweites Mal verdoppeln, versichert Prestowitz.[129] Heute ist in reichen Ländern zur Produktion je Einheit des Bruttoinlandsprodukts 33 Prozent weniger Energie nötig als noch Mitte der Siebzigerjahre.[130] Allein in Verkehrsstaus werden weltweit jährlich 8,7 Milliarden Liter Benzin vergeudet.[131] Wir brauchen unseren Lebensstil gar nicht zu verändern – es genügt, den Wirkungsgrad zu steigern. Her mit den dicken Geländewagen! Ganz egal, ob der Mensch seit dem Zweiten Weltkrieg wahrscheinlich mehr natürliche Rohstoffe verbraucht hat als in der ganzen Geschichte davor![132] Genauso sieht es mit dem weltweiten Energieverbrauch aus, der – trotz überall propagierter potenzieller Steigerungen der Effizienz – von 2002 bis 2030 um 60 Prozent steigen soll, was jährliche Investitionen in Höhe von 586 Milliarden Dollar erfordert.[133]

Wenn die Regierungen nicht in der Lage sind, von ihren Bürgern eine Änderung der Lebensweise zu verlangen, ist dann Geo-Engineering eine realistische Option? In seinem kürzlich erschienenen und allseits bekannten Buch preist der Klimatologe Tim Flannery Geo-Engineering als »das große Spiel der Beeinflussung des Klimas«.[134] Mit Vergnügen vermerkt er die wachsende Zahl von Wissenschaftlern, die Geo-Engineering befürworten. Im Jahr 2009 empfahlen sowohl die vier wissenschaftlichen Akademien der USA als auch die Royal Society in England ihren Regierungen, dasselbe zu tun.

Zehn *alte* Geo-Engineering-Methoden zum Umbau des Planeten:
- Rodung fast aller Wälder der Erde;
- Umwandlung von Savannen und marginalen Flächen in Monokulturen;
- Dammbau, Umleitung von Flüssen, Trockenlegung von Sumpfland und Ausbeutung von Grundwasserleitern;
- Belastung der Atmosphäre mit Milliarden Tonnen giftiger Chemikalien jährlich;
- Zerstörung der genetischen Vielfalt von Nutztieren und -pflanzen;
- Überbeanspruchung marginaler Böden mit der Folge von Erosion und Wüstenbildung;
- Zerstörung der wichtigsten Ökosysteme der Welt;
- Möglicherweise unumkehrbare Dezimierung der kommerziell wichtigen Meereslebewesen;
- Auslöschung der Hälfte der Korallenriffe der Welt;
- Verschmutzung praktisch der gesamten Trinkwasserreserven.

Zehn *neue* Geo-Engineering-Methoden zum Umbau des Planeten:
- Riesige Baum-Monokulturen für Biotreibstoffe und zur CO_2-Sequestrierung;
- Verbreitung von Atomkraftwerken;
- Kontaminierung von Zentren der Artenvielfalt mit »klimaresistenten« Nutzpflanzen;
- Ausbringung von Eisen-Nanopartikeln über weite Ozeanflächen zur (erhofften) CO_2-Reduzierung;
- Ausbringen eines 600 km^2 großen (nanometerdünnen) Solarspiegels in der Stratosphäre;
- Betrieb von 500 Schiffen, die mit Turbinen Salznebel aufwirbeln, um mehr Sonnenlicht zu reflektieren;
- Verpressen von CO_2 in stillgelegten Bergwerken und Ölbohrungen;
- Erzeugung von Holzkohle, die über weite Flächen im Boden eingebracht wird;
- weißer Anstrich auf Dächern und Straßen;
- Abdecken von Wüsten mit Reflexfolie.

Geo-Engineering aktuell

Die aktuelle Debatte über Möglichkeiten zum Eingriff in der Stratosphäre geht zurück auf eine Rede von Edward Teller im Jahr 1997. Nobelpreisträger Teller verdanken wir die Wasserstoffbombe und er war einer der einflussreichsten amerikanischen Wissenschaftler der zweiten Hälfte des 20. Jahrhunderts. Beim 22. International Seminar on Planetary Emergencies (deutsch etwa: Internationale Konferenz über planetare Notlagen) im sizilianischen Erice stellte er gemeinsam mit zwei Kollegen eine Arbeit zur Unterstützung des Geo-Engineering vor. Er nahm als unabhängiger Wissenschaftler teil, trat aber unter dem Emblem des Lawrence Livermore National Laboratory auf.[135] In den Fünfzigerjahren hatte Teller die vermeintlich unbegründete allgemeine Angst scharf attackiert, die seine Pläne zur Nutzung von Atombomben bei Staudammprojekten und Bergbauprojekten immer wieder behinderte. Die Ankündigung des Wissenschaftlers, sich mit der Veränderung der Erde zu befassen, sandte eine Schockwelle durch die Gemeinschaft derer, die sich mit dem Klimawandel auseinandersetzten.

Man hätte Teller abtun können als Forscher, der seinen Höhepunkt längst überschritten hat, hätte nicht auch ein anderer Nobelpreisträger, der Holländer Paul J. Crutzen – der den Preis (und die Sympathie der Umweltbewegung) für wegweisende Arbeiten über die Ozonschicht erhalten hatte – 2002 die Schockwelle mit einem Interview in *Nature* noch verstärkt. In diesem Interview sprach er sich – widerstrebend zwar, aber dennoch – für Geo-Engineering aus. »Zu unserer Zukunft«, erklärte er gegenüber der Wissenschaftszeitschrift, »gehören möglicherweise auch groß angelegte, international vereinbarte Geo-Engineering-Projekte.«

Dann, im folgenden Jahr, beauftragte der Pentagon-Insider Andrew Marshall, der den Wahnsinn mit der Strategischen Verteidigungsinitiative SDI (»Star Wars«) ausgeheckt hatte, einen ehemaligen Zukunftsforscher von der Royal Dutch Shell und einen Designer des Taktikshooters »America's Army« mit dem Entwurf verschiedener politischer Strategien im Fall einer Verschiebung des Golfstroms in Nachbarschaft der Sargassosee. Zu ihren sieben Empfehlungen zählte auch Geo-Engineering zur Eindämmung des Klimawandels und zur Vermeidung einer weiteren Verlagerung des Golfstroms weg von der US-Ostküste.[136] Im selben Jahr veröffentlichte die National Academy of Sciences der USA einen Bericht, in dem Washington die Einrichtung eines nationalen Forschungsprogramms zur Wetterbeeinflussung nahegelegt wurde.[137]

Auch Paul Crutzen schaltete sich wieder in die Debatte ein und entfesselte einen veritablen Sturm im Wasserglas, als er im August 2006 in einem Gastbeitrag für das Fachjournal *Climatic Change* zur Erforschung von sulfatischen Aerosolen im »Sub-Mikrometerbereich« aufforderte, welche in der Stratosphäre Sonnenlicht reflektieren und damit die Erde abkühlen sollten. Der ehemalige Direktor am Max-Planck-Institut für Chemie in Mainz ist davon überzeugt, dass das nötige Schwefeldioxid mit Höhenballons oder Artilleriegranaten in die Stratosphäre verbracht werden könnte. Die Kosten dafür belaufen sich seinen Schätzungen nach auf 25 bis 50 Milliarden Dollar pro Jahr – eine Summe, die seiner Meinung nach deutlich unter den jährlichen weltweiten Aufwendungen für Verteidigung liegt (1,5 Billionen Dollar im Jahr 2009[138]). Die winzigen, lichtreflektierenden Partikel dürften im Mittel etwa für zwei Jahre in der Stratosphäre verweilen. Crutzen räumt bereitwillig ein, dass ein solcher Plan mit hohen Risiken behaftet ist und fordert, dass er nur umgesetzt werden darf, wenn alle anderen Ansätze scheitern. Er fügt allerdings an, schon jetzt seien offensichtlich alle politischen Ansätze für die Suche nach anderen Lösungen gescheitert.

Auch mögliche Gesundheitsrisiken hat Crutzen eingeräumt. Was hinaufgeht, kommt auch heutzutage (normalerweise) wieder herunter – selbst Teilchen im Nanometerbereich. Ob Silberjodid, Schwefeldioxid oder Natriumchlorid (Salz) – alles, was tonnenweise und stetig in die Stratosphäre hinaufgejagt werden müsste, wird irgendwann wieder zur Erde fallen. Die Fragen nach den Auswirkungen künstlicher Nanopartikel auf Gesundheit und Umwelt sind noch immer nicht geklärt. Der Weltgesundheitsorganisation zufolge sterben Jahr für Jahr 2,5 Millionen Menschen an den Folgen der Luftverschmutzung.[139] Eingriffe in der Stratosphäre erleichtern es der Industrie einerseits, ihre luftverschmutzende Wirtschaftsweise beizubehalten, andererseits verschlimmern sie das Problem, da die Atmosphäre mit voller Absicht noch stärker mit Partikeln belastet wird.

Crutzen galt anfangs wegen seiner in zahlreichen Interviews und Fachartikeln geäußerten Ansichten selbst unter Fachkollegen als äußerst umstritten. Trotzdem gewann er schon früh den Präsidenten der National Academy of Sciences der USA als Verbündeten. »Wir sollten diese Ideen wie normale Forschungsergebnisse behandeln und uns darauf einrichten, dass wir sie ernst nehmen müssen«, äußerte Ralph J. Cicerone Mitte 2006 gegenüber der *New York Times*.[140] Im selben Jahr hatte der Atmosphärenchemiker Cicerone bereits den anerkannten Astronomen der Universität von Arizona Roger P. Angel zu einem Vortrag beim Jahrestreffen der Akademie eingeladen. Dr. Angel plant, Billionen kleiner Linsen – jede etwa 60 Zentimeter breit, aber nanometerdünn – in den Orbit zu bringen, wo sie das Sonnenlicht ablenken sollen.[141]

Angesichts Cicerones Unterstützung, des Artikels des Akademiepräsidenten und natürlich Crutzens Gastbeitrags war es mit einem Mal politisch korrekt, Geo-Engineering als seriöse Antwort auf den Klimawandel zu erwägen. Die *New York Times* nannte diesen Sinneswandel eine »Kehrtwende ersten Ranges«.[142] Anfang 2009 war die Katze endgültig aus dem Sack, und Geo-Engineering stürmte die Unterhaltungsmedien. Gleich zu Beginn der neuen Administration machte Barack Obamas Wissenschaftsberater vage Andeutungen und zierte sich in Interviews, Geo-Engineering als Plan B für den Fall eines Scheiterns der Klimaverhandlungen rundheraus auszuschließen. Am 1. September 2009 – drei Monate vor der verhängnisvollen (und schlecht vorbereiteten) Kopenhagener Klimakonferenz – veröffentlichte die Royal Society in England einen eigenen Bericht, in dem die Förderung von Geo-Engineering-Experimenten vorsichtig gutgeheißen wurde. Die Studie wurde vorgestellt von keinem anderen als Lord Martin Rees, dem Präsidenten der Royal Society und demselben Mann, der gewettet hatte, dass noch vor 2020 eine Million Menschen an den Folgen neuer Technologien sterben werden (und damit den Gewinn seiner Wette sicher machte?). Für den historischen Touch kündigten die führenden Verfechter des Geo-Engineering für Ende März 2010 eine Konferenz zur Verabschiedung freiwilliger Richtlinien für die Durchführung von Geo-Engineering-Experimenten an. Als Versammlungsort wählten die Geo-Ingenieure den Ort, an dem schon 35 Jahre zuvor die Gentechniker ihre freiwilligen Richtlinien für die Biotechnologie verabschiedet hatten – Asilomar in Kalifornien.

(Ge)zeitenwechsel – von Schwefelvorhängen zu Eisenteppichen

China Sundown liegt sehr nahe an den Tatsachen. Zum einen liegen ernsthafte Vorschläge zur Umgestaltung der Stratosphäre auf dem Tisch und zum anderen denkt die Industrie über weitreichende Veränderungen der Meeresoberfläche nach. Seit 1993 sind mindestens ein Dutzend verschiedene öffentliche und/oder private Forschungsprogramme zur »Düngung« des Ozeans als Maßnahme gegen die globale Erwärmung dokumentiert. Weitere derartige Experimente befinden sich im Planungsstadium.

DÜNGUNG DER MEERE – WARUM GERADE EISEN? Gewisse Meeresregionen (insbesondere in der Nähe der Polarkreise) sind zwar reich an Nährstoffen, doch für reiches Planktonwachstum fehlt es an Eisen. Den zwei US-Regierungsbehörden NASA und NOAA zufolge, hat die Planktonproduktion im Pazifik seit den frühen Achtzigerjahren um 20 Prozent abgenommen, weltweit zwischen sechs und neun Prozent. Das Problem mit dem Plankton wurde 2005 zum Fernsehereignis, als nach einem Plankton-Massensterben entlang der nordamerikanischen Pazifikküste Zehntausende von Meerestieren verhungerten und an den Stränden angespült wurden.

Verfechter der Eisendüngung behaupten, schon allein die Steigerung der Planktonproduktion auf den Wert von 1980 würde jährlich zwei bis drei Milliarden Tonnen CO_2 zusätzlich aus dem System entfernen – etwa ein Drittel bis die Hälfte der globalen Emissionen aus Industrie und Verkehr.[143] Durch Addition von Eisen in Meeresgebieten mit hoher Nährstoff- aber niedriger Chlorophyllkonzentration (HNCL) erhoffen sich Wissenschaftler eine Steigerung der CO_2-Aufnahme durch Plankton. Letztlich soll das CO_2 nach Ansicht einiger Experten in Form abgestorbener Biomasse am Meeresboden landen, was der Atmosphäre Treibhausgase entziehen würde.

Die Nanobiotechnologie könnte (theoretisch) sowohl die Ozeandüngung als auch die Modifikation der Atmosphäre sehr vereinfachen. Erinnern wir uns: Ein Gramm Kohlenstoff im Nanoformat entspricht einer Fläche von bis zu einem Quadratkilometer. Mit 500 bis 600 Tonnen könnte man bei gleicher Dicke die gesamte Erde umhüllen.

Die »Jahre Viking«, eines der größten Schiffe der Welt, hat genügend Laderaum, um die Erde mit Nanopartikeln in einer Schichtdicke im Mikrometerbereich (also dem Tausendfachen) zu bedecken.[144] Noch wären derlei Unternehmungen unbezahlbar, aber nicht mehr allzu lange. Bei einigen aktuell geplanten Forschungsvorhaben werden Nanopartikel zum Einsatz kommen.

Nichts deutet auf ein Nachlassen der Begeisterung der OECD-Staaten für Meeresexperimente hin. Anfang 2009 verließ eine deutsch-indische Gemeinschaftsexpedition an Bord der mit Eisensulfatpartikeln beladenen »RV Polarstern« unter dem Codenamen LOHAFEX den Hafen von Kapstadt in Richtung der Schottischen See. Dies geschah in Missachtung eines (von der Zivilgesellschaft eingebrachten und heftig beworbenen) De facto-Moratoriums für Ozeandüngung, dem sich im Mai 2008 bei der UN-Biodiversitätskonvention 191 Staaten angeschlossen hatten. Auf nationalen und internationalen Druck hin präsentierten die Abenteurer eiligst eine Umweltverträglichkeitsstudie und verstreuten am Ende weniger Partikel als geplant, in einer Ozeanregion fern des anvisierten Gebiets. Später räumten die Wissenschaftler ein, dass sich ein Erfolg des Versuchs nicht hatte nachweisen lassen. Der Skandal um die Verletzung des Moratoriums führte gemeinsam mit dem Fehlschlagen des Experiments zu einer Verschärfung des Moratoriums.

KOHLENSTOFF-KUHANDEL: Nicht nur die Politik ist an einer Sequestrierung von CO_2 unter der Meeresoberfläche interessiert. Wenn man mit Eisenfeilspänen in großem Stil Kohlendioxid aus der Atmosphäre absaugen kann, dann können Emissionshändler damit auch Geld verdienen. Im Januar und noch einmal im Mai 1998 nahm ein Konsortium mit dem Namen »Ocean Farming Inc./GreenSea Ventures Inc.« den Golf von Mexiko ins Visier, um zu beweisen, dass sich Kohlendioxid gewinnbringend im Seemannsgrab versenken ließ.[145] Über die Ergebnisse der beiden Reisen ist bislang nichts bekannt.[146] In diesem Zusammenhang muss man auch Planktos erwähnen, ein Unternehmen, das Emissionsrechte zum Verkauf an CO_2-Produzenten durch Versenken von Treibhausgasen im Pazifik irgendwo südlich von Hawaii erwerben wollte. Das Unternehmen kündigte Versuche im Zentralpazifik auf einer Fläche von 11.000 Quadratkilometern für die Jahre 2007 bis 2009 an, erklärte aber im Februar 2008, die Pläne wegen einer »von Anti-Emissionshandel-Kreuzrittern angestrengten und äußerst wirkungsvollen Desinformationskampagne« auf unbestimmte Zeit zu verschieben. (Damit das klar ist: Bei »den Aktivisten« handelte es sich um Jim Thomas von ETC.) Im April 2008 ging Planktos in die Insolvenz, verkaufte das Schiff und entließ alle Angestellten; man »entschied, auf weitere Versuche zur Ozeandüngung zu verzichten« wegen »enormer Schwierigkeiten« bei der Kapitalbeschaffung aufgrund »weit verbreiteter Widerstände«.[147]

Wie Larry Lohmann von The Corner House in *Carbon Trading*[148] schildert, ist der Emissionshandel ein einträgliches Geschäft voller Tricks und Täuschung. Die Unterstützer der Eisendüngung gehen recht optimistisch von Einnahmen in Höhe von 75 Milliarden Dollar aus, bei angenommenen Kosten für die CO_2-Sequestrierung von 5 Dollar pro Tonne, denen Emissionshandel-Erlöse von ungefähr 25 Dollar pro Tonne gegenüberstehen.[149] Die Handelsunternehmen müssen das CO_2 dazu nur so lange von der Bildfläche verschwinden lassen, bis sie die eingegangenen Schecks eingelöst haben. Kommt das CO_2 nach einem oder nach fünf Jahren wieder zum Vorschein, dann wird sich schwerlich nachweisen lassen, aus welcher Quelle es stammt.

WIRBELSTURM-SAISON UND TECHNISCHE LÖSUNGEN DER ZUKUNFT: Als Hope Shand von ETC bei einer von Craig Venter organisierten Konferenz im Oktober 2005 Ari Patrinos, den Leiter der Abteilung für Bio- und Umweltforschung (das Programm zur Erforschung des Klimawandels eingeschlossen) des US-Energieministeriums, auf Ozeandüngungsexperimente ansprach, versicherte dieser, das Thema sei komplett vom Tisch. Der Öffentlichkeit, erklärte er, seien die möglichen Risiken bislang nicht zu vermitteln gewesen. (Wenige Monate später wechselte Patrinos die Arbeitsstelle und wurde Präsident von Craig Venters neu gegründeter Firma Synthetic Genomics.) Washington ist für diese enorme Durchlässigkeit zwischen Industrie und Politik – Drehtüreffekt genannt – inzwischen regelrecht berüchtigt. Mitte 2009 traf Kathy-Jo Wetter von ETC bei einer Geo-Engineering-Konferenz wieder mit Patrinos zusammen, wo der neue Präsident von Synthetic Genomics das Für und Wider künstlicher Algen und anderer Alternativen zur Ozeandüngung erörterte.

WANDEL IN DER SARGASSOSEE: Diese Art von Geo-Engineering ist nicht mehr in dem Maß Science Fiction, wie wir uns das wünschen. Die verheerenden Wirbelstürme der westlichen Hemisphäre entstehen, wenn im Mittelatlantik – der Sargassosee – die Wassertemperatur steigt. Diese Kalmenzone wird im Westen vom nordwärts strebenden, tropisch warmen Golfstrom eingerahmt, im Osten von südwärts gerichteten Kaltwassermassen arktischen Ursprungs. Der Name stammt von der in großen Massen an der Oberfläche treibenden Braunalge *Sargassum*, doch galt der Meeresteil bei Biologen immer als vergleichsweise lebensarm. Seine Rolle für die Kontrolle von Hurrikanen wie auch der globalen Erwärmung darf jedoch nicht unterschätzt werden.

So untersuchten Wissenschaftler im Jahr 1995 drei in der Sargassosee entstandene Wirbelstürme und stellten fest, dass die Oberflächentemperatur nach Abzug der Stürme um 4° Celsius gesunken war. Die Aufnahme von CO_2 in die Atmosphäre war dagegen auf das Anderthalbfache des Normalwerts angestiegen.

Mit finanzieller Unterstützung des US-Energieministeriums steuerte Craig Venter – der Mann, der Synthia erschaffen will – im Jahr 2004 seine 90-Fuß-Yacht *Sorcerer II* auf der Suche nach oberflächennah lebenden Mikroorganismen in die Sargassosee. Von diesen erhoffte er sich neuartige Gene für die Verbesserung der Fotosynthese. Monate später erklärte er auf einer Pressekonferenz, er habe 1.800 neue Mikroorganismen und mindestens 1,2 Millionen neue Gene entdeckt, darunter auch Fotosynthesegene, die einen großen Einfluss auf den Klimawandel haben könnten.[150]

In *China Sundown* werden von einer Forschungsdschunke aus gesammelte Mikroben für die biosynthetische Erschaffung neuartiger Meeresorganismen verwendet, die Kohlendioxid binden und den Ozean kühlen sollen. Es wird angedeutet, dass der modifizierte Einzeller SAR11 aus seiner ökologischen Nische ausbricht und weltweit die Meere kontaminiert.

SAR11 (Pelagibacter ubique) existiert in allen Weltmeeren in mehreren Varianten, doch keine ist bislang genetisch modifiziert worden, und es deutet auch nichts darauf hin, dass SAR11 wegen seiner enormen Fähigkeiten beim »Wegschlürfen« von CO_2 bereits ins Fadenkreuz der Biosyntheseforschung geraten ist. Ein solches Unternehmen wäre auch ausgesprochen gefährlich. Angesichts der zweifelhaften Erfahrungen mit Eisenfeilspänen und der Gefahr der unkontrollierten Ausbreitung künstlicher Algenblüten könnten verzweifelte Regierungen trotzdem versucht sein, statt Eisen lebende Organismen einzusetzen, deren Verbreitung unter normalen Umständen durch Temperatur und Tageslänge limitiert ist.

Andere Entwicklungen stehen damit möglicherweise in Verbindung. Im Januar 2006 peitschten der US-Senat und das Repräsentantenhaus einen Gesetzesantrag für die Einrichtung einer Koordinierungsstelle für die Erforschung und Regulierung von »Wettermodifikationen« (§ 517) förmlich durch den Gesetzgebungsprozess. Eingebracht hatte ihn der republikanische Senator Kay Hutchinson aus George W. Bushs Heimatstaat Texas, und die Regelung sollte eigentlich vor der Wirbelsturmsaison 2006 in Kraft treten.[151] Man war von der Unterstützung des Präsidenten ausgegangen, doch äußerte der wissenschaftliche Berater des Weißen Hauses Bedenken, weil Verfahren zur Veränderung des US-Klimas zwangsläufig auch das Klima im Rest der Welt beeinflussen mussten.[152] So etwas konnte peinlich werden!

Im April 2006 veranstaltete die National Science Foundation in Pensacola im Bundesstaat Florida ihren dritten Hurricane Science and Engineering Task Force Workshop (deutsch etwa: Workshop der Einsatzgruppe für Wirbelsturmforschung und -steuerung). Nach Aussage des Mitvorsitzenden Kelvin Droegemeier – einem Meteorologen der Universität von Oklahoma – zählte auch die Erzeugung eines biologischen Films zur Ablenkung von Wirbelstürmen zu den erörterten Möglichkeiten.[153] Ende 2006 berichtete Associated Press, die NASA halte an der amerikanischen Westküste eine geheime Konferenz ab, auf der verschiedene Möglichkeiten für Geo-Engineering – darunter ein Dunstschleier in der Stratosphäre – durchgesprochen würden.[154] Und mit einem Mal scheint *China Sundown* gar nicht mehr so sehr danebenzu liegen.

SALOMONISCHE SOMMER: Dass Eingriffe ins Klima auch politisch und ethisch gewaltige Auswirkungen haben, muss nicht extra betont werden. In einem Interview mit dem *Boston Globe* fragte der Direktor des Labors für geochemische Ozeanografie von der Universität Harvard, Daniel Schrag:»Nehmen wir an, wir könnten Hurrikane steuern, aber das Ablenken würde uns einen außergewöhnlich heißen Tag in Afrika kosten, bei dem die gesamte Ernte verbrennt.« Er fuhr fort:»Oder sagen wir, wir hätten einen Spiegel im All … und vor zwei Jahren hatten wir hier diesen schrecklich kalten Sommer, und Europa ächzte unter einer Hitzewelle. Wer darf dann am Spiegel drehen?«[155]

DIE CHANCE VON KOPENHAGEN: Zu den letzten öffentlichen Veranstaltungen am Ende der Kopenhagener Klimakonferenz zählte eine Versammlung von Geo-Ingenieuren, die den Medien ihre eigenen Vorstellungen vom weiteren Weg präsentierten. Für ETC waren Silvia Ribeiro und Diana Bronson dabei und waren angesichts der zur Schau getragenen guten Laune der Wissenschaftler regelrecht schockiert. Die hatten genau das bekommen, was sie wollten. Der Abbruch der Verhandlungen war ihrer Ansicht nach der Beweis dafür, dass sich ein multilateraler Plan zur Abwendung des Klimawandels (insbesondere unter der Ägide der UNO) einfach nicht durchsetzen ließ. Man brachte den Norden und den Süden einfach nicht ins selbe Boot. Plan B war die einzige realistische Perspektive.

Aus der Sicht reicher Länder (oder Unternehmen) erscheint Geo-Engineering einfach perfekt. Es ist machbar. Es ist (relativ) billig. Und so sehr ernst zu nehmende Wissenschaftler das Gegenteil behaupten, erlaubt es der Industrie, die Finanzminister davon zu überzeugen, dass ein Umbau unserer Wirtschaft und Produktionsweise nicht nötig ist. So dürfen Wissenschaftler und wissenschaftsbasierte Industriezweige auf Fördermittel, günstige Forschungskredite und anderweitige staatliche Unterstützung rechnen. Den Politikern verschafft Geo-Engineering zumindest Zeit, vielleicht aber auch Wahlsiege.

Mit Abstand am wichtigsten ist aber: Geo-Engineering braucht keinerlei internationale Übereinkunft. Länder, Unternehmen, ja sogar superreiche Geopiraten können es auf eigene Faust durchziehen. Eine bescheidene »Koalition der Willigen« genügt vollauf, und eine Handvoll Akteure kann den Planeten nach Belieben umbauen. Damit wir es nicht vergessen: Während des Kalten Krieges führten die USA, die UdSSR, England, Frankreich und später auch China Tausende von Atomtests durch – über wie unter der Erde und trotz der zu erwartenden Auswirkungen auf Gesundheit und Umwelt weltweit. Niemand wurde um Erlaubnis gefragt. Wenn wir uns nun auf die Punkte zubewegen, an denen das Weltklima »abkippen« kann, werden sie da wirklich vor einseitigen Entscheidungen zurückschrecken? Wenn man auf der Nordhalbkugel von Schiffen aus oder mit Artilleriegeschützen Sulfate in den Himmel schießt, dann könnte das nicht nur die Temperaturen im Norden senken, sondern auch das Ausgasen von Methan aus dem arktischen Permafrost bremsen. Leider könnte sich dadurch aber auch der Monsun in Asien verlagern oder verspäten, was auf dem Indischen Subkontinent und möglicherweise auch in der Sahelzone in Afrika zu Dürre und Hungersnöten führen würde. Doch selbst unter dieser dunklen Wolke zeigt sich ein Silberstreif am Horizont – in Form von Staub, der dann aus der verdorrten afrikanischen Steppe vermehrt in die Sargassosee geweht würde, wo er als Dünger zur Senkung der Wassertemperatur und einer Verringerung des Hurrikanrisikos in Florida beitragen könnte. So haben alle Seiten etwas davon … na ja, fast.

Sehen wir das zu zynisch? Gibt es historische Beispiele für Regierungen, die besser mit Krisen umgegangen sind? Soll der Süden den Ländern und Unternehmen, die den Klimawandel überhaupt erst ausgelöst haben, wirklich den Thermostat überlassen, damit sie die Erde so einstellen, dass sich darauf halbwegs sicher und angenehm leben lässt? Der Süden trägt eindeutig den größeren Teil des Risikos. Deshalb hat der Norden kein Recht zum Eingreifen.

WIE GEHT'S WEITER MIT DER UMWELT?

Überblick über sechzig Jahre (1975–2005–2035):

- Im Jahr 1975 wurde zur Verhinderung von »Biopiraterie« CITES (Übereinkommen über den internationalen Handel mit gefährdeten Arten) verabschiedet. Bei der UN-Biodiversitätskonferenz 2005 galten zwei Drittel der wichtigen Ökosysteme als gefährdet und der Artenschwund hatte sich beschleunigt. Im Jahr 2035 wird man uns versichern, Vielfalt sei nicht mehr nötig, da sie bei Bedarf erzeugt werden kann.
- Im Jahr 1975 warnte die CIA vor »globaler Abkühlung« und britische Wissenschaftler entdeckten das Ozonloch über der Antarktis.[156/157] Im Jahr 2005 räumten die G8 ein, dass die Erwärmung vom Menschen verursacht ist, was sich seither auch im Bewusstsein der Allgemeinheit festgesetzt hat. Im Jahr

2035 werden drei Viertel der küstennah lebenden Weltbevölkerung ständig von Stürmen und Meeresspiegelanstieg bedroht sein.

- Im Jahr 1975 forderten Pflanzengenetiker Mittel für die Aufbewahrung verschwindender Nutzpflanzensorten in Genbanken. Im Jahr 2005 schlugen Biosyntheseforscher eine digitale DNA-Datenbank für die elektronische Speicherung der Genome aller Organismen für den Bedarfsfall vor. Im Jahr 2035 ist aus diesem Bedarf blanke Not geworden.
- Im Jahr 1975 nahm die Atmosphäre CO_2 in einer Konzentration von 320 ppm (Teile pro Million) auf. Im Jahr 2005 betrug der Wert schon 380 ppm. Bis 2035 wird die Erde mit 450 ppm CO_2 fertig werden müssen.

Vorgehen:

- KLIMA: Industrie und Wirtschaft gehen nicht an die wahren Ursachen des Klimawandels heran und schaffen sich so die Möglichkeit, CO_2-Sequestrierung, Emissionshandel und Geo-Engineering zu verordnen. Die Zivilgesellschaftsorganisationen müssen sich den politischen Bestrebungen hin zu Atomenergie und Geo-Engineering durch Reduzierung des Konsums widersetzen und das Ganze wieder als Frage der sozialen Gerechtigkeit thematisieren.
- CHEMIKALIEN: Die kombinierten Folgen der chemischen Revolution des 20. Jahrhunderts und der neuen Nanopartikelrevolution beschleunigen die Zerstörung der Umwelt und ruinieren unsere Gesundheit. Die NGOs müssen sich mit beiden Problemen auseinandersetzen.
- SCHRANKEN: Das Zusammenwirken von internationalem Verkehr und Klimawandel verändert Ökosysteme und begünstigt durch verstärkte Vermischung und Mutation die Entstehung neuer Krankheitserreger. Die NGOs müssen unter medizinischem Vorwand verhängte Handels- und Immigrationsbeschränkungen, wie sie von der Politik toleriert werden, bekämpfen. In die Entwicklung leistungssteigernder Medikamente zur Anpassung an den Klimawandel dürfen keine öffentlichen Fördermittel fließen.
- DÜNKEL: Emissionsausgleich, Biosprit-Plantagen und Geo-Engineering zerstören die Artenvielfalt und entziehen marginalisierten Völkern die Basis für Nahrungserzeugung und traditionelle Medizin. Politik und auch NGOs dürfen die globalen Probleme nicht ausschließlich auf den Klimawandel reduzieren.

Was nun?

- WIDERSTAND: Entwickeln wir eine Strategie für die Technküberwachung – lokal bis global.

Kurswechsel:
Wie sehen die Zukunfts-
optionen aus?

Die düsteren Trends, die in der *China Sundown*-»Weiter so«-Story beschrieben werden, sollten uns nicht jede Zukunftshoffnung nehmen. Im Gegenteil: Die Menschen haben sich stets gewehrt, wenn sie ihre grundlegenden Werte und ihre nackte Existenz bedroht sahen. Die Menschen haben den Kurs gewechselt, Kontrapunkte gesetzt, den Mainstream in neue Bahnen gelenkt und gesellschaftliche Normen neu definiert. Soziale Bewegungen bildeten in den vergangenen Jahrhunderten das Rückgrat aller bedeutenden gesellschaftlichen Errungenschaften. Die Macht und das Potenzial einer fortschrittlichen und gut organisierten Zivilgesellschaft sollten nicht unterschätzt werden. Aber die Menschen brauchen ein umfassendes Bild der Lage, um rechtzeitig reagieren zu können. Das ist unser aller Aufgabe.

Die alternativen Geschichten zur Zukunft führen uns in die Schweiz, nach Zimbabwe, Bolivien und Schweden und eröffnen uns die Perspektive – und die zunehmende Kreativität der Sozialforen zeigt und bekräftigt das –, dass anständige Menschen von solchen Orten aus (für die einen ist es die Heimat, für die anderen die Peripherie) bei der Schaffung einer besseren Welt zusammenarbeiten können.

Aber es gibt keine Patentlösungen. Wir finden nicht alle plötzlich zur höheren Einsicht. Wir erkennen nicht alle plötzlich, dass wir einander lieben und zusammenarbeiten müssen. Kein großer Anführer macht aus uns eine unbezähmbare Streitmacht für das Gute, und unsere Feinde, ihrer Habgier verfallen, zerstören sich nicht selbst. Eine große Schwäche der folgenden Geschichten ist vielleicht, dass sie nur drei allgemeine Trends und Strategien benennen. Ich bin nicht so vorgegangen, weil es nicht mehr zu beschreiben gibt. Vielmehr ist dies als Einladung gedacht, weitere Geschichten hinzuzufügen und sie besser und kreativer zu gestalten.

Auf alle Fälle nenne ich hier meine drei »Grundmuster« für künftigen Wandel, die mich geleitet haben, als ich diese drei Geschichten entwickelte:

RECHTE: Wir vergessen, dass wir das Recht haben, »Nein« zu sagen. Die Zivilgesellschaft muss von der Befugnis Gebrauch machen, Mächte, Verfahrensweisen oder Technologien abzulehnen, die die Zivilisation gefährden.

WIDERSTAND: Wir können unsere bescheidenen Ressourcen für wirksamen Widerstand nutzen und gewaltige Hindernisse überwinden, indem wir in unseren Gemeinschaften hochgradig dezentralisiert, aber gut vernetzt arbeiten und dabei langfristige und komplexe Strategien entwickeln.

ZÄHIGKEIT UND UNVERWÜSTLICHKEIT: Die Geschichte zeigt uns, dass die großen Veränderungen nicht vom Zentrum, sondern von der Peripherie ausgehen. Wir müssen uns bei unserer Arbeit darauf konzentrieren, die Zähigkeit der physischen und kulturellen Gemeinschaften zu stärken, die »weit draußen« leben – in großer Distanz zu den Zentren der Macht.

All das »Wenn« und »Aber«, das Sie bis hierher gelesen haben, sollte jedoch nicht von meiner persönlichen und gänzlich unverblümten Überzeugung ablenken, dass sich die Dinge in den nächsten dreißig Jahren in nahezu allen Lebensbereichen und praktisch überall auf dem Planeten höchstwahrscheinlich zum Schlechteren wenden werden.

Von einem solchem Trend ausgehend, sollten wir vorausschauend planen. Alles andere käme einer Vorbereitung auf strategisch-organisatorische Irrtümer gleich. Wir werden alle auf etwas Besseres hoffen – und dafür auch planen – und unsere eigenen Erwartungen widerlegen wollen. Wir werden alle mit unserer eigenen Auffassung von »Business as usual« fortfahren wollen, in dem Glauben, dass das, was wir tun, der beste Ausweg aus dem Schlamassel ist, in dem wir gegenwärtig noch stecken.

Zumindest einige von uns liegen in dieser Hinsicht nicht richtig. Wenn wir den Trend – und sei es nur ganz allmählich – umkehren und die nächsten dreißig Jahre überleben werden, um in ganz kleinen Schritten an einer besseren Welt arbeiten zu können, müssen wir einige harte Entscheidungen treffen, auf ein paar Dinge verzichten, uns neu organisieren, ein bisschen weniger romantisch und dafür etwas realistischer sein und nicht alles glauben, was wir unseren Geldgebern, Anhängern oder Familien erzählen. Es sind noch ein paar »Was-wäre-wenn«-Fragen zu klären, die uns Hoffnung machen, aber nicht, wenn die Organisationen der Zivilgesellschaft sich weiterhin an unserem eigenen, bewährt mittelmäßigen Trend orientieren.

Die folgenden fiktionalen Geschichten sollen also mögliche Alternativen aufzeigen. Wir werden in ihnen erneut auf alte Bekannte aus *China Sundown* treffen, aber auch interessante neue Akteure kennenlernen. Ähnliche Geschehnisse wie in *China Sundown* folgen dabei keineswegs derselben Zeitlinie. Auch einige historische Fakten fallen hier der künstlerischen Freiheit zum Opfer – wir wollen schließlich nicht die aktuell noch amtierende General-Direktorin der WHO von ihrem Thron stürzen (um nur ein Beispiel zu nennen) ...

Kurs Nr. 1: Politik
Auf dem Berggipfel Wache halten

Im Dezember 2035 durchquerte Anita Krishna im Flughafen Stockholm-Arlanda missmutig den Terminal 5, der schon bessere Tage gesehen hatte. Mit ihrem Magen stimmte etwas nicht. Zu ihrer Bestürzung war ihr ein bisschen schwindlig. Sie dachte, dass das vielleicht das angenehme Gefühl der Schwerelosigkeit war, das sich kurz vor der Landung einstellen könnte, nachdem man von einer Felskante gesprungen war. Lief alles zu gut für sie? Legte sie zu viel Augenmerk auf kleine Siege und verlor dabei das große Ganze aus dem Blick?

Nach dreißig Jahren, in denen es nur wenige Augenblicke des Feierns gegeben hatte, sollte sie nicht überrascht sein, wenn ihr Magen an Optimismus nicht gewöhnt war, aber dieser Zustand machte sie nervös. Summierten sich diese kleinen Erfolge? War die Summe der Teile größer als das Ganze?

Am Ende des Korridors entdeckte sie ihren Beiratsvorsitzenden. Er trug sein Yoruba-Gewand und schien die Kälte bereits zu spüren. Anita umarmte ihn herzlich, und Arm in Arm fuhren sie mit der Rolltreppe zur Gepäckausgabe. Wenn sie den Stockholmer Winter und die Feierlichkeiten aushielt, ohne dass ihr Magen – oder die Haut ihres Vorsitzenden – ruiniert wurde, würde noch genug Zeit sein, all dies gemeinsam mit alten Freunden zu analysieren.

2005: Die Entstehung von WHO Watch, darauf verwies Anita Krishna in späteren Jahren immer wieder, ging auf die People's Health Assembly 2005 in Ecuador zurück. Dort hatten sich in Cuenca im Hochland über 1.300 Personen zur zweiten internationalen Konferenz der Gesundheitsbasisbewegungen, der People's Health Assembly (PHA2) eingefunden. Die Bewegung hatte das Ziel, Gesundheit für alle als grundlegendes Menschenrecht zu verankern, sich zu vernetzen und gegenseitig zu stärken.

Es war Anitas erste Auslandsreise überhaupt gewesen, erstmals hatte sie Indien verlassen, und der anhaltende Schock und Nervenkitzel, der sich mit diesem Aufenthalt in Lateinamerika verband, trübte ihre Erinnerung vielleicht mit zu vielen ersten Eindrücken. Sie gehörte zu den wenigen Mitgliedern des asiatischen Kontingents, die ihre Freizeit ganz bewusst mit einer riesigen Latino-Gruppe verbrachten. Dabei erprobte Anita ihr Spanisch, das sie sich auf dem langen Flug von Delhi über Frankfurt und Caracas bis zum Ziel Quito durch ein intensives CD-Studium angeeignet hatte.

Auch wenn sich in den Konferenzunterlagen der Health Assembly keinerlei Beleg für Anitas Behauptung über die Entstehung von WHO Watch fand, hatte die winzig kleine, begeisterungsfähige, junge indische Krankenschwester, die sich zu einer internationalen Aktivistin entwickelte, damit in gewisser Weise Recht. Bei der Health Assembly begegnete sie zum ersten Mal Marta Flores aus Bolivien und Pancho Tomas, der eine chilenische Bauerngemeinden-NGO vertrat.

Marta und Pancho stammten zwar beide aus bäuerlichen Gemeinden, aber Pancho arbeitete mit Mapuche-Indianern, die im stadtnahen Einzugsbereich von Temuco in den Bergen lebten. Er hatte eine nicht näher bezeichnete berufliche Qualifikation im Bereich der Gesundheitsverwaltung. Marta hatte offensichtlich an Kursen teilgenommen, die Pancho und seine Kollegen in Temuco abhielten, und versuchte ihre eigenen Interessen im Bereich der Landwirtschaft und der Gesundheitsfürsorge mit ihrer Arbeit im Altiplano zu verbinden.

Bei der People's Health Assembly lernte Anita auch Marcolino di Gaspar kennen. Marcolino war ein schüchterner, fast gänzlich unauffälliger Mann – solange man ihn nicht auf eine Bühne stellte und ihm ein Mikrofon gab. In einer solchen Umgebung blühte er auf. Anita sah, warum er auf die brasilianische Gesundheitsbewegung so anregend wirkte und warum die Gemeinden, mit denen er im Nordosten Brasiliens zusammenarbeitete, in Nord- und Südamerika gleichermaßen zu einem Modellfall für die öffentliche Gesundheitsfürsorge geworden waren. Er legte sich regelmäßig mit der Pharmaindustrie und der konservativen Fraktion in der Panamerikanischen Gesundheitsorganisation (PAHO) an – die er beide routinemäßig blamierte – und ging aus solchen Konflikten auch häufig als Sieger hervor.

Eine der Sitzungen bei der People's Health Assembly war als eine Art Einführung in die internationale Institutionenkunde des weltweiten Gesundheitsfürsorge-Systems gedacht. Anita, der dies alles neu war, hörte sehr genau zu. Nach ihrem bisherigen Verständnis war die WHO in Gesundheitsfragen die zwischenstaatlich agierende Spitzenbehörde. Die NGOs und sozialen Bewegungen bei dieser Konferenz schienen der WHO jedoch seltsamerweise nur sehr wenig Respekt entgegenzubringen, und viele Delegierte taten sie einfach als unwichtig ab. Bei dieser Sitzung wurde auch tatsächlich mehr Zeit für eine Diskussion der Struktur des Oligopols der pharmazeutischen Industrie verwendet als für die WHO.

Während der gemeinsam verbrachten freien Zeit, bei der Pancho für Marta und Anita übersetzte und dolmetschte, ging der indischen Krankenschwester allmählich auf, dass die großen Arzneimittelunternehmen die Ärzteschaft dominierten und dass sich die Unternehmen des medizinischen Establishments bedienten, um die nationale Gesundheitspolitik der einzelnen Staaten und die Arbeit der WHO zu bestimmen. Zu Anitas Verdruss hatten weder Pancho noch Marta ein besonderes Interesse am Treiben der weit entfernten Genfer Behörde.

Anita bekam aber auch mit, dass die Gesundheitsbewegung in Brasilien eine etwas andere Einstellung zur WHO hatte. Die brasilianische Bewegung, die es mit einer in gewisser Hinsicht flexibleren Regierung zu tun hatte, war inzwischen groß und einflussreich genug, um besonders in den Kleinstädten und kleineren Großstädten eine gewisse Macht auszuüben. Ihr umfassendes Verständnis von öffentlicher Gesundheitsfürsorge und ihre besondere Betonung preisgünstiger medizinischer Versorgung waren für die unter chronischem Geldmangel leidenden Kommunen attraktiv. Die Regierung in Brasilia lud gelegentlich Mitglieder der Bewegung ein, in der nationalen WHO-Delegation mitzuwirken. Die Auserwählten kehrten zwar meist mit Schauergeschichten über die Absurdität und Realitätsferne der Tagungen zurück, aber oft brachten sie auch wichtige Informationen, Dokumente und strategisch bedeutsame Ideen mit, die für die weitere Arbeit im eigenen Land hilfreich waren.

2007: Im darauf folgenden Jahr wurde Anita eingeladen, als Mitglied des Beobachterteams der People's Health Assembly an der WHO-Jahreskonferenz teilzunehmen. Der Koordinator der PHA in Brasilien hatte Anita, beeindruckt von ihrem lebhaften Auftreten, für diese Aufgabe empfohlen. Sie zeigte sofort großes Interesse daran, ungeachtet ihrer Erfahrungen in Ecuador.

Bis dahin war ihr einziger Aufenthalt in Europa der siebenstündige Zwischenstopp in Frankfurt gewesen, wo sie von Sicherheits- und Einwanderungsbeamten schikaniert worden war. Sie stammte aus dem flachen Zwischenstromland von Neu-Delhi, und nahezu ihr gesamtes Wissen über die Schweiz verdankte sie den Heften der Zeitschrift *National Geographic*, die ihre Schulbibliothek einmal als Geschenk erhalten hatte. Es kostete sie einige Mühe, ihre Aufgaben in dem öffentlichen Krankenhaus, in dem sie arbeitete, auf Kollegen zu übertragen, aber zu guter Letzt saß sie im Flugzeug nach Genf.

Das Konferenzgeschehen des Jahres 2007 verfolgte sie mit Begeisterung, den offiziellen wie auch den inoffiziellen Teil. Sie war als Tochter eines Kommunalpolitikers in einem Land mit einer äußerst komplexen soziopolitischen Kultur und in einer Familie aufgewachsen, in der Machtspiele, Absprachen im Hinterzimmer und politische Selbstdarstellung ein fester

Bestandteil des Alltags waren. Wenn man die Verfahrensregeln der Vereinten Nationen und deren Vorliebe für Pomp und Zeremoniell erst einmal verstanden hatte, unterschied sich das nicht besonders von dem, was sie von zu Hause gewohnt war, lautete ihre Schlussfolgerung.

Der Zorn ihrer Delegationskollegen auf die Arbeitsweise der WHO, der bei den abendlichen Versammlungen in der Bar regelmäßig durchbrach, überraschte sie, aber sie empfand ihn als naiv. Sie erwartete von den Mächtigen nicht, dass sie sich fair oder mitfühlend verhielten. Unwillkürlich genoss sie dieses Spiel ebenso wie die Möglichkeit, Dinge in Bewegung zu bringen. Auf dem Heimflug nach Delhi analysierte sie die verschiedenen Bündnisse, Querverbindungen, Streitpunkte und Unterströmungen und musste sich selbst eingestehen, dass sie noch nie so viel Spaß gehabt hatte.

Anita nahm ab jetzt regelmäßig an WHO-Jahresgesundheitsversammlungen teil. Sie verstand sehr schnell, wie die WHO funktionierte, und entwickelte ein gutes Verständnis der Arbeitsweise der UN und des multilateralen Systems (oder dessen Scheitern, wie ihre Kollegen immer wieder hervorhoben). Ebenso schnell registrierte sie, wie die internationalen Organisationen der Zivilgesellschaft auf diesem Gebiet agierten.

2009: Bei der Weltgesundheitsversammlung des Jahres 2009 kam ihr erstmals die Idee zu WHO Watch. Schon immer hatte sie die Enthüllungsjournalisten in Indien bewundert, die die Korruption der Regierung anprangerten. Ebenso schätzte sie die wenigen Mitarbeiter in der Verwaltung, die zu diesem Thema Alarm geschlagen hatten, und die Aktivisten, die die richtigen Informationen gesammelt hatten, um Bürokraten durch die Anprangerung politischer Verstöße in die Schranken weisen zu können.

Wie wäre es, wenn wir eine »Wachhund«-Organisation gründeten?, dachte sie. Eine »Überwachung« der WHO würde natürlich auch bedeuten, dass man den schwer durchschaubaren Verstrickungen der großen Pharmakonzerne mit den Regierungen und dem gesamten öffentlichen Sektor nachging. Kontaktfreudig, wie sie war, gab Anita ihre Idee und die Organisationsstruktur, die ihr für WHO Watch vorschwebte, sofort per E-Mail und Skype an einige treue Freunde in Indien und im Ausland weiter.

Sie erhielt positive Reaktionen. Ihre Freunde waren nicht nur der Ansicht, dass sie diese Sache auf den Weg bringen könnte – sie wollten aktiv mithelfen.

GENF 2010: Anita nutzte ihre Teilnahme an der WHO-Versammlung in diesem Jahr strategisch zur Ermittlung von Verbündeten und potenziellen Gegnern, die jeweils innerhalb wie außerhalb des Systems tätig waren. Noch vor Jahresende war sie wieder in Europa – dieses Mal in Deutschland –, sprach mit Vertretern deutscher Stiftungen und kirchlicher Einrichtungen und brachte dabei die Idee zu WHO Watch ins Gespräch. Sie kaufte sich für ein Vortragshonorar in Stuttgart einen Eurail-Pass, der ihr eine 15-tägige Blitztournee durch Deutschland, die Schweiz und Holland ermöglichte. Anita erwies sich, sehr zu ihrer Befriedigung – und kaum überraschend –, als äußerst überzeugende Sprecherin für die WHO-Watch-Idee.

Sie war außerdem sprachbegabt, verwandelte ihre Spanisch-Grundkenntnisse in ein wirkungsvolles Kommunikationsmittel und arbeite bereits in ähnlicher Weise an ihrem Französisch.

Für Suyuan Wu war 2005 das entscheidende Jahr gewesen – für Anita Krishna kam der entscheidende Einschnitt 2010, als sich zeigte, dass die Nahrungsmittelkrise von Dauer sein würde und die Energiekrise sich in eine Landnahme verwandelte, bei der Afrikas beste Böden zum Zielgebiet wurden. Außerdem wurde aus der 2007 einsetzenden weltweiten Finanzkrise Ende 2008 zunächst eine ausgewachsene Rezession, die sich 2009 zur umfassenden Weltwirtschaftskrise verschärfte, bei der es 2010 nur zu einer leichten – und selektiven – Erholung kam. Die weltweiten, nahezu panischen Sorgen wegen der Klimaerwärmung, die die Politik von 2005 bis Anfang 2008 so stark in Anspruch genommen hatten, verschwanden unter der Last der Wirtschaftskrise aus dem Rampenlicht.

Die kurze Euphorie, die Ende 2008 auf die Wahl von Barack Obama folgte, ließ während seiner ersten Amtsjahre langsam nach. Die Rätsel, die die vielfältigen Krisen der Weltgemeinschaft aufgaben und die den Neoliberalismus eigentlich zum allgemeinen Gespött hätten machen sollen, wischten stattdessen die Klimaerwärmung und die Nahrungsmittelkrise als unbequeme Wahrheiten beiseite, mit denen man sich noch zu einem anderen Zeitpunkt beschäftigen konnte. Anfang 2010 gaben die Banker, die noch zwei Jahre zuvor so demütig gewirkt hatten, bereits wieder den Ton an. Das war keine gute Zeit für irgendetwas Neues und vielleicht der allerschlechteste Zeitpunkt für die Gründung einer engagierten Dachorganisation wie WHO Watch. Anita schaffte es dennoch.

2011: Anita zog nach Genf um, und ihre Wohnung diente zugleich als Büro von WHO Watch. Zur gleichen Zeit wütete in Europa und Nordamerika eine Hitzewelle, die in einigen wichtigen Städten für Spannungsabfälle und totale Stromausfälle sorgte. Selbst in Genf, wo es durch die Nähe zu den Alpen und die vom See her wehenden Winde normalerweise etwas kühler war, wurde die Hitze fast unerträglich. Anita, die in Neu-Delhi aufgewachsen war, überstand die brutale Sommerhitze allerdings besser als die meisten ihrer neuen Mitbürger.

Sie hatte viel zu tun. Die erste Aufgabe der einzigen Mitarbeiterin des im Aufbau befindlichen WHO Watch war, Verbindungen zu anderen Netzwerken zu knüpfen. Ein Teil ihrer Strategie bestand darin, über die Kreise hinauszugelangen, die sie bereits kannte.

Deshalb nahm sie an der NGO-Strategietagung für die in diesem Jahr noch anstehende Klimakonferenz teil. Über Umweltorganisationen wusste sie bisher nur wenig, aber es war ihr bekannt, dass bei dieser Konferenz neben anderen Themen auch die Vorzüge neuer Atomkraftwerke als Lieferanten »sauberer Energie« zum Schutz vor dem Klimawandel diskutiert werden sollten. Sie war gegen Atomenergie, die in Indien starke Befürworter hatte, und wollte mehr über dieses Thema wissen. Sie wusste, dass die Weltgesundheitsversammlung in den 1990er-Jahren die großen Atommächte herausgefordert hatte, indem sie das Problem der Sicherheit von Atomkraft vor den Internationalen Gerichtshof in Den Haag brachte.

Für Anita verstand es sich von selbst, dass Atomtests die Gesundheit der Menschen gefährdeten, aber die Atommächte brachten andere Argumente vor. Das Gericht bestätigte in einer wegweisenden politischen Entscheidung die Rechtsauffassung der WHO und brachte die Großmächte damit in enorme Verlegenheit. Das war vielleicht nur ein großer Medien-Erfolg, aber dieses Urteil gab der Friedensbewegung weltweit Auftrieb. Anita war auf der Suche nach weiterer Munition für den Kampf gegen die wachsende Nachfrage nach neuen Atomkraftwerken. Sie wusste außerdem, dass die Klimaerwärmung und der Klimawandel wie Mantras wirkten, die in ihre Mitteilungen eingearbeitet werden mussten, wenn WHO Watch gedeihen und Verbündete gewinnen wollte. Also wollte sie ihr Wissen über die Auswirkungen von Atomkraftwerken auf die menschliche Gesundheit auf den neuesten Stand bringen.

Die junge Krankenschwester war von der Strategietagung enttäuscht. Die NGO-Delegierten hielten ihre ablehnende Haltung zur Atomkraft nicht durch – und das bedeutete, dass sie ihr im Endeffekt zustimmten –, sondern diskutierten auch noch ernsthaft über einen Vorschlag, Geo-Engineering einzusetzen, weil dies angeblich die einzige realistische Hoffnung biete, dass die Menschheit die Klimaerwärmung überleben könne.

Ab diesem Zeitpunkt führte WHO Watch eine stetig größer werdende Akte über Geo-Engineering und die davon ausgehenden möglichen Gefahren für die menschliche Gesundheit.

Anita knüpfte bei dem Treffen dennoch einige gute Kontakte. Am meisten schätzte sie dabei die Verbindungen zu den Aktivisten der Friedensbewegung. Besonders wertvoll war für sie die Freundschaft, die sich mit Inga Thorvaldson entwickelte, einer jungen schwedischen Gewerkschafterin und Expertin für Gesundheit und Sicherheit am Arbeitsplatz, die zur Internationalen Arbeitsorganisation (International Labour Organization, ILO) abgeordnet worden war. Der Sitz der ILO war ebenfalls in Genf, auf dem gleichen Hügel, nicht weit von der WHO entfernt.

Die beiden Frauen flogen auch gemeinsam in die Schweiz zurück. Anita erzählte Inga von ihrer Idee zur Demokratisierung der WHO, wobei sie den Sturz des autokratischen Generaldirektors für unvermeidbar hielt. Inga hatte diesbezüglich einen Rat für sie, denn sie konnte auf Erfahrungen aus ihrer Arbeit für eine UN-Schwesterorganisation zurückgreifen.

GENF: Anil Patel, der Generaldirektor der Weltgesundheitsorganisation, hatte an einem späten Freitagnachmittag im Februar erstmals den Eindruck, er könnte in Schwierigkeiten geraten, als er den neuen nepalesischen Gesundheitsminister nach dem Treffen im *Palais des Nations* auf einen »Rundgang« mitnahm, der bergauf zum Amtssitz der WHO führte. Als sie sich dem Gebäude näherten, sah der Generaldirektor junge Leute im Studentenalter, die blaue T-Shirts und blaue Pappkartons trugen und von WHO-Bediensteten, die auf dem Weg ins Wochenende waren, Zettel entgegennahmen. Irgendwie wirkte die Szene heimlichtuerisch auf ihn.

Die WHO-Mitarbeiter huschten vorbei, gaben die Zettel ab, ohne aufzuschauen oder miteinander zu sprechen. Dann entdeckten sie ihren obersten Chef und den Minister und gingen rasch auseinander.

Patels Aufmerksamkeit wurde wieder durch den Gast beansprucht, der – bei seinem ersten Besuch in Genf – wissen wollte, ob es stimme, dass das imposante alte Palais, jetzt bergab gelegen, den Spitznamen »horizontaler Turm von Babel« trage. Das elegante Völkerbund-Gebäude, das von einem Ende zum anderen über einen halben Kilometer lang war, ließ den gedrungenen, in den 1960er-Jahren errichteten WHO-Sitz wie einen Grabstein aussehen. Die Präferenz des Gastes war offensichtlich. Der leicht gereizte Patel führte aus, wie viel effizienter das WHO-Gebäude sei, und dirigierte den Minister auf ein Glas Wein in das hauseigene Restaurant. »Verdammter

Marxist«, dachte er bei sich und nahm sich außerdem vor, mehr über die jungen Leute und den Rummel dort draußen auf dem Bürgersteig herauszufinden.

Am Montagmorgen begriff Patel, was er am Freitag eher zufällig beobachtet hatte. Die *International Herald Tribune* brachte die Geschichte auf der Titelseite, und die mit unverhülltem Genuss formulierte Schlagzeile lautete: »WHO-Mitarbeiter lehnen amtierenden Generaldirektor ab.« Dem Artikel war zu entnehmen, dass 94 Prozent der WHO-Beschäftigten, die auf eine entsprechende Umfrage geantwortet hatten, gegen eine weitere Amtsperiode des gegenwärtigen Behördenchefs stimmen würden. Patel lag unter den fünf Kandidaten, die sich dem Vernehmen nach um das Spitzenamt bewarben, auf dem letzten Platz. Mit knappem Vorsprung in Führung lag die aus Australien stammende ehemalige stellvertretende Generaldirektorin, die ihren Posten aufgegeben hatte, um gegen ihren Chef anzutreten. Zweiter war der ehemalige jordanische Gesundheitsminister, der inzwischen die Arabische Liga in New York vertrat. Der größte Schock für den Amtsinhaber war jedoch – neben der Enthüllung der eigenen Unbeliebtheit – die Tatsache, dass ein Mitarbeiter des öffentlichen Gesundheitswesens aus Brasilien, der fast keine internationalen Erfahrungen vorzuweisen hatte, Kopf an Kopf mit dem Jordanier lag.

Ein anonymer Diplomat wurde mit der Bemerkung zitiert, dass die inoffizielle Umfrage unter den WHO-Mitarbeitern wenig besage, weil die tatsächliche Wahlentscheidung ein »Kuhhandel« sein werde, an dem sich aus der südlichen Hemisphäre Präsidenten und Ministerpräsidenten und als Vertreter des Nordens zumindest Minister mit Kabinettsrang beteiligten, keineswegs aber jedermann in Genf. Die Wahl des Generaldirektors werde letztlich eine Sache des WHO-Exekutivrats sein und nicht dem üblichen UN-Verfahren unterliegen, bei dem jedes Land eine Stimme habe.

Andere Insider sagten voraus, dass die afrikanische Unterstützung für den indo-kenianischen »Lokalmatador« aufbrechen werde, weil der Jordanier mit einigen Stimmen rechnen könne, aber die lusophonen (portugiesischsprachigen) und frankophonen Stimmen aus Afrika würden an den Brasilianer gehen.

Anil Patel rief sein »Kriegskabinett« für die Wahl zusammen. Es wurde eifrig telefoniert. Schaden war entstanden. Die inoffizielle Umfrage unter den Mitarbeitern war – abgesehen von der Verlegenheit, in die sie den Amtsinhaber brachte – Munition für die Scharen von UN- oder WHO-Kritikern, die vorbrachten, die UN-Behörde sei außer Kontrolle geraten. Die Mitarbeiter-Umfrage hätte zu keinem ungünstigeren Zeitpunkt kommen können. Erst vor wenigen Wochen war der WHO eine schmerzhafte unabhängige externe Beurteilung aufgezwungen worden – eine unter erst einer Handvoll solcher Überprüfungen, die es bisher bei UN-Behörden gegeben hatte. Dabei hatte sich gezeigt, dass die Organisation miserabel geführt wurde, dass sie programmatisch inkompetent war und dass ihr die Regierungen und die anderen UN-Behörden auf breiter Front misstrauten.

Dem Generaldirektor war es gelungen, den größten Teil der Prüfungsbefunde von den Medien fernzuhalten, und durch die Behauptung, er werde sich viele Empfehlungen des Berichts zu eigen machen, stiftete er unter den Mitgliedern des zwischenstaatlichen Exekutivausschusses genug Verwirrung, um die Wogen wieder zu glätten. Die Regierungsdelegationen in Genf waren chronisch überarbeitet, litten unter einer kurzen Aufmerksamkeitsspanne und hatten oft ganz eigennützige Gründe wegzusehen, wenn Skandale die bestehende Ordnung bedrohten. Sobald Patels Unterstützer jedoch die Sorge erfasste, der Amtsinhaber könnte die künftige Finanzierung der Organisation gefährden – insbesondere wichtige Projekte der nationalen Gesundheitsfürsorge –, würden sie das sinkende Schiff verlassen und für einen anderen Kandidaten stimmen.

Das Wahlkriegskabinett des Generaldirektors redete sich selbst ein, der Schaden könne in Grenzen gehalten werden, aber die Reisepläne des bedeutenden Mannes wurden überarbeitet, und man beschloss, dass Patel die leichter zu beeinflussenden Mitgliedsstaaten im Pazifik und in der Karibik besuchen solle. Die Kabinettsmitglieder überprüften auch die aktuell auf mittlerer und höherer Ebene verfügbaren Posten, die eigens für solche Notsituationen vorgehalten worden waren. Darunter waren einige lukrative Positionen, über die die einzelnen Länder bestimmt eifrig verhandeln würden. Und man war sich einig, dass man in Sachen WHO Watch, von der die Mitarbeiterumfrage ausgegangen war, nicht viel unternehmen könne.

Bei den zuständigen Behörden des Kantons Genf ging ein diskreter Anruf ein, mit dem sich die Bitte verband, einen möglichen Verstoß gegen die Sicherheitsbestimmungen der WHO zu untersuchen, und in dem man darum bat, künftig sicherzustellen, dass Unbefugte vom Sitz der Behörde ferngehalten würden. Doch dies würde möglicherweise nur wenig bewirken. WHO Watch war keine juristische Person, und sämtliche in dieser Vereinigung mitarbeitenden Gruppen hatten ihren Arbeitsschwerpunkt und Hauptsitz außerhalb der Schweiz.

Der nächste schwere Rückschlag folgte, als sich der Generaldirektor gerade in Trinidad aufhielt. WHO Watch gab Anfang März eine Pressemitteilung heraus, aus der hervorging, dass die Behörde über eine Viertelmillion Euro für Inserate im *Economist* und anderen internationalen Zeitschriften ausgegeben hatte, mit denen Stellen ausgeschrieben wurden, die entweder bestimmten Kandidaten bereits versprochen waren oder die »als Erbhof« an bestimmte Länder vergeben wurden. Die Pressemitteilung listete auch in jüngerer Zeit vergebene Posten auf, Namen und Staatsangehörigkeiten der ausscheidenden und nachfolgenden Mitarbeiter wurden ebenfalls genannt. In einem (anonymen) Zitat war die Rede von Empörung in der Genfer Diplomatengemeinde, die sich gegen die Verschwendung und Korruption richte.

»Bastarde«, dachte der Generaldirektor. Die Praxis der erbähnlichen Postenvergabe an bestimmte Nationen war beinahe so etwas wie eine ehrwürdige UN-Tradition.

Zu diesem Zeitpunkt war er jedoch bereits weidwund und wusste das auch. WHO Watch veranstaltete Ende März die erste Kandidatendebatte – eine ganze Serie solcher Veranstaltungen war geplant –, und der Generaldirektor war nicht auffindbar. Sein Kriegskabinett erklärte, er habe dringende Staatsgeschäfte zu erledigen, und brachte die eigenen Lebensläufe bereits auf den neuesten Stand.

Der Jordanier schadete sich in dieser ersten Debatte sehr, weil er den Vereinigten Staaten zu sehr nachgab und bei den gesundheitspolitischen Prioritäten der WHO und der afrikanischen Staaten katastrophale Wissenslücken offenbarte. Die australische Spitzenreiterin schlug sich gut. Sie war eine Frau und außerdem Wissenschaftlerin. Sie kannte die Organisation und ihre Arbeit und würde die erste Generaldirektorin aus einem OECD-Land sein.

Auch der brasilianische Mitarbeiter aus dem Gesundheitswesen machte einen guten Eindruck. Er trug einen eleganten, offensichtlich neuen Anzug, und sein Auftreten und seine Haltung sagten den Diplomaten zu. Es hieß zwar, er spreche ein ordentliches Englisch, aber er zog es dennoch vor, sein Publikum auf Portuñol anzusprechen, in jenem spanisch-portugiesischen Sprachgemisch, das selbst die anwesenden Lateinamerikaner zu den Kopfhörern greifen ließ. Das allerdings war für die Übermittlung seiner Botschaft wenig hilfreich, und als der Abend zu Ende ging, blieb ihm nach wie vor nur die Verfolgerrolle. Außerdem kamen irritierende Gerüchte auf, nach denen Brasilien zwar offiziell hinter dem Kandidaten stand, die Regierung aber nicht gerade den allergrößten Wert darauf legte, dass er auch gewählt wurde.

Die erst sehr viel später enthüllte Geschichte, wie der aus ländlicher Umgebung stammende Mitarbeiter im Gesundheitswesen Brasiliens Kandidat für den WHO-Chefposten wurde, war ein Intrigenspiel ganz eigener Art. Brasiliens damaliger Präsident war der populäre Kopf einer sehr viel weniger populären Mitte-Links-Koalition. Er selbst war auf einer Protestwelle reitend an die Macht gekommen, aber seine Regierung übernahm sehr schnell all die neoliberalen Insignien und die Korruption, die man auch bei allen anderen Weltwährungsfonds-Schuldnern und selbsternannten G8-Beitrittskandidaten feststellen konnte.

In den Jahren nach der letzten Wahl hatte sich die Koalition einer wachsenden Opposition von Seiten der Gewerkschaften, Bauernorganisationen und armen Konsumenten erwehren müssen. Neuwahlen standen unmittelbar bevor, der Präsident durfte aus verfassungsrechtlichen Gründen nicht mehr antreten, und seine Partei war um die Wiederherstellung ihres progressiven Images bemüht. Nach einer Parteikundgebung in der Provinz Rio Grande do Sul kamen dann eines Abends die brasilianischen Mitglieder von WHO Watch zum Präsidenten, und er war zum Zuhören bereit.

Die WHO-Watch-Leute betonten, der aktuelle Amtsinhaber sei angeschlagen, und der Chefposten könne durchaus an einen Lateinamerikaner gehen. Wenn der Präsident einen progressiven linken Kandidaten beibringen könne, werde WHO Watch diese Person unterstützen. Andere lateinamerikanische Länder würden einen eindeutigen brasilianischen Vorschlag unterstützen, und WHO Watch würde den Rest erledigen. Die brasilianischen Organisationen aus der Zivilgesellschaft stellten eine Auswahlliste möglicher Kandidaten zusammen. Drei davon waren besonders interessant. Im Lauf der nächsten Wochen trafen sich die Mitarbeiter des Präsidenten mit den beteiligten Organisationen, um die Liste zu diskutieren und Nachforschungen anzustellen. Schließlich einigte man sich. Der Kandidat sollte ein Mitarbeiter der immer militanter auftretenden Gesundheitsbewegung in Brasilien sein. Dem Präsidenten gefiel diese Idee.

Der auserwählte Kandidat war dagegen weniger begeistert. Wertvolle Tage mussten für die Überzeugungsarbeit verwendet werden, und man erklärte Marcolino di Gaspar, dem besagten Mann aus der Gesundheitsbewegung, dass der Posten nicht nur zu haben sei, sondern dass es sich auch lohne, um ihn zu kämpfen. Der Staatspräsident stellte seinen Kandidaten bei einer Tagung der Organisation Amerikanischer Staaten vor, und das Rennen war eröffnet.

Die zweite Debatte, die nur wenige Wochen vor dem Wahltermin im Mai stattfand, verlief ganz anders. WHO Watch berichtete, was die Medien bereits hätten vermuten können: Die australische Kandidatin war in der Zeit der Skandale stellvertretende Generaldirektorin bei der WHO gewesen. Damals waren mehrere Posten in ihrem Verantwortungsbereich an europäische Regierungen verschachert worden, als Gegenleistung für Beitragszahlungen zum Programm, und dabei hatte sie persönlich eine Reihe absolut nutzloser Stellenanzeigen abgesegnet. Sie verbrachte also den größten Teil der Debatte mit der Verteidigung in eigener Sache und versuchte dabei zu erklären, dass die wichtigen organisatorischen und Programmentscheidungen stets vom Büro des Generaldirektors getroffen würden. Sie habe damals wenig Einfluss gehabt. Wenn man für sich die nötige Erfahrung zur Führung der Organisation reklamierte, war das nicht gerade die beste Verteidigung.

Unterdessen brachte der Jordanier durch seine wenig gehaltvollen Ausführungen weitere Länder gegen sich auf. Als der brasilianische Kandidat nach seinem fehlenden WHO-internen Betriebswissen gefragt wurde, erwiderte er – diesmal in bezaubernd akzentuiertem Englisch –, das wahre Problem sei, dass die WHO vom kommunalen Gesundheitswesen nicht die geringste Ahnung habe. Er kenne sich mit organisatorischen Fragen aus, erklärte er, und wisse außerdem, wie man gesunde, widerstandsfähige Gemeinwesen unterstützen und ein leistungsfähiges öffentliches Gesundheitswesen betreiben müsse. Dafür erhielt er anhaltenden Applaus.

Die Sitzung des Exekutivrats wurde – zur Überraschung der meisten Mitglieder der Vereinten Nationen – eine der UN-Wahlen, über die am ausführlichsten berichtet wurde. Das lag keineswegs daran, dass es am Ausgang große Zweifel gegeben hätte. Die Mitgliedsstaaten der Europäischen Union ließen die australische Kandidatin reihenweise im Stich und verteilten ihre Stimmen in ungeschickter Manier auf den Brasilianer und den Jordanier. Die überwältigende Mehrheit der Lateinamerikaner und Afrikaner lief ins brasilianische Lager über. Viele asiatische Länder hielten zwar am Jordanier fest, aber auch hier gab es ein paar Überläufer zugunsten des brasilianischen Mitarbeiters der Gesundheitsbewegung. Als alles vorüber war, zeigten sich viele Länder des Nordens ob des eigenen Handelns entsetzt. Bald würden sie nicht nur eines ihrer günstigsten Abstellgleise für nicht mehr benötigte Beamte verlieren, sie hatten außerdem noch die seit Jahrzehnten beste Chance auf die Eroberung des Generaldirektor-Postens verspielt. Und was noch schlimmer war: Sie hatten die Organisation einem politisch nahezu unbekannten Mann überlassen, der von einer Regierung mit unzuverlässigen politischen Überzeugungen unterstützt wurde.

Die Regierungen und die WHO-Bürokraten machten einige Zeit später – in einer nüchternen, durch die Sommerpause ermöglichten Analyse – die einschneidendste aller Veränderungen aus: Die neue »graue Eminenz« bei der WHO war weder eine Vertrauensperson des Generaldirektors noch ein Land, sondern WHO Watch. Und die stille Kraft, die hinter diesem Namen wirkte, war Anita Krishna.

2012: Für ein paar Hundert Menschen in Genf gab es im Jahr 2012 zwei große Ereignisse. Barack Obamas verzweifelter Kampf um das Weiße Haus nahm die Schlagzeilen in Anspruch, aber die »Herrschaft« des ungewöhnlichen neuen WHO-Generaldirektors beschäftigte die Köpfe bei den meisten in der Stadt vertretenen NGOs. Der Überraschungserfolg von WHO Watch verschaffte der winzigen Organisation bei den internationalen NGOs, die die UN-Behörden beobachteten, eine große Glaubwürdigkeit. Anita Krishna war jetzt sehr gefragt und verbrachte die Hälfte ihrer Zeit mit ständigem Pendelverkehr zwischen Genf und New York, ergänzt durch Abstecher nach Paris, Wien, Rom und Nairobi.

Der Erfolg führte auch zu größerer finanzieller Unterstützung durch begeisterte europäische NGOs und amerikanische Stiftungen. Die Organisation mietete eine Drei-Zimmer-Wohnung an, die nur einen kurzen Fußmarsch vom Palais entfernt war. Schon bald entstanden weitere »Watches« für UN-Behörden in New York, Paris, Rom, Wien und Nairobi. WHO Watch selbst verwandelte sich in eine Art »Genf Watch« die über die WHO hinaus die gesamte Schar der in Genf ansässigen UN-Behörden und Kommissionen in den Blick nahm.

Die Strategie, die WHO Watch die frühen Erfolge eingebracht hatte, wurde modifiziert, verfeinert und exportiert: Knüpfe enge Verbindungen zu freundlichen, gleichgesinnten Menschen im Sekretariat, tausche Informationen mit den örtlichen Gewerkschaften aus, halte engen Kontakt zu Regierungsdelegationen und vermeide jedwede potentiell kompromittierende Verbindung zur UN-Behörde selbst.

WHO Watch hatte im Umgang mit UN-Behörden niemals Beobachterstatus und trat bei UN-Konferenzen niemals ans Mikrofon. Andere übernahmen diese Aufgabe, wenn sie es für nützlich hielten: soziale Bewegungen und NGOs. WHO Watch übernahm wichtige Aufgaben, indem man gewaltige Mengen von UN-Unterlagen durcharbeitete, politische Informationen interpretierte und den Organisationen der Zivilgesellschaft sowie den Regierungen der südlichen Hemisphäre zur geeigneten Zeit prägnante Analysen zukommen ließ. WHO Watch verkörperte die»liebevolle Strenge« der Zivilgesellschaft und sorgte dafür, dass sich die UN-Behörden ehrlich verhielten und relativ transparent blieben.

2016: »Hätten Sie später vielleicht Zeit für eine Tasse Kaffee?«, fragte die angenehme französischsprachige Stimme am Telefon. Anita Krishna schaute noch einmal auf das Rufnummerndisplay ihres Telefons. Die Nummer sagte ihr nichts, aber die Stimme hatte sie zuvor schon gehört.»Tut mir leid, ich erkenne Ihre Stimme nicht …«

»Pardon«, entschuldigte sich der Anrufer.»Ich spreche nicht über mein Bürotelefon. Ich bin Abdul Haquim«, fügte er hinzu,»wir haben hier in Genf bei ECOSOC ein- oder zweimal die Klingen gekreuzt.«

Jetzt erinnerte sie sich: ein kleiner, eleganter Mann im mittleren Alter, der durch leichten Zugang zu den Fleischtöpfen der UN-Bürokratie ein bisschen pummelig geworden war. Aber er war nicht so arrogant wie manche dieser Leute. Er stammte aus Westafrika, so viel wusste sie, vielleicht aus Mali?

Der Anrufer fuhr fort:»Es gibt da ein, zwei Dinge, die meiner Ansicht nach für ihre kleine Gruppe interessant sein könnten. Hätten Sie heute am Spätnachmittag vielleicht Zeit, so gegen sechs? Vielleicht in der Hotelbar im Mon Repos? Dieses Haus ist doch bei den NGOs besonders beliebt, nicht wahr?« Seine Stimme wurde dünner, ein Hauch von Unsicherheit klang durch.

Anita sah auf die Uhr ihres Computers. Es war schon fünf, und das Tageslicht über den Jurabergen wurde schwächer.»Ja, natürlich«, stimmte sie zu und klickte auf Google.»Ich komme dorthin.«

Dr. Abdul el-Haquim war ein hochrangiger Beamter – wie sich herausstellte: ein stellvertretender Direktor (nach dem internen Sprachgebrauch: D2) – der Weltorganisation für Meteorologie (World Meteorological Organisation, WMO), deren Hauptsitz Genf war. Er war 61 Jahre alt, offensichtlich mindestens ein Jahrzehnt lang auf der D2-Ebene hängengeblieben, stand also nach den UN-Richtlinien kurz vor der Pensionierung.

Als sie die Hotelbar betrat, saß der UN-Beamte dort bereits an einem Ecktisch und wärmte seine Hände über einer Tasse Kaffee. Mit einem freundlichen Lächeln stand er auf und gab ihr die Hand. Anita war irritiert darüber, dass er noch kleiner war als sie selbst.

Sie bestellte einen Tee, und nachdem die eher angenehmen Belanglosigkeiten des französischen Protokolls in angemessener Form abgearbeitet waren, kam Dr. Haquim auf den Anlass dieses Treffens zu sprechen. »Ich bin ein Vulkanier«, bekannte er und schaute dabei verschwörerisch und belustigt zugleich drein.

Anita starrte ihn an. »Raumschiff Enterprise?«, fragte sie. »Sind Sie etwa ein Trekkie?«

Ihr Gesprächspartner lächelte. »Vulkane. Ich untersuche die Auswirkungen des Vulkanismus auf den Klimawandel. Das ist eines der weniger bekannten Arbeitsgebiete der WMO«, räumte er ein.

Draußen wurde es allmählich dunkel, in der Bar wechselte man jetzt bei den Getränken von Kaffee und Tee zu Wein, und der kleinwüchsige Beamte gab Anita einen kurzen Abriss der Auswirkungen des Vulkanismus auf den allgemeinen Wetterverlauf. Bei Vulkanausbrüchen, erfuhr sie, konnten gigantische Mengen Staub und Gas in die Stratosphäre gelangen. Mächtige Eruptionen konnten den Himmel buchstäblich zwei oder drei Jahre lang eintrüben. Nicht verdunkeln, fügte er eilig hinzu, die meisten Menschen würden so etwas nur wegen der ungewöhnlich strahlenden Farben bei Sonnenauf- und -untergang bemerken. Aber die Auswirkungen könnten gewaltig sein. Die Staubwolken in der Stratosphäre könnten das Sonnenlicht umlenken, Temperaturen und Ernteerträge sinken lassen, und dasselbe gelte sogar für die Methanemissionen aus Feuchtgebieten. Zu jedem beliebigen Zeitpunkt seien weltweit etwa acht bis zehn Vulkane aktiv, ohne dass dies wahrnehmbare Folgen zeitige. Etwa alle zwanzig Jahre stoße irgendein Vulkan genug Lava, Asche und Rauch aus, um weltweite Aufmerksamkeit zu finden, berichtete der Experte.

»Ich dachte mir, die Auswirkungen auf die Gesundheit könnten Sie vielleicht interessieren.« Dr. Haquim machte es sich in seinem Stuhl bequem. »Alles fällt auf uns zurück. Der ganze Vulkanstaub gelangt – als saurer Regen, ein großer Teil davon liegt im Nanopartikel-Bereich – in unsere Augen, unsere Lungen, überallhin in unseren Körper. Ein großer Vulkanausbruch wie 1883 der des Krakatau kann in den darauf folgenden Jahren Atemwegserkrankungen und buchstäblich Zehntausende von Todesfällen verursachen.«

Anita Krishna stellte ihr Weinglas ab. »Sie sprechen von Geo-Engineering, nicht wahr? Das ist genau das, was Atom-Sphere vorschlägt«, fügte sie hinzu, »sie wollen ganze Flotten von Roboterschiffen bauen, um Meerwasser zu versprühen, und mit Kanonen Sulfate in die Stratosphäre schießen.«

»Das stimmt.« Ihr Tischgenosse sah zufrieden aus.

»Und diese künstlichen Vulkane sind mit den gleichen Gesundheitsgefahren verbunden?«, wollte Anita noch wissen.

»Sieht ganz danach aus. Nur sprechen wir hierbei nicht von einem zeitlich begrenzten Zustand. Künstliche Vulkane müssten im Dauerbetrieb laufen, vielleicht sogar jahrzehntelang, bis irgendeine langfristige Lösung für die Klimaerwärmung gefunden wird.«

»Das ist lächerlich.« Die WHO-Watch-Aktivistin spürte, wie ihr die Zornesröte ins Gesicht stieg.

Ihr Gegenüber saß ganz ruhig da.

Anita fuhr fort: »Nach den letzten Medienberichten werden uns diese künstlichen Vulkane pro Jahr zwischen 25 und 50 Milliarden Dollar kosten. Hat irgendjemand die Kosten für die medizinische Versorgung berechnet?«

Sie verstand die Antwort kaum, denn sie fiel leise aus: »25.000 bis 50.000 Tote pro Jahr. Vielleicht auch sehr viel mehr.«

Dr. Haquim schob, während er sprach, einen dicken Umschlag aus seiner Aktentasche über den Tisch. »Die technischen Informationen finden Sie hier drin.«

Die Feierabendgesellschaft in der Bar machte jetzt den Abendgästen Platz. Anita kannte einige dieser Gäste. Sie steckte den Umschlag in ihren Rucksack und schlug einen kleinen Spaziergang vor.

Am Quai Wilson direkt am Genfer See wehte ein kalter Winterwind. Anita und Dr. Haquim zogen die Schultern hoch und bogen in Richtung des Bahnhofs ab. Dort gab es ein McDonald's-Restaurant. »Hier könnte uns höchstens Jose Bové stören«, lachte die Aktivistin, als Haquim ihr die Tür aufhielt.

Der WMO-Vulkanologe hatte sich an WHO Watch gewandt, weil seine eigene Organisation nichts unternehmen wollte. Zahlreiche Mitarbeiter dieser Behörde waren vielmehr starke Befürworter des Geo-Engineerings. Noch bedeutsamer war die Tatsache, dass der WMO nach der Verabschiedung und dem Inkrafttreten der UN-Klimarahmenkonvention (UN Framework Convention on Climate Change, UNFCCC) eine unbedeutende Nebenrolle zugewiesen wurde, zur Klimaerwärmung blieb ihr wenig zu sagen oder zu tun. Zögernd berichtete der Wissenschaftler über ENMOD, den UN-Vertrag aus den 1970er-Jahren, der Manipulationen der Umwelt zu militärischen Zwecken untersagte. Dieser Vertrag, erfuhr Anita, war eine Konsequenz des Vietnamkriegs gewesen, bei dem die USA versucht hatten, die Wetterbedingungen im Bereich des Ho-Chi-Minh-Pfads so zu manipulieren, dass Truppenbewegungen von Nord nach Süd verhindert wurden.

Haquim meinte, man könne den Vertrag vielleicht nutzen, um Atom-Sphere daran zu hindern, die künstlichen Vulkane in Betrieb zu nehmen.

Was immer sonst noch geschehen könnte, betonte er noch einmal, die Vulkane würden zweifellos in einigen Regionen der Welt Schäden anrichten. Er wollte, dass WHO Watch auf die Weltgesundheitsversammlung Druck ausübte, damit das Problem vor den Internationalen Gerichtshof in Den Haag gebracht werden konnte. Er wusste, dass die WHO einst selbst so vorgegangen war, als es um Atomtests ging.

Als sie sich schließlich vor dem McDonald's-Restaurant voneinander verabschiedeten, versprach Anita, die Sache mit ihrer Organisation und anderen NGO-Partnern in die Hand zu nehmen. Und es galt die stillschweigende Vereinbarung, dass Dr. Haquim von jeder Art von Publicity verschont bleiben würde.

»Ich gehe bald in den Ruhestand«, sagte er unnötigerweise, »aber solange meine Kinder noch in der Ausbildung sind, werden sie mich immer noch brauchen, es könnte noch um einige UN-Verträge mit kurzer Laufzeit gehen …«

»Warum sollte man Geld für künstliche Vulkane ausgeben, wenn die echten Exemplare ohnehin ziemlich oft Feuer spucken?«, fragte sie sarkastisch. »Warum jagt man nicht einfach einen richtigen Vulkan gezielt in die Luft? Ist das nicht möglich?«

Es fing an zu schneien. Der Wissenschaftler war von ihren Fragen offensichtlich irritiert: »Die meisten Vulkane sind in Reihen angeordnet, die entlang der Hauptbruchlinien der tektonischen Platten verlaufen. Schon Charles Darwin lehrte, dass Erdbeben Vulkane so stark destabilisieren können, dass es zu einem Ausbruch kommt. Das geschieht nicht sofort. Zwischen einem Erdbeben und einer Eruption können Monate vergehen, ja sogar ein ganzes Jahr. Aber sie ist einigermaßen vorhersagbar.«

»Man kann also einen Vulkan direkt in die Luft jagen oder an einer Plattengrenze Erschütterungen verursachen und dann abwarten, bis die Natur ihren Lauf nimmt?« Anita starrte ihren Informanten an. Er wandte sich ab, und im Licht der Straßenbeleuchtung sah sie, dass er schockiert war.

Die Vorstellung war aber auch wirklich zu grotesk und abwegig.

Einige Tage später führte sie ein Skype-Gespräch mit ihrem Exekutivkomitee und fasste unter dem Punkt »Sonstiges« ihr Gespräch mit dem WMO-Meteorologen zusammen, ohne seinen Namen zu nennen. Man einigte sich darauf, dass sie eine Strategie entwickeln solle, mit der man die Weltgesundheitsversammlung dazu bringen konnte, beim Internationalen Gerichtshof eine Entscheidung zu beantragen, die sich mit Atom-Spheres künstlichen Vulkanen und deren Bezug zum ENMOD-Vertrag beschäftigte.

Es kam ihr nicht mehr in den Sinn, die wilde Vorstellung, Abläufe in echten Vulkanen zu beschleunigen, auch nur zu erwähnen.

2018: Das Konsortium und die Industrienationen wurden überrumpelt. Gegen Ende der Weltgesundheitsversammlung legte Mali in aller Stille einen Resolutionsantrag vor, im Namen Afrikas und mit der Unterstützung Boliviens sowie der meisten – aber nicht aller – lateinamerikanischen Staaten, und das Papier wurde als administrative Angelegenheit durchgewinkt. Der Text bat den Generaldirektor der WHO, sich beim Internationalen Gerichtshof um eine Entscheidung zu bemühen, ob Geo-Engineering nun gegen die ENMOD-Konvention verstoße oder nicht. Die Delegation der Europäischen Union gab sich alle Mühe, die Entscheidung um einen Tag zu verschieben, aber die meisten anderen Nationen schenkten dieser Frage keine Beachtung.

Dr. Abdul el-Haquim, dafür hatte Anita gesorgt, war auf Familienurlaub in Bamako, stand dort aber zur Verfügung, um das Gesundheitsministerium des Landes bei Bedarf inoffiziell zu beraten.

Am folgenden Morgen waren alle NGOs mit Beobachterstatus in der Versammlung in voller Stärke präsent und starteten eine »Eins-zu-eins«-Offensive, um sicher zu sein, dass der Antrag durchging. Die EU-Vertreter erhoben Einwände, die USA schlossen sich ihnen an, aber beide Gruppen wirkten schlecht informiert. Man sah eine hübsche Frau mittleren Alters mit braunem Haar und grauen Strähnen, die rasch durch die Reihen der Abgeordneten ging und sich mit einzelnen Diplomaten unterhielt. Anita hörte später, die Frau sei eine Lobbyistin eines in Brüssel ansässigen Konsortiums.

Atom-Sphere kam dennoch zu spät aus dem Startloch. Der Vorsitzende stellte die Resolution zur Abstimmung, und sie wurde noch am Vormittag verabschiedet.

Abends gab es dann in der Bar des Hotels Mon Repos eine stille Feier, und Anita Krishna setzte sich eine Weile von der Gruppe ab, um mit Bamako zu telefonieren. Auch viele NGOs verstanden nicht so recht, wozu die ganze Aufregung gut war. Sie übernahmen aber die Einschätzung von WHO Watch, nach der die Resolution bedeutsam war, und fragten sich, was der Haager Gerichtshof wohl damit anfangen würde.

DEN HAAG 2020: Die Juristen am Internationalen Gerichtshof rühmten sich gewöhnlich, administrative Fragen, die ihnen von UN-Behörden vorgelegt würden, innerhalb weniger Monate und üblicherweise in weniger als einem Jahr erledigen zu können. Verspätete Proteste aller wichtigen

Mächte – nicht nur die EU und die USA, auch Russland und China erhoben Einwände – brachten allerdings ihre Leistungsbilanz in Gefahr, als sie am WHO-ENMOD-Fall arbeiteten.

Diese Entwicklung veranlasste die Richter, von einem anderen Vorrecht Gebrauch zu machen: einer ihnen überantworteten Frage nach eigenem Belieben die gewünschte Wendung zu geben. Die Arbeit wurde durch Verfahrensfragen um mehrere Monate verzögert, aber schließlich entschied das Gericht mit deutlicher Mehrheit, dass jede von Menschen ausgehende Geo-Engineering-Initiative, die sich in irgendeiner Form – und sei sie noch so gering – auf das Klima benachbarter Länder auswirke, als militärische Provokation gelten könne und damit einen Verstoß gegen die ENMOD-Konvention bedeute.

Atom-Sphere und Terra-Forma gaben wenige Stunden nach der Gerichtsentscheidung in Brüssel eine Pressekonferenz, bei der sie den Reportern versicherten, der Wortlaut ihrer Abkommen mit den einzelnen Regierungen mache überaus deutlich, dass keine ihrer Handlungen als militärische Aktion bewertet werden könne. Brüssel, Washington, Moskau und Peking lag nichts daran, dass einer Sache, die, so hofften sie, als peinliche Belanglosigkeit eingestuft werden würde, weitere Aufmerksamkeit gewidmet wurde. In getrennten Pressemitteilungen erklärte man einfach, die Entscheidung des Internationalen Gerichtshofs sei lediglich ein administrativer Rat, der sich an die WHO richte und die Regierungen der einzelnen Länder in keiner Weise binde.

Anita Krishna versicherte bei einer globalen Konferenzschaltung mit NGO-Verbündeten und wohlgesinnten Journalisten ihren Zuhörern, dass die wichtigen Regierungen auch im Falle eines für sie ungünstigen Urteils selten gegen Entscheidungen des Gerichtshofs verstießen, und wenn sie das jetzt tun würden, führte das nur zu noch größerer Aufmerksamkeit für das Geo-Engineering. Die Sache war zwar noch lange nicht gestorben, warnte sie ihre Zuhörer, aber die Konsortien seien angeschlagen und müssten jetzt langsamer und vorsichtiger operieren.

2021: Anita Krishna war mittlerweile Anfang vierzig, hatte genug von den UN-Bürokraten und sehnte sich gerade einmal wieder nach Indien zurück, als sie eine SMS einer chinesischen Journalistin erhielt, die sie vor mehr als zehn Jahren beim Weltsozialforum in Belém kennengelernt hatte. Suyuan Wu wollte, dass sich Anita mit einer Person traf, die gerade in einem Flugzeug nach Genf saß.

PEKING: »Ein geeintes Volk«, gähnte Qi Qubìng mit besonders aufreizender metrosexueller Extravaganz, »wird immer besiegt werden!«Suyuan Wus Arm lag in Gips, sonst hätte sie sich wohl nicht zurückhalten können und ihm über den Tisch hinweg eine Ohrfeige verpasst. Wieder einmal saßen sie in Qis Lieblingspizzeria in unmittelbarer Nähe von Pekings größtem Einschienen-Bahnhof. Die Unterhaltung hatte sich wechselweise mit chinesischer Politik, organisierter Kriminalität und den jüngsten Gesundheits- und Umweltskandalen beschäftigt. Alitash Teferra liebte diese Art der Debatte, hasste aber die damit verbundenen Spannungen und konzentrierte sich ganz auf ihr Weinglas.

Diese Auseinandersetzungen verliefen jetzt anders als früher. Es fehlte ihnen etwas. Qi, so viel stand fest, war so arrogant und zynisch wie eh und je, aber seiner Verteidigung von GEnome, der Pharmaindustrie, ja sogar des Kapitalismus fehlte die gewohnte Leidenschaft. Die heftigsten Auseinandersetzungen führten Su und Qi jetzt zur Frage der Bedeutung der Zivilgesellschaft. Die Journalistin bezeichnete sich selbst kaum jemals als Optimistin oder Idealistin, hielt aber dennoch an der Überzeugung fest, dass eine bessere Welt, ja sogar das bloße Überleben der Welt nur möglich sei, wenn die Zivilgesellschaft zu einer einheitlich vorgehenden Kraft in der lokalen und globalen Politik werde.

Qi konnte dem überhaupt nicht folgen. Soziale Bewegungen und NGOs dienten aus seiner Sicht, aus dem Blickwinkel des Wissenschaftlers und Spitzenmanagers, nur der Unterhaltung: Ihre rasch dahingesagten, grob vereinfachenden Antworten fand er lustig, ihre Leidenschaft köstlich. Und es war eine interessante Aufgabe, die Blockaden zu überwinden, die sie gelegentlich vor seinem Forschungszentrum oder bei Konferenzen errichteten.

Ja, sie waren vielleicht nützlich gewesen, als sie einige der gröbsten Missbräuche des UN-Systems korrigierten, aber, so versicherte er sich selbst, während er sein Weinglas nachfüllte, das hätten die Regierungen letztlich auch selbst fertiggebracht. Die Organisationen der Zivilgesellschaft waren für ihn eine »Hintergrunderscheinung« – Kulissenelemente und Kleindarsteller – auf einer Bühne, die sie selbst nicht richtig überblickten.

Tash sah sich zum Eingreifen genötigt, wenn dieses Abendessen nicht in unversöhnlicher Erbitterung enden sollte. »Erzähl ihr etwas über Endod«, forderte sie den Wissenschaftler auf.

»ENMOD?«, fragte Su, die sich nicht sicher war, ob sie Tashs Worte richtig von den Lippen abgelesen hatte.

»Nein, Endod, die Heilpflanze.« Qi war irritiert. »Das ist ein GEnome-Betriebsgeheimnis«, gab er naserümpfend zurück.

Tash ignorierte die Zurechtweisung. Sie lehnte sich in ihrem Stuhl nach vorn, ergriff die Hand der Journalistin, um deren Aufmerksamkeit zu gewinnen, die bis dahin, zornig wie sie war, ganz auf Qi fixiert war.

»Er sucht nach einer Heilmethode für die neue Erscheinungsform der Bilharziose«, sagte sie zu Suyuan. »Er arbeitet mit Bauern in Äthiopien und im Himalaya zusammen und testet neue Arten von Endod, die man anpflanzen könnte, um das Trinkwasser zu reinigen.«

Dann, nach einigem Überlegen, fügte sie noch hinzu: »Die äthiopische Regierung unterstützt das, aber die chinesische Regierung weiß nichts von einem solchen Vorhaben. GEnome versucht das Forschungvorhaben zu stoppen.« Qi schmollte in seiner Ecke und tat so, als bewunderte er die beiden jungen Frauen in der Sitzgruppe hinter Tash.

»Warum?«, fragte Suyuan Wu.

»Warum GEnome versucht, ihn aufzuhalten?«, fragte Tash.

»Nein«, mischte sich Qi jetzt wieder ein, »sie will wissen, warum ich das tue.«

»Ich weiß, warum GEnome will, dass du damit aufhörst. Mit umweltorientierten Heilmethoden für Bilharziose ist kein Geld zu verdienen. Das Unternehmen würde sich damit eine Verpflichtung auferlegen, und die Weltgemeinschaft würde erwarten, dass sie das zum Selbstkostenpreis erledigt. Sonst würden die einzelnen Länder *ordre public* reklamieren, den Vorrang des nationalen Rechts, die Patente beschlagnahmen und damit einen gefährlichen Präzedenzfall für profitablere Medikamente schaffen«, sagte Su, nahm noch ein Stück Pizza in die Hand und betrachtete es geringschätzig. »Aber warum engagiert sich unser ›Kaufmann der Medizin‹ hier plötzlich für aussichtslose Fälle?«

Qi kam aus seiner Ecke: »Ich würdet wohl kaum glauben, dass die eiserne Hand des Kapitalismus ab und zu auch in einem Samthandschuh steckt?«

Tash kicherte. Su schnaubte verächtlich. Beide Frauen wussten, dass Qi in Äthiopien geforscht hatte, bevor er zu GEnome gegangen war. Dort war er auf die Endod-Pflanze gestoßen und hatte selbst gesehen, wie die einheimischen Frauen sie als Seife und Haarwaschmittel benutzten, um ihre Kinder vor der Flussschnecke zu schützen, die dem Bilharziose-Erreger als Zwischenwirt diente. Dann brachte eine amerikanische Universität die wichtigen Patente an sich, Qi brach seine Zelte ab und nahm ein ihm schon lange vorliegendes Angebot von GEnome an. Als sich die beiden Varianten der Krankheit im Jahr 2005 unterhalb des Drei-Schluchten-Damms vereinigten, nahm der Wissenschaftler erneut Kontakt zu seinen äthiopischen Kollegen und einheimischen Bauern auf, um eine Lösung zu finden.

»Und wie geht's jetzt weiter?«, fragte die Journalistin.

»Ich bin mir nicht sicher«, antwortete Qi mit untypischer Bescheidenheit. »Die ganze Geschichte hängt mit dem Klimawandel zusammen. GEnome hat mich gebeten, in einem wissenschaftlichen Unterausschuss des Terra-Forma-Konsortiums mitzuarbeiten. Die Arbeit ist sehr interessant, aber wenn ich das übernehme, muss ich meine Forschungen im Himalaya aufgeben.«

Die Spannung am Tisch ließ unmerklich nach. Die Unterhaltung wechselte ganz zwanglos in die Gerüchteküche, die die jüngsten indo-chinesischen Unternehmenszusammenschlüsse und Regierungskonflikte umgab. Die Frauen protestierten höflich, als Qi beim Aufstehen erklärte, er übernehme die Rechnung und lade sie zu diesem Abendessen ein. Das tat er immer. Suyuan legte stets ihren sanften Protest ein, war aber insgeheim darauf eingestellt, dass er bezahlte, um ihnen abermals eine Pizza aufzunötigen.

Eine Woche später war Qi wieder in der Stadt. Er war auf dem Weg nach Genf, da GEnome ihn als Beobachter zu einer dort stattfindenden Klimawandel-Konferenz geschickt hatte. In der Nähe einer Haltestelle, von der er eine Schnellverbindung zum Flughafen bekam, traf er Su auf seinem Zwischenstopp zum Tee. Mit spitzbübischer Freude überreichte Qi einen stabilen braunen Umschlag, der mit Papieren und CDs vollgestopft war. »In ein paar Tagen höre ich bei GEnome auf«, teilte er ihr freudig mit, »du kannst frei über dieses Material verfügen, aber warte ab, bis ich Genf wieder verlassen habe und auf dem Weg nach Vancouver bin.« Nach einer kurzen Pause fragte er: »Ich werde bei der WHO vorbeischauen. Kennst du irgendeinen Menschen in Genf, mit dem ich über Bilharziose sprechen sollte?« Su kannte in der Tat jemanden.

GENF: Anita erwartete Qi mit einigem Widerwillen am Flughafen. Der Mann war leicht zu erkennen. Ein großer Chinese, tadellos gekleidet, als käme er gerade aus der Dusche und hätte nicht den größten Teil des Tages in einem Flugzeug gesessen, stolzierte zur Gepäckausgabe, griff sich dort (natürlich als Erster) seine Ledertaschen und eilte durch die Zollkontrolle in die Ankunftshalle. Der verblüfften Aktivistin schenkte er einen Kuss und ein Päckchen mit CDs. Suyuans Beschreibung passte haargenau.

Qi war frühzeitig nach Genf gekommen, um dort das Wochenende zu verbringen. Seine Kollegen bei GEnome vermuteten, dass er in der Stadt entweder eine Freundin hatte oder im Spätfrühling noch auf eine Gelegenheit zum Skifahren hoffte. Stattdessen verbrachten der Wissenschaftler und die Aktivistin das Wochenende mit Spaziergängen in der Altstadt. Bei ihren Gesprächen gab es morgens Kaffee und abends Wein. Qi, auf die Rolle des ewigen Charmeurs und »allzeit bereiten Abenteurers« genetisch programmiert, ließ in seinen Charme zunächst auch etwas passive Kampfeslust einfließen. Anita gehörte schließlich auch zu diesen Träumern der Zivilgesellschaft. Aus einem Samstagabend-Spaziergang am Quai Wilson wurde dann aber doch noch ein Sonntagmorgen-Frühstück in Anitas Wohnung, und Qis Misstrauen verwandelte sich in Bewunderung.

Die NGO-Aktivistin war mindestens so zynisch wie er selbst, aber sie verband diesen Zynismus mit einer Leidenschaft für Gerechtigkeit und einer Lebensenergie, die er unwiderstehlich fand. Die Arbeitsbilanz von WHO Watch – in Verbindung mit Anitas enzyklopädischem Wissen über die WHO – und die Politik der Organisation im Umgang mit der Pharmaindustrie überzeugten ihn davon, dass sie beide zusammenarbeiten könnten.

Qi nahm an der Klimawandel-Konferenz im Palais teil. Anfangs beschäftigten sich seine Gedanken jedoch mit anderen Dingen, und er konnte es kaum erwarten, dass der Sitzungstag zu Ende ging, um sich wieder mit Anita zu treffen. Qi gehörte zum GEnome Kontingent unter dem Dach der Delegation des Terra-Forma-Konsortiums, die bei der Konferenz der Regierungsvertreter Beobachterrang hatte. Die Delegationen aus den OECD-Ländern baten beim Konsortium immer wieder um technische Ratschläge. Qi wusste, dass der Rat, den das Konsortium bereithielt, aus Halbwahrheiten, Verschleierung und gelegentlich auch aus bloßen Ausflüchten bestand.

Die für internationale Kontakte auf Regierungsebene zuständige Vizepräsidentin des Konsortiums, eine kluge und charmante Belgierin mittleren Alters mit graubraunem Haar, informierte ihn beim Mittagessen über den aktuellen Stand der Konferenzpolitik.

Qi wusste bereits, dass sich das Geo-Engineering zu einem Debakel entwickelte. Das US-Energieministerium war nach den heftigen Wirbelstürmen zu Beginn des Jahrhunderts in Panik geraten und hatte sich mit der Akademie der Wissenschaften in China zusammengetan. Die beiden Institutionen hatten Dr. Anthony Wong den Auftrag erteilt, die Mikroben-Vielfalt an der Meeresoberfläche einzusammeln. Der Plan, der dieser Aktion zugrunde lag, war, eventuell die wirksamsten Mikroorganismen genetisch zu verändern, um ihre Photosynthese zu verbessern und sie so zu einer besseren

Nahrungsquelle zu machen. Eine intensivere Planktonblüte würde dann im Zyklus des Meereslebens mehr CO_2 binden und die Temperatur an der Wasseroberfläche absenken. Niedrigere Temperaturen bedeuteten weniger – oder schwächere – Hurrikane.

»Reagenzglas«-Tony und die anderen im öffentlichen und privaten Sektor beschäftigten Wissenschaftler, die schon frühzeitig an die Geldtöpfe des Energieministeriums gekommen waren, folgerten rasch, dass Geo-Engineering als Vorgehensweise nicht hinreichend subtil war. Sie arbeiteten jetzt mit auf der atomaren Ebene veränderten Mikroorganismen, die von Grund auf neu konstruiert wurden, ein Atom nach dem anderen. Solche fein eingestellten, neu geschaffenen Lebensformen könnten einerseits effizienter sein, andererseits war es weniger wahrscheinlich, dass sie über die ihnen zugewiesenen eng umgrenzten Lebensräume hinauswandern würden. Synthetische Biologen könnten bei einer künstlich geschaffenen Mikrobe den Bedarf in Sachen Temperaturkonstanz und Sonnenlicht so genau einstellen, dass es diesen Geschöpfen – abermals: theoretisch – unmöglich war, sich davonzumachen. Dennoch blieb die Vorstellung, dass Meeresorganismen mit einzigartigen Merkmalen versehentlich um die Welt treiben und von einem Meer zum andern wandern könnten, ein gewaltiges PR-Problem und eine planetare Sorge.

Die belgische Topmanagerin, die voller Stolz Fotos ihrer beiden halbwüchsigen Kinder herzeigte, berichtete ihrem Kollegen im fröhlichen Plauderton, dass die auf atomarer Ebene veränderten Lebensformen sich bereits mit einer Reihe anderer Meereslebewesen vermischt hätten und es womöglich nur noch eine Frage der Zeit sei, bis diese Entwicklung auch die SAR11-Mikrobe, den am weitesten verbreiteten Mikroorganismus überhaupt, erfassen würde. Terra-Formas Aufgabe sei es, die Anteilseigner zu schützen, die Geo-Engineering-Arbeiten an Ableger des Konsortiums zu vergeben, sich dann vorsichtig aus diesen Firmen zurückzuziehen und die frei gewordenen Mittel in konventionelle Unternehmen zu reinvestieren, die auf fossile Energieträger setzten und bereits die wärmer werdenden Polarmeere ausbeuteten.

»Wie steht es um das ENMOD-Urteil des Internationalen Gerichtshofs?«, fragte Qi. »Es hat wohl auf die Konsortien keinen großen Eindruck gemacht?«

Seine Kollegin runzelte die Stirn.

»Hat es durchaus«, seufzte sie. »Das war eine ziemlich unangenehme Sache. Die G8-Länder wollen nicht als autokratische Herrscher dastehen und haben eine Heidenangst davor, dass Geo-Engineering so wahrgenommen werden könnte, als würden reiche Leute den Thermostaten des Planeten kontrollieren. Wir mussten diskret vorgehen. Jede einzelne Maßnahme wird als kleines wissenschaftliches Experiment dargestellt. Keine großen Sachen. Alles geschieht in doppelter Forschungsabsicht. Offiziell untersuchen wir nur Wind- oder Luftströme oder die Artenvielfalt.«

Sie seufzte ein zweites Mal. »Die Gerichtsentscheidung ist einer der Gründe dafür, warum wir versuchen, uns aus etwas herauszuziehen, das auf uns zuzukommen scheint – ein politisches und wissenschaftliches Durcheinander.«

Abends gab Qi Teile dieses Gesprächs mit der Vizepräsidentin vorsichtig an Anita weiter. »Euer Schachzug mit dem Internationalen Gerichtshof hat sich offenbar ausgezahlt«, lautete sein abschließender Kommentar.

»Meinst du?«, erwiderte Anita. »Vielleicht gehen sie einfach nur in den Untergrund. Was wäre denn, wenn die Welt einen oder zwei Vulkanausbrüche mehr erleben würde, die ganz natürlich aussehen? Vielleicht haben wir sie unabsichtlich auf einen noch gefährlicheren Weg abgedrängt, wenn die Supermächte wirklich befürchten, dass die Klimaerwärmung nicht mehr zu stoppen ist.« Sie hielt inne. Qis Blick war unmissverständlich … NGO-Spinner!

Qi und Anita verbrachten das Wochenende in den französischen Alpen, und anschließend flog der Wissenschaftler zu einem Besuch bei seinen Eltern nach Vancouver. Der Präsident von GEnome-China erhielt Qis Kündigung per Fax, etwa zeitgleich mit einem Aufmacher über manipulierte Lebensformen in den Weltmeeren, der in der *International Herald Tribune* erschienen und vom Brüsseler Büro übermittelt worden war. Suyuan Wu hatte die Geschichte über ihren eigenen Blog bei der Chinese Independent News Agency veröffentlicht und dann das Belastungsmaterial in Form von CDs und E-Mail-Ausdrucken an die konventionellen Medien weitergegeben, um diese erstaunliche Geschichte zu unterfüttern.

Der Versuch von GEnome, die Endod-Forschung zu unterdrücken, war den großen Zeitungen nur einen kleinen Textkasten zum Hauptartikel wert und wurde in den Fernsehnachrichten auch nur beiläufig erwähnt – was keine Überraschung war.

Die klammheimlichen Verstöße gegen die Entscheidung des Internationalen Gerichtshofs, der Skandal um Terra-Formas wandernde Mikroben, die Bedrohung, die sie für die Umwelt bedeuteten, und die Komplizenschaft der Regierungen Chinas, Indiens und der USA beherrschten tagelang die Schlagzeilen. Die sonst so verschlafen agierenden Nachrichtenagenturen hatten Blut geleckt, erweiterten ihre Recherchen auf beide Konsortien, und weitere Geschichten über wissenschaftliches Abenteurertum und Scheitern unterhielten das Publikum bis weit in die Herbstzeit in der gemäßigten Zone hinein.

Die Art, in der dieser Skandal an die Öffentlichkeit gelangte, sorgte für ein Zerwürfnis zwischen Qi und Anita. WHO Watch hatte gewollt, dass die Sache erst bekannt wurde, wenn man einen Plan für das weitere Vorgehen parat hatte. Anita hatte nicht mitbekommen, dass Suyuan Wu – die von Qi instruiert worden war, alles zu veröffentlichen, sobald er in Vancouver sei – die nötigen Informationen bereits vorlagen. Qi hatte mit seinem Wissen geprahlt, und Anita war davon ausgegangen, dass WHO Watch die Geschichte ans Licht bringen und auf dieser Veröffentlichung eine Kampagne aufbauen würde. Qi wiederum genoss die Aufmerksamkeit der Medien für den heldenhaften »Enthüller«, der ausgepackt und zwei Konsortien zu Fall gebracht hatte – Terra-Forma und Atom-Sphere. WHO Watch und ihre Partnerorganisationen in New York setzten dennoch alle Hebel in Bewegung, um den Skandal in eine politische Strategie umzumünzen.

2022: WHO Watch und ihre Namensvettern, die in der täglichen Arbeit andere Behörden in anderen Städten beobachteten, hatten auch die massiven Bemühungen der Bauern und Welthandels-Aktivisten verfolgt, die gegen BANG und den Technology Transfer Treaty kämpften. Anita tat ihr Möglichstes, um die Bauern-Organisationen und Gesundheits-Netzwerke mit Informationen zu den Genfer Verhandlungen zu versorgen. Wochenlang gaben sich in ihrem Wohn- und Gästezimmer Bauern die Klinke in die Hand, die nach Genf gekommen waren, um die Verhandlungen zu verfolgen und nach Kräften zu stören. Die Gesundheitsbewegung hatte sich auf der gemeinschaftlichen wie auch auf der kommunalen Ebene mit der Bewegung für Nahrungsmittelautonomie verbündet. Unter den Leuten, die auf Anitas Fußboden schliefen und ihren Kühlschrank plünderten, waren auch Freunde ihrer alten Freundin Marta Flores. Auf diese Weise lernte sie João Sergio kennen. Nach den jüngsten Skandalen war der TTT ernsthaft gefährdet. Anita wusste, dass ein koordinierter Vorstoß der sozialen Bewegungen und NGOs den Sieg bringen konnte.

Marcolino di Gaspar bot dem abtrünnigen kanadischen Wissenschaftler Qi Qubìng schon bald nach dessen Kündigung bei GEnome den neu geschaffenen Posten eines Direktors der WHO-Kampagne gegen die Bilharziose an. Qi nahm dieses Angebot mit der gebotenen Vorsicht an. Er hätte eine akademische Karriere in Vancouver vorgezogen, doch andererseits lebte Anita in Genf. Der Streit zwischen ihnen war zum Zeitpunkt seines Umzugs nach Genf beigelegt, die Intensität der früheren Beziehung erreichten sie allerdings nie wieder.

Kurz nachdem Qi sein Amt in Genf angetreten hatte, flogen die beiden zu einem gemeinsamen Wochenende nach London. Es war in der Anfangszeit der Reality-Me-Internet-Explosion, und als Anita am zweiten Abend aus der Dusche kam, saß Qi wie gebannt an seinem Laptop und betrachtete noch einmal die Bilder vom Tag, den sie mit Fußgängertouren in der Stadt verbracht hatten. Qi sah Anita über die Schulter hinweg mit einem besorgten Stirnrunzeln an. »Habe ich in diesen Hosen einen dicken Hintern?«, fragte er.

Reality Me war die größte Sache seit Facebook. In Städten wie London, in denen es von Beobachtungskameras nur so wimmelte, konnte jeder, der die entsprechende Software herunterlud, die eigenen Bewegungen im städtischen Raum aufnehmen und nach Belieben abspielen, denn die Kameras folgten jedem Ortswechsel quer durch die Stadt. Abends konnte man den Film dann herunterladen und mit einem Audioband synchronisieren. Es wurde von einem Mikrofon aufgezeichnet, das meist in einem Ohrring oder auf einer Brille versteckt war. Die Menschen konnten das Tagesgeschehen noch einmal betrachten, konnten zusehen, wie sie durch die Straßen der Stadt spazierten, Unterhaltungen mit Freunden und Nachbarn weiterführen, ja sogar audiovisuelle Clips an Freunde verschicken oder auf YouTube und Facebook hinterlegen. Millionen von Menschen waren auf das Nacherleben ihres Alltagslebens fixiert. Die unter Dreißigjährigen eilten nach Hause, um sich die eigene Tagesstrecke anzusehen.

Anita, ihre Freunde und etwa die Hälfte der Menschheit fanden die narzisstische Internet-Erfahrung widerlich. Dreihundert Millionen Menschen – zu denen offensichtlich auch Qi Qubìng zählte – hatten andere Gefühle. Für die Beziehung der beiden war das ein weiterer Rückschlag.

An anderen Fronten gab es gute Nachrichten … Innerhalb von 18 Monaten nach Qis Amtsantritt bei der WHO wurden die von Bauern in Äthiopien und Tibet gezüchteten Endod-Arten in weiten Gebieten Afrikas und Asiens angebaut und verteilt und drängten die von der Bilharziose ausgehende Bedrohung rasch zurück.

GENF 2023: Qi, der in Vancouver aufgewachsen war, hielt sich für einen Snowboard-Experten und vielseitigen Wintersportler. Deshalb empfand er ein besonderes Unbehagen, als er seinen Rollstuhl in das kleine Genfer Restaurant schob, um mit Anita, Suyuan Wu und Alitash Teferra zu Abend zu essen. »Bist du auf einer verirrten Sushi-Rolle ausgerutscht?«, fragte Su besorgt.

»Zweifüßigkeit wird überbewertet«, antwortete er mit einem strahlenden Lächeln.

»Er hat beinahe das indische Ski-Team dezimiert«, erklärte Anita und ließ sich in den Stuhl neben ihm nieder. Alitash lachte und umarmte beide liebevoll. Die äthiopische Diplomatin hatte eine Konferenz von Handelsmissionen in Genf mit einer Sitzung von Anitas Beirat verbunden, und Su war mitgekommen, um zu sehen, wie es Qi so erging.

Bei der Vorspeise lenkte Qi das Gespräch auf einen OECD-Bericht über neurales Monitoring, den er eben erst gelesen hatte. »Jetzt können sie mit 70-prozentiger Zuverlässigkeit erraten, was du denkst, wenn du am Flughafen durch die Sicherheitsschleuse gehst«, sagte er zu den beiden Frauen. »Sie sagen, in 18 Monaten seien sie bei 90 Prozent.«

»Nicht schlecht«, sagte Anita mit einem Grinsen. »Ich kann jetzt schon mit 90-prozentiger Sicherheit erraten, was du denkst.«

»Sie auch.« Alitash stieß Su mit dem Ellenbogen an.

Die Journalistin ignorierte sie. »Ich weiß Bescheid über die raschen Fortschritte in den Neurowissenschaften, aber wir müssen auch darauf achten, was mit altmodischen Computern und in der Telekommunikation geschieht.« Sie beugte sich vor: »Habt ihr schon mal von ›Cloud Control‹ gehört?«

Cloud Control, erklärte Su, war die Fähigkeit der neuen Supercomputer, Echtzeit- und archivierten Internetverkehr (Telefongespräche, E-Mails und SMS) so zusammenzupacken, dass soziale Probleme mit hohem Konfliktpotenzial erkennbar wurden. Cloud Control konnte die frühesten Entstehungsphasen eines neuen Trends ausmachen, die Ursprünge nachzeichnen, die geografischen »Hotspots« ermitteln und abweichende oder ablenkende Gegengeschichten konstruieren, um so die Bewegung zu zerstreuen, noch bevor sie sich ihrer Existenz überhaupt bewusst war.

Die Supercomputer konnten aus dem SMS-Verkehr und den sozialen Netzwerken die Meinungsführer herausfiltern und sogar deren Zusammenkünfte überwachen. Die »Quants« (quantitative Analysten), die mit ihren ausgefeilten Algorithmen die Wall Street beherrscht hatten, taten jetzt ihre Pflicht, indem sie dieselbe Systemlogik auf die Kommunikationsmittel anwendeten.

Die Journalistin sah von ihrem Dessertteller auf. »Die Gang muss nicht in unsere Gehirne eindringen und unser Trinkwasser auch nicht mit Drogen versetzen. Wir bezahlen Geld dafür, dass alles über das Internet läuft, und sie müssen nur noch die Puzzleteile zusammensetzen. Das ist billig, effektiv und politisch nicht nachweisbar«, verkündete sie mit Trauer in der Stimme.

Qi war skeptisch. »Du meinst also, dass das neurale Monitoring – Gedankenlesen und Manipulation – gar nicht nötig ist?«

»Es ist zu riskant«, erwiderte Su. »Die Wahrscheinlichkeit, Fehler zu begehen und entdeckt zu werden, ist riesengroß, und über die Auswirkungen eines solchen Skandals würde jede Regierung stürzen. Warum sollte man ein solches Risiko auf sich nehmen, wenn man nur die Angst ansammeln und das Internet mit einem sozialen Gegengift immunisieren muss?«

»Ich glaube, ich bleibe in meinem Rollstuhl sitzen«, sagte Qi. Anita betrachtete ihn: »Dann würde dein Hintern tatsächlich breiter.«

2024: Anita und ihre Kollegen hatten ein Konzept entwickelt, mit dem man den Verhandlungen über den Technology Transfer Treaty eine völlig andere Richtung geben konnte. Gemeinsam mit Bauern und Umweltschützern erarbeiteten sie die Internationale Konvention zur Beurteilung neuer Technologien (International Convention on the Evaluation of New Technologies, ICENT) und gewannen für diesen Vertrag die mehrheitliche Unterstützung der Staaten Afrikas, Asiens und Lateinamerikas. Die unternehmerische Seite der Gang schäumte vor Wut, aber ihre politischen Geschwister mussten vorsichtiger sein. China und Indien hielten sich zurück. Europa war uneins und Nordamerika hielt mürrisch dagegen.

ICENT war in formaler Hinsicht ein Anhang zum TTT, aber mit diesem Anhang verband sich eine völlig neue Herangehensweise. Einige Klauseln des Vertrags beschäftigten sich anstandshalber tatsächlich mit Technologietransfer, aber die eindeutige Stoßrichtung dieses Zusatzvertrages war es, der internationalen Gemeinschaft einen Mechanismus für die Überwachung neuer Technologien an die Hand zu geben. Er sollte verhindern, dass Technologien das Gemeinwohl bedrohten, und den Menschen, die konstruktive soziale Ziele unterstützten, die Arbeit erleichtern.

Alitash Teferra fasste den Inhalt des Vertrags für ihre Kollegen in der Afrikanischen Union zusammen: »Im schlimmsten Fall«, berichtete sie, »wird durch diesen Vertrag das alte UN-Zentrum für Wissenschaft und Technologie für die Entwicklung wieder eingesetzt, das Ende der 1970er-Jahre eingerichtet und Anfang der 1990er-Jahre wieder dichtgemacht wurde. Einige Bestimmungen des Vertrags werden es uns gestatten, Unternehmen zu überwachen, aber das geht nicht über das hinaus, was wir schon hatten, als es noch ein UN-Zentrum für Multinationale Konzerne gab. Auch das wurde Anfang der 1990er-Jahre abgesägt. Im günstigsten Fall werden die Vertragsbestimmungen uns einen Einfluss auf einige Technologie-Entscheidungen ermöglichen, während wir zugleich die Möglichkeit haben, machtvolle Technologien auf der Grundlage einer sorgfältigen Beurteilung nach sozialen und wissenschaftlichen Gesichtspunkten zu akzeptieren oder, was natürlich viel wichtiger ist, abzulehnen.«

Der Vertrag führte zu einer Spaltung unter den NGOs. Einige wollten nur einen Kontrollmechanismus haben, mit dem sich Geo-Engineering und andere Experimente mit Katastrophen-Potenzial überwachen ließen. Andere wollten den Vertrag zu einer Art Umwelt- und Anti-Unternehmens-Interpol ausbauen, die Straftäter vor den Internationalen Strafgerichtshof bringen konnte. Eine weitere Fraktion, für die Anita die meisten Sympathien hegte, vertrat die Ansicht, dass jeder Vertrag, der die Zustimmung von Regierungen finde, die Tinte nicht wert sei, mit der er unterschrieben werde.

Anita dachte allerdings – und hier waren WHO Watch und die zuletzt genannte Fraktion verschiedener Meinung –, dass die UN-Debatte für strengere nationale Gesetze förderlich sein könnte. Die kleine indische Aktivistin sagte ihren Kollegen bei einer stürmischen Sitzung im Speisesaal des Genfer Hotels Mon Repos, ihr sei der Ausgang der UN-Debatte völlig gleichgültig, wenn sie nur die nationalen Regierungen zu eigenem Handeln zwinge.

Eine alte Aktivistin aus Uruguay mit langer Erfahrung in Technologie-Schlachten war dennoch anderer Meinung:»Das glaubten wir auch noch, als wir vor dreißig Jahren auf ein Protokoll für biologische Sicherheit drängten«, sagte sie zu Anita. »Wir bekamen ein fürchterliches Protokoll, das nichts bewirkte und es der Gang ermöglichte, den nationalen Regierungen Biotechnologie aufs Auge zu drücken. Hilfsprogramme wurden zu Übungen für den ›Kompetenz-Aufbau‹ umgewidmet, mit denen die besten Wissenschaftler des Südens zu Aufsichtsbeamten ausgebildet werden sollten, damit die Regierungen ihre Bürgerinnen und Bürger überzeugen konnten, die Einführung gentechnisch veränderter Pflanzen sei sicher. Das Protokoll war ein trojanisches Pferd, und die Biotechnologie entwickelte sich rasant.«

Andere Teilnehmer widersprachen dem.»Aber heute«, rief ein junger philippinischer Aktivist dazwischen,»gibt es keinerlei Überwachung auf nationaler oder internationaler Ebene, und nichts kann die Unternehmen daran hindern, neue Technologien so einzuführen, wie es ihnen beliebt. Wie könnte da irgendetwas noch schlimmer werden?«

Schließlich fand die Gruppe zur ICENT-Kampagne einen gemeinsamen Nenner und einigte sich darauf, auf die Verabschiedung von ICENT zu drängen, ließ aber zugleich die Möglichkeit offen, dass die Gruppe die Initiative aufgeben könnte, falls die Verhandlungen in eine Sackgasse gerieten.

Anita stöberte spät abends im Internet bei Wikipedia – das von Usern geschriebene und bearbeitete Online-Lexikon war nach wie vor beliebt –, als ihr urplötzlich eine alternative Strategie in den Sinn kam: Man könnte Cloud Control einfach umkehren. Das Internet-Lexikon war durch die Zusammenarbeit Zehntausender von Usern entstanden, die Millionen von Einträgen auf den Weg brachten, redigierten und weiter ausbauten. Die User setzten im ständigen Bemühen um Qualitätsverbesserung ihre eigenen Moderatoren und Mediatoren ein. Wikipedia war 2001 gegründet worden – im Jahr des Weltsozialforums –, war rasch gewachsen und erreichte (manche sagten: übertraf) den Qualitätsstandard der Encyclopaedia Britannica. Warum machte man also die Überwachung und Bewertung von Technologie nicht zu einem interaktiven Internet-Prozess, der allen Interessenten auf den ganzen Welt offenstand?

Eine erste Test-Spende eines kleinen amerikanischen Finanzierungs-Konsortiums bereitete innerhalb von vier Monaten den Boden für eine erhebliche, auf drei Jahre angelegte Zuwendung eines Computerfreak-Milliardärs aus Bangalore. Der laufende Betrieb einer gut eingeführten interaktiven Website wäre nicht teuer, aber die wirklichen Kosten waren mit der Zeit und Energie verbunden, die man brauchte, um einen Grundbestand verlässlicher und glaubwürdiger Autoren zu gewinnen, die im Hintergrund arbeiteten und *Technologypedia* so viel inhaltliches Gewicht verliehen, dass große Besucherzahlen und weitere Autoren angelockt wurden.

Die Strategie bestand darin, die zwischenstaatlichen Machenschaften bei Vertragsverhandlungen auszuhebeln, indem man einen sehr viel höheren zivilgesellschaftlichen Standard für die Überwachung und Bewertung von Technologien schuf. Das Kampagnenteam setzte dabei auf anonyme Aufsichtsbeamte aus Regierungskreisen sowie auf Insider aus Wissenschaft und Industrie. Sie alle sollten die Arbeit der NGO-Aktivisten ergänzen und gemeinsam eine inhaltlich zuverlässige und einflussreiche Website schaffen.

Es musste ein transparentes und vielsprachiges System der Technologiebewertung im Netz verfügbar sein, das immer wieder schnell auf den neuesten Stand gebracht wurde und Beiträge zu den sozialen, wirtschaftlichen, gesundheitlichen und ökologischen Auswirkungen einer neuen Technologie aufsaugte. Dann kämen die Aufsichtsapparate der Regierungen in politische Schwierigkeiten, wenn sie versuchten, deutlich unter dieser öffentlichen Messlatte zu bleiben. Auch wenn sich ICENT zu einem nicht bindenden Verhaltenskodex entwickelte, würde die politische Realität einen hohen Grad an Übereinstimmung mit dem NGO-Standard erzwingen.

NEW YORK 2027: Es funktionierte. *Technologypedia* wurde am Eröffnungstag der dritten Verhandlungsrunde des zwischenstaatlichen TTT/ICENT-Komitees bei einer Pressekonfenz im Church Centre for the United Nations vorgestellt. Ein Bericht über diese Veranstaltung schaffte es auf die erste Seite des Wirtschaftsteils der *New York Times* und nahezu aller anderen wichtigen Medien, die über die Wirtschafts- und Finanzwelt berichteten.

Diese Ankündigung war leider nicht das am besten gehütete Geheimnis der Zivilgesellschaft. Gerüchte zum bevorstehenden Start des Projekts waren schon seit Monaten im Umlauf gewesen. Die Gang schlug mit einer überzogenen Kritik der Schöpfer von *Technologypedia* und des für die Finanzierung des Projekts zuständigen Kampagnen-Komitees sofort zurück. Trotz alledem bezeichnete eine gut koordinierte Prozession von Nobelpreisträgern und ehemaligen Aufsichtsbeamten *Technologypedia* als glaubwürdiges und lobenswertes Unterfangen.

Noch während der Entwicklungsphase von *Technologypedia* erhielt – oder besser: enthüllte – das NGO-Team ein halbes Dutzend wundervoller Beispiele für technische Fehlschläge, regulatorische Fehlleistungen und die Korruption in den Konsortien. Anita riet dem Team klugerweise, mit der Veröffentlichung der Skandalberichte bis zum Start der Website zu warten. Dann erschienen während der gesamten Konferenzzeit von drei Wochen die Berichte, jeweils zwei pro Woche, auf der *Technologypedia*-Website. *Technologypedia* wurde zum am hellsten leuchtenden Stern im Netz, keine andere Website, die weder mit Chat noch mit Unterhaltung zu tun hatte, wurde in der gesamten Geschichte des Internets so oft angeklickt.

NEW YORK 2030: Anita hatte, aller anfänglichen Medienhysterie und regierungsamtlichen Begeisterung zum Trotz, die Hoffnung fast schon aufgegeben, dass sie das Inkrafttreten des ICENT-Vertrags, für den sie so lange gekämpft hatte, noch erleben würde. Als der Tag schließlich doch noch kam, sieben Jahre nach Verhandlungsbeginn, musste sie sich selbst in den Arm kneifen. Sie stand im Zuschauerbereich des Großen Sitzungssaals der UN-Vollversammlung und applaudierte mit all den anderen, als der Generalsekretär das Inkrafttreten des Vertrags verkündete. Warum sie dafür aufgestanden war, wusste sie selbst nicht so genau. Sie setzte sich schnell wieder hin, ohne dass es allzu sehr auffiel. Das war schließlich der lausige Text, mit dem sie gerechnet hatte.

Ja, es würde eine zwischenstaatliche Arbeitsgruppe geben, die neue Technologien überwachte und Berichte herausgab, die auf öffentlichen Hearings basierten. Ja, die Arbeitsgruppe erhielt für ihre Arbeit auch etwas Geld und eine bescheidene personelle Ausstattung. Und ja, es bestand eine Verpflichtung, auf technologische Vielfalt zu achten – um sicherzustellen, dass die Welt bei der Technologie nicht alles auf eine Karte setzte – und Geldmittel bereitzustellen, damit auslaufende Technologien, die sich in ferner Zukunft vielleicht einmal wieder als nützlich erweisen könnten, zuverlässig archiviert wurden.

Doch welche Überraschung: Der Vertrag war zahnlos. Auf dieser Grundlage konnte man überwachen, man konnte beraten, man konnte sogar vorschlagen, dass bestimmte Technologien nicht auf den Markt gelangen oder zurückgezogen werden sollten … aber es gab keine rechtliche Handhabe, mit der sich irgendetwas durchsetzen ließ.

Dennoch verband sich mit diesem Vertrag eine erhebliche moralische Autorität, und Technologypedia arbeitete sieben Tage in der Woche konsequent für das Ziel, die Öffentlichkeit wachzurütteln und die Aufsichtsbehörden zur Ehrlichkeit anzuhalten. Für die Gang war das Ignorieren eines ICENT-Rats mit einigem Risiko verbunden. Der alte Vertrag von 1978, der jede Manipulation der Umweltbedingungen zu Kriegszwecken verbot, wurde dahingehend erweitert, dass allen Staaten jegliche Manipulation der Umwelt verboten wurde, wenn nicht die ausdrückliche Zustimmung einer Zwei-Drittel-Mehrheit der Vollversammlung vorlag. Das, räumte Anita ein, war der Mühe wert gewesen.

Am glücklichsten war WHO Watch allerdings über die Zahl der nationalen Gesetze – bisher waren es 37, und es wurden noch mehr –, die mittlerweile verabschiedet worden waren und auch einen Strafkatalog enthielten.

RÜCKBLICK NACH GENF: Marcolino di Gaspar hatte den Posten des WHO-Generalsekretärs im Januar 2012 angetreten, war 2017 wiedergewählt worden und bis 2024 im Amt geblieben. In dieser Zeit hatte sich viel geändert …

Für die Mitarbeiter im Genfer Hauptquartier unmittelbar sichtbar war, dass das Podest, das den Schreibtisch in seinem Amtszimmer im vierten Stock 30 Zentimeter über die Umgebung erhob, entfernt wurde. An seinem zweiten Arbeitstag stellte sich di Gaspar in der WHO-Cafeteria im ersten Stock zur Mittagszeit in die Essensschlange. Di Gaspar, ein äußerst schüchterner Mann, konnte in seinen zwölf Amtsjahren in aller Bescheidenheit für sich in Anspruch nehmen, dass er mehr Mahlzeiten in der Cafeteria eingenommen hatte als irgendwo sonst in Genf.

Die US-Delegation war dennoch aufgebracht, als der neue Generaldirektor im August, während ein großer Teil der Mitarbeiter im Urlaub war, für die Renovierung seines Hauptquartiers ein kleines Vermögen ausgab. Die Gebäude wurden buchstäblich ausgeweidet, die langen, unpersönlichen Korridore verschwanden und wurden durch eine offenere und kollegialere Büroumgebung ersetzt, von der eine Aufforderung ausging, mehr miteinander zu sprechen. Die amerikanische Entrüstung hatte sich endgültig erledigt, als die eigenen Staatsbürger im Mitarbeiterstab zeigten, dass sie hinter dieser Veränderung standen: Sie veranstalteten in ihrem neuen Foyer ein Geburtstags-Frühstück für den Generaldirektor.

Progressive Historiker hatten di Gaspar zu Recht angelastet, dass er an der Politik- und Programmfront mehr versprochen habe, als er einlösen konnte. Eher wohlgesinnte Zeitgenossen sagten, er habe zwar die WHO-Programme und -politik nicht so weit nach links verschoben, wie sich das einige vielleicht gewünscht hätten, doch er habe zumindest die Türen geöffnet. Indigene Völker und ihre Organisationen, städtische und ländliche Gesundheitsbündnisse, NGOs, die die Pharmaindustrie überwachten, Frauen und ganz besonders die Bewegung für die Rechte der Behinderten wurden ermutigt, bei den zwischenstaatlichen Diskussionen der WHO und in der Programmentwicklung eine aktive Rolle einzunehmen.

Die WHO nahm bei der Aufforderung zu Debatten über neue politische Konzepte eine konsequent auf eigene Initiative setzende, höchst aktive Rolle ein. Die Organisation wurde auch zum aktiven Verteidiger des Zusammenhangs zwischen Gesundheit und Ernährung und überraschte die Regierungen konsequenterweise mit der Unterstützung von Food Sovereignty, Peoples' Health Movement, Community Supported Agriculture und anderen Organisationen und Bewegungen.

Die WHO-Mitarbeiter traten jetzt bei internationalen Handelsgesprächen und in Menschenrechtskomitees als fördernde – wenn auch manchmal etwas wichtigtuerische – Verbündete von Bewegungen auf, die für die Unverwüstlichkeit der Basisgemeinden eintraten und gegen eine Globalisierung nach den Vorstellungen der Unternehmen kämpften. Di Gaspar selbst scheute sich nicht, mit dem Finger auf Regierungen zu zeigen, die sich nicht um die Bedürfnisse ihrer Bevölkerung kümmerten oder internationale Gesundheitsabkommen nicht respektierten.

Doch die Amtszeit dieses Generaldirektors war kein Aschenputtel-Märchen. Nach dem vorsichtigen Abtasten im ersten Jahr traten die Industrieländer des Nordens bei den WHO-Haushaltsdebatten hart auf und nahmen den Behördenchef nach und nach an die Kandare. Diese Vorgehensweise hatte einen gewissen Erfolg. Der Generaldirektor verlor unter dem Druck der Budget-Drohungen und ständigen Querschüsse der verschiedenen zwischenstaatlichen Komitees zuweilen sein Gespür für Ausgewogenheit und gab mitunter zu schnell nach. Unmittelbar vor dem Ende seiner Amtszeit gelang di Gaspar allerdings eine echte Neuerung für den Bereich der UN-Behörden. Er setzte eine Politik des freien Zugangs zu Informationen durch, die akkreditierten Organisationen aus dem NGO-Spektrum das Recht gab, behördeninterne Dokumente einzusehen und bürokratische Entscheidungsprozesse in einem bis dahin unbekannten Ausmaß zu kritisieren.

Die WHO-Kritiker verwiesen natürlich gerne darauf, dass die ILO, die UNESCO und die FAO ebenfalls eine NGO-freundliche Politik eingeführt hätten, ohne die Geburtswehen und den Druck, den es bei der WHO gegeben habe. Mitte der 2020er-Jahre hatte das gesamte UN-System einen offeneren Arbeitsstil entwickelt. Einen Stil, meinten die Zyniker, der die UN nicht so weit über die alles andere als friedlichen 1970er-Jahre hinausführte und eher an diese Zeiten erinnerte als ans 21. Jahrhundert.

Als der alte UN-Generalsekretär nach einem Schlaganfall zurücktreten musste, stand außer Frage, dass sich die UN-Vollversammlung und der Sicherheitsrat für einen transparenten Wahlvorgang entscheiden würden, einschließlich einer Kontrolle durch die NGOs. Zahlreiche Kritiker behaupteten zwar, das UN-System habe nur seinen Stil, nicht aber die Substanz angepasst, viele andere hielten es jedoch für ein wichtiges Forum zur Einführung neuer Fragen.

WHO Watch übte – aus der Sicht von Außenstehenden – nach wie vor konstruktive Kritik. Di Gaspar und Anita Krishna gerieten öfter aneinander. Es gab Zeiten – manchmal hielt das fast ein Jahr an –, in denen sie überhaupt nicht miteinander sprachen. Bei di Gaspars Verabschiedung war Anita jedoch die NGO-Stimmführerin bei einer stehenden Ovation auf der Zuhörertribüne. Di Gaspar wusste, dass Anita bei dieser Gelegenheit erst das dritte Mal in der Kammer gewesen war. Als die nächste Wahl anstand, suchte WHO Watch aktiv und fand fünf glaubwürdige Kandidaten – drei davon kamen aus den Großregionen des Südens, zwei aus dem Norden. Die Kandidaten wurden in öffentlichen Anhörungen und im Internet auf Herz und Nieren geprüft, und die Wahl war so offen und fair, wie es bei solchen Gelegenheiten eben möglich ist. Manchen Leuten (darunter auch viele Mitglieder von WHO Watch) war ein gutes Amtsverständnis besonders wichtig – ein ehrlicher und anständiger Manager. Andere wollten einen visionären Anführer haben, und wieder anderen (die natürlich auch die Einhaltung eines adäquaten Standards akzeptierten) war der personelle Wechsel von Region zu Region am allerwichtigsten. Letztlich waren die Mitglieder von WHO Watch mit dem Wahlergebnis nicht ganz unzufrieden.

Anil Patel, der längst vergessene ehemalige Generaldirektor, verteidigte seine Leistungsbilanz bis ans Ende seines Lebens. In seiner nach seinem Tod im privaten Rahmen veröffentlichten Autobiographie erklärte er, seine Wahlstrategie und Einstellungspolitik seien bei den Vereinten Nationen üblich gewesen – eine exakte Kopie der Praktiken, wie sie beispielsweise die FAO und andere Behörden pflegten. Er sei, so klagte er, ein unschuldiges Opfer der alternativen Weltmacht gewesen – der Aktivisten der Zivilgesellschaft.

POSTSKRIPTUM, GENF 2035: *Qi Qubing drückte auf die Fernbedienung, und die Szene von der Stockholmer Zeremonie verschwand vom Flachbildschirm an der Wand gegenüber. Es ging ihm gut. Er besah sich die Stapel mit roten Zettelchen versehener Aktenmappen, die seinen Schreibtisch bedeckten, und räumte sie in eine Schublade. Qi hatte versprochen, an diesem Wochenende nach Schweden zu kommen, weil er dort ein paar alte Freunde besuchen wollte. Er freute sich auf diese Reise. Inga Thorvaldson, die Friedensaktivistin, gab in Uppsala eine Party für die Träger des Right Livelihood Awards. Die vor über einem halben Jahrhundert erstmals verliehene wichtigste globale zivilgesellschaftliche Anerkennung guter Werke war allgemein als Alternativer Nobelpreis bekannt geworden. Die RLA-Preisträger wurden jedes Jahr im Dezember, vor der Verleihung des Friedensnobelpreises, mit einem Festakt im schwedischen Parlament geehrt, der unter dem Vorsitz des Königs stand. In jenem Jahr erhielt der Beiratsvorsitzende von WHO Watch stellvertretend für die Organisation einen der drei Preise. Unter diplomatischen Gesichtspunkten wäre es eine Beleidigung, wenn er als amtierender Generaldirektor der WHO dabei nicht anwesend wäre, und außerdem würde Anita dort sein. Qi schwenkte seinen Stuhl herum, schaute aus dem Fenster und auf den See hinaus, auf dem in der klaren Dezemberluft die Lichter der Stadt funkelten. Nach einigen Augenblicken sprang er auf und ging zur Tür. Bis zum Abflug war noch etwas Zeit. Er war hungrig, und die Cafeteria war immer noch geöffnet. Qi aß, seinem Stil entsprechend, nicht so oft in der Cafeteria wie der ehemalige Generaldirektor. Aber am Freitag gab es dort Pizza.*

WIE GEHT ES WEITER, NR. 2:
GIBT ES SPIELRAUM FÜR KOMPROMISS UND DIALOG?

Tod durch 1.000 Konferenzen

Dialoge zwischen einer Vielzahl interessierter Parteien sind von Natur aus elitär und spalterisch, sie erzeugen Misstrauen in der NGO-Gemeinde, lenken die Aufmerksamkeit ab und sorgen für Zielverwirrung. Auf dieses Spiel sollten wir uns nicht einlassen!

»Open Sourcing«

Wenn Verhandlungen zwischen zahlreichen interessierten Parteien jedoch transparent bleiben und nach außen gut sichtbar gemacht werden, können sie für Medien-Aufmerksamkeit und Spender-Unterstützung sorgen – und einer Vielfalt nationaler NGOs und sozialer Bewegungen Chancen eröffnen, zusammenzukommen und sich zu organisieren. Bei Regierungen und in zwischenstaatlichen Bereichen könnten sich auch Verbündete finden lassen.

Fünfte Kolonne

Solange die »Insider/Outsider«-Ausrichtung klar ist, können Konferenzen vieler interessierter Parteien eine ausgezeichnete Chance bieten, an nützliche Informationen zu kommen und anspruchsvolle Tätigkeits- und/oder Kampagnen-Strategien zu entwickeln. Die Entscheidung über eine Teilnahme hängt von der Art des Problems und den Bedürfnissen der NGOs zu diesem bestimmten Zeitpunkt ab. Ein Dialog ist ein – sparsam einzusetzendes – taktisches Element.

WIE GEHT ES WEITER, NR. 3:
»BEWEGEN« WIR WIRKLICH ETWAS ODER »RÜTTELN«
WIR NUR AN ETWAS?

Aufgerüttelt – aber nicht bewegt

Wir können wohl bestimmte Dinge auf die Tagesordnung setzen, aber die Gesellschaft nicht zum Handeln bewegen. Vielleicht sind unsere schwachen Verbindungen zu gesellschaftlichen Bewegungen das Problem. Die Organisationen der Zivilgesellschaft können vielleicht bestenfalls die Aufmerksamkeit auf bestimmte Fragen lenken und dann darauf hoffen, dass sich für andere die politische Gelegenheit ergibt, unsere Positionen zu übernehmen. Manchmal erwarten wir zu viel von unseren kleinen Gruppen.

Manchmal eine großartige Bewegung

Wir hatten aber auch Erfolge zu verzeichnen: die Friedens- und Anti-Atomkraft-Bewegung, die Fortschritte in der Schuldenfrage und bei Landminen, bei der Stillkampagne, Pestizid-Protokollen, Saatgut-Verträgen, Moratorien bei der gentechnischen Veränderung von Pflanzen und der Entwicklung von Terminator-Genen sowie bei der Ozeandüngung und bei effektiven Interventionen in militärischen Konflikten.

Eine bewegende Zeit

Wir können sehr viel erreichen. Wir setzen unsere Ressourcen sehr effektiv ein und haben einen Wissensschatz angehäuft und Netzwerke aufgebaut. Beides zusammen sollte es uns ermöglichen, langfristige politische Strategien zu entwickeln, mit denen sich wirklich etwas erreichen lässt. Die Fähigkeit des »Dritten Systems«, des Volkes, Veränderungen zu bewirken, haben wir gewaltig unterschätzt.

WIE GEHT ES WEITER, NR. 4:
LEIDEN WIR AM »STOCKHOLM-SYNDROM«?
VERÄNDERT DIE ZIVILGESELLSCHAFT BESTIMMTE STRUKTUREN
ODER ERMÖGLICHT SIE DIESE STRUKTUREN ERST?

Vergesst die Vereinten Nationen

Es passt nicht zusammen, wenn man erklärt, dass selbst sogenannte liberale demokratische Regierungen im stillschweigenden Einverständnis mit der Industrie handeln, und zugleich die NGOs drängt, zwischenstaatliche Organisationen als irgendwie für das Volk repräsentativ zu betrachten. Was auch immer in den UN-Sekretariaten noch an fortschrittlichen Tendenzen übriggeblieben ist: Es schwindet rasch dahin. NGO-Arbeit auf der UN-Ebene fördert elitäres Gehabe und entzieht der wirklich wichtigen Arbeit an der gesellschaftlichen Basis Ressourcen und Aufmerksamkeit.

Zu anderen Zwecken

UN-Foren – einschließlich der Vollversammlung und des Menschenrechtsrats, aber auch bestimmter Behörden für bestimmte Zwecke – bieten nationalen NGOs und internationalen Problemen allerdings manchmal auch die seltene Gelegenheit zu weltweiter Medienaufmerksamkeit und politischer Beachtung. Das kann sich auf lokaler und/oder globaler Ebene günstig auswirken. Die Kampagnen für die Rechte indigener Völker, der Einsatz gegen schädliche Babynahrung und auch die Pestizid- und Saatgut-Kampagnen haben alle durch die Nutzung von UN-Instrumenten und -Foren breite Unterstützung erhalten.

Für liebevolle Strenge

Schlechte zwischenstaatliche Körperschaften sollten wir genauso engagiert bekämpfen wie schlechte Regierungen. UN-Organisationen sind der »weiche Unterbauch« des heimlichen Zusammenwirkens von Regierungen und Industrie. Durch ein konzentriertes Bemühen der Zivilgesellschaft für eine UN-Reform ließe sich die politisch-organisatorische Struktur aller UN-Organe erheblich verbessern. Gleichzeitig würden diese Organe beim Erregen von Aufmerksamkeit wie auch beim praktischen Handeln zu bestimmten Problemen nützlicher.

Kurs Nr. 2: Frieden
Der Weg aus der Schlacht

Abebe Jideani wurde im Dezember 2035 ohne Schutz vor dem strömenden Regen oder der beißenden Kälte auf den Teerbelag des Terminals 2 in Heathrow hinausgerollt. Die besorgte Helferin, eine nicht mehr ganz junge pakistanische Frau – viel zu alt, um Rollstuhlpassagiere in der Gegend herumzuschieben, dachte Abebe –, deckte ihn trotz seiner Proteste mit ihrem eigenen Mantel provisorisch zu und bestand darauf, den bis auf seine verkümmerten Beine vollkommen gesunden, kaum über dreißig Jahre alten Mann über die Rampe in das bereitstehende Fahrzeug zu schieben. Er schenkte seinen Mitpassagieren ein freundliches Lächeln – es war die übliche Zusammenstellung festgeschnallter, an den Stuhl gefesselter »Behinderter«, die von den Fluggesellschaften auf unterschiedliche Weise als Passagiere mit »besonderen Bedürfnissen« definiert wurden. Abebe hätte sich selbst ohne Weiteres die Fluggastbrücke hinunterrollen und anschließend in aller Ruhe auf den ihm zugewiesenen Sitz krabbeln können, aber die Star Alliance wollte davon nichts wissen. Die Helferin nahm in aller Höflichkeit ihren Regenmantel wieder an sich, winkte noch zum Abschied und musste dann entsetzt mit ansehen, wie das Fahrzeug mit weit offenem Schlag ruckartig anfuhr, um sich auf die Suche nach der passenden Maschine zu machen. Jideani seufzte resigniert und stellte sich innerlich auf den Flug nach Stockholm ein. Der junge Äthiopier wusste: Der Dezember war in Europa eine schmerzliche Erfahrung, das ließ sich nicht umgehen. Nachdem ihn der peitschende Regen in dem offenen Fahrzeug gründlich durchnässt hatte, wurde er in die vordere Kabinenhälfte hinaufbugsiert, wo er dann den Mittelgang hinunter bis zu seinem Sitz kroch. »Bisschen frische Luft vor dem Flug?«, fragte die dunkelhaarige Frau neben ihm. »Sei still«, gab er zurück, »oder ich lasse gleich etwas auf dich hinunterregnen.« Inga Thorvaldson lachte und wechselte das Thema. »Was meinst du denn«, wollte sie wissen, »ist es das Jahr der Lastwagen fahrenden Friedensaktivisten, oder hat das Disability Rights Movement letztlich die verdiente Aufmerksamkeit bekommen?«

»Sie wollten es eigentlich dem Weltsozialforum geben, aber weil sie das schon vor Jahren getan haben, bin ich der Ersatzmann.«

»Das wurde auch Zeit«, sagte sie und tätschelte seinen Arm.

Er lächelte sie an. »Wir sollten das schon irgendwie zusammenbekommen.«

Inga schaltete den Videoschirm ein. »Komm zur Party.«

2005: Die Zeiten waren günstig, und die Warenmärkte boomten. Die Bauern konnten sich nicht mehr erinnern, wann sie für ihre Produkte zuletzt so gute Preise bekommen hatten. Marktanalysten sagten voraus, dass die Nahrungsmittelumsätze im Einzelhandel, die im Jahr 2005 noch bei drei Billionen gelegen hatten, deutlich ansteigen würden, bis 2008 auf mehr als fünf Billionen, und dass sich dieser Trend ungebrochen fortsetzen werde. Mit solchem Optimismus gingen Firmen wie Dow Chemical und Rohm & Haas ihre heiklen Vereinigungs-Rituale an, die aus skeptischen Investmentfonds-Managern fröhliche Geldgeber machen sollten. Doch dann kam das wirkliche Leben dazwischen.

2008: Zur Jahresmitte entwickelten die Schwächen, die sich auf dem US-Hypothekenmarkt gezeigt hatten, ansteckenden Charakter und griffen jetzt unkontrollierbar auf die gesamte Volkswirtschaft über. Gegen Jahresende hatten sich bei einigen Chemiegiganten die eisernen Verpflichtungen zum Kauf von anderen Firmen zum Profit-»Hotspot« für prozessierende Anwälte entwickelt. Alle sahen sich mit einer kollabierenden Volkswirtschaft und rasant abstürzenden Chemikalien- und Pestizid-Verkäufen konfrontiert und wollten nahezu um jeden Preis aus der Fusion aussteigen. Die Unternehmen rüsteten sich für ein länger andauerndes Gefecht und sahen zu, dass sie nicht unbedingt benötigte Mitarbeiter und Pläne loswurden, um die eigene Kriegskasse auffüllen zu können. Eine Fabrik für die Weiterentwicklung von Pestiziden mit angeschlossenem Lagerhaus in der äthiopischen Stadt Kombolcha geriet in diese gewaltigen Auseinandersetzungen um die nötigen Geldmittel und büßte zunächst das Budget für eine neue Sicherheitsausrüstung und dann auch noch den eigenen Sicherheitsbeauftragten ein. Wenige Monate später wurde die Fabrik für einen Bruchteil ihres tatsächlichen Wertes an einen italienischen Unternehmer in Addis Abeba verkauft.

KOMBOLCHA 2012: Schon als kleines Kind genoss Abebe Jideani seinen Sonderstatus. Seine Mutter und sein Vater nahmen sich viel Zeit für ihn, mehr als für seine beiden älteren Schwestern. Sie trugen ihn mit sich herum und spielten mit ihm, bis die Geschwister schließlich erste Symptome von Eifersucht zeigten. Natürlich verstanden die Mädchen, was da vor sich ging. Der Junge wusste, dass Fremde ihn für einen »Krüppel« hielten, weil seine Beine an den Kniegelenken endeten und er keine Füße hatte. Er wusste auch, dass seine Mutter diese Missbildung dem undichten Pestizid-Lagerhaus zuschrieb, das unmittelbar an ihr altes Haus angegrenzt hatte, als die Familie noch an der Hauptstraße wohnte. Als Lehrerin besaß sie ein Buch, in dem die von Pestiziden ausgehenden Giftgefahren beschrieben wurden. Bald nach seiner Geburt zogen sie so weit von diesem Lager fort, wie sie nur konnten, und nur wenig später brannte es vollständig nieder.

Abebes Vater besaß einen Lastwagen, mit dem er in ganz Äthiopien herumkam. Auf einer Strecke transportierte er landwirtschaftliche Gerätschaften, in der Gegenrichtung dann Nahrungsmittel, und wenn es weder Obst noch Gemüse zu transportieren gab, nahm er Leute mit. Manchmal war er wochenlang unterwegs.

Zu Hause in Kombolcha brachte Abebes Mutter ihren Kindern Lesen und Schreiben bei, auf Amharisch und Englisch. Bereits mit acht Jahren war es Abebes besondere Familienpflicht, seiner Mutter und seinen Schwestern laut vorzulesen, während die drei kochten, putzten und nähten. Sie wussten durchaus, dass auch er einen Teil der Hausarbeit hätte übernehmen können, setzten ihn aber lieber auf einen Beistelltisch, wo er im Nachmittagslicht am besten lesen konnte, während sie ihrer Arbeit nachgingen. Er las jedes Buch und jede Zeitung, die seine Mutter nach Hause mitgebracht hatte, und gab seine Kommentare dazu ab.

2012 beschäftigten den Jungen vor allem die politischen Machenschaften, die sich mit Barack Obamas Wahlkampf für eine zweite Amtszeit verbanden, auch wenn sich das weit weg von seiner Heimat abspielte. Seine Familie musste sich Vorträge zu jeder einzelnen Wahlkampfphase anhören, von den Wahlversammlungen der Demokraten in Iowa und den Vorwahlen in New Hampshire bis zum hart umkämpften Nominierungsparteitag im August. Der günstige Standort auf dem Tisch bot dem Jungen eine hervorragende Plattform für engagierte Vorträge, mit denen er seinen Schwestern die Feinheiten der amerikanischen Politik in der Rassenfrage erklärte.

Abebe bastelte außerdem für sein Leben gern. Wenn sein Vater zu Hause war, sah man die beiden oft nebeneinander unter dem Lastwagen liegen, und der Junge machte sich mit der Funktionsweise des Motors vertraut. War sein Vater unterwegs, machte er sich oft in der Werkstatt seines Onkels nützlich, wo er den Mechanikern Ersatzteile und Werkzeuge reichte.

2018: Zu seinem 13. Geburtstag bauten ihm die Mechaniker einen Rollstuhl, den sie aus alten Fahrradteilen zusammenschweißten. Nur wenige Tage später setzte ihn sein Vater eines Abends auf seine Schultern, und die beiden marschierten los. Ihr Ziel waren die Hügel über der Stadt. Diese abendlichen Wanderungen waren Abebes Lieblingsbeschäftigung, es war kühler um diese Zeit, und die Tagesarbeit war getan.

»Die Schule nützt dir nichts«, sagte sein Vater eines Tages, als sie, ganz oben auf dem Hügel, die Aussicht auf den Heimatort genossen. »Deine

Mutter hat dir Lesen und Schreiben beigebracht, und alles andere, was du wissen musst, kannst du dir selbstständig aus Büchern beibringen. Warum wirst du nicht Lastwagenfahrer, so wie ich?« Er rückte den Jungen auf seinen Schultern zurecht. »Wie wäre es, wenn du mein Beifahrer wirst? Ich bringe dir dieses Geschäft unterwegs bei, in der praktischen Arbeit.«

Abebe war begeistert, aber wie würde er das Fahrzeug lenken? Auf der Suche nach einer Lösung gingen die beiden zur Werkstatt seines Onkels, wo Abebes Freunde, die Mechaniker – ebenso wie sein Onkel –, bereits an einer Lösung arbeiteten. Die Umbauten am Fahrzeug nahmen (ganz nach der Versuch-und-Irrtum-Methode) fast einen Monat in Anspruch, doch letztlich war der Familienlaster zu einem Gefährt umgerüstet, das sich auch mit seinen unvollständigen Gliedmaßen beherrschen ließ.

2020: Vater und Sohn waren auf den Fern- und Nebenstraßen Afrikas unterwegs. Ihre Zuverlässigkeit und ihr Können sprach sich unter Lastwagenfahrern und Auftraggebern herum. Zunächst engagierte sie Oxfam für Nothilfekonvois, später folgten World Vision und CARE. Abebe Jideani und sein Vater bereisten den größten Teil Ostafrikas. Abebes Mutter bestückte die Fahrerkabine vor jeder Reise mit Büchern. Wer gerade nicht am Lenkrad saß, hatte die Aufgabe, dem Fahrer nach dessen Wünschen vorzulesen.

Im Lauf der Monate und Jahre arbeiteten sich die beiden durch die Belletristik- und Sachbuch-Abteilungen der meisten Bibliotheken und Buchläden von Nairobi bis Dschibuti.

2022: Abebe Jideanis Vater wurde getötet, als er mit einem Hilfskonvoi nach Darfur unterwegs war, auf einer Strecke, die sie damals regelmäßig befuhren. Sein Vater führte aufgrund seiner Erfahrung mit dem eigenen Lastwagen den Konvoi an, als er auf eine Mine fuhr. Abebe verdankte sein Leben der Metallplatte auf dem Boden der Fahrerseite, die ihm das Fahren ermöglichte. Sein Vater, der auf dem Beifahrersitz schlief, hatte weniger Glück. Die Wucht der Explosion riss ihm beide Beine ab, und er wurde durch das offene Dach auf die Straße geschleudert. Der Blutverlust war nicht aufzuhalten, und der Vater starb zitternd in den Armen seines Sohnes. Der erst vor wenigen Tagen 17 Jahre alt gewordene Junge hatte noch die Geistesgegenwart, seine spezielle Steuervorrichtung aus dem Fahrzeugwrack zu bergen, bevor ihn die UN-Soldaten zu einem 100 Kilometer entfernten mobilen Krankenhaus brachten.

Dort wurde er noch am gleichen Tag wieder entlassen, verbrachte aber zwei Wochen mit Verhandlungen mit dem Hilfskomitee, bei denen es um ein Ersatzfahrzeug ging. Mit Glück und durch die Unterstützung eines besonders freundlichen Quartiermeisters aus Ghana erhielt er einen neuen Lastwagen, der eben erst mit dem Zug aus Dschibuti herangeschafft worden war. Mechaniker am Ort brauchten eine weitere Woche, um seine Eigenbau-Steuerung in das neue Fahrzeug einzupassen. Nachdem er seinen Freunden versprochen hatte, dass er auf sich aufpassen werde, machte er sich auf die lange Rückreise zu seiner Mutter und seinen Schwestern in Kombolcha. Der Gedenkgottesdienst für den Vater wurde in der koptischen Kirche des Ortes abgehalten.

Zwei Tage später fuhr Abebe zum Marktplatz, wo die örtliche Bauerngenossenschaft jede Woche Lastwagen für den Warentransport nach Addis Abeba anmietete, um dort sein Fahrzeug zu beladen. Sein Vater war einer der bevorzugten Fahrer gewesen, obwohl er diese Tour nicht immer machen konnte. Der Verwalter der Genossenschaft war beim Gedenkgottesdienst gewesen, zeigte sich jedoch überrascht, als der Junge auftauchte. Das Zögern dauerte nur einen Augenblick. »Beladet sein Fahrzeug«, sagte er zu den Bauern, und eine Stunde später war Abebe Jideani bereits unterwegs.

2023: Ein Jahr nach dem Tod seines Vaters war Abebe wieder im Südsudan und führte dort Konvois des UN-Nothilfeprogramms an. Die UN-Teamleiter mussten sich an den Anblick des »verkrüppelten« Konvoi-Anführers, der nur mühsam in die Fahrerkabine kam, erst gewöhnen. Doch die Teamleiter wechselten sich nach dem Rotationssystem von UN-Organisationen ab, und jeder neue Chef erhielt den Rat, Abebe Jideanis Führungsfahrzeug zu folgen.

Jeff Tolbert, ein Journalist der Australian Broadcasting Corporation (ABC), nahm später für sich in Anspruch, Abebe Jideani »entdeckt« zu haben. Doch selbst Tolbert räumte ein, Abebe sei mehr als einmal und von verschiedenen Medien entdeckt worden. Ein Mitglied seines Kamerateams hielt bei Dreharbeiten in einem sudanesischen Nothilfelager fest, wie Abebe in seinen Lastwagen kletterte und dem Rest des Konvois ein Zeichen gab, ihm zu folgen. Dabei fiel er dem Fernsehmann zunächst gar nicht auf, erst bei der abendlichen Durchsicht und Prüfung des Filmmaterials wurde dieser auf ihn aufmerksam. Der Kameramann zeigte Tolbert sofort, was er da ganz nebenbei eingefangen hatte. Nach einem Interview mit dem UN-Quartiermeister am Ort brachte Tolbert am folgenden Nachmittag das Gespräch auf diesen Fahrer und fragte, ob der Offizier irgendetwas über den Mann wisse. Der Ghanaer wusste tatsächlich etwas beizutragen.

Einige Tage später nahm Tolbert Kontakt zu Abebe auf, als dieser mit weiteren Versorgungsgütern ins Lager zurückkehrte. Die Kameracrew kletterte hinten auf den Lastwagen, Jeff nahm auf dem Beifahrersitz Platz. Als sie im Basislager eintrafen, wusste Tolbert, dass er eine gute Story hatte, und seine Teammitglieder brauchten unbedingt ein Bier. Sie verbrachten Stunden damit, Abebes äußerst bildkräftigen englischen Flüche herauszuschneiden, die jeden zweiten Satz unterbrachen, wenn der junge Fahrer über Funk seinen Kollegen im Konvoi Anweisungen zurief. Abebe war, wenn er hinter dem Steuer saß, ein schnell sprechender, mit der Faust aufs Lenkrad hämmernder Krieger der Landstraße. Außerhalb seines Lastwagens war er ein charmanter und humorvoller junger Mann mit einem ansteckenden Lächeln.

Der Filmbeitrag wurde – keineswegs überraschend – in verschiedenen Ländern gesendet, und Abebe erlebte seine 15 Minuten des Ruhms.

Inga Thorvaldson gehörte zu den Fernsehzuschauern, die sich zu Hause, mit einem Bier in der Hand, diese bewegende Geschichte ansahen. Die Vizepräsidentin der schwedischen Chemiearbeiter-Gewerkschaft war für die internationalen Beziehungen ihrer Organisation zuständig, einschließlich der Mittel für Entwicklungshilfe. Jedes Gewerkschaftsmitglied zahlte 0,7 Prozent des eigenen Lohns in diesen Fonds ein. Thorvaldson war außerdem Vorstandsmitglied des Koordinationskomitees der sozialen Bewegungen und NGOs, das die Arbeit des Weltsozialforums (WSF) förderte.

2024: Die Fernsehbilder waren längst vergessen, als Inga Thorvaldson ein Jahr später an der WSF-Planungssitzung in Addis Abeba teilnahm. Die Afrikanische Union setzte das WSF unter Druck, das nächste weltweite Forum nach Simbabwe zu vergeben. Die letzte Veranstaltung in Bangkok hatte 200.000 Teilnehmer angelockt, und die Organisatoren waren bestrebt, diesen Schwung zu erhalten. Viele Insider waren dagegen der Ansicht, ein afrikanischer Tagungsort werde wegen der hohen Reisekosten für einen erheblichen Rückgang der Teilnehmerzahlen sorgen.

Die Vertreter der Afrikanischen Union (AU) versprachen unter bewährtem Einsatz eines Köderangebots einen subventionierten (von der EU finanziell unterstützten) Luftverkehr und eine beeindruckende, elektrifizierte Zeltstadt in Flughafennähe. Bisher hatte es – vor fast zwanzig Jahren – erst einmal ein globales Weltsozialforum in Afrika gegeben, und die AU-Unterhändler ließen durchblicken, dass sie eine Ablehnung ihres Angebots als Rassismus betrachten würden. Schließlich einigte sich das WSF-Exekutivkomitee trotz zahlreicher Zweifel darauf, dass das nächste Forum in Simbabwes Hauptstadt Harare abgehalten werden könne.

Inga fühlte sich als vorsichtige Befürworterin des Veranstaltungsortes Harare verpflichtet, dem Organisationskomitee beizutreten, und widmete in dem Vorbereitungsjahr unmittelbar vor der Veranstaltung die Hälfte ihrer Arbeitszeit dieser Aufgabe.

Es ließ sich darüber diskutieren, ob das 21. Jahrhundert von Indien oder China dominiert werden würde, aber niemand brachte ins Gespräch, dass es auch das afrikanische Jahrhundert werden könnte. Die Auswirkungen des Klimawandels waren für die Sahara-Länder und für Schwarzafrika gleichermaßen brutal und unvorhersagbar gewesen. Zugleich ging die internationale Nachfrage nach Afrikas reichen Bodenschätzen und Großplantagenfrüchten stark zurück, oder es ließen zumindest die Welthandelspreise nach. Das Zusammenwirken dieser Faktoren brachte viele Staaten an den Rand des Zusammenbruchs und führte zu hoher Arbeitslosigkeit, Hunger und Krankheiten.

Nach den Analysen der in den USA ansässigen Forschungseinrichtung »Freedom House« gab es in den ersten Jahren des 21. Jahrhunderts einen allmählichen, wenn auch häufig unterbrochenen Trend zu Mehrparteien-Demokratien und (relativ) freien Wahlen. Die Demokratie auf dem Papier führte allerdings aus irgendwelchen Gründen nur selten zu einer Sozialpolitik oder Planung, von der die fast 500 Millionen Bauern auf dem Land und die Arbeitslosen in den Städten, die zusammen die Mehrheit der Bevölkerung des Kontinents stellten, einen Nutzen gehabt hätten.

Im dritten Jahrzehnt des 21. Jahrhunderts bröckelte selbst die demokratische Fassade. Die meisten Experten und Historiker waren sich einig, dass der Zusammenbruch afrikanischer Regierungen in erster Linie auf geopolitische und geoökologische Trends zurückzuführen gewesen sei. Der Internationale Währungsfonds (IWF), die Weltbank und die Welthandelsorganisation (WTO) zogen wie ein multinationaler Magnet die Kritik auf sich. Suyuan Wu stimmte dieser Kritik zu.

Suyuan Wus Blogs sprachen auch den uneleganten Verzicht auf bilaterale OECD-Hilfsprogramme zugunsten philantrokapitalistischer Stiftungen wie Gates und Google an. Sie tadelte die Megastiftungen, weil diese ihrer Ansicht nach den eigenen Ruhm (oder den allgemeinen Bekanntheitsgrad) – und einen äußerst bescheidenen Teil ihres Vermögens – einsetzten, um größere und erfahrenere multilaterale und bilaterale Hilfsprogramme zu dominieren.

Die arroganten Neureichen würden ihre ungeprüften Theorien an globale Unternehmenspartnerschaften knüpfen und dies mit der wunderlichen Annahme verbinden, wohlmeinende und weltweise Kapitalisten könnten bei den Unternehmen so etwas wie Mitgefühl wecken. Dieses »Lassen Sie uns ins Geschäft kommen«-Modell, warnte sie, werde von Hollywood, dem Weißen Haus und der Wall Street zu einer Art politischem Gesellschaftsspiel verzerrt. Südasien und Schwarzafrika erkannten mit einiger Verspätung, dass ihre Gesundheit und ihr Wohlergehen im »Great Game« der globalen Gutmenschen des 21. Jahrhunderts nur Verschiebemasse waren, die als Anlass für Polemik taugte.

Mit der Verschlechterung der innenpolitischen Lage verschlimmerte sich auch die Gewalt. Ein stetig größer werdender Teil der sogenannten »Auslandshilfe« kam in Afrika in Form von Krediten an, mit denen Waffen und Ausrüstung für Polizei und Armee gekauft werden sollten. Genau die von den Industrienationen des Nordens übernommenen Nanotechnologien, die Afrikas Rohstoffexporten schwere Schäden zufügten, gehörten in den Staaten dieses Kontinents mittlerweile zu den beliebtesten Importwaren, denn die Regierungen brauchten die Überwachungstechnik – einschließlich der Kameras, Sensoren und Monitornetzwerke – für die Grenzsicherung und, in zunehmendem Umfang, auch für die genaue Beobachtung von Oppositionspolitikern und sozialen Bewegungen.

Alitash Teferra erläuterte dieses Paradoxon bei einem ihrer raren Besuche in der Hauptstadt der Afrikanischen Union, die wegen des Gesundheits-»Schutzvorhangs« noch problematischer wurden. »Im Allgemeinen«, berichtete sie dort, »sind diese neuen Systeme für die Verwendung in rauer Umgebung zu empfindlich und zu ausgefeilt. Die ›Smart Dust‹-Sensoren, die die Grenze zwischen Mexiko und den Vereinigten Staaten überwachen, sprechen auf alles an, von Staubstürmen bis zu Vogelkot. Vor drei Jahren haben ungewöhnlich starke Nordwinde wandernde Monarchfalter gezwungen, auf ihrem Weg in die Vereinigten Staaten so dicht über dem Boden zu fliegen, dass sie von den Sensoren erfasst wurden. Die texanische Nationalgarde wurde alarmiert, und alle im Südwesten des Landes verfügbaren Kampfflugzeuge starteten sofort, bis schließlich jemand auf den Gedanken kam, die Grenze mit einer kleinen Piper Cub abzufliegen, wobei sich dann herausstellte, dass keineswegs eine Million Mexikaner die Landesgrenze bedrohte.«

Sie berichtete weiter: »Die Nano-Kameras, die man versuchsweise an Straßenkreuzungen im Stadtzentrum von Lagos installiert hatte, waren so konzipiert, dass sie auf Infrarotlicht hochempfindlich reagierten. Sie waren dann die ganze Zeit auf ihr eigenes Infrarotlicht fokussiert und spionierten sich selbst aus, während die friedlichen Bürger und die Gauner der Stadt unten auf den Straßen weiterhin völlig unbeobachtet ihren Alltagsgeschäften nachgingen. Diese Sache kostete die Nigerianer ein Vermögen.«

Tash reservierte ihre tiefste Verachtung für die Experimente der chinesischen Armee mit Piezer-Elektroschockgeräten.»Die ultraleichten und ultradünnen Elektrogewehre reagieren auf Temperaturschwankungen völlig unberechenbar. Bei kälteren Temperaturen, ja sogar nach Sonnenuntergang, scheint sich die elektrische Ladung zu verstärken. Soldaten, die ihre Gewehre bei Gefechtsmanövern auf ›Betäuben‹ eingestellt haben, haben damit getötet. Wenn die Infanteristen die Temperaturfühler neu einstellen, stellte sich heraus, dass selbst die Wärme und der Schweiß ihrer Hände genügten, um die elektrische Ladung manchmal bis zur Wirkungslosigkeit absinken zu lassen.«

Suyuan hatte ihr von einem Aufruhr in einem kleinen ländlichen Marktstädtchen unweit von Peking berichtet, bei dem die eingesetzten Polizisten ihre Waffen zweckentfremdet hatten. Sie hatten das Schießen mit den Piezer-Geräten aufgegeben, stattdessen die Läufe in die Hand genommen und das superstarke Nanomaterial wie einen altmodischen Schlagstock eingesetzt. Monate später tauchten dieselben Gewehre zu hohen Preisen auf kongolesischen Märkten auf.

»Alles in allem ist Afrika erneut den aus China und Europa kommenden technologischen Experimenten der ersten Generation ausgesetzt«, sagte die Diplomatin dem Komitee.»Unsere Forschungen zeigen, dass diese Waffen bestenfalls während der Hälfte der Zeit angemessen funktionieren. Sie zu kaufen, ist reine Verschwendung, und es wäre sinnvoller, die ausländischen Hilfsgelder für Landwirtschaft und Gesundheit auszugeben«, lautete ihre unpopuläre Schlussbemerkung.

Tashs Partnerin Suyuan Wu hatte die neuen militärischen Technologien in ihrem Blog auf wunderbare Weise auseinandergenommen. Der dramatische Unterschied zwischen Labor- und Gefechtsbedingungen – der sogenannte»Nebel des Krieges«(»fog of war«) – hatte fast immer zur Folge, dass man bei gewagten neuen Technologien bis zur praktischen Verwendbarkeit ein Jahrzehnt oder noch länger brauchte. Die US-Luftwaffe hatte zum Beispiel im ersten Golfkrieg von 1990 mit ihren»Smart Bombs« geprahlt, mit denen ein Flugzeug aus über 13.000 Metern Höhe in den Schornstein einer Munitionsfabrik treffen könne. Erst nach dem Ende des Krieges zeigten die statistischen Auswertungen, dass der neue Bombentyp kaum genauer ins Ziel gelangte als die Bomben im Vietnamkrieg. Die Kriege in Afghanistan und im Irak waren beileibe keine technologischen Triumphe. Wenn Tash und Su sich mit Qi Qubìng trafen, waren die Willkürlichkeit der Unterscheidung zwischen Offensive und Defensive, die Rolle der neuen Technologien und der bestürzende Trend, Pflugscharen in Schwerter zu verwandeln, regelmäßige Gesprächsthemen.

PEKING: Das Trio traf sich einige Tage nach Tashs Auftritt vor dem AU-Komitee in einem Pekinger Restaurant unweit des Bahnhofs. In Anlehnung an Tashs Bericht drehte sich die Unterhaltung – zu Qi Qubìngs erheblichem Missvergnügen in einem chinesischen Restaurant, in dem es nur chinesisches Essen gab – um neue militärische Technologien.

Qi stocherte mit den Essstäbchen ungeschickt auf seinem Teller herum und brach eine Lanze für die neuen Technologien.»Ihr seid also der Meinung, wir könnten über Atomwaffen einfach nur lachen?«, fragte er.»Wir haben sie noch gar nicht so lange, und unter Gefechtsbedingungen sind sie so gut wie unerprobt! Noch vor knapp hundert Jahren, im Spanischen Bürgerkrieg, setzten die Armeen sogar noch Pferde und Bajonette ein, bis Deutschland eingriff und mit Panzern und Flugzeugen ankam. Bis zur Einsatzfähigkeit neuer Technologien mag es einige Zeit dauern, aber sie haben unsere Kriegführung erheblich verändert. Schaut euch nur an, was man mit Nachtsichtgeräten machen kann«, sagte er und stach auf sein Essen ein. »Die amerikanischen Soldaten und Flugzeuge hatten ihren Spaß bei der Zielauswahl im Irak und in Afghanistan, als sie die Einzigen waren, die etwas sehen konnten. Und was ist mit den riesigen Daisy-Cutter-Bomben, die jedes Leben im Umkreis von 1.000 Metern vernichten können? Oder mit den Bunkerknackerbomben?« Er grinste triumphierend.

Suyuan Wu ging, eigentlich gegen ihren eigenen Willen, auf sein Argument ein.»Es stimmt, dass die neuen Technologien – vor allem die Nanotechnologie – die Vorstellung vom Einsatz taktischer Nuklearwaffen akzeptabler gemacht haben. Ob sie nun funktionieren oder nicht, ihre bloße Verfügbarkeit auf dem Schlachtfeld verändert die Planung aller Beteiligten.«

»Vielleicht ist das eine Frage der Wahrnehmung«, warf Tash ein.»Wir erleben die Veränderungen jedenfalls nie aus nächster Nähe. Wir gleichen dem Frosch auf dem Lilienblatt in einem Topf mit Wasser, das langsam zu kochen beginnt. Als er das schließlich bemerkt, ist es bereits zu spät.«

Eine Weile aßen sie schweigend. Tash betrachtete ihre Tischgemeinschaft in einem Spiegel des Restaurants, und vielleicht dachte sie dabei, dass sie schließlich Freunde seien.

2025: Alitash und Suyuan stimmten ihre Termine so aufeinander ab, dass Tashs aktueller Bericht beim AU-Treffen in Johannesburg mit der Teilnahme der Journalistin am Weltsozialforum in Harare zeitlich zusammenfiel. Das riesige Forum erhielt von den Medien aus aller Welt endlich die verdiente Aufmerksamkeit, nachdem es jahrelang ignoriert worden war. Suyuan Wu nahm in doppelter Eigenschaft teil: als Reporterin und als Rednerin. Sie hatte sich tatsächlich zu einem der »Stars« des Forums entwickelt. Die Journalistin räumte ohne Umschweife ein, dass sie beim WSF mehr interessanten Menschen begegnete und dabei mehr dazulernte als an jedem anderen Ort oder zu irgendeinem anderen Zeitpunkt.

Für Inga war die Organisation des Sozialforums ein zwölf Monate andauernder Alptraum gewesen, geprägt von kleinlicher interner NGO-Politik und der sich verschlechternden geopolitischen Situation in Afrika im Allgemeinen und im südlichen Afrika im Besonderen. Seit ihnen die AU mit handfesten und an Schuldgefühle appellierenden Argumenten Harare als Veranstaltungsort aufgedrängt hatte, war die Regierung von Simbabwe in einen Grenzkonflikt mit Sambia geraten, der sich um die Streitfrage der Verfügung über das Wasser des Sambesi drehte. Beide Länder beließen es nicht beim Säbelrasseln, sie kauften auch Waffen.

Schon seit einem Jahrzehnt hatte es erhebliche Spannungen gegeben, nachdem Geologen eines Bergbauunternehmens Kupfer- und Platinvorkommen entdeckt hatten, die tief unter der Sambesi-Grenze verliefen. Beide Länder hatten Stammesbevölkerungen vertrieben, deren Loyalität sie nicht trauten, und auf beiden Seiten der Brücke von Chirundu, dem Ort, der sich auf beiden Seiten dieses Grenzübergangs entwickelt hatte, waren große Flüchtlingslager entstanden. Noch einige Wochen vor Beginn des Forums befürchteten die Organisatoren, dass sie einige Hunderttausend Menschen mitten in ein Kriegsgebiet einfliegen lassen würden. Die Vereinigten Staaten warnten ihre Bürger vor Reisen in diese Region. (Alle anderen Nationen hofften, dass die Vereinigten Staaten fernbleiben würden.) Großbritannien, Australien und Neuseeland folgten dem amerikanischen Rat.

Das WSF sah sich seit dem Jahr 2003 und den Massendemonstrationen im Zusammenhang mit dem Irak-Krieg als Verkörperung der »anderen Supermacht«. So hatte die *New York Times* die Massenmobilisierung einst beschrieben. Friedensdemonstrationen waren stets ein wichtiger Teil nationaler, regionaler und globaler Sozialforen. Bei den größten Demonstrationen ging es um Israel und Palästina, aber die wirtschaftlichen Probleme in den meisten Ländern des Südens boten den Friedensaktivisten zahlose Gelegenheiten für öffentliche Kundgebungen. Im Jahr 2025 war die kollektive Psyche des WSF-Phänomens zu etwas Größerem bereit …

Diese Stimmungslage kam Inga Thorvaldson entgegen. Noch im Teenageralter hatte sie 2005 in Hongkong mit ihren Eltern und den erstaunlichen koreanischen Bauern demonstriert und dabei ein riesiges, von der Familie selbst hergestelltes Transparent getragen, das auf der einen Seite George W. Bush zum Rückzug aus dem Nahen Osten aufforderte und auf der anderen Seite den Ausstieg der WTO aus der Landwirtschaft verlangte. Neben ihnen war eine lautstark Parolen skandierende chinesische Journalistin marschiert – Suyuan Wu, Arm in Arm mit einem brasilianischen Landarbeiter-Aktivisten.

Ihre Eltern, klassische »Sechziger-Jahre-Hippies«, waren in erster Linie Pazifisten und Friedensaktivisten gewesen. Inga hatte das geerbt. Sie hatte ihr Universitätsstudium im zweiten Jahr unterbrochen und sich, obwohl sie sich nicht als Christin betrachtete, einer christlichen Friedensbrigade in Bagdad angeschlossen. Sechs Monate später kehrte sie in die Heimat zurück, und die Ärzte diagnostizierten bei ihr eine gemäßigte Ausprägung einer posttraumatischen Belastungsstörung, nachdem zwei Mitglieder ihrer Gruppe in Bagdad getötet worden waren.

Ihre persönlichen Erfahrungen bestärkten sie nur in ihrem Engagement für den Frieden und in ihrer Leidenschaft für den Widerstand. Anfang der 2020er-Jahre arbeitete Inga als Arbeitsrechtlerin und absolvierte ein rechtsanwaltliches Praktikum bei der Internationalen Arbeitsorganisation (ILO) in Genf. Die Begeisterung, die sich zunächst mit der Arbeit für eine UN-Organisation verband, schwand schnell dahin, denn sie empfand die ILO als zu gesetzt und bürokratisch. Inga zog schon bald um und wechselte ins Hauptquartier des Internationalen Roten Kreuzes, das am gleichen Berg etwas unterhalb der ILO residierte. Für eine Schwedin war sie ausgesprochen klein, sie hatte dunkelbraunes Haar (im Pass stand allerdings »dunkelblond«) und ebensolche Augen. Den Vorgesetzten blieb ihre Energie und Zähigkeit nicht verborgen, und sie entwickelte sich zu einer der führenden Vermittlerinnen des Roten Kreuzes, wenn es bei Verhandlungen zwischen kriegführenden Parteien hart zuging.

Sie empfand ihre Arbeit als wirklichkeitsnah und bedeutsam, aber die an genaue Verfahrensregeln geknüpfte Neutralität des Roten Kreuzes war ihr zu restriktiv. Einen Weihnachtsbesuch bei ihren Eltern in Stockholm verlängerte sie für Gespräche mit alten Freunden aus der Gewerkschaftsbewegung. Im darauf folgenden Frühjahr übernahm sie dann das Amt der stellvertretenden Vorsitzenden der schwedischen Chemiearbeitergewerkschaft und gehörte dem Beobachterteam der schwedischen Regierung an, das sich des fortdauernden Konflikts im Südsudan annahm.

Dort begegnete sie zum ersten Mal Abebe Jideani. Die schwedische Botschaft hatte ihn auf die Empfehlung eines UN-Offiziers hin unbesehen engagiert. Er sollte die Beobachter zu einer Inspektionsreise in die Provinz Darfur bringen. Der Anblick Abebes im Rollstuhl schockierte die Reisegruppe zunächst, doch dann erfüllte der Reiseführer und Koordinator alle Erwartungen, die sein ghanaischer Mentor geweckt hatte.

Inga saß neben Abebe im Führungslastwagen. Sie liebte die Geschichten, die er ihr erzählte, und er brachte sie zum Lachen, trotz glühender Hitze, Schweiß und Sandstürmen. Der aus fünf Fahrzeugen bestehende Konvoi rumpelte von einem Flüchtlingslager zum nächsten.

Am dritten Reisetag ließ Abebe – der sich an seinem GPS-System orientierte – den Konvoi mitten in der Einöde anhalten. Auf Ingas fragenden Blick hin sagte der junge Mann:»Smart Dust. Vor uns liegt ein Streifen Land, der mit Nanomonitoren bedeckt ist, vielleicht zehn Meter.« Inga wusste über Smart Dust Bescheid: Das waren unsichtbare Nano-Sensoren, die ein Netzwerk bildeten und Echtzeit-Informationen an den Empfänger verschickten – wer auch immer sie hier ausgelegt haben mochte.

»Gehören sie Khartum?«, fragte sie. Abebe bejahte das und meinte, sie müssten eine drahtlose codierte Botschaft an die zuständige Stelle schicken, bevor sie durch das Netzwerk fuhren, weil sonst ein Angriff ausgelöst würde.

»Aber«, fügte Abebe noch hinzu,»dieses Feld wurde vor mindestens einem Jahr ausgelegt. Die Gegenseite muss bereits Bescheid wissen, und sie wird das Netzwerk angezapft haben, so dass es ihr zugleich als Grenzpatrouille dient. Man muss über Smart Dust nämlich wissen«, sagte er amüsiert,»dass das einzelne Nanomodul gar nicht so schlau ist. Wenn wir Khartum Bescheid geben, dass wir hier durchfahren, erfährt die andere Seite gleichzeitig, dass wir kommen.«

»Und was tun wir jetzt?«, fragte Inga.

Abebe kletterte mit Ingas Unterstützung nach hinten und kam mit einem Ausrüstungsstück zurück, das wie ein Rucksack aussah, mit dem man Pestizide versprühte. So war es auch. Wenige Minuten später ging Inga an einer imaginären Grenzlinie entlang und versprühte nach Abebes aus dem Schatten des Lastwagens kommenden Anweisungen ein aus lebenden Mikroben bestehendes Pestizid in den Staub und Schmutz jenseits der Linie. Sie kam etwa hundert Meter weit, dann war der Behälter leer, und sie kehrte zum Fahrzeug zurück.

»Wie kannst du dir sicher sein, dass ich nicht in den Sensorbereich gerate und Alarmsignale auslöse?«»Das Mikrobenspray sorgt für Chaos. Alle Sensoren schreien aufeinander ein. Beide Seiten werden den Energieverlust riskieren und die von den Sensoren produzierten Echtzeitfotos abrufen, um selbst beurteilen zu können, was da vor sich geht. Auf diesen Fotos werden sie aber nichts erkennen können und daraus schließen, dass irgendein Insektenschwarm dieses Problem verursacht. Wir werden etwa eine Stunde lang warten und dann durchfahren. Die Sensoren werden immer noch verrückt spielen, aber das Kontrollpersonal wird das nicht mehr beachten.«

Eine Woche später waren sie wieder in Khartum, und Inga hatte bereits das in Genf ansässige Komitee zur Mobilisierung gegen den Krieg davon überzeugt, Abebe Jideani als Einsatzleiter für den Bereich des Horns von Afrika unter Vertrag zu nehmen. Bei der Rückkehr des Beobachterteams nach Stockholm erlebte Abebe im schwedischen Fernsehen einige weitere Minuten des Ruhms.

Inga freute sich, Abebe bei den Friedensverhandlungen für den Sudan wiederzusehen. Sein Charme und seine Sprachbegabung hatten den jungen Mann zu einem ausgezeichneten Vermittler zwischen den gegnerischen Seiten gemacht. Als ein weiterer brüchiger Waffenstillstand ausgehandelt und in den Medien bekanntgegeben wurde, war Abebe bereits nach Khartum geflogen, um seinen Lastwagen nach Kombolcha zurückzufahren, wo er nach seiner alten Mutter sehen wollte. Seine beiden Schwestern waren inzwischen verheiratet, lebten in Addis Abeba und konnten sich, da sie selbst kleine Kinder hatten, nicht ständig um die Mutter kümmern, die sich hartnäckig weigerte, die Heimatstadt zu verlassen.

Genau an diesem Tag lenkte die WSF-Leitung ein und erklärte, das nächste Forum werde in Simbabwe stattfinden. Inga benachrichtigte Abebe und bat ihn, die Leitung des Beitrags der schwedischen Gewerkschaften zu den WSF-Vorbereitungen zu übernehmen. Das wäre mit einem Umzug nach Harare verbunden, und sein Transportgeschäft müsste er für dieses eine Jahr in die Hände seines Onkels und seiner Cousins legen. Abebe zögerte zunächst, aber bei einem Abendessen mit Inga, die eigens nach Kombolcha gekommen war, um ihn zu überzeugen, sagte er zu.

Im Nachhinein konnten weder Inga noch Abebe sich genau erinnern, wie die Idee entstand. Man könnte natürlich auch sagen, dass es nicht besonders viele Optionen gab. Die AU sorgte bereits für Unruhe, denn sie schlug vor, das Forum sollte – wegen der Grenzstreitigkeiten zwischen Simbabwe und Sambia – unter Umständen verschoben werden. Kundschafterteams von Fox News, CNN und BBC waren bereits in Harare. Sie mieteten Lastwagen und Hubschrauber an und buchten Hotelzimmer für den Fall, dass sich die Grenzscharmützel zum offenen militärischen Konflikt entwickelten.

Inga tauschte sich nach einem frühen Abendessen mit Abebe über Skype mit ihren Anti-Kriegs-Mitstreitern von New York bis Stockholm, Kairo und Bangkok aus. Abebe stieg unterdessen in seinen Lastwagen und fuhr das kurze Stück bis zur Kathedrale. Am nächsten Morgen war er an der Ecke des Marktes, an der man Lastwagen mieten konnte, und verhandelte mit den Fahrern. Inga besuchte die Katastrophenhilfe-NGOs, um dort über deren Lastwagen zu sprechen (CARE und World Vision beteuerten später, ihre Fahrer hätten die Fahrzeuge nicht ohne ihre Erlaubnis benutzt, sie seien vielmehr losgefahren, bevor die Freigabe vorlag.)

Allen Spannungen und Befürchtungen zum Trotz nahmen nach übereinstimmenden Schätzungen von Polizei und Medien mindestens 100.000 Menschen am Eröffnungsmarsch des Weltsozialforums teil. Das waren zwar sehr viel weniger als beim bisherigen Teilnehmerrekord, aber die Organisatoren zeigten nervösen Optimismus, und das riesige Zeltlager am Stadtrand von Harare quoll förmlich über vor Teilnehmern aller Altersgruppen aus allen Teilen der Welt.

Inga Thorvaldson und Abebe Jideani ergriffen bei der Eröffnungskundgebung beide das Wort. Sie erklärten vor dem versammelten Riesenheer von Aktivisten, die Regierungen von Simbabwe und Sambia stünden kurz vor einem Krieg, und die potenzielle Kampfzone, in der beide Armeen zusammengezogen würden – auf einander gegenüberliegenden Seiten einer Brücke über den Sambesi –, schließe zwei der größten Flüchtlingslager im südlichen Afrika ein. Am nächsten Morgen um vier Uhr, sagten sie ihren Zuhörern, würden Lastwagen für diejenigen Teilnehmer bereitstehen, die bereit seien, das Weltsozialforum in die Flüchtlingslager zu tragen und dort als menschliche Schutzschilde für die Lager aufzutreten, um so die beiden Armeen auseinanderzuhalten.

Noch zum Zeitpunkt ihrer kurzen Ansprache konnte Inga keineswegs sicher sein, dass sie zu diesem Zeitpunkt über die benötigte Zahl von Fahrzeugen für die 366 Kilometer lange Strecke verfügen würden.

Der Aufruhr, der diesem Appell folgte, ließ nicht auf sich warten, und er war international. Fox und CNN, die das Weltsozialforum ansonsten nach Kräften ignorierten, hatten jetzt eine Story, der sie sich nicht verweigern konnten. Die Regierung von Simbabwe tobte. Noch in dieser Nacht suchten

Soldaten und Agenten in Zivil in der Zeltstadt nach Inga und Abebe – ohne Erfolg. Um vier Uhr morgens waren die Lastwagen, die während der ganzen Nacht, aus dem Busch kommend, nach und nach im Lager eingetroffen waren, von Polizisten und Soldaten umstellt, die ihrerseits versuchten, die Forum-Aktivisten von den Fahrzeugen fernzuhalten.

Das gelang ihnen nicht. Ein nervöser Major, dem keine andere Wahl mehr geblieben wäre, als das gesamte Sozialforum bei einer Liveübertragung des BBC World Service mit Tränengas zu beschießen, beorderte seine Soldaten zurück und ließ es zu, dass die Aktivisten sich auf die Lastwagen zwängten.

Aus der Luft und im Dunstschleier des frühen Morgens sah diese chaotische Prozession nicht so eindrucksvoll aus. Beeindruckender war allerdings die Zahl der Fahrzeuge, die mit Motorschaden oder wegen Spritmangels am Straßenrand liegenblieben. Die Fernsehkameras hielten auch das fest. Nach Schätzungen der BBC hatten auf den Lastwagen höchstens 20.000 bis 30.000 Aktivisten Platz gefunden. Eine weitere Gruppe von möglicherweise 10.000 Menschen drohte, die mehrere hundert Kilometer lange Strecke bis zu den Flüchtlingslagern zu Fuß zurückzulegen, aber niemand nahm das ernst.

Inga und Abebe verständigten sich über Satellitentelefon mit Freunden, die in der Zeltstadt zurückgeblieben waren, und fragten sich dabei, ob ihr »Kinderkreuzzug« – so hieß das Unternehmen inzwischen bei Fox – fehlschlagen und mit einer Erniedrigung enden würde.

»Warum schießt uns die Luftwaffe nicht einfach zusammen?«, fragte Inga Abebe, während sie sich unwillkürlich in ihrem Sitz ganz klein machte, als über ihnen ein Hubschrauber auftauchte. »Das werden sie nicht tun«, erwiderte der junge Mann. »Nicht ohne das stillschweigende Einverständnis der Regierungen des Nordens, von denen sie ihre Waffen bekommen. Solange die Medien präsent sind, müssen wir geschützt werden. Afrika liegt aus der Sicht des Nordens an der Peripherie. Wir sind für diese Regierungen nicht wirklich wichtig, wir können nur Probleme bereiten, wenn wir für zu viel Aufmerksamkeit sorgen.« Mit sanfter Stimme fügte er noch hinzu: »Ist das nicht interessant? Für sie ist es Peripherie, aber für mich ist es mein Herzland.« Schweigend fuhren sie weiter, in nördlicher Richtung durch das trockene Tal des Sambesi im nördlichen Mashonaland.

Unterdessen herrschte beim WSF in Harare großer Aufruhr. Überall, wo es auch nur ein bisschen Schatten gab, drängten sich die Menschen, um Radio zu hören und mitzubekommen, was die Besitzer von Mobiltelefonen zu besprechen hatten. Zu vorgerückter Morgenstunde fuhr ein Mann mit der Kleidung eines Geistlichen in einem alten Mercedes bis zur Haupttribüne vor und fragte einen der Organisatoren, ob er zu der Menschenmenge sprechen könne. Wer er denn sei, wurde er gefragt. Der Bischof einer christlichen Kirche am Ort, lautete die Antwort.

Er sprach zunächst in ausgezeichnetem Englisch und wiederholte seine Erklärung dann auf Französisch: Er werde sich den Aktivisten in den Flüchtlingslagern anschließen. Im Namen seiner Kirche bitte er alle Busfahrer von Harare, ihre Fahrzeuge vollzutanken und zum Sozialforum zu kommen, um dort alle Menschen aufzunehmen, die den Bischof zu den Lagern begleiten wollten.

Die Neuigkeit verbreitete sich in der ganzen Stadt, noch bevor die Regierung die Berichterstattung unterbrechen konnte. Die Menschenmenge im Forum schrie und jubelte vor Begeisterung. Am Spätnachmittag machten sich mindestens weitere 40.000 Menschen mit Bussen, Privatfahrzeugen und Lieferwagen auf die achtstündige Fahrt zur Grenze, und die Medien aus aller Welt hatten die Fernsehbilder, die sie brauchten, um eine große Story zu transportieren.

Einige Leute sagen, der junge Dalai Lama habe Kontakt zu dem Bischof aufgenommen. Andere meinen, es sei genau umgekehrt gewesen. Die Generalsekretärin des Weltkirchenrats in Genf mischte sich ebenfalls ein, sie war es, die mit einer Reihe einflussreicher Mullahs und mit dem Papst telefonierte. Papst Gregor, das erste aus Afrika stammende Oberhaupt der katholischen Kirche, war ein erzkonservativer Mann. Dennoch war er auch Afrikaner, und dies war eine Friedensbewegung in seinem Heimatkontinent. Am Tag, nachdem sich die Busse in den Flüchtlingslagern zu den Lastwagen gesellt hatten, machten sich die Führungsspitzen sieben bedeutender Religionsgemeinschaften – die sich alle Mühe gaben, wie Führer und nicht wie Anhänger zu wirken – auf den Weg, um die Friedensstifter zu unterstützen.

Der Krieg wurde abgewendet. Die beiden Armeen zogen sich aus der Kleinstadt Chirundu zurück. Sie wurden in die Kasernen zurückbeordert, noch bevor das Sozialforum offiziell zu Ende ging. Die Regierung in Harare stürzte friedlich, und es wurde eine Koalitionsregierung gebildet, die Neuwahlen vorbereiten sollte. Einige Tage später trat auch die sambische Regierung zurück, und es wurden Neuwahlen angesetzt. Die Übergangsregierungen in beiden Ländern kündigten an, sie würden ihren Konflikt vor den Internationalen Gerichtshof bringen.

Im Anschluss an das letzte Treffen des WSF-Organisationskomitees in Harare wurde eine Pressekonferenz abgehalten. Dabei gab João Sergio, der Vorsitzende des Komitees – der Landarbeiter-Aktivist aus Brasilien, der vor so vielen Jahren in Hongkong mit Ingas Familie Freundschaft geschlossen hatte –, die Entscheidung des Gremiums bekannt: »Das Weltsozialforum wird weiterhin ein Ort für offene Diskussion und Dialog der fortschrittlichen Kräfte der Zivilgesellschaft sein. Aber wir als Forum treten vor allen Dingen für den Frieden ein und wenden uns gegen die Armut« (über diese letzten Worte war viele Stunden lang verhandelt worden). »Ab jetzt reichen wir der Antikriegsbewegung die Hand, wir werden unsere Märsche und unser Forum nicht mehr nur in den Straßen freundlich gesinnter Städte veranstalten. Wir werden die Macht der Zivilgesellschaft für gezielte Aktionen inmitten von Kriegsgebieten einsetzen, so wie hier in Afrika, und die Herstellung und den Transport von Kriegsmaterial durch Länder und Unternehmen blockieren, die Krieg und Unterdrückung fördern.«

Der eingestandenermaßen bescheidene Sieg an der sambischen Grenze verlieh der Friedensbewegung eine Zuversicht und eine Energie, die man in ihren Reihen lange Zeit nicht mehr empfunden hatte. Die Zivilgesellschaft tat sich – von den Klimawandel-Aktivisten bis zum Community-Supported-Agriculture-Netzwerk und zu den Zusammenschlüssen im Bereich des Gesundheitswesens – für die gemeinsame Sache bei jeder sich bietenden Gelegenheit mit der Friedensbewegung zusammen.

Das WSF-Modell, das seit den Anfängen im Jahr 2001 stetig gewachsen war, erlebte eine explosive Entwicklung hin zu kommunalen, nationalen, kontinentalen und Weltversammlungen.

Der Einfluss der »anderen Supermacht« nahm zu, aber sie hatte auch ihre Schwächen. Die WSF-Organisatoren waren kaum an Bord der Maschinen gegangen, die sie aus Harare fortbringen sollten, als die politischen Manöver zwischen den sozialen Bewegungen und den Super-Egos bereits begannen. Es ging um die Spitzenposition in der Öffentlichkeitspyramide.

»Wo die Macht ist, wird auch gekämpft«, sagte Abebe bei einem Abendessen in Genf zu Inga.

Die einander befehdenden Fraktionen der Friedensbewegung rangen um die Kontrolle über die Tagesordnung, und die internen politischen Querelen und öffentlichen Streitereien führten fast zum Ende des Forums. Die Erkenntnis, dass ein Debakel nur knapp vermieden worden war, und die Furcht, dass alles zusammenbrechen könnte, sorgten dafür, dass klügere Köpfe und breitere Interessen die Oberhand behielten und die Ordnung wiederhergestellt wurde.

»Na gut, wenn das schon keine Ordnung ist, dann ist es zumindest das kreative Chaos, an das wir uns gewöhnt haben«, kommentierte Suyuan Wu im Gespräch mit Tash die Situation.

In Simbabwe, auf den Bauernhöfen in der Nähe von Chirundu, war von völliger Normalisierung nicht die Rede. Das Land in der Umgebung der Flüchtlingslager, das fast zum Schlachtfeld geworden wäre, wurde wieder zu Ackerland, und als die Bauern wieder einigermaßen sicher waren, dass die Soldaten nicht zurückkommen würden, bauten sie auch wieder Feldfrüchte an. In den Radiosendern fehlte es nicht an Warnungen vor Minen, aber den Menschen blieb nur die Wahl zwischen dem sicheren Hungertod und dem möglichen Verlust einer ihrer Gliedmaßen. Jeden Tag hörte man neue Geschichten über Tod und Verstümmelung irgendwo im ehemaligen Kampfgebiet. Doch es gab keine Alternative zur Rückkehr auf die Felder.

Eine Filmcrew aus Südafrika drehte gerade einen Film über »den Krieg, dem das Volk Einhalt gebot«, als ein junges Mädchen einen Stein warf, der nur wenige Schritte von seiner Mutter entfernt eine Mine explodieren ließ. Nicht in die Nachrichten gelangte, was das Kind nach der Explosion an Ort und Stelle fand. Allen Kindern des Ortes war eingeschärft worden, dieses Feld zu meiden, aber der Drang, ein Erinnerungsstück zu bergen, war unwiderstehlich. Einen Tag nach dem Vorfall fand das Mädchen einen Metallsplitter, der eine Seriennummer trug, und fast zur gleichen Zeit entdeckte es einen Papierfetzen, der vielleicht von den abziehenden Soldaten zurückgelassen worden war. Das Stück Papier war eine Karte der Region und trug das Firmenzeichen eines riesigen Bergbauunternehmens. Voller Stolz ging das Mädchen mit seinen Trophäen nach Hause, den Splitter des Sprengkörpers wollte es gut sichtbar auf dem Türrahmen des elterlichen Hauses ausstellen. Das Papier gab das Mädchen seinem Vater, der, da war es ganz sicher, bestimmt Leute kannte, die ihm den Inhalt vorlesen konnten.

Der Vater nahm jedoch den Splitter und das Papier zur Bestürzung des Kindes einige Tage später zu einer Bauernversammlung mit und übergab dort beides einem Funktionär. Dieser Mann fuhr bald darauf zu einer weiteren Versammlung nach Harare. Es dauerte mindestens einen Monat, bis irgendein Mitarbeiter im Büro der Bauernschaft in Harare das Papier und den Metallsplitter Abebe zeigte. Der Transportunternehmer war nach Harare zurückgekehrt, um sein Fahrzeug, das nach dem Forum in einem schlechten Zustand gewesen war, zu reparieren und wieder mitzunehmen. Abebe hatte auf eine Tasse Tee und zu einem kurzen Besuch beim Präsidenten der Bauernbewegung vorbeigeschaut, bevor er sich auf die lange Heimreise nach Kombolcha machen wollte.

Abebe wusste, dass die Herstellung von Landminen gegen ein vor dreißig Jahren geschlossenes internationales Abkommen verstieß. Er ging davon aus, dass sich die Seriennummer zurückverfolgen ließ, und zeigte beide Beweisstücke einem Bekannten in der schwedischen Botschaft.

Die Karte erwies sich als das interessantere Indiz. Es handelte sich eindeutig um eine per Computer erstellte geologische Karte von hoher Qualität, die die beiden Flüchtlingslager und deren Umgebung umfasste. Die beiden Männer konnten die in dieser Darstellung verwendeten Symbole nicht deuten, aber es war offensichtlich, dass es in dem Terrain in der Umgebung der Lager etwas Interessantes zu entdecken gab. In einem Punkt war sich Abebe sicher: Das Bergbauunternehmen war die chinesische Tochtergesellschaft von Sonybishi, einem Konzern, der zum Terra-Forma-Konsortium gehörte. In Afrika bezeichnete man Sonybishi als »Son-of-a-bitchy«, es war das verhassteste Unternehmen auf dem ganzen Kontinent.

Abebe hatte weder Zeit noch Ressourcen für weitere Nachforschungen, deshalb bat er den freundlichen Diplomaten, beide Beweisstücke an Inga zu schicken.

Inga fand das Päckchen bei der Rückkehr von einer Gewerkschaftsversammlung in Uppsala vor. Wäre es nicht von Abebe gekommen, hätte sie es wohl auf Nimmerwiedersehen in den Papierstößen auf ihrem Schreibtisch abgelegt. Stattdessen bat sie einen bei der Gewerkschaft angestellten Chemietechniker um seine Hilfe.

Die Seriennummer war nutzlos, aber darunter fand sich ein RFID-Mikrochip, den der Techniker mühelos entschlüsselte. Der Chip war durch die Explosion der Mine funktionsunfähig geworden, aber die Signalanweisungen konnte man immer noch lesen. Das Gerät kommunizierte mit einer von Terra-Forma hergestellten Gruppe von Satelliten, die angeblich der Beobachtung von Meeresströmungen dienten.

Eine rasche Internet-Recherche bestätigte die Vermutung, dass die Karte von der gleichen chinesischen Sonybishi-Tochtergesellschaft hergestellt worden war. Die für Abebe so unverständlichen Symbole auf der Karte entsprachen dem chinesischen Schriftzeichen für Platin.

GENF 2026: »Zufall?«, fragte Inga Alitash Teferra. Inzwischen war etwa ein Monat vergangen, und die beiden Frauen unterhielten sich im Foyer des John Knox Centres in Genf noch bei einem Glas Wein, bevor sie zum Abendessen in die Stadt gehen wollten. Inga hatte in den Wochen, seit ihre Gewerkschaft die Herkunft der Schätze des kleinen Mädchens ermittelt hatte, kaum Zeit gehabt, über die damit verbundenen Zusammenhänge nachzudenken. Sie hatte sich Alitash anvertraut, weil es ihr zunächst einmal großen Spaß bereitete, eine »Verschwörungstheorie« vorzutragen. Von der Bedeutung der Fundstücke war sie dagegen weniger überzeugt.

Tash zeigte Interesse. »Wenn der Splitter von einer Landmine stammte, verstößt das Unternehmen gegen einen UN-Vertrag«, sagte die äthiopische Diplomatin nachdenklich. »Aber vielleicht war das nur ein Sprengsatz, den ein Erkundungstrupp zu Versuchszwecken in felsigem Gelände benutzte. Mit dem Militär hatte das vielleicht gar nichts zu tun.«

»Mein Techniker sagt, dass das ein Landminen-Splitter ist«, unterbrach Inga. »Er hat viele solche Dinger in Afghanistan gesehen, aber wir können wohl nicht ganz sicher sein.«

Inga und Tash nahmen an einer vom Weltkirchenrat einberufenen Strategiebesprechung teil, bei der es um die Reaktion des Südens und der Zivilgesellschaft auf den von der OECD vorgeschlagenen Technology Transfer Treaty (TTT) gehen sollte.

Nach offizieller Lesart ging die Initiative zu diesem (rstmals Anfang der 2020er-Jahre zur Verhandlung vorgelegten) Vertrag von der US-Regierung aus, die dabei von China unterstützt wurde. Inoffiziell wusste alle Welt, dass der wahre Druck für die Verabschiedung eines solchen Vertrags von den Terra-Forma- und Atom-Sphere-Konsortien kam. Angeblich sollte das Abkommen den Transfer von Schlüsseltechnologien aus den OECD-Staaten in die südliche Hemisphäre erleichtern. In den Entwurf des Verhandlungstextes waren allerdings ganze Bündel von Bestimmungen eingebaut, die nicht nur zahlreichen Industriezweigen umfassende Kartelle erlaubten, sondern auch Technologie-Monopole guthießen, die Ländern, denen man die Kompetenz für den sicheren Gebrauch einer bestimmten Technik nicht zutraute, jeglichen Zugang verweigerten.

Andere Textpassagen gaben Ländern die Befugnis, ihre Grenzen auf nationaler oder regionaler Basis für Menschen oder Produkte aus Ländern oder Regionen, die ihre technologische Sicherheit gefährden könnten, zu schließen. Einige dieser Bestimmungen hätte man noch vor zehn oder zwanzig Jahren für höchst ungewöhnlich gehalten, aber inzwischen wurden sie nahezu fraglos akzeptiert.

Der TTT führte zum Beispiel eine globale Praxis für den Umgang mit geistigem Eigentum ein, die sich an amerikanischen Bewilligungskriterien orientierte, und datierte den Patentschutz in Ländern, in denen es bis dahin keinen Schutz solcher Art gegeben hatte, um zwanzig Jahre zurück. Mit einem Schlag sollte dieser Vertrag Verletzungen des Patentschutzes zu einem strafrechtlichen Tatbestand machen und nicht mehr der Zivilgerichtsbarkeit überlassen. Zur Verteidigung von Unternehmensinteressen konnten damit auch Interpol und der Internationale Strafgerichtshof bemüht werden.

Der TTT versprach natürlich – wofür vorab geworben wurde –, nützliche Technologien auch den Entwicklungsländern zugänglich zu machen und auf Lizenzgebühren für Patente zu verzichten, wenn sich bestimmte Technologien als für die Gesundheit und das Wohlergehen der Bevölkerung besonders wichtig erwiesen. Im Gegenzug sollten sich die Empfängerstaaten allerdings verpflichten, bei allen Produkten, die sich geschenkter Technologien bedienten, RFID-Chips zu verwenden, sodass sie nicht über die Hintertür in den Norden zurückgelangen und den Patentinhabern auf den heimischen Märkten zusetzen konnten. Im Endeffekt beschränkten die Bestimmungen die ärmsten Länder auf die einheimischen Märkte und unterbanden faktisch jeglichen Export.

Inga und Tash gingen bergab in Richtung Stadtmitte, und Inga berichtete:»Aus der Karte, die bei diesem Minensplitter gefunden wurde, geht hervor, dass es im Grenzgebiet zwischen Simbabwe und Sambia bedeutende Platinvorkommen gibt, und zwar genau dort, wo sich die Flüchtlingslager befinden. Die Bergbaufirma hätte sich wohl gewünscht, dass die Flüchtlingslager verschwinden und eines der beiden Länder die eindeutige Souveränität über die Region erlangt, bevor sie über Schürfrechte verhandelt.«

»Warum sollten sie hinter Platin her sein?«, hakte Tash nach.»Ich weiß schon, es hat immer noch seinen dekorativen Wert, aber für industrielle Verfahren ist es bald bedeutungslos. Früher war Platin in Batterien und Motor-Katalysatoren unersetzlich, aber inzwischen können aus Nickel und Kobalt gewonnene Nanopartikel für einen Bruchteil der Kosten dieselben Aufgaben übernehmen. Eine Unze Platin kostet fast 2.000 US-Dollar, und für etwa denselben Preis bekommt man eine ganze Tonne Nickel.«

»Bergbauunternehmen suchen nicht in Kriegsgebieten nach irgendetwas, das sie gar nicht brauchen«, sagte Inga nachdenklich.»Den Minensplitter und die Karte hat kein zufälliger Passatwind dorthin geweht.«

An diesem Abend schickte Inga noch vor dem Zubettgehen eine E-Mail an den Technikexperten in Stockholm und bat darin um mehr Informationen über die Verwendungsmöglichkeiten von Nickel als Ersatz für Platin in Batterien und Katalysatoren. Nickel und Platin waren nun nicht gerade Themen, die der Chemiegewerkschaft auf den Nägeln brannten, aber die ganze verwickelte Geschichte war einfach zu heikel, um nicht weiterverfolgt zu werden.

Inga traf sich mit Tash, als die ganzen NGO-Vertreter zwei Tage später das Ökumenische Zentrum in Genf wieder verließen. Das Strategietreffen war zu Ende gegangen, und die Ergebnisse waren wenig überzeugend. Man war sich allgemein einig, dass der TTT in jedem einzelnen Land und auch bei den Vereinten Nationen angegriffen werden sollte. Man hatte auch einen Koordinationsausschuss gebildet, der den Auftrag erhielt, zumindest für das Vorgehen bei der UN eine Kriegskasse anzulegen. Die Aktivisten taten sich jedoch schwer mit der Aufgabe, in dem komplexen Vertragswerk den zentralen Punkt für die Medienarbeit auszumachen, der ihnen die beste politische Hebelwirkung bieten würde. Bei der Abschlusssitzung war das Gefühl der Enttäuschung und des Scheiterns förmlich mit Händen zu greifen.

»Du wirst das vielleicht für dumm halten«, sagte Inga zu Tash, »aber meine Gewerkschaft hat die Nickel-statt-Platin-Nanotech-Geschichte genauer untersucht.«

»Ich liebe Rätsel«. Tash grinste.

»Die Nanotechnologie-Unternehmen haben jahrzehntelang angekündigt, billiges Nickel könne das teure Platin in nahezu jedem industriellen Marktsegment ersetzen, auch in Batterien. Wir haben festgestellt, dass es in dieser Sache schon fast seit Beginn des Jahrhunderts vollmundige Behauptungen der Unternehmen gab. Bereits 2010 oder 2011 führten einige Unternehmen Batterien ein, die mit einer Kombination von Nickel- und Kobalt-Nanopartikeln arbeiteten. Zwei oder drei Jahre später wurden diese Batterien wieder vom Markt genommen, als deutlich wurde, dass sie nicht so funktionierten, wie die Werbung behauptete.« Inga flüsterte jetzt beinahe. »Unterdessen war natürlich der Platin-Markt zusammengebrochen, die Preise waren auf einen historischen Tiefststand gefallen, aber …« – bei diesem Nachtrag verschränkte sie die Arme – »… das hielt die größten Bergbauunternehmen nicht davon ab, kleinere Platinfirmen zu absoluten Spottpreisen zu schlucken und dabei auch ihre Erz-Lagerbestände zu übernehmen.«

»Du bist unverbesserlich«, erwiderte Tash, »Nanopartikel-Versionen von Nickel sind heute wieder in Batterien enthalten, und der industrielle Platin-Markt ist wieder am Boden. Du hast recht, die erste Generation der Nickel-Partikel war ein Fehlschlag, aber jetzt scheint man die technischen Probleme gelöst zu haben. Deine ganze Neuigkeit besteht darin, dass der Bergbaukonzern eine Investition in den Sand gesetzt hat.«

An jenem Abend saß eine Gruppe TTT-Aktivisten auf dem Rasen vor dem John Knox Centre, trank Wein und plauderte. Der größte Teil der Gruppe hatte für den nächsten Morgen frühe Flüge gebucht. Tash bat Inga, der Gruppe von den Recherchen ihrer Gewerkschaft zu erzählen. Ein zweites Glas Wein half der Juristin, ihre angeborene Vorsicht zu überwinden.

Als sie zu Ende gesprochen hatte, trug ein Filipino – er arbeitete in einem NGO-Ausbildungszentrum für Gewerkschaftsfunktionäre – seinen Teil zu der Verschwörung bei. »Das Problem mit den Nickel/Kobalt-Nanopartikeln vor einigen Jahrzehnten lag nicht darin, dass sie nicht in Batterien funktionierten«, erklärte er seinen Mitstreitern. »Es war vielmehr so, dass die Partikel aus den weggeworfenen Batterien ins Grundwasser gelangten. Die Batterien sind für sich genommen schon Problem genug, aber die Nickel- und Kobalt-Nanopartikel waren so langlebig und beständig, dass sie im Boden wichtige Mikroorganismen abtöteten und ins Nervensystem sämtlicher Wirbeltiere eindrangen, denen sie begegneten. Die Unternehmen nahmen die Batterien wieder vom Markt und schützten technische Probleme vor, um Schadensersatzklagen von Behörden und Verbrauchern aus dem Weg zu gehen, die sie wegen Vergiftung der Wasservorräte vor Gericht bringen würden.«

Er fügte noch hinzu: »Ein 70-Nanometer-Partikel kann in eure Zellen eindringen und freie Radikale aufscheuchen. Ein 20-Nanometer-Stück Nickel wird vom Immunsystem nicht mehr erkannt, und die Partikel schlüpfen durch die Blut-Hirn-Schranke und sogar durch die Plazenta.«

Eine indonesische Menschenrechtsaktivistin, die ein kleines Stück seitwärts im Gras lag, stieg jetzt in das Gespräch ein: »Wir hören Gerüchte über Probleme in den Nickelbergwerken in Sulawesi und Halmahara«, berichtete sie der Gruppe. »Den Bergleuten geht es gut, aber die Leute in den Verarbeitungsbetrieben glauben, dass sie vergiftet werden. Der Konzern sagt, dass sie sich das nur einbilden. Schließlich ist der Verarbeitungsbetrieb nahezu vollständig automatisiert, Menschen werden dort nur noch für die Qualitätskontrolle und die Kennzeichnung der Transportcontainer gebraucht. Wir wollten die Sache untersuchen, allerdings lief das nicht besonders konsequent. Es sah nicht nach einem besonders großen Problem aus. Vielleicht sollten wir das noch einmal angehen«, sagte sie und betrachtete in der Dunkelheit ihre Kollegen.

Bis sie alle wieder auf ihren Zimmern waren, hatte sich eine informelle Arbeitsgruppe der TTT-Kampagne gebildet. Inga sollte die technischen Ressourcen ihrer Gewerkschaft weiterhin nutzen, um an mehr Informationen über Nanotechnologie und Nanopartikel-Substitute für Rohstoffe zu kommen. Tash sollte sich bei den afrikanischen Regierungen die jüngsten Entwicklungen im Bereich der Bergbauunternehmen und auf den Märkten für

Bodenschätze ansehen. Die Menschenrechtsaktivistin aus Indonesien versprach, noch einmal zu den Arbeitern zu gehen, um weitere Informationen zu sammeln, und der junge philippinische Gewerkschafter bot an, die Archive zu Nanotechnologie-Produkten und -Herstellungsverfahren zu durchforsten.

Ein paar Monate später wurde eilends eine Notfallsitzung der TTT-Widerstandskampagne anberaumt. Inzwischen war es Winter, und das John Knox Centre war von einem hübsch anzusehenden Schneeflaum bedeckt. In den Büroräumen des Weltkirchenrats herrschte wegen anderer Konferenzen ein reges Treiben, deshalb wurde kurzerhand der Frühstücksraum des John Knox Centre zur Tagungsstätte umfunktioniert.

Der Filipino führte den Vorsitz. Inga hatte Greenpeace überredet, Abebes Reisekosten zu übernehmen. (Die Organisation bemühte sich neuerdings sehr um gute Kontakte zu den sozialen Bewegungen.) Nur Tash fehlte, weil sie ihre AU-Genehmigungen und Reisedokumente nicht mehr rechtzeitig zusammenbekam. WHO Watch in der Person von Anita Krishna stieß auf Ingas Drängen hin dazu.

Der junge Filipino ging die wichtigsten Informationen zügig durch: Ja, der Metallsplitter und die Karte, die in Simbabwe gefunden worden waren, stammten beide aus den Beständen von Terra-Formas Bergbaupartner. Sämtliche Zweifel, ob denn der Splitter wirklich von einer Landmine stamme, waren ausgeräumt. Die Mine war ein illegales Produkt einer chinesischen Tochtergesellschaft des Bergbaukonzerns. Etwa ein halbes Jahr, bevor der Grenzstreit zwischen Sambia und Simbabwe begann, hatte Atom-Sphere ein Team in das Gebiet der Flüchtlingslager entsandt, das nach den Angaben des Unternehmens gegenüber der Regierung »seismische Abnormitäten« untersuchen sollte. Diese könnten empfindliche Überwachungsgeräte beeinträchtigen, die auf die Nanopartikel-Spektren in der Atmosphäre eingestellt waren. Vorabberichte des Untersuchungsteams verwiesen auf einen Bedarf für weitere Nachforschungen. Auch zu dem Zeitpunkt, zu dem sich die TTT-Kampagnengruppe in Genf traf, betrieb der Bergbaukonzern noch Anschlussuntersuchungen zu den »Abnormitäten«, von denen in der ersten Studie die Rede gewesen war.

Das allein genügte bereits für eine Klage beim Menschenrechts- oder Strafgerichtshof, warf die indonesische Juristin ein. Aus Indonesien, berichtete sie weiter, gebe es andere Neuigkeiten. Gewerkschaftlich organisierte Arbeiter in den Nickelbergwerken hätten Kontakt zu Kollegen in Kanada aufgenommen und dabei festgestellt, dass beide Seiten mit unerwartet vielen Fällen von Lungenentzündung und Krebs zu kämpfen hatten. Die meisten (aber nicht alle) dieser dokumentierten Fälle seien aufgetreten, nachdem der Bergbaukonzern seine halb automatischen Herstellungsbetriebe für Nickel-Nanopartikel in Betrieb genommen habe. Außerdem gebe es Beweise für große gesundheitliche Probleme unter der Belegschaft der Batteriezellen-Fabriken, in denen Nickel-Partikel verwendet würden. Unterdessen hörten Gewerkschaften in der kanadischen Bergbauindustrie aus der mittleren Managementebene Gerüchte, nach denen einige Bergwerke und Herstellungsbetriebe möglicherweise wegen »Marktschwankungen« geschlossen werden könnten.

Aus den Berichten der Arbeitsgruppen-Mitglieder ergab sich das Bild einer scheiternden Technologie, die von Subventionen der Regierung und Industriepropaganda gestützt wurde. Die Kosten für die Herstellung der Nanopartikel waren – obwohl inzwischen niedriger – immer noch astronomisch, von einer Verringerung des Energiebedarfs konnte keine Rede sein. Die Atomindustrie hatte einst versprochen, Elektrizität so billig zu machen, dass sich »Stromzähler nicht mehr lohnten«, und jetzt zeigte sich, dass auch die Nanotechnologie – »die friedliche Nutzung des Atoms, auch diesmal mit Gefühl«, wie der junge Filipino scherzte – zu teuer war, um den Bedürfnissen der Welt zu entsprechen. Und wie bei der Atomindustrie zeigte sich, dass die Gesundheits- und Umweltrisiken sehr viel schwieriger zu lösen waren, als man ursprünglich angenommen hatte. Er war unklar, ob die beiden weltweit tätigen Konsortien diese technologischen Probleme überhaupt erwartet hatten, oder ob sie jetzt einfach nur alles versuchten, um die negativen Folgen zu überleben, falls das technologische Scheitern nicht mehr rückgängig zu machen war.

Klar war allerdings, dass die Regierungen der Welt und die Finanzmärkte nach wie vor annahmen, die Nanotechnologie sei ein Erfolg. Aufgrund dieser Annahme steckten die Rohstoffmärkte in einer Krise, und die Aktienkurse von Bergbauunternehmen, die immer noch an den alten Technologien festhielten, waren im Keller. Terra-Forma und Atom-Sphere nutzten die günstige Einkaufslage und verleibten sich Unternehmen und Rohstoffvorkommen ein. Terra-Formas Bergbaupartner erkundete unter dem Vorwand seismischer Probleme das Terrain und kaufte in Zentral- sowie im südlichen Afrika riesige Erzlagerstätten auf. Zu ähnlichen Aktivitäten und Aufkäufen kam es in den Anden, im Himalaya und im riesigen indonesischen Archipel.

»Diese Bastarde nutzen den TTT, um sich selbst Immunität zu verschaffen«, schimpfte Inga und hieb mit der Faust auf den Frühstückstisch.

»Und sie schlucken für wenig Geld die alten Unternehmen, Technologien und die Rohstoffvorkommen«, setzte Abebe hinzu.

Von WHO Watch kamen weitere Informationen. Anita Krishnas Team hatte einen »Deep Throat« – einen Insider-Informanten aus den Reihen der Konsortien –, der über schriftliche Beweise für deren Vertuschungsmanöver verfügte und belegen konnte, dass sie schon zu einem frühen Zeitpunkt über die Umweltrisiken in der Stratosphäre und an der Meeresoberfläche Bescheid wussten, die mit der Nanotechnologie verbunden waren. WHO Watch konnte noch keine Einzelheiten bekannt geben, versicherte der Arbeitsgruppe jedoch, dass die Dokumentation ein gewaltiges Medienecho finden werde.

Die Gruppe saß bis nach Mitternacht beisammen, vorher wollte niemand ins Bett gehen. Es mussten noch weitere Recherchen angestellt werden, und mit einer Reihe von Regierungen und UN-Vertretern waren noch Gespräche zu führen, aber wenn nicht noch etwas gänzlich Unerwartetes geschah, stand der Aktionsplan fest.

LAKE NATRON, TANSANIA: Abebe zog seinen Rollstuhl hinter dem Fahrersitz hervor und klappte ihn auf. Er wusste, dass ihn die Kinder auf dem Marktplatz beobachten würden, und ließ sich mit einer Bewegung, die er selbst gerne als »katzenartige« Geschmeidigkeit empfand, vom Lastwagen in den Sitz fallen und sah sich um. Oben auf dem Berg, oberhalb des Ortes, sah er ein großes, weißes Gebäude. Das musste das Sodawerk von Tata-Pharma sein, das ihm Tash in Genf beschrieben hatte. Er ignorierte das Gebäude und nahm Kurs auf eine Gruppe von Lastwagenfahrern, die vor einer Teestube saß.

Bei einigen Kannen Tee erfuhr Abebe, dass die Fahrer Sodaasche zum internationalen Flughafen in Arusha brachten, von wo Atom-Spheres private, von russischen Crews gesteuerte Frachtflugzeuge die Ladung nach Minsk brachten. So stand es jedenfalls in den Frachtpapieren. Die Fahrer luden im Gegenzug Bohrausrüstungen und kilometerlange Bohrgestänge aus diesen Flugzeugen auf ihre Lastwagen. Der größte Teil der importierten Ladung trug das Logo von Exxon-Siemens, einem Unternehmen, das, wie Abebe wusste, ebenfalls dem Atom-Sphere-Konsortium angehörte.

»Ölbohrausrüstungen?«, fragte Abebe. Die Fahrer bestätigten das. Aus den Frachtpapieren ging das eindeutig hervor.

»Irgendwelche Sprengstoffe … Landminen … militärisches Gerät?«, hakte der Äthiopier nach. Nichts in dieser Richtung, versicherte man ihm.

Abebe wechselte das Gesprächsthema. War der Vulkan derzeit aktiv? Der Ol Doinyo Lengai überragte das Rift Valley und war vom Marktplatz aus teilweise zu sehen. Abebe hatte einen beliebten Punkt angesprochen. Der alte Vulkan grummelte und zischte, und in allen Dörfern der Umgebung war man besorgt. In den Aktivitäten des Vulkans gab es ein beunruhigendes Muster. Zunächst bebte nur die Erde, es waren kleinere Erdbeben entlang des Talgrundes und unter dem See. Nicht unmittelbar danach, sondern einen oder zwei Tage später spuckte der Vulkan einen kleinen Lavastrom aus, der langsam abfloss, ohne Schaden anzurichten. Dann blieb es wieder ruhig, etwa eine Woche lang.

Zwei Fahrer, ältere Männer aus Daressalam, sahen eine Verbindung zwischen den Ölbohrausrüstungen und den Erderschütterungen. Sie erzählten, dass drei Männer – Russen, die wie Zivilisten gekleidet seien, sich aber wie Soldaten benähmen – ungefähr alle zwei Wochen ins Tal hinausfahren würden, wo Tata-Pharma neue Bohrlöcher anlegte. Etwa eine Stunde später würden sie dann in die Stadt zurückfahren, der Bohrbereich werde geräumt, und kurz danach gebe es eine Erschütterung. Nein, die Russen transportierten keine Sprengstoffe. Sie hätten nur Rucksäcke dabei.

Abebe Jideani bohrte nach, er wollte weitere Informationen. Manchmal, bekam er zu hören, würden die Russen von Amerikanern begleitet. Die würden auch wie Soldaten aussehen.

Unter dem Vorwand, nach einer Ladung zu suchen, die seine Spritkosten für den Rückweg nach Addis Abeba deckte, blieb er noch einige Tage in der Gegend. Am vorgesehenen Abreisetag saß Abebe wieder in derselben Teestube, als einer der Lastwagenfahrer plötzlich auf einen Toyota zeigte, der zu schnell über den dicht bevölkerten Marktplatz fuhr. »Da sind die Russen«, gestikulierte er. »Nach einiger Zeit wird dann wieder die Erde beben.«

Das Fahrzeug bremste, um einem Bus die Vorfahrt zu lassen, und kam fast unmittelbar vor der Teestube zum Stehen. »Wer ist diese Frau?«, wollte Jideani wissen. »Habt ihr sie schon mal gesehen?« Auf dem Beifahrersitz saß eine attraktive Frau mittleren Alters mit braunem Haar und grauen Strähnen. Sie trug einen Business-Anzug – nicht gerade Safari-Ausstattung, dachte Abebe –, ihr schien heiß zu sein, und sie fühlte sich nicht wohl.

»Nein, sonst sind das immer nur Männer«, erklärte Abebes Fahrer-Kollege. Als der Bus den Weg wieder freigegeben hatte, fuhr das Fahrzeug zügig weiter und verschwand in der Menschenmenge.

Abebe Jideani war noch keine Stunde unterwegs, als er spürte, wie ein leichtes Erdbeben sein Fahrzeug erschütterte.

DEN HAAG UND GENF 2027: Kurz nach Neujahr klagte die Afrikanische Union unter der Federführung von Sambia und Simbabwe vor dem Internationalen Strafgerichtshof gegen Terra-Forma. In der Klageschrift wurde Atom-Sphere der Beihilfe für die Straftatbestände des Diebstahls, der Erpressung und der Kriegstreiberei bezichtigt. Am gleichen Tag klagte die TTT-Kampagnengruppe unter der Führung der Gewerkschaften sowie von WHO Watch vor dem UN-Menschenrechtsrat in Genf: Die Vereinigten Staaten, China und die Europäische Union wurden gemeinsam mit den beiden Konsortien wegen Verletzung der Menschenrechte aller Völker der Welt und wegen Verstoßes gegen den Environmental Modification (ENMOD) Treaty von 1978 angeklagt.

NEW YORK: Einige Stunden später, zum Auftakt der geplanten abschließenden New Yorker Gesprächsrunde des Unterausschusses der UN-Vollversammlung zum TTT, gab der Generalsekretär eine zweistündige Verzögerung bekannt. Die OECD-Delegierten waren vorab informiert worden, kaum einer von ihnen war auf der UN Plaza zu sehen, und in der Delegierten-Lounge im zweiten Stock des UN-Gebäudes brodelte die Gerüchteküche, als die Botschafter der G77 und ihre Mitarbeiter sich unter die Menge mischten und bei einem Imbiss auf Neuigkeiten warteten. Die Eröffnungssitzung wurde weitere zwei Male neu angesetzt, bis schließlich der Generalsekretär im alten Sitzungssaal des UN-Treuhandrats bekannt gab, es bestehe – nach Beratungen in der eilends zusammengerufenen »Friends of the Chair«-Gruppe – Einigkeit darüber, dass das Timing für Verhandlungen nicht angemessen sei und das Treffen deshalb verschoben werde, um den Delegationen die Möglichkeit zu geben, sich mit den eigenen Hauptstädten und anderen Regierungen zu beraten. Es wurde kein neues Verhandlungsdatum festgesetzt, aber nach der Einschätzung des Generalsekretärs war es unwahrscheinlich, dass die Beratungen noch vor Beginn des Sommers in der gemäßigten Klimazone abgeschlossen werden könnten.

Erst beim Verlassen des UN-Gebäudes sahen die meisten Delegationen, dass auf der First Avenue eine gewaltige Demonstration im Gang war. Die TTT-Kampagne hatte mit starker Unterstützung des Weltsozialforums alle Ostküsten-Bewohner, die jemals an einem städtischen, nationalen oder weltweiten Forum teilgenommen hatten, per SMS oder E-Mail benachrichtigt. Mehr als 200.000 Demonstranten blockierten den Verkehr und skandierten Parolen, die sich gegen den TTT und die Konsortien richteten. Einige Botschafter zeigten der Menge mit hochgerecktem Daumen ihre Sympathie an, und die Demonstranten antworteten mit zustimmendem Gebrüll.

Einige Monate später verwandelte sich der TTT bei einer weiteren Sitzung der UN-Vollversammlung offiziell in eine neue Verhandlungsrunde für eine Internationale Konvention zur Bewertung Neuer Technologien (International Convention for the Evaluation of New Technologies, ICENT). Um das Gesicht zu wahren, nannte man die neue Initiative TTT/ICENT. Aber wer an jenem Abend auf der First Avenue und der UN Plaza das Geschehen verfolgte, wusste, dass der TTT erledigt war.

2035: Mitte der 2030er-Jahre hatte die Friedensbewegung den Waffenhandel aus Europa und Kanada praktisch vollständig unterbunden und einen äußerst wirksamen Boykott gegen US-Waffenhersteller organisiert. Das ging so weit, dass sogar die Regierung in Washington sich gezwungen sah, der Gründung einer ständigen UN-Friedenstruppe zuzustimmen. Ergänzt wurde das noch durch eine Reihe von Verträgen und Vertragszusätzen, die alle Regierungen verpflichteten, ohne Zustimmung der UN-Vollversammlung keinen Krieg mehr zu beginnen.

Suyuan Wu kam beim Nachdenken über die grundlegenden Veränderungen, die mit dem Erfolg von Harare verbunden waren, zu dem Ergebnis, dass der tatsächliche große Sieg in der Überzeugung bestand, die sich in der Zivilgesellschaft verbreitet hatte: Frieden war möglich, Krieg war inakzeptabel und »Wir, das Volk« waren die einzige Kraft, die für Frieden sorgen konnte.

Dieses Gefühl der Macht, bekräftigte die Journalistin den eigenen Gedankengang, ermöglichte es dem Weltsozialforum, eine andere Gangart anzuschlagen, sich den TTT vorzunehmen und einen weiteren Sieg zu erringen. Im Lauf der Jahre hatte sich das Forum auf irgendeine Weise von einem passiven zu einem aktiven Zusammenschluss gewandelt, und die daran beteiligten Personen hatten es selbst kaum mitbekommen. Es war zu einem Netzwerk eng miteinander verbundener sozialer Bewegungen geworden.

»Die Menschen können sich – in ihrer ganzen Vielfalt – an vielen Fronten zusammenschließen«, lautete die Schlussfolgerung der alten Bloggerin.

Abebe war schon längst in die Heimat zurückgekehrt. Alitash Teferra und Qi Qubìng fuhren mit dem alten Freund von Tashs Familie von Kombolcha nach Addis Abeba zurück. Abebe Jideani hatte seine Mutter besucht, die jetzt bei seinem Onkel (ihrem jüngeren Bruder) und dessen Familie lebte. Von der äthiopischen Hauptstadt aus wollte Alitash einen Abstecher nach Arusha machen. Sie plante einen Besuch in Lake Natron.

»Willst du dich vergewissern, ob die Sache wirklich zu Ende ist?«, fragte der Lastwagenfahrer.

»Ich muss das einfach tun«, gestand Tash. »Die tansanische Polizei hat Nanopartikel-Material entdeckt, das vielleicht der Sprengstoff gewesen sein könnte, den die Russen benutzt haben. Das Stockholmer Institut für Friedensforschung schickt ein Wissenschaftlerteam, das sich die Beweismittel ansehen soll. Ich will dabei sein«, gab sie zu.

Qi beugte sich vom Rücksitz aus zwischen die beiden nach vorn. »Du und deine bescheuerten Verschwörungstheorien«, schnaubte er verächtlich, »ich kann mir nicht vorstellen, dass dir die Unternehmen so etwas durchgehen lassen!«

»Ihre Ausrede war, das Sodaasche-Geschäft bringe nicht genug ein, um die Untersuchungen und den Rechtsstreit bezahlen zu können«, erinnerte ihn Tash.

»Könnte sogar stimmen«, antwortete der internationale Bürokrat, sank auf seinen Sitz zurück und starrte aus dem Fenster.

POSTSKRIPTUM – STOCKHOLM 2035: *Die Vergabe des Friedensnobelpreises war in jenem Jahr ungewöhnlich umstritten. Der norwegische Parlamentsausschuss erklärte einstimmig, der Preis solle an das Weltsozialforum gehen. Seit dem Erfolg gegen den TTT vor einigen Jahren hatte es eine Bewegung für die Vergabe des Preises an das WSF gegeben, doch die norwegischen Politiker räumten ein, es wäre allzu undiplomatisch gewesen, einen Friedenspreis an eine Bewegung zu vergeben, die sich gegen den Willen der Regierungen der meisten Industriestaaten durchgesetzt hatte. Im Jahr 2035 wurde das WSF jedoch nach der Demilitarisierung des »Südkegels«, des südlichen Teils des südamerikanischen Kontinents, und den erfolgreichen Verhandlungen über einen internationalen Vertrag zur Nutzung des Aquifers erneut nominiert. Die Vereinigten Staaten – der Vertrag sah auch die Schließung ihres Militärstützpunktes in Paraguay vor – protestierten heftig gegen die Nominierung. Der größte Teil der Welt war jedoch von der Entscheidung des Nobelpreiskomitees begeistert, aber die eigentliche Kontroverse tobte im WSF selbst. Schließlich teilten die WSF-Organisatoren dem norwegischen Parlament in höflichen Worten mit, man könne die Ehre nicht annehmen, weil zur Politik der Organisation auch gehöre, auf Abstand zu den Regierungen zu achten. Abebe Jideani, ein langjähriges Mitglied des WSF-Leitungsgremiums, wurde jedoch im Stockholmer Parlament als einer der drei Träger des Right Livelihood Awards in jenem Jahr geehrt. Suyuan Wu gefiel diese Entscheidung sehr.*

WIE GEHT ES WEITER, NR. 5:
WIE SOLLTEN DIE BEZIEHUNGEN ZWISCHEN NGOS UND
SOZIALEN BEWEGUNGEN AUSSEHEN?

Graue Eminenz

Die mit großem Abstand wichtigste Priorität ist die Unterstützung und Stärkung sozialer Bewegungen. Die NGOs müssen sich in spezialisierte Dienstleister verwandeln, die über einzigartige Ressourcen verfügen (Geld, Informationen, Strategie), mit denen soziale Bewegungen wirksamer agieren können.

Reizthema

Mitgliederstarke NGOs können in einem bestimmten Bereich (Frieden, Umweltschutz, Gesundheit usw.) Fachwissen anbieten und politischen Einfluss ausüben. Soziale Bewegungen, die oft aus unaufgeklärtem Eigeninteresse heraus handeln, sollten diese Aspekte nicht ignorieren oder marginalisieren.

Agent Provocateur

Eine vielfältige und flexible Beziehung ist erstrebenswert. Fortschrittliche soziale Bewegungen zu unterstützen, sollte für NGOs ein vorrangiges Ziel sein, aber soziale Bewegungen brauchen – da sie mit der Zeit zum Konservatismus neigen – alle eineinhalb Generationen eine Revolution. Auch NGOs haben diese Tendenz, aber der Verlust einer fortschrittlichen sozialen Bewegung ist eine sehr viel ernstere Angelegenheit.

WIE GEHT ES WEITER, NR. 6:
GIBT ES SPIELRÄUME FÜR EINE KOLLEKTIVE
UND LANGFRISTIGE (AUF EIN JAHRZEHNT ODER
MEHR ANGELEGTE) STRATEGISCHE PLANUNG?

Eigentlich nicht

Selbst eine pseudo-formalisierte zivilgesellschaftliche Zusammenarbeit würde auf lange Sicht zu elitärem Gehabe und/oder Misstrauen führen. Mit jedem Versuch einer Formalisierung würden große Mengen knapper Güter verschwendet: Zeit, Energie und Geld.

Intuitiver Weitblick

Das Niveau partnerschaftlicher strategischer Planung nimmt (allerdings meist nur bei kurzfristigen Angelegenheiten) erheblich zu, auch wenn es noch längst nicht perfekt ist. Fortschrittliche Organisationen der Zivilgesellschaft entwickeln eine »gemeinsame Vision« und arbeiten, ganz nach Bedarf, bei symbiotischen Strategien zusammen. Formalisierte Abläufe, die tatsächlich funktionieren, sind in diesem Zusammenhang nur schwer vorstellbar.

Eigentlich schon

Das gegenwärtige Niveau der Zusammenarbeit ist weder langfristig noch konsistent, sondern personenbezogen, elitär und subjektiv. Eine stärker formalisierte langfristige Strategie wäre institutionell verankert, weniger an bestimmte Personen gebunden und (im Rahmen der Zivilgesellschaft) transparent.

Kurs Nr. 3: Menschen
Visionen von der Peripherie

Marta Flores machte sich im Dezember 2035 auf der Ladefläche eines offenen Kartoffeltransporters auf die weite Reise von Rosetta nach Stockholm. So begann sie ihre Reisen immer. Die Einwände des schwedischen Botschafters – er wollte ihr einen Botschaftswagen mit Chauffeur schicken – hatte sie in ihrem höflichsten Spanisch vom Tisch gewischt indem sie erklärte, in geschlossenen Fahrzeugen werde ihr übel. Der gesamte Saatgut-Ausschuss ging, angeführt von ihrer Tochter Maria, mit an Bord, um sie bis La Paz zu begleiten. Marta machte es sich inmitten der Kartoffelsäcke und festgebundenen Hühnerkäfige gemütlich, lächelte zum Himmel hinauf und in Richtung ihres Ehemannes, der irgendwo dort unten stand, und überlegte, wie lang diese Reise bereits gewesen war und wie weit der Weg, den sie noch zu gehen hatten.

MOSKAU 2005: Jurij Israel, der Leiter des Globalen Klimazentrums in Russland, gab sich alle Mühe, seinen Chef Wladimir Putin davon zu überzeugen, dass man versuchsweise 600.000 Tonnen Schwefel-Aerosolpartikel in die Atmosphäre blasen müsse, um die Temperatur abzusenken. Fast eine halbe Erdumdrehung entfernt legte die texanische Senatorin Kay Bailey Hutchinson, eine mit George W. Bush verbündete Republikanerin, eine Gesetzesinitiative zur Errichtung einer Anlage für die Veränderung von Umweltbedingungen in den Vereinigten Staaten vor. Das Gesetz hatte sich mit dem Ende der Sitzungsperiode des Kongresses dann erledigt, und dem Vernehmen nach lehnte Putin den Schwefel-Aerosol-Vorschlag ab. Beide Initiativen hätten gegen einen Ende der 1970er-Jahre in Kraft getretenen UN-Vertrag verstoßen, der Umweltmanipulationen untersagte. Aber nach 2005 ging es in der Welt ein bisschen verrückter zu …

KOPENHAGEN 2009: Der faktische Zusammenbruch der Klimaschutzverhandlungen im Dezember überraschte niemanden. Das Bauern-Forum war dem diplomatischen Gerangel weitgehend ferngeblieben. Es hatte die Verhandlungen im Lauf des Jahres verfolgt, die peinliche Prozession von Posen über Bonn, Bangkok und Barcelona bis nach Kopenhagen, und dabei versucht, die Aufmerksamkeit der Medien auf die Nahrungsmittelkrise zu lenken – und darauf, wie viel schlimmer sie mit dem Klimawandel noch werden würde. Niemand hörte zu.

Verbündete, die mit dem Klimawandelgeschehen vertraut waren, hatten dem Forum auch von dem mysteriösen »Plan B« berichtet, der bei einigen Wissenschaftlern und Regierungen umging: Wenn der Kopenhagener Gipfel scheiterte, hätten die Supermächte keine andere Wahl mehr, als den Thermostaten des Planeten auf eigene Faust per Geo-Engineering auf niedrigere, sicherere Temperaturen einzustellen. Die meisten Bauern hielten den Plan B auch nach Kopenhagen noch für zu absurd, um auch nur darüber nachzudenken.

Übereinstimmung bestand allerdings bei folgendem Gedanken: Wenn die Bauern auf ihrem Land bleiben und die Menschen auch in den kommenden Jahrzehnten noch etwas zu essen haben sollten, konnte man nicht auf die Hilfe der Regierungen oder der Industrie setzen. Sie müssten die Landwirtschaft selbst auf die Bedingungen der Klimaerwärmung umstellen. Sie beschlossen, mehr Zeit und Energie auf den nationalen und interregionalen Austausch bei Pflanzenzucht und Saatgut zu verwenden.

Es war eine schwierige Zeit für die Verwirklichung neuer Ideen. Die Saatgutarbeit der Bauern hatte schon vor einigen Jahren begonnen und war fast zum Erliegen gekommen, als Nahrungsmittelkrise und Finanzkrise zusammenwirkten. Die NGOs im Entwicklungsbereich und die Stiftungen, die wichtige Teile der Bauernbewegung finanzierten, erlebten bis zur Kopenhagener Konferenz einen Schrumpfungsprozess und litten unter einem 20- bis 40-prozentigen Verlust ihrer Vermögenswerte. Geldspenden wurden gekürzt oder sogar ganz gestrichen. Einige Geldgeber zogen ihre Unterstützung aus dem landwirtschaftlichen Bereich ab und investierten sie in CO_2-Verpressung und andere, die Klimaveränderung vermeintlich abschwächende Technologien.

Der im Jahr 2009 einsetzende El-Niño-Effekt verschlimmerte die Panik noch, denn jetzt fürchteten die Geldgeber in den Vereinigten Staaten und in Europa um ihr eigenes Wohlergehen.

Auch die Begeisterung des neuen US-Präsidenten für »saubere Technologien« – für die sogenannte synthetische Biologie und die Nanotechnologie – verschlimmerte die Lage. Die Lösungsvorschläge der Bauern wurden vom Tisch gewischt und die Geldgeber standen Schlange, um ihre Zuwendungen an die richtungsweisenden Technologien des populären Präsidenten zu übergeben.

Eine Zeit lang sah es ganz danach aus, als werde die Bewegung nicht überleben, aber sie schaffte es. Mit großer Mühe und Sorgfalt lösten sich die Bauern aus dem Kreislauf der Hilfsgelder und schufen dauerhafte, eigenständig finanzierte Koordinationssysteme.

ROSETTA, BOLIVIEN 2015: Marta beobachtete den Mann, der am Fuß des Berges losgegangen war und jetzt heraufkam. Er trug eine breite weiße Mütze, die seine blassrosa Haut schützte, und eine lächerliche Safarijacke mit unzähligen Taschen. Die ihn umgebenden Bauern überragte er um Haupteslänge. Sein Gang war schwerfällig.

Nicht an die Höhe und den felsigen Untergrund gewöhnt, dachte sie. Ein Landvermesser, spekulierte Marta, als sie die Kamera sah, die der Besucher über der Brust trug. Oder vielleicht ein Anthropologe? Der Fremde ging von einem Laden zum andern, bis ihm der alte Chavez den Weg wies, bergauf, in ihre Richtung. Sie schickte Maria los, ihre neun Jahre alte Enkelin, die ihren Ehemann von den weiter oben gelegenen Hängen nach Hause holen sollte.

»Guten Tag«, sagte der Mann in ungelenkem Aymara. »Ich suche Ignacio Flores. Ist er vielleicht Ihr Mann? Ich bin Foto-Journalist«, fügte er noch hinzu und hielt ihr seine Kamera ungeschickt zur Prüfung hin. »Und auch so eine Art Agronom«, schloss er und wurde rot dabei.

»Ich bin seine Frau«, antwortete Marta, »und mein Mann wird bald hier sein.« Sie saß im Schneidersitz auf dem steinigen Boden vor ihrem Haus, hatte ihre weiten Röcke ausgebreitet, inspizierte Kartoffeln – und empfand eine spontane Sympathie für diesen Mann. So schlecht sein Aymara auch sein mochte, es war zwar zumindest nicht schlechter als das der meisten Provinzbürokraten. Dieser Mann war schließlich ein Gringo. Und er schenkte ihrem Enkelkind, das keuchend und frohlockend vom Feld zurückgekehrt war, einen freundlichen Blick. Ignacio werde bald bei ihnen sein, sagte das Mädchen. Der Reporter (oder was er auch immer war) fingerte instinktiv an seiner Kamera herum, aber nach kurzem Nachdenken ließ er sie in der Tasche.

Der Mann, der sich als holländischer Staatsbürger namens Jaap Lemmers ausgab, setzte sich, von Maria dazu aufgefordert, mit Schwung auf die ihm angebotene Verandastufe und versuchte seine Gastgeberin in eine Unterhaltung zu verwickeln. Er wolle etwas über die Arbeit erfahren, die hier am Ort mit Quinoa geleistet werde, berichtete er ihr zögernd.[158] Seine Frau sei Bolivianerin, und sie hätten in La Paz ihre Familie besucht. Dort sei ihm auf dem Markt eine leuchtend purpurrote Quinoa-Sorte aufgefallen, die er für das Abendessen im Haus seiner Schwägerin einkaufte. Nicht allein die kräftige Farbe der Pflanze hatte ihn angezogen. Purpur war keine auffällige Farbe für Quinoa, aber die Samen des Pseudogetreides waren spektakulär. Er hatte nie eine bessere Sorte gegessen.

Da Marta ihm geduldig zuhörte, erzählte Jaap Lemmers mehr über den Hintergrund seines Interesses an dieser Quinoa-Sorte. Die Familie seiner Frau und alle Verwandten benutzten sie für Salate und Suppen und mischten Quinoa auch mit Kartoffeln. Aber der »Gelegenheits-Agronom« Lemmers staunte vor allem über das, was er als die »Plastizität« dieser Sorte bezeichnete. Er hatte sie auf Feldern in der Nähe der Hauptstadt gedeihen sehen und dabei bemerkt, wie mühelos sich dieser Phänotyp der Pflanze an verschiedene Wachstumsbedingungen angepasst hatte. Er schien für die Lebensbedingungen des Klimawandels wie geschaffen.

»Ich habe herumgefragt«, sagte der Fotograf zu Marta, »und die Leute haben mir gesagt, diese Sorte stamme von hier. Die Leute dort unten meinten, ich solle mit euch hier darüber reden, wie Ihr Mann diese Sorte gefunden hat.«

»Gefunden?«, fragte sie zurück, und die Vorstellung, dass ihre bäuerliche Gemeinschaft über eine bestimmte Quinoa-Sorte gestolpert sei, schien sie noch stärker zu kränken als die Tatsache, dass der Fremde dachte, ihr Mann sei für die Entdeckung verantwortlich. Sie nahm jetzt wenig Rücksicht auf sein mangelhaftes Aymara, erteilte ihm eine scharfe Rüge und gab dann einen kurzen historischen Überblick zu gemeinschaftlich gezüchteter Quinoa: »Zunächst einmal ist das nicht nur eine einzige Sorte«, sagte sie ihm. »Es ist eine Züchtungslinie, die wir ständig weiterentwickeln. Zweitens ist es alles andere als eine Entdeckung. Drittens«, und dabei klatschte sie mit den Händen auf die Knie, um diesen Punkt zu betonen, »bin ich hier für Züchtungsfragen zuständig, ganz gleich, ob es sich nun um Kinder oder Pflanzen handelt.«

Lemmers hatte Mühe, Marta zu folgen, die jetzt die Saatgut-Ausstellungen Revue passieren ließ, an denen sie sich beteiligt hatte, von Cuzco bis nach La Paz, ebenso den Quinoa-Austausch, den sie mit anderen, weit entfernt lebenden Bauern gepflegt hatte. Wenn sie all diese Leute besuchen wollte, das wusste sie, würde sie ihre geliebten Berge verlassen und sogar Meere überqueren müssen. »Pflanzenzucht ist eine gemeinschaftliche Anstrengung«, unterwies sie den Besucher.

Marta war die Vorsitzende des Quinoa-Bewertungsausschusses der Frauen. Die Frauen des Ortes hatten Jahre anspruchsvoller Züchtungsarbeit investiert, bis sie die genetische Kombination zusammengestellt hatten, mit der die Familie dieses Besuchers ihr Abendessen bereichert hatte. Aus den mit anderen Bauern bei Saatgut-Ausstellungen geführten Gesprächen wusste sie, dass diese Sorte nicht nur Gene aus den Anden enthielt, sondern auch Anteile von seit langem an andere Orte verpflanzten Quinoa-

Sorten, die man mit Äthiopien und Tibet teilte.[159] Das Ergebnis war eine robuste und saftige Sorte mit hohem Proteingehalt, die die Frauen des Dorfes nach einer Geburt als Zusatznahrung zur Milch verwendeten, später dann zum Abstillen. Und was genauso wichtig war: Diese Sorte gedieh unter den immer ungünstiger werdenden Boden- und Klimabedingungen des Altiplano.

Lemmers reagierte ungläubig. »Gehören Sie zu irgendeinem HIVOS- oder kirchlichen Projekt?«, wollte er wissen. Sie wusste, worauf er hinauswollte, und verneinte: HIVOS war eine holländische NGO, die Entwicklungsarbeit leistete.

»Ist irgendeine lokale NGO beteiligt?«, fragte Lemmers. »Nein«, lautete die Antwort. Seine Verwirrung ließ sie etwas nachgiebiger werden, und sie erzählte ihm mehr über die Bewegung. Ihre Familie war als Mitglied der regionalen Gemeinde – und ebenso als Teil der Bauerngewerkschaft – mit der gesamten Aymara-Nation in den Anden und mit anderen bäuerlichen Forschern in aller Welt verbunden. Aber sie legte großen Wert auf die Feststellung, dass dies keine NGOs seien.

Lemmers fragte in seinem einigermaßen brauchbaren Lehrbuch-Aymara unverdrossen weiter, und Marta antwortete ihm. Ja, die meisten Quinoa-Züchter waren Frauen, aber das traf nicht für die Arbeit mit allen Feldfrüchten zu. Nein, sie beteiligten sich nicht an von der Regierung finanzierten Forschungsverfahren, weil die von den multinationalen Saatgut- und Verarbeitungs-Unternehmen kontrolliert würden, die Quinoa nur für das hochpreisige Frühstücksflocken-Marktsegment in Deutschland und Japan haben wollten – und den Regierungen meist die Bedingungen diktierten. Ja, das bedeutete, dass die Bauern pflanzenhygienischen Kontrollen aus dem Weg gingen, aber nicht, weil sie das einfach so wollten, sondern weil das Risiko, Krankheiten zu importieren oder zu exportieren, geringer sei als die Wahrscheinlichkeit einer Verunreinigung mit gentechnisch veränderten Sorten,[160] das mit dem weltweiten Markt der Großkonzerne verbunden war.

Sie schüttelte theatralisch eine Faust. »Einer der großen Schweizer Saatgut-Konzerne kreuzte im Gentechniklabor das heilige Quinoa-Korn mit Kaniwa-Genen, um so einen zwergähnlichen Typ zu erhalten, der in den Rocky Mountains und in Skandinavien bessere Erträge brachte. Vor zehn Jahren tauchten diese transgenen Pflanzen auch im Altiplano auf.« Für die Ausrottung der Verunreinigung hatte ihr Ausschuss fast ein ganzes Jahrzehnt gebraucht. Ja, das bedeutete, dass Wal-Mart ihnen wohl niemals etwas abkaufen würde. Aber, so betonte sie, ihr Ziel sei auch nicht, an Wal-Mart zu verkaufen. Sie wollten ihre Familien ernähren, mit den Nachbarn

Tauschhandel treiben und das, was dabei übrigblieb, in den Orten der Umgebung verkaufen. Ja, unten in der Stadt hätten sie auch Zugang zum Internet. Sie würden das so oft wie möglich nutzen. Sie besäßen auch gemeinsam ein Mobiltelefon, das der alte Chavez in einer verschlossenen Kiste unter dem Schemel an seinem Imbissstand aufbewahrte. Damit hielten sie sporadischen Kontakt zur Außenwelt. (Marta verschwieg diskret, dass die Solarbatterie des Mobiltelefons regelmäßig streikte – die Tatsache, dass es tagsüber die meiste Zeit in einer Kiste verwahrt wurde, war dabei auch nicht gerade hilfreich – und Neuigkeiten den Ort meistens zu Fuß erreichten.)

Nützte ihnen die Arbeit der wissenschaftlichen Forschung auf irgendeine Art? Marta reagierte empört auf diese Frage. Ihre eigene Züchtungstätigkeit sei »wissenschaftlich«, erwiderte sie, und sie sei außerordentlich experimentierfreudig und werde von der Gemeinschaft umfassend ausgewertet. Dennoch, so räumte sie ein, würden sie Diversität übernehmen, wo immer sie diese bekommen könnten. Im Großen und Ganzen empfänden sie und ihre Züchterkollegen aber die Beiträge des internationalen Wissenschafts-Establishments als zu einseitig auf den Proteinertrag der Samen orientiert, während sie die spinatähnlichen Quinoa-Blätter vernachlässigten. »Wir achten beim Züchten auf die ganze Pflanze«, sagte Marta ihrem wissensdurstigen Besucher.

Sie war zu sehr in ihr Thema vertieft, um zu bemerken, dass sich mittlerweile Ignacio neben ihnen niedergelassen hatte. Lemmers war schon bald etwas schwindlig zumute, und daran war nicht die Höhenlage schuld. Marta hingegen beruhigte sich langsam. Sie war mit Recht stolz auf ihre Quinoa, und Jaap Lemmers überraschender Besuch war eine Gelegenheit, die damit verbundene Geschichte zu erzählen. Ihr Gast erleichterte ihr das, indem er immer wieder nach weiteren Einzelheiten fragte.

Jetzt, wo Martas Ehemann zugegen war, hatte der Besucher auch die Kamera ausgepackt, und das Tempo, mit dem er auf den Auslöser drückte, glich sich fast Martas Sprechgeschwindigkeit an. Lemmers, der die Agronomie schon vor Jahren zugunsten der Kamera aufgegeben hatte, kam die Geschichte fast zu weit hergeholt vor. Und sie wurde, was seine Probleme noch verstärkte, in Stakkato-Ausbrüchen auf Aymara vorgetragen, die mit spanischen Einsprengseln durchsetzt waren. Das Ganze kam obendrein von einer Erzählerin, die voraussetzte, dass er über andische Kosmovision und bäuerliches Wirtschaften Bescheid wusste.

Am folgenden Nachmittag kehrte er, erschöpft und staubig nach einer achtstündigen Fahrt auf der offenen Ladefläche eines Kartoffellasters, nach

La Paz zurück. Erst dort gelang es ihm, die Einzelteile seines neu erworbenen Wissens zu einem sinnvollen Ganzen zusammenzufügen.

LIMA, PERU: Ein paar Tage später unterhielt sich Jaap Lemmers im Anschluss an ein Abendessen im Amtssitz des Generaldirektors des Internationalen Kartoffelzentrums mit dem Gastgeber. Lemmers verglich die auf gemeinschaftlicher Arbeit beruhende Forschungsstrategie der Bauern im Altiplano mit »Peer-to-Peer-Netzwerken« – der »Querkommunikation« oder »Kommunikation unter Gleichgestellten« – im Internet oder bei Biosensoren. Der Generaldirektor, ein draufgängerischer Australier, reagierte skeptisch, aber Lemmers, dessen Nase vom zweiten Glas Brandy schon etwas gerötet war, bekam das gar nicht mit.

»Wir wussten schon immer, dass die Sortenauswahl durch die Bauern die Erträge verbessert, manchmal sogar um ein bis zwei Prozent pro Ernte«, beharrte der Journalist. »Wir wussten außerdem, dass solche Ertragssteigerungen nicht ausreichen, um den Kalorienbedarf einer Bevölkerung, die jährlich um zwei bis drei Prozent zunimmt, zu decken. Aber die alte Strategie der Auswahl durch die Bauern stützte sich nahezu ausschließlich auf regional verfügbares Germoplasma. Natürlich tauschten gemeinschaftlich wirtschaftende Züchter Saatgut aus, manchmal sogar über große Entfernungen, aber meist betrieben nur unmittelbare Nachbarn den wechselseitigen Sortentausch.«

Lemmers stocherte eifrig mit dem Finger in die Luft: »Was würde passieren, wenn systematische Sortenwahl betreibende Bauern Germoplasma aus aller Welt in die Hand bekämen und ihre Forschungsergebnisse auf den eigenen Äckern umsetzen könnten? Wie wäre es, wenn wir sie – anstatt die Züchtungsarbeit für sie zu übernehmen – einfach dazu ermutigen würden, nicht nur zu selektieren, sondern mit anderen Züchtungsverfahren zu experimentieren?«

Lemmers ließ sich von der eigenen Begeisterung mitreißen: »Anstatt ein Dutzend Kartoffel- oder Quinoa-Züchter zu beschäftigen, die für ein paar Millionen Bauern arbeiten und sich dabei am Unmöglichen versuchen – und so tun, als würden sie Sorten züchten, die für höchst unterschiedliche agro-ökologische Zonen geeignet sind –, gestehen wir ein, dass die von Bauern betriebene Forschung billiger und effektiver ist, und stellen den Bauern jede Art von Germoplasma zu Verfügung, mit der sie experimentieren wollen. Dann werden nicht nur die Erträge steigen, sondern die dabei geschaffene Vielfalt wird auch besser an die örtlichen Bedingungen angepasst sein.«

Der Generaldirektor sah sich am nächsten Morgen trotz seiner Zweifel die Daten zur Nutzung der Kartoffelgewebekulturen-Sammlung durch die Bauern an. Seine Organisation hatte die Ergebnisse der Verwendung dieses Materials durch die Bauern seit dem Inkrafttreten des Internationalen Saatgutvertrags im Jahr 2004 mitverfolgt. Das Datenblatt zeigte eine erhebliche Zunahme der von den Bauern ausgehenden Nachfrage nach Germoplasma bis vor etwa zwei Jahren, dann nahm die Zahl der Anträge ab. Die Statistiken des Zentrums zeigten auch, dass die Kartoffelerträge und die Ernährungslage am Ort sich zuvor bereits seit geraumer Zeit deutlich verbessert hatten und dieser Trend anhielt. Das Kartoffelzentrum hatte das Verdienst um die Verbesserung der Ernährung und der Erträge für sich selbst reklamiert, wenn es bei den Regierungen der Industrieländer wegen neuer Geldmittel vorstellig geworden war. Man war – sehr zu Recht, wie der Direktor sich selbst einredete – davon ausgegangen, dass die Verbesserungen auf die eigene Züchtungsarbeit zurückzuführen seien. Der Australier beschloss, das Ergebnis dieser Datenüberprüfung für sich zu behalten.

Jaap Lemmers und seine Frau kehrten nach Wageningen zurück, als sein Fotoauftrag abgeschlossen war. Der Generaldirektor war erleichtert, als der Fotograf das Land verließ. Der Mann war ihm zuletzt ziemlich auf die Nerven gegangen.

TEMUCO, CHILE 2016: Eine NGO im Süden Chiles hatte Marta kurz vor Weihnachten zu einem Treffen mit Mapuche-Frauen und anderen indigenen Bauern aus den Anden eingeladen. Die Chilenen wünschten sich, dass Marta über ihre Arbeit mit Quinoa berichtete, und wollten ihrerseits von den Hindernissen erzählen, die sie zu überwinden hatten, wenn sie ihre traditionellen Feldfrüchte auf den städtischen Märkten durchsetzen wollten. Die meiste Zeit hatten sie über wirtschaftliche Fragen des bäuerlichen Alltags gesprochen – Marktprobleme, Kredite für Betriebe, das stets heikle Problem des Landbesitzes und die zunehmenden Übergriffe durch Regierungsvertreter.

In den letzten Tagen des Treffens wurden die bäuerlichen Besucher dann allerdings eingeladen, mit den Frauen des Ortes und elf Küchenchefs aus den berühmtesten Restaurants des Landes auf die Felder und in die Wälder oberhalb der Stadt zu gehen. Dort sollten sie unter ortskundiger Anleitung Obst, Gemüse und Nüsse für ein üppiges Festmahl sammeln. Die Küchenchefs waren verblüfft über das, was man sie da zu ernten bat. Sie waren schließlich wie geblendet, als sie sahen, wie ihre Gastgeberinnen aus dem ungewöhnlichen Sammelgut eine Mahlzeit zubereiteten. Das Geblendetsein verwandelte sich in Entzücken, als sie sich schließlich an der Festtafel, die man für sie vorbereitet hatte, gütlich taten.

Auch Marta hatte dieses Geschehen sehr beeindruckt. Sie erinnerte sich: Ihre Mutter hatte ihr beigebracht, wie man viele gleichartige oder ähnliche Pflanzensorten in Bolivien nutzen konnte, aber im Lauf der Zeit verwendeten sie und die anderen Frauen immer weniger Pflanzen, die am Ort gediehen, und kauften stattdessen von anderen be- oder verarbeitete Lebensmittel auf dem Markt. Das Festessen im vornehmsten Hotel von Temuco wurde landesweit im Fernsehen übertragen und als »Biodiversitäts-Bankett« bekannt.[161]

Die Diskussion, die Marta mit den anderen Frauen am Esstisch führte, blieb ihr am nachhaltigsten in Erinnerung. Die Frauen hatten nicht nur verschiedene Pflanzen zur Zubereitung in der Küche gesammelt, sie züchteten diese Gewächse auch gezielt. Auch das war keine Überraschung. Ihre Mutter und die Nachbarn hatten immer Kartoffeln und Quinoa gezüchtet. Bei jeder Ernte hatten sie das beste Saatgut und die besten Setzlinge für das nächste Anpflanzen und für Experimente im Küchengarten ausgesucht und dazu auch Sorten von den Feldern der Nachbarn verwendet. Marta musste beschämt eingestehen, dass dies – mit Ausnahme weniger, besonders wichtiger Feldfrüchte wie Quinoa – eine im Verschwinden begriffene Praxis war.

Die Frauen von Temuco schienen die Züchtungs-Idee noch einige Stufen weiterentwickelt zu haben. Sie begnügten sich nicht mit der Artenvielfalt auf den gemeinschaftlich bewirtschafteten Feldern, sondern verlangten auch in aggressiver Manier Züchtungsmaterial von Genbanken in ganz Chile und im gesamten Bereich der Anden, und sie wendeten sich auch an Wissenschaftler an den Universitäten und im Dienst der Regierungen. Die Mapuche gingen stets methodisch vor. Sie pflanzten das exotische Germoplasma, das sie erhalten hatten, unter verschiedenen Bodenbedingungen, in verschiedenen Hanglagen und in unterschiedlichen Höhen an, um zu prüfen, wie es dort gedieh. Nach der Ernte versammelten sie sich zu einem gemeinschaftlichen Test. Dabei bewerteten sie, wie gut das fertige Produkt den Familien schmeckte. Außerdem ging es um wichtige Eigenschaften wie Ertrag, Lagerfähigkeit, Widerstandskraft gegen Krankheiten und sparsamen Verbrauch von Brennmaterial.

Gerade bei ihnen im Altiplano, wo das Brennholz immer knapp war, blieb das eine große Sorge. Marta konnte die Ergebnisse jetzt selbst überprüfen. Die Frauen berichteten ihr, die selbst gezüchteten Sorten seien viel widerstandsfähiger gegen Krankheiten und würden auch die Kälte besser vertragen. Wenn man alle Faktoren berücksichtige, habe sich die Produktivität der Anbauflächen seit Beginn der gezielten Züchtungsversuche fast verdoppelt.

CARACAS 2017: Marta gehörte im Januar dieses Jahres zu dem Dutzend Führungspersönlichkeiten aus bäuerlichen Gemeinschaften in den Anden, die man zum Bauernforum einlud, das in Verbindung mit dem polyzentrischen Weltsozialforum in Caracas stattfand. Vor 25.000 Zuschauern stellten sie im größten Stadion der Hauptstadt Venezuelas die ersten Früchte ihrer weltweiten Saatgutkampagne vor.[162] Die meisten der pflanzenzüchtenden Bauern aus aller Welt gehörten indigenen Völkern an, und die Frauen waren deutlich in der Mehrheit. In den Saatgut-Körben stellten sie die Vielfalt ihrer Äcker und ihrer eigenen Schöpfungen aus.[163] Marta verstand die Zusammenhänge damals nicht ganz, aber sie wurde hier tatsächlich zur Augenzeugin der Anfangszeit eines weltweiten intra- und intergemeinschaftlichen Netzwerks, das die Landwirtschaft in den daran beteiligten Gemeinschaften veränderte.

Die Delegation der bolivianischen Bauern überredete Marta, beim Forum als ihre Sprecherin zu fungieren. Gegen Ende der viertägigen Veranstaltung war sie außerdem noch in den weltweiten Koordinierungsausschuss für zukünftige Foren gewählt worden. Ab diesem Zeitpunkt war sie auch in die übellaunigen Debatten zur inhaltlichen Orientierung der Forum-Bewegung verstrickt. Es wurde darum gestritten, ob sie nun pluralistisch bleiben oder sich ganz auf bestimmte Ergebnisse konzentrieren solle. Martas Instinkt sprach zunächst für eine inhaltliche Konzentration.

Im Lauf der folgenden Jahre, in denen verschiedene Kräfte das Sagen hatten, entwickelte sie jedoch eine stärker zum Laisser-faire neigende pluralistischere Position. Die Auseinandersetzung zwischen allgemeiner und themenspezifischer Arbeit spitzte sich einige Jahre später bei einem der afrikanischen Foren derart zu, dass die Bewegung fast zerfiel. Erst als alle streitenden Parteien erkannten, wie nah man dem völligen Zusammenbruch gekommen war, zeigte sich schließlich eine ausreichende Zahl zum Einlenken bereit.

Marta berichtete Jaap Lemmers in einem zweiten Interview einige Jahre später, dass bei der Saatkampagne längst nicht alles glatt gegangen war. Einige der Gemeinschaften fürchteten sich vor »Biopiraterie« und verweigerten sich dem Saatgutaustausch. Vom Erfolg der eigenen Züchtungsversuche überwältigt, nahmen sie jedoch nach einiger Zeit den Austausch von

Germoplasma mit anderen Gemeinschaften auf. Einzelne Gemeinschaften ließen sich mitunter von örtlichen Unternehmern und Träumen von Eldorado verlocken und stellten Patentanträge. Im Endergebnis kam dabei selten so viel heraus, dass auch nur die Verfahrenskosten gedeckt wurden. In einigen Fällen stahl ein korrupter Wissenschaftler den Frauen Germoplasma, das er dann für die Entwicklung eigener Patente verwendete. Im Lauf der Zeit wurde die Bewegung jedoch größer, und der unauffällige – zuweilen verstohlen wirkende – Austausch von Saatgutmaterial breitete sich aus.

Marta war die Erste, die den Wert der modernen Kommunikationsmittel erkannte. Sprachbarrieren und Entfernungen waren ein Ärgernis, aber kein unüberwindliches Hindernis mehr, denn alle Beteiligten vertrauten den Bauernorganisationen. Die Informationen flossen relativ ungehindert. Nachrichten zum Erfolg bestimmter Pflanzenarten verbreiteten sich über das Internet wie ein Lauffeuer über Berg und Tal, von Afrika nach Lateinamerika. Saatgut-Messen und gemeinsame Auspflanzversuche wurden zu kulturübergreifenden Festen, wenn die Bauerngemeinschaften ihre Vielfalt und ihre Erfolge feierten.

João Sergio in Brasilien schrieb, man sollte die von Bauern angeführte technologische Strategie, mit der die einzelnen Gemeinschaften komplexe, am Ökosystem orientierte Lösungen für landwirtschaftliche Probleme entwickelten,»Widetech« nennen (um sie von »High-« und »Lowtech« zu unterscheiden). Die Laborwissenschaftler würden dagegen nach Mikro-Lösungen für Makro-Probleme suchen. Sie suchten meist nach einem Gen oder einem Merkmal, das mit einer bestimmten Eigenschaft verbunden sei, die sich dann auf viele Ökosysteme übertragen ließe. Die Labormethode könne zwar gelegentlich wertvolle Merkmale hervorbringen, die die Bauern dann auf ihre eigenen Lebensbedingungen übertragen könnten. Wenn das Gen oder Merkmal aber in ein Saatgut oder eine Züchtungsstrategie eingeschlossen sei, die von den bäuerlichen Gemeinschaften nicht genützt werden könnten, komme es zu Problemen. Deshalb würden die Bauern, fuhr João Sergio fort, das genaue Gegenteil tun: Sie entwickelten komplexe multidisziplinäre oder Makro-Technologien für Mikro-Umfelder – »Widetech« eben.

Marta wusste sehr genau, dass es auch interne Probleme gab. In einem Fall versuchte zum Beispiel ein Bauernfunktionär in Botswana ein Experiment mit Maniokpflanzen zu vertuschen, das auf schreckliche Weise missglückt war. Aufgrund der Geheimhaltung wurde diese Manioksorte, die Lähmungen verursachte, ein Jahr später mit Bauern in Südindien ausgetauscht. Die Ernte fiel überreich aus, aber Hunderte von Menschen waren nach dem Genuss der Knollen gelähmt. Der Führer der Bauernbewegung in Botswana, der kurz vor der Wiederwahl stand, beschuldigte die indischen Abnehmer, sie seien mit den Maniokpflanzen nicht sachgerecht umgegangen. Die nationalen Bauernbewegungen ergriffen in dem Streit je nach eigener Einschätzung Partei, und eine Zeit lang sah es so aus, als sei die gesamte Saatgutkampagne gefährdet. Die Lage beruhigte sich erst wieder, als die Bewegung ein Team lateinamerikanischer Bauern hinzuzog, das die technischen Probleme löste.

Die Bewegung wurde stärker, den organisatorischen, politischen und territorialen Hindernissen zum Trotz, und Marta besuchte gemeinsam mit anderen Frauen Kurse über Züchtungstechniken und Tests zu Pflanzenkrankheiten, die von einer Bauernorganisation in La Paz angeboten wurden.

Der Anblick der Kursleiter, eines als Team agierenden Ehepaars, war eher ungewöhnlich. Er war Genetiker, sie war Züchtungsexpertin, und beide waren Äthiopier. Afrikaner bekam man im Altiplano nicht gerade jeden Tag zu sehen. Teferra, der Mann, war schon vor Jahren in Pension gegangen und hatte sich freiwillig als Berater für Bauernorganisationen zur Verfügung gestellt. Seine Frau Sophie, die führende Expertin ihres Landes für neue Feldfrüchte, war erst seit kurzem im Ruhestand. Sophie und Marta waren sich noch nie persönlich begegnet, hatten aber seit Jahren Material für die Quinoa-Züchtung ausgetauscht. Die beiden Frauen entwickelten trotz der Sprachbarriere (die englischsprachigen Vorträge wurden in Aymara und Quechua übersetzt) über die Jahre eine herzliche Freundschaft. Sie arbeiteten gemeinsam auf den Anzuchtfeldern und berieten über die verschiedenen Sorten, die von Bauern aus dem Himalaya, dem äthiopischen Hochland und in der langen Gebirgs- und Hochlandkette, die sich vom Süden Chiles bis nach Colorado erstreckte, gezüchtet worden waren.

Zu ihren Geburtstagen tauschten sie Fotos aus. Beide schickten sich Bilder ihrer Töchter und ihrer Quinoa, und sie sahen: Alle wuchsen heran. Marta wusste, dass Sophie und Teferra eine Tochter hatten, die in China lebte und auf die sie sehr stolz waren. Martas eigene Tochter war eine Funktionärin der Bauernbewegung in Sucre, und die Enkelin Maria wurde oft in der Obhut der Großeltern zurückgelassen, wenn die Mutter verreiste.

Es entbehrt nicht einer gewissen Ironie, dass Marta im Rückblick mutmaßte, eine der größten Bedrohungen für ihren Erfolg seien einige NGOs gewesen.

Zunächst einmal hatten NGOs, die auf Entwicklungsarbeit und Umwelt-schutz spezialisiert waren, versucht, die gemeinschaftlich betriebenen Züchtungsexperimente zu übernehmen. Einige von ihnen hatten Zertifikat-Systeme vorgeschlagen, mit denen »Qualität« im Austauschprozess ga-rantiert werden sollte. Andere hatten versucht, die Gemeinschaften da-von zu überzeugen, sich bei ihrer Forschung am ökologischen Markt in den Industriestaaten zu orientieren. Bio-Lebensmittel, so argumentierten sie, brächten mehr Gewinn. Wieder andere NGOs schienen alles daran zu setzen, den Erfolg der Bauerngemeinschaften für sich selbst zu reklamie-ren und auf diese Weise ihre eigenen Mitglieder und die Stiftungen zu grö-ßeren Geldzuwendungen zu motivieren. Und natürlich zogen sich die-selben NGOs nach dem Ausbruch der Finanzkrise zurück, als ihnen das Geld ausging.

Viele der NGOs aus diesem Spektrum erklärten jetzt, sie seien schließ-lich »Umweltschützer«, und wandten ihre Aufmerksamkeit den »klimaange-passten« Technologien zu. All dies hatte zu Spannungen geführt, aber nichts davon hatte die Gemeinschaften davon abhalten können, das zu tun, was aus ihrer Sicht notwendig war.

Als das Geld noch floss, hatten die NGOs von »Mainstreaming« oder »Aufstockung« geredet. Die Debatte innerhalb der Bauernorganisationen hielt jetzt schon seit über zwanzig Jahren an. Einige lateinamerikanische Gruppen machten Druck, weil sie ihre auf lokalen Gemeinschaften basie-rende Bewegung für Nahrungsmittelautonomie in die Kommunalbehörden und örtlichen Landwirtschaftsschulen hineintragen wollten. Die Institutio-nen am Ort könnten als Verbündete gewonnen werden, beharrten sie. Und wenn sich in den kommunalen Verwaltungen und Ausbildungseinrichtun-gen nichts ändere, sei der langfristige Kampf für Nahrungsmittelautonomie in Gefahr.

Andere Mitglieder, die Bauernorganisationen angehörten, widersetzten sich diesen Argumenten. Die nationalen Bauernorganisationen in Afrika hatten nicht diesen kommunalgeschichtlichen Hintergrund. Die asiatischen Bauernorganisationen wiederum standen unter dem starken Druck des »urban sprawl«, der unkontrollierten Zersiedlung des Umlands der Städte, und fragten sich, ob es für die Suche nach lokalen Verbündeten nicht be-reits zu spät sei.

Martas Heimatort Rosetta war einer der frühen Erfolge für die lateinameri-kanische Vorgehensweise. Die 20.000-Einwohner-Stadt war eine Halbtages-Autofahrt auf schlechten Straßen von der Provinzhauptstadt entfernt und gehörte zu einem sehr viel größeren kommunalen Bezirk, dessen Einwohnerzahl die Landesregierung mit 150.000 Personen angab und damit unterschätzte.

In der relativ verarmten Stadt gab es immerhin eine alte landwirtschaftliche Fachhochschule, eine neue medizinische Ausbildungsstätte und ein nahezu prunkvolles Rathaus, das in glaubensstärkeren Zeiten einmal ein Kloster gewesen war. Marta Flores und ihr Ausschuss gaben sich große Mühe, um die Stadtbevölkerung auf ihre Seite zu bringen. Marktbestimmungen wurden erweitert, um Platz für biologische Vielfalt zu schaffen, und Schulspeisungsprogramme und Institutionen wurden umworben, bei den Bauern in der unmittelbaren Umgebung direkt einzukaufen.

NEW YORK 2021: Das September-Treffen der Regierungschefs, die an der UN-Vollversammlung teilnahmen, hätte man auf dem Altiplano wohl kaum wahrgenommen, wenn nicht der Klimawandel das Schwerpunktthema gewesen wäre. Die Konferenz hätte eigentlich schon früher stattfinden sollen. Hauptgrund für die Verzögerung war, dass es die Regierungen der nördlichen Hemisphäre peinlich berührte, nicht einmal die äußerst mäßigen Zahlungsverpflichtungen erfüllt zu haben, die sie eigentlich eingegangen waren. Noch peinlicher für sie war, dass der Präsident von Venezuela den Vollversammlungs-Gipfel nutzte, um massiv für seine Vorschläge zu einer lateinamerikanischen Peso-Bank zu werben, die sich auf die Einnahmen aus der Erdöl- und Erdgasförderung in der Region stützte, wobei deren Großteil auf Venezuela und Bolivien entfiel. Die eigene schlechte Zahlungsmoral bei den Maßnahmen gegen den Klimawandel erschwerte es den Vereinigten Staaten und ihren Verbündeten, sich gegen diesen Vorstoß zu stellen. Besonders ärgerlich für die USA war, dass die Peso-Bank ihre Devisenreserven in Euros und nicht in Dollars anlegen sollte, was die US-Hegemonie in der Region bedrohte.

Die Bauernbewegung und die ländlichen Gemeinden in ganz Lateinamerika stellten sich hinter die Peso-Bank. Die finanzielle Unterstützung durch die Kommunen war wirtschaftlich bedeutsam, und die Stärkung, die von der Zusammenarbeit von Städten und Bauern ausging, verschaffte der Regionalbank politischen Einfluss und gab ihr populären Schwung. Die aufblühende »Nahrungsmittelautonomie«-Achse aus Bauern-, Nahrungs-, Gesundheits-, Bildungs- und Kultur-Netzwerken nutzte ihren kollektiven Einfluss über die kommunale Steuererhebung, um breitere Brücken zu politischen Parteien und städtischen Gewerkschafts- und Verbraucher-Bewegungen zu bauen.

Die UN-Vollversammlung jenes Jahres nahm auch Verhandlungen über den Technology Transfer Treaty auf. Die weltweite Debatte über den TTT trieb den Konflikt auf die Spitze und arbeitete der entstehenden globalen Koalition alternativer Bewegungen in die Hände. Der TTT war der eine Schritt, der letztlich zu weit ging. Dieser Vertrag schien darauf angelegt, das durchzusetzen, was die in Genf ansässige Welthandelsorganisation bei ihrer Globalisierungs-Agenda ignoriert hatte. Das multinationale Agrarbusiness löschte damit durch geeignete Bestimmungen Saatgut und Nahrungsmittel aus, die die rigorosen Vorgaben für charakteristische Merkmale, Einheitlichkeit und langfristige Stabilität nicht erfüllen konnten.

Den Bauern sollte es nicht erlaubt sein, nicht registrierte Pflanzensorten zu bewahren oder anzubauen. Diese Pflanzensorten konnten nicht registriert werden, wenn sie nicht Besitz oder Patent eines Unternehmens waren, das über amtlich kontrollierte Produktionsstätten verfügte und haftpflichtversichert war. Voraussetzung für eine Registrierung waren rechtliche (weniger dagegen agronomische) Standards für Größe, Form und Farbe eines Produkts.

»Unsere Obst- und Gemüsesorten können nicht mehr verkauft werden, nicht einmal unter Bauern, wenn sie nicht zertifiziert und etikettiert sind«, berichtete Marta bei der Ausschusssitzung der Pflanzenzüchter ihren ungläubig zuhörenden Kolleginnen. In dem von Laternen erleuchteten Raum klangen ihre Worte unheilvoll. Marta war eben erst von einer hastig einberufenen Bauernversammlung in La Paz zurückgekehrt und hatte ihrem Ausschuss eine spätabendliche Sitzung abverlangt. Eine Zertifizierung wäre ohne den Einsatz bestimmter Pestizide und Herbizide nicht zu bekommen. Auch eine Etikettierung wäre ohne den Kaufnachweis für bestimmte Aussaat-, Reinigungs- und Erntemaschinen unmöglich.

Eine Revolution lag in der Luft – von den Hügeln über Kombolcha bis zu den Prärien von Saskatchewan und dem felsigen Hochland von Rosetta.

Den Bauern in der Umgebung von Rosetta fiel der Widerstand leichter als ihren Mitstreitern an vielen anderen Orten. Marta und die anderen führenden Mitglieder der bolivianischen Bauernbewegung hatten seit langem die Beziehungen zur Kommunalverwaltung und zur Landwirtschaftsschule konsequent ausgebaut und gepflegt.

Im Lauf der Jahre hatten meistens Mitglieder der Bauernbewegung das Bürgermeisteramt innegehabt, und die Bauern hatten üblicherweise auch in der Ratsversammlung eine Mehrheit. Sie nutzten außerdem die Ressourcen der wenigen im Land verbliebenen europäischen NGOs und unterstützten systematisch die Erarbeitung von Lehrmaterialien, die Veranstaltung von Seminaren und die Verpflichtung von Referenten an der Landwirtschaftsschule. Die Bauern schlugen häufig gemeinsame Forschungsinitiativen mit den Dozenten der Schule vor und verfügten auch über das Geld, das die Beteiligung der Schule ermöglichte. Als sich die Lage in den 2020er-Jahren zuspitzte, war die Kommunalverwaltung leicht davon zu überzeugen, dass sie die Bauern unterstützen sollte.

Die Verbündeten in der Stadtverwaltung verabschiedeten gezielt einseitig gehaltene Gemeindeverordnungen, die das Agrarbusiness verwirrten und die einheimische Produktion begünstigten. Als die Bauern die Fernstraßen blockierten, weigerte sich der Bürgermeister, die Polizei einzusetzen oder die Armee zum Eingreifen zu bewegen. Zur Unterstützung der Bauern gegen die Unternehmen wurden längst vergessene Transport- und Hygienegesetze kreativ ausgelegt. Aus der Hauptstadt wurden schließlich Truppen entsandt, um die Straßen freizuräumen, ein Vorgang, der den Bürgermeister zu den Straßensperren eilen ließ, wo er dem wutentbrannten befehlshabenden Oberst erklärte, die Bauern seien ein Straßenbautrupp, den die Kommunalverwaltung im Rahmen eines »Lebensmittel für Arbeit«-Projektes beschäftige.

Rosetta unterhielt außerdem Verbindungen in alle Welt. An einem Samstagmorgen stand der Bürgermeister noch vor Tagesanbruch auf, um an einer für die internationalen Medien verfolgbaren, weltweiten Video-Konferenzschaltung mit Bürgermeistern teilzunehmen, die die Bauern unterstützten. Der Verwaltungschef und einige Bauernführer beantworteten bei dieser Gelegenheit Fragen der Medien. Auch Suyuan Wu, die berühmte Journalistin der Chinese Independant News Agency, war mit von der Partie. Die meisten Antworten auf ihre Fragen kamen von Marta Flores, die zum Schutz gegen die Morgenkälte in Decken gewickelt im frühmorgendlichen Licht des Bürgermeisterbüros saß.

Sechs Monate anhaltende Demonstrationen, Straßenblockaden, gemeinsam organisierte Boykotts von Bauern und Verbrauchern und weitere Protestaktionen auf allen Kontinenten zwangen die TTT-Unterhändler schließlich zum Einlenken: Es gab jetzt Ausnahmebestimmungen zugunsten der Nahrungsmittelautonomie.

Die Bauern erhielten von den Verbrauchern in den Städten stärkere Unterstützung, als sie erwartet hatten. Sie hatten die bewusstseinsbildende Wirkung der Arbeit unterschätzt, die von städtischen Unterstützergruppen für Nahrungsmittelautonomie und von den Aktivisten in den Großstädten ausging. Die nationalen Regierungen – die normalerweise von den lokalen

Eliten völlig kontrolliert wurden – waren mit dem Abhalten von Volksabstimmungen über den Vertrag einverstanden, denn die koordinierte Oppositionsbewegung beunruhigte sie sehr.

Die Konzession, Volksabstimmungen abzuhalten, bedeutete für den TTT den Anfang vom Ende. Die »Indie«-Bewegung von Musikern, Dichtern und Schriftstellern tat sich mit Künstlern und Schauspielern zusammen und schuf eine erstaunliche Demonstration von Widerstandskraft, Vielfalt und Kreativität – allen »Knebel«-Verordnungen der globalen Medien- und Unterhaltungskonzerne zum Trotz. Die so lange marginalisierte kulturelle Schaffenskraft einer ausgegrenzten Generation inspirierte die Proteste und führte die Demonstrationen an. Anfangs beteiligten sich Zehntausende, schon bald waren es Dutzende von Millionen – auf jedem öffentlichen Platz, in jedem Einkaufszentrum, an jeder Straßenecke und in jedem Dorf.

Die ersten Resultate aus Afrika, Lateinamerika und Asien bestätigten eine überwältigende Ablehnung des Vertrags. Der Aufstand breitete sich mit atemberaubender Geschwindigkeit in Europa und Nordamerika aus, und die BANG nahestehenden Regierungen waren überall auf dem Rückzug. Am Jahresende war der TTT erledigt, und die Experten sagten eine Wiederbelebung der Vereinten Nationen als einziges glaubwürdiges Forum für den politischen Diskurs voraus.

BOLIVIEN: Der Weg zum Sieg war auf tragische und unvermeidliche Weise mit Blut getränkt worden. In Sucre, das nach der Verfassung die Hauptstadt Boliviens war, fuhr die Stadtverwaltung einen unerwartet harten Kurs gegen die Blockaden der Bauern. Es wurden Soldaten zusammengezogen. Martas Tochter, die Bauernfunktionärin, veröffentlichte eine Bitte um Unterstützung aus anderen Bezirken des Landes. Martas Mann Ignacio hatte mit auf dem Lastwagen voller Bauern gesessen, der zur Unterstützung seiner Landsleute unterwegs gewesen war und von einem vorrückenden Armeekonvoi über eine Felskante abgedrängt worden war.

Das Mobiltelefon des alten Chavez funktionierte an jenem Tag, und Marta erhielt noch vor dem Mittagessen die Nachricht vom Tod ihres Mannes. An jenem Abend saß sie auf der nackten Erde unter freiem Himmel und sortierte ihre Quinoa-Samen. Ihre Ausschussmitglieder umgaben sie, murmelten sanfte Trostworte und wiegten sich dabei rhythmisch hin und her, und Marias Kopf lag in ihrem Schoß.

TEMUCO 2025: Marta war wieder in Chile und besuchte ihren alten Verbündeten Pancho und die Mapuche-Frauen. Nach einem überregionalen Saatgut-Austausch hatten sie sich eine Ruhepause gegönnt, um in das dicht an der Grenze zu Argentinien gelegene Hochland der Anden aufzusteigen. Nach offizieller Lesart besuchten sie die dort gelegenen Dörfer, um sich die unter extremen Umweltbedingungen stehende Knollenproduktion anzusehen. In Wirklichkeit war dies jedoch eine dringend benötigte Ruhepause. Eines Abends, sie waren noch nicht lange im Bett, rumpelte und rumorte die Erde unter ihnen, und alle stürzten ins Freie. Die größte Gefahr waren nicht einstürzende Gebäude – alle Häuser des Dorfes waren einstöckig –, sie ging von eventuell ausbrechenden Feuern aus. Den Rest der Nacht verbrachten sie, in der Kälte dicht zusammengedrängt, an einem Lagerfeuer. Die Erschütterungen hörten nicht auf, waren mal stärker, mal schwächer. In jener Nacht schliefen nur die Babys.

Pancho erzählte ihr am Morgen, die Erdbeben würden die Mapuche nicht sonderlich beunruhigen, aber sie machten sich Sorgen, dass inaktive Vulkane in der Region durch die Erschütterungen wieder aktiviert werden könnten oder es bei einem, eventuell sogar bei mehreren der ständig aktiven Vulkane zum Ausbruch kommen könnte. Das Erfahrungswissen der Einheimischen hatte eine solide Grundlage: Erdbeben führten oft – ob das nun Tage oder Monate dauerte – zu verstärkter vulkanischer Tätigkeit. Auch Charles Darwin, der mit der *Beagle* in den Dreißigerjahren des 19. Jahrhunderts an der chilenischen Küste entlangsegelte, hatte dieses Phänomen beobachtet. Vulkanologen kamen später zu dem Schluss, dass an den Kanten der Erdplatten Ketten von Vulkanen entstanden waren – wie zum Beispiel an der chilenisch-argentinischen Grenze – und dass Erderschütterungen die Druckverhältnisse im Umfeld von Vulkanen so stark destabilisieren konnten, dass es zu Eruptionen kam.

Die indigenen Bewohner der Anden wussten zwar nichts über die Verschiebung der Erdplatten, aber sie waren gegen Bergbau in großen Tiefen und gegen den Einsatz starker Sprengstoffe in der Nähe aktiver Vulkane. Marta war froh, als sie wieder nach Rosetta zurückkam, wo der nächstgelegene Vulkan Hunderte von Kilometern entfernt war.

2026: Der Widerstand gegen den TTT hatte die Energien einer ganzen Reihe sozialer Bewegungen zusammengeführt, die immer voneinander gewusst, gelegentlich sogar zusammengearbeitet, aber sich nie als gemeinsame Kraft gesehen hatten, die einen koordinierten gesellschaftlichen Wandel bewirken konnte. Bereits Mitte der 1970er-Jahre hatten Bauern an der Peripherie der städtischen Zentren Vereinigungen gegründet, in denen sie sich mit engagierten Familien, örtlichen Nahrungsmittelgenossenschaften, Lebensmitteltafeln und alternativen Restaurants organisierten. Im Lauf der Zeit waren aus diesen losen Zusammenschlüssen regionale, nationale und schließlich globale Partnerschaften geworden. Geführt wurden sie von Organisationen wie den Seikatsu Consumer Club Cooperatives in Japan, Pergoa in den Niederlanden, von den Associations pour le Mantien d'une Agriculture Paysanne (AMAP) in Frankreich und Community Supported Agriculture (CSA) in Nordamerika. Die Verbraucher kauften zum Beispiel bereits zu Beginn der Wachstumsperiode »Anteile« an der Ernte einer Bauernfamilie (und arbeiteten manchmal sogar auf dem Hof mit), und so ermöglichten es die CSAs den Bauern, sich von synthetischen Chemikalien unabhängig zu machen, ökologischen Landbau zu praktizieren und den Familien am Ort Bio-Obst, -Gemüse und -Fleisch zu bezahlbaren Preisen anzubieten.[164]

Die CSAs hatten jahrzehntelang einen ausgesprochen »lokalen« Schwerpunkt, obwohl sich die Mitglieder stets in einen globalen Rahmen einordneten und sich der mit der internationalen Nahrungsmittelproduktion und Landwirtschaft verbundenen Probleme bewusst waren. Mitte der 1990er-Jahre tauchten auf den Äckern die ersten gentechnisch veränderten Pflanzen auf, und in den Industriestaaten nahm die Unterstützung für CSAs und ökologisch produzierte Lebensmittel schlagartig zu. In Nordamerika stieg die Zahl von einer Viertelmillion CSA-Familien zum Zeitpunkt der ersten Angebote gentechnisch veränderter Pflanzen im Einzelhandel auf über zehn Millionen Familien in der Zeit des TTT. Das japanische CSA-Pendant erlebte im gleichen Zeitraum einen enormen Zulauf von fünf Millionen Mitgliedern in den 1990er-Jahren auf fast 40 Millionen. Zugleich nahm die Verbraucher-Nachfrage nach Bio-Lebensmitteln von zwei Prozent zur Zeit der Jahrhundertwende auf 20 Prozent zu. In Schweden, wo die Regierung einen Ausbau des nach ökologischen Kriterien bewirtschafteten Ackerlandes auf 20 Prozent der Gesamtflächen bis zum Jahr 2010 zum nationalen Ziel erklärt hatte, stieg der Anteil der Bioprodukte auf fast 50 Prozent.[165]

Community Supported Agriculture[166] stellte zu Beginn des neuen Jahrhunderts die naheliegende Verbindung zur in Italien entstandenen Slow-Food-Bewegung her, die sich bis dahin bereits zu einem weltweiten (wenn auch manchmal »yuppiehaft« anmutenden) Netzwerk von Restaurants und Ernährungs-Aktivisten entwickelt hatte.[167] Die Slow-Food-Szene wurde zwar wegen ihres elitären Stils häufig kritisiert, aber die Restaurants fungierten als wichtige, über die Medien vermittelte Brücke zum Verbraucherbewusstsein.

Eine vom Seed Savers Exchange im US-Bundesstaat Iowa ausgehende Verbindung hatte sich bis zu den Bergbauernhöfen in Österreich und den sonnigen Farmen Australiens ausgebreitet und war zu einem weltweiten Saatguttausch-Netzwerk geworden. Innerhalb dieser Bewegung gab es eine Fraktion, der die Bewahrung der genetischen Vielfalt der Pflanzen wichtiger war als alles andere, und es gab eine Richtung, die darauf bestand, dass diese Vielfalt auch der täglichen Ernährung und den wirtschaftlichen Bedürfnissen der Bauern und städtischen Gärtner zu dienen habe. Sogar in Kanada hatten Dutzende von Städten jeder Größenordnung den »Seedy Saturday« und »Seedy Sunday« an harten Winterwochenenden im Februar und März in festliche Begegnungen von Bauern, Gärtnern und Verbrauchern verwandelt: Es wurden Saatgut und Geschichten ausgetauscht, und die CSAs und das Slow Food Movement taten sich zusammen.

Das Netz der (zunächst vor allem »im Norden«) eng zusammenarbeitenden Interessengruppen erweiterte sich von den Themen Nahrung und Landwirtschaft auf die Gesundheits- und Stadtplanungs-Bewegung. Die Verantwortlichen der kommunalen und regionalen Gesundheitssysteme waren durch die explosive Zunahme von Fettleibigkeit, Diabetes, Allergien, Asthma und Autismus zunehmend beunruhigt. Außerdem entwickelte sich parallel dazu ein dringender Bedarf, die Kosten für das Gesundheitswesen zu senken. Man suchte aus diesem Bereich den Kontakt zu den benachbarten Bauern und den Restaurants am Ort und strebte eine koordinierte grundsätzliche Neuorientierung im gesellschaftlichen Denken an. Die sozialen Bewegungen gaben sich mit unbebauten Grundstücken nicht zufrieden, sie bemühten sich intensiv um die Gestaltung der Grundstücksflächen vor und hinter den Häusern und legten Gärten auf Grünstreifen an. Außerdem drängten sie die Schulen, die Fast-Food-Automaten abzuschaffen und stattdessen Slow-Food-Cafeterias einzurichten, in denen Speisen aus einheimischer Produktion angeboten wurden. Und sie arbeiteten dafür, dass aus kahlen Schulgeländen Obst- und Blumengärten wurden.

In den USA hatte im Jahr 2009 der junge Präsident, der mit der schlimmsten Finanzkrise seit achtzig Jahren zu kämpfen hatte, versprochen, zum »Farmer-in-Chief« der Nation zu werden, und seine Mitbürger aufgefordert, zum Konzept der »Victory Gardens« aus dem Zweiten Weltkrieg zurückzukehren, mit dem die in den Städten wohnenden Familien 40 Prozent ihres Obst- und Gemüsebedarfs selbst produziert hatten. Innerhalb weniger Jahre schlängelten sich Allwetter-Fahrradwege (und weiter nördlich: Langlauf-Loipen) durch ökologisch bewirtschaftete Gärten. Nur wenige

Jahre zuvor hatten die Passanten dort nur pestizidgetränkte sterile Rasenflächen zu sehen bekommen.

In den Industrieländern des Nordens brachte das einen grundlegenden Wandel der Lebensweise mit sich, aber in den Entwicklungsländern des Südens war diese Umstellung eine unmittelbar mit der Entscheidung über Leben und Tod verbundene Frage. Die Landbewohner hatten mit ihren Saatgutmessen und Ernten wild wachsender Pflanzen längst die Städte erreicht. Dort fanden sie neue Märkte und machten gemeinsame Sache mit unterfinanzierten Schulen, Krankenhäusern und – was besonders wichtig war – mit medizinischen und landwirtschaftlichen Ausbildungseinrichtungen.

Lateinamerika schwenkte auf den ökologischen Landbau um. Zehntausende von Bauern in Argentinien, Uruguay und Costa Rica bewirtschafteten ihre Äcker und Weideflächen nach ökologischen Kriterien, und Brasilien, Bolivien und Peru folgten dichtauf.

In Lateinamerika galt der ökologische Landbau als explizite Form des Widerstands gegen das multinationale Agrarbusiness. Die politische Energie Lateinamerikas wirkte ansteckend: In Europa schnellte die Zahl der ökologisch bewirtschafteten Bauernhöfe von 167.000 im Jahr 2005 auf über 300.000 zum Zeitpunkt der Unterzeichnung des TTT in die Höhe. In Asien zählte man 2005 nur 130.000 ökologisch wirtschaftende landwirtschaftliche Betriebe, zwanzig Jahre später waren es bereits mehr als zehn Millionen. Die 12.000 Öko-Farmen in Nordamerika, die 2005 gezählt wurden, entwickelten sich trotz des gewaltigen gesamtwirtschaftlichen Drucks gut, ihre Zahl nahm zu und machte schließlich etwa die Hälfte der im Familienbesitz verbliebenen Farmen aus.[168]

Die zeitweise autonomen Bewegungen der nördlichen und südlichen Hemisphäre schlossen sich zusammen, denn der Klimawandel spornte alle Beteiligten zu Innovation, Experimentierfreude und zur Bewahrung der Natur an. Das Saatgut war das naheliegende Bindeglied. Die genetische Vielfalt der wichtigen und auch der weniger wichtigen Feldfrüchte war nahezu ausschließlich im Süden beheimatet. Die Bauern wussten das schon immer, und der Rest der Welt erfuhr es schließlich auch.

Durch die Klimaerwärmung verschoben sich die Anbaugebiete, es gab neue Probleme mit Pflanzenschädlingen und -krankheiten, und die Ansprüche an die genetische Vielfalt der Kulturpflanzen nahmen stetig zu. Der Austausch, der sich früher nur innerhalb einzelner Länder oder Kontinente abgespielt hatte, wurde plötzlich global. Die Bauern aus Rosetta in Bolivien arbeiteten jetzt mit Berufskollegen in Kombolcha (Äthiopien), Bern

(Schweiz), Brandon (Kanada) und Rasua (Nepal) zusammen, auch wenn man sich nie persönlich begegnete.

Durch die Klimaerwärmung wurde der Bedarf an landwirtschaftlicher Forschung unter Federführung der Bauern offensichtlich. Die US-Regierung und Terra-Forma unternahmen panikartige Versuche, die Katastrophe durch das Ausbringen von Eisen-Nanopartikeln und die nanotechnische Manipulation von Meeresorganismen abzuwenden. Ergänzt wurde das durch europäische – von Atom-Sphere unterlaufene – Versuche, das Abdriften der warmen Meeresströmungen, die die heimischen Atlantikküsten gut temperierten, ins offene Meer hinaus zu verhindern. Washingtons Bemühungen kollidierten mit der Arbeit der Europäischen Union in Brüssel. Im Zusammenwirken lösten ihre Aktivitäten, bei denen mehr als nur Schmetterlingsflügel bewegt wurden, eine unvorhersagbare Klima-Kettenreaktion aus, die das Überleben der Landwirtschaft auf der nördlichen Halbkugel gefährdete.

Das Städtchen Rosetta gewöhnte sich an die Besucher von der nördlichen Halbkugel, die die Berge und Täler der Umgebung in der Hoffnung durchkämmten, auf sachkundige Bauern und landwirtschaftliche Vielfalt zu treffen. Kulturpflanzen aus den Höhenlagen der Anden, des Himalaya und des äthiopischen Hochlands wurden keineswegs überraschend zur größten Hoffnung für ein gutes Abendessen in Europa. Die sogenannte »Peripherie«, das vielfältige Kooperations-Netzwerk von bäuerlichen Betrieben und Städten in aller Welt, hatte sich jedoch längst konsolidiert, als die Wissenschaftler aus den Industrieländern eintrafen.

LA PAZ 2029: Marta Flores und der australische Generaldirektor begegneten sich bei der Veranstaltung zum 35. Jahrestag der UN-Biodiversitätskonvention in La Paz. Marta hatte schon vor längerer Zeit eine große Abneigung gegen das Reisen entwickelt und blieb gerne in ihrem Heimatort in der Gesellschaft ihrer Tochter und ihres Enkelkindes. Alte Freunde unter den Mapuche und heißgeliebte Freunde aus der Bauernbewegung in aller Welt, denen sie bisher noch nie persönlich begegnet war, überzeugten sie jedoch, das sich die Tagesreise in die Landeshauptstadt lohnen werde. Sie hatte sich – mit einer für sie recht untypischen Zurückhaltung – bereit erklärt, im Namen der weltweiten Bauernorganisation den Welternährungspreis entgegenzunehmen. Sie tat das auch im Namen der Kleinbauern und ihrer eigenen Gemeinschaft. Vorausgegangen waren dieser Entscheidung stundenlange Debatten, nicht nur in ihrem eigenen Umfeld, sondern unter Bauern in aller Welt.

Der Preis wurde normalerweise in Des Moines im US-Bundesstaat Iowa verliehen, aber Marta war es nicht gelungen, die Konsularbeamten in der US-Botschaft davon zu überzeugen, dass sie keine »massiv gewalttätige Person« sei. Deshalb erhielt sie kein Visum für die Teilnahme an dieser Veranstaltung. Das Komitee für die Preisverleihung war in großer Verlegenheit, nutzte aber die Gelegenheit, die sich durch die Veranstaltung zum Jahrestag der Biodiversitätskonvention in Bolivien bot, um die Feier zu verlegen.

Jaap Lemmers, der im Auftrag einer holländischen Zeitschrift akkreditiert war, vertrat die Ansicht, der Zusammenbruch des Internationalen Kartoffelzentrums hätte vermieden werden können, wenn dessen Generaldirektor nicht versucht hätte, den Erfolg der bäuerlichen Züchter mit der an Reichweite überlegenen Arbeit der in Washington ansässigen Consultative Group on International Agricultural Research (CGIAR) zu verbinden. Das sei ein schwerer Fehler gewesen, räsonnierte er.

Marta war auf der Bühne förmlich explodiert. Hinzu kam noch, dass sie ihr Spanisch verbessert hatte, und der einfühlsame, Begeisterung verbreitende Dolmetscher verstand sämtliche Beleidigungen und Schmähungen, mit denen sie nicht nur die CGIAR, sondern auch das Internationale Kartoffelzentrum eindeckte. Als Marta von der Bühne marschierte, während der Generaldirektor die Preismedaille immer noch in seinen zitternden Händen hielt, war das Zentrum bereits Geschichte (obwohl das erst bei der nächsten Finanzierungsrunde besiegelt wurde), und die CGIAR war todgeweiht.

Es war nicht schwer gewesen, Marta Flores vom Sinn einer Teilnahme an der UN-Biodiversitätsversammlung zu überzeugen, die in jenem Jahr ebenfalls in La Paz stattfand. Auf der Tagesordnung stand unter anderem eine afrikanische Initiative zum Verbot des »Zombie«-Saatguts. Die Regierungen des Südens hatten sich vor fast dreißig Jahren im Verbund mit indigenen Völkern und Bauern für ein weltweites Verbot der »Terminator«-Technologie stark gemacht. Es ging dabei um genetisch manipuliertes Saatgut, das zur Erntezeit »Selbstmord« beging, so dass die Bauern für jede neue Wachstumsperiode auch neues Saatgut kaufen mussten. Die Auseinandersetzung hatte sich über Jahrzehnte hingezogen. Es gab schmerzliche Schwenks von öffentlicher Verdammung über ein inoffizielles Moratorium bis zum weltweiten Verbot. Inzwischen hatten die drei größten Saatgutunternehmen der Welt – deren gemeinsamer Marktanteil bei 80 Prozent lag – jedoch eine Strategie entwickelt, die, so behaupteten sie, das Terminator-Verbot umging und dabei sogar noch größere Gewinne abwarf.

Marta erfuhr, dass es bei dem im Jahr 2000 verhängten Verbot von sterilem Saatgut vielleicht ein Schlupfloch gab, vielleicht aber auch nicht. Die Unternehmen erklärten, wenn das Saatgut, das zur Erntezeit abstarb, irgendwie wieder zum Leben erweckt werden könnte, sei es kein Selbstmord-Saatgut mehr. Die Europäische Union hatte zu einem früheren Zeitpunkt in diesem Jahrhundert eine Reihe von Forschungsinstituten damit beauftragt, genau solches Saatgut zu entwickeln. Damals hatte man die Ansicht vertreten, das »wiedergeborene« Saatgut würde die Koexistenz genetisch veränderter und konventioneller Pflanzen unterstützen, indem der Gen-Fluss kontrolliert werde: Niemand müsste sich mehr wegen ungewollter Fremdbestäubung Sorgen machen, weil das Saatgut auf Sterilität programmiert sei. Der Druck der Öffentlichkeit hatte diese Forschungen beendet.

Jetzt standen sie wieder auf der Tagesordnung und wurden von der Firma GEnome vorangetrieben, die in der weltweiten Saatgutindustrie inzwischen die Spitzenposition einnahm. Das hatte sich so entwickelt, nachdem General Electric mit einer Reihe von Unternehmen aus den Bereichen Pharmazie und synthetische Biologie fusioniert und sich anschließend mit Monsanto zusammengetan hatte.

Die Bauern bezeichneten diese Technologie als »Zombie«-Saatgut. Marta Flores erklärte ihrem Züchter-Ausschuss, die Bauern müssten das Saatgut, wenn sie es denn wieder zum Leben erwecken wollten, mit dem Lastwagen zu dem Unternehmen bringen, das ihnen dieses Material verkauft hätte. Dort würde es in irgendeinem chemischen Cocktail eingeweicht, der die Gene ausschalten würde, die die Keimfähigkeit hemmten, und aus den Samen würde wieder etwas wachsen.

Eine Bauernorganisation in Indien formulierte die präziseste Analyse hierzu: »Der Nachteil von Terminator war aus Unternehmenssicht, dass man das Saatgut nach wie vor vermehren, transportieren, lagern, bewerben und vertreiben musste. Wenn man die Bauern dazu bringen konnte, ihr Saatgut selbst einzulagern und es durch Chemikalien des Unternehmens wieder zu aktivieren, die in jeder Wachstumsperiode aufs Neue gekauft werden mussten, entfielen all diese Kosten. Die Bauern müssten entweder zu den Chemikalien kommen, um ihr Saatgut einweichen zu lassen, oder sie müssten den Cocktail kaufen und diesen Arbeitsgang selbst übernehmen.«

»GEnome könnte«, hieß es in der Analyse weiter, »seine Züchtungs- und weitere Programme sogar zurückfahren oder ganz aufgeben, weil die Bauern in der Falle säßen. Die beiden anderen multinationalen Saatgut-unternehmen haben bereits ihre eigenen Versionen derselben Technologie angekündigt. Die Regierungen werden die Unternehmen gewähren lassen, weil sie damit das Terminator-Verbot nicht verletzen und abermals versprechen, die Ernährung der Menschheit zu sichern.«

Die Biodiversitätsversammlung entwickelte sich zu einer klassischen Begegnung zwischen der Zivilgesellschaft und den Unternehmen. Die Saatgut-Unternehmen (und ihre Herren aus der Pharmabranche) waren in den Delegationen der OECD-Regierungen und zahlreicher sogenannter »Megadiversity«-Länder (dazu zählten beispielsweise Brasilien, Südafrika, Kolumbien und Mexiko) gut vertreten. Die »offiziellen« Unterstützer des Zombie-Saatguts waren, da es sich um ein Treffen auf Regierungsebene handelte, die USA (die der Biodiversitätskonvention schließlich im Jahr 2012 beigetreten waren), Kanada, Australien, Neuseeland und Großbritannien. Großbritannien musste sich wegen seiner EU-Mitgliedschaft zurückhalten, die USA hinderte ihr historischer Supermachtstatus daran, die anderen Teilnehmer offen unter Druck zu setzen. Letztlich fungierten Kanada und Australien als Bannerträger für die Anliegen der Unternehmen.

Auf den Straßen vor der Konferenzhalle demonstrierten Tag für Tag 7.000 Bauern, hinzu kamen noch 1.000 Angehörige indigener Völker. Die Bauern drängten sich auch auf den Korridoren des Konferenzgebäudes, sie hielten zur Mittagszeit kleine Nebenveranstaltungen ab und demonstrierten sogar in der Plenarhalle.

La Paz war jedoch nur das Schaufenster, denn die entscheidenden Auseinandersetzungen spielten sich in den nationalen Hauptstädten ab, wo die Bauernverbände sich mit den Gewerkschaften, Umweltschützern, Aktivisten aus der Entwicklungsarbeit und Verbrauchern zusammenschlossen, um bei der eigenen Regierung Lobbyarbeit zu leisten. Hinter jedem nach Bolivien gereisten Aktivisten aus der Zivilgesellschaft standen hundert weitere Personen in der Heimat, die Kontakte zu Parlamentariern pflegten und Briefaktionen organisierten. Die Aktivisten bei der Biodiversitätsversammlung in Bolivien hielten während der Veranstaltung ständigen Kontakt zu ihren Partnern in den Hauptstädten, und jeder Schritt der Delegierten wurde dokumentiert, nach Hause berichtet und für parlamentarische Debatten ausgewertet.

Am Ende schwenkten die meisten Länder Afrikas (aber nicht Südafrika) und Lateinamerikas (ohne Mexiko und Brasilien) und ein großer Teil Asiens auf die Linie der Protestierenden ein und erzwangen eine Abstimmung. Marta war überglücklich, weil das Schlupfloch gestopft wurde – das Zombie-Saatgut war ein für allemal erledigt und würde die Saatgut- und Nahrungsmittelautonomie nicht mehr gefährden.

2035: Die Video-Konferenzschaltung während des Technology-Transfer-Treaty-Streiks, bei der Marta eine herausragende Rolle gespielt hatte, war der Grund für Suyuan Wus Abstecher nach Rosetta gewesen, nachdem sie zuvor Brasilien und Paraguay bereist hatte. João Sergio hatte einige Monate vor ihrer Lateinamerikareise die E-Mails der Journalistin über die leidenschaftliche Bauernaktivistin auf der Hochebene der Anden beantwortet. Die Bloggerin hatte rasch erkannt, dass dies dieselbe Frau war, über die Tashs Mutter gelegentlich schrieb.

Am meisten beeindruckte Suyuan Wu nicht die berühmte Quinoa dieser Bauerngemeinschaft, die Pflanze, die sich, wenn auch ausgedünnt, immer noch an die stark erodierten Böden klammerte, sondern das Teff- und die Sorghumhirse, die dort jetzt Seite an Seite mit Quinoa gediehen. Marta und ihre Verbündeten waren auf den Klimawandel vorbereitet gewesen. Als die Temperaturen stiegen, tauschten sie Pflanzensorten und -arten aus verschiedenen Höhenlagen und entlang der Breitengrade aus. Sie suchten Kontakt zu anderen Bauern in Afrika und Asien, immer auf der Suche nach Nutzpflanzen, die den neuen Schädlingen, Krankheiten und Temperaturen widerstanden. Die riesigen Monokulturen Nordamerikas, Australiens und Europas litten schwer unter den Beeinträchtigungen durch die plötzlichen Temperaturveränderungen, doch die Bauern in den Ländern des Südens hatten immer etwas auf dem Tisch.

Die bäuerlichen Gemeinschaften und Organisationen hatten in aller Stille ihr Fachwissen ausgebaut und erweitert – von den Berghängen der Anden über die Savannen Ostafrikas bis zu den Reisfeldern von Mindanao. Die Regierungen hielten sich dabei größtenteils auf umsichtige Weise fern. Die Politiker vermieden im Allgemeinen jede direkte Konfrontation, obwohl die Unternehmen sie gelegentlich zum Einschreiten drängten. Das Ergebnis dieser Entwicklung sah so aus: Eine hochwissenschaftliche und äußerst interaktive Forschungsdynamik verband die bäuerlichen Betriebe und die Dörfer, die Käufer und die Verkäufer in einer Strategie, die nicht nur die Erträge und die Ernährungslage verbesserte, sondern auch die Biodiversität förderte. Ein rechtsgerichteter Bioethiker hatte die Wall Street gewarnt, die größte Bedrohung für den Kapitalismus werde nicht von den Metropolen oder Regierungen ausgehen, sondern von den kleinen, abtrünnigen bäuerlichen Betrieben in den Entwicklungsländern des Südens. Dieses eine Mal lag der Bioethiker goldrichtig.

POSTSKRIPTUM – DEZEMBER 2035: *Die Vergabe des Right Livelihood Awards war abermals umstritten. Die Vereinigten Staaten hatten versucht, die schwedische Königin unter Druck zu setzen, damit der Preis in jenem Jahr überhaupt nicht vergeben wurde. Der US-Botschafter boykottierte gemeinsam mit seinen Kollegen aus Australien, Großbritannien und Kuwait die Zeremonie. Marta begann ihre Reise in Rosetta auf einem Kartoffellaster, der sie nach La Paz brachte. João Sergio stieß in São Paulo zu ihr, wo sie das Flugzeug wechselte, und gemeinsam flogen die beiden über Lissabon nach Stockholm. Er begleitete Marta in doppelter Funktion als alter Freund, aber auch, um ihr mit seinem besten Portuñol als Dolmetscher zu dienen. Der Preis wurde abermals an eine soziale Bewegung vergeben, aber die Bauern bestanden darauf, dass Marta und eine Führungspersönlichkeit der philippinischen Bauernbewegung sie repräsentierten. Marta wirkte in dem wunderbaren alten Parlamentssaal winzig und ungewohnt schüchtern. Ihr Publikum musste sich bisweilen sehr konzentrieren, um zu verstehen, was sie sagte. Zum Schluss ihrer kurzen Dankesrede war das gewohnte Feuer wieder da. »Die Menschen in ihrer großen Vielfalt sind unbesiegbar!«, rief die alte Bäuerin aus. Tash sah in ihrem Hotelzimmer in Uppsala per Webcast zu und applaudierte, und Suyuan Wu, etwas abgelenkt durch das Baby, das in ihrem Gesicht herumfingerte, lächelte. Qi Qubìng verfolgte das ganze Geschehen auf dem Fernsehbildschirm in seinem Büro mit Blick auf den Genfer See und nickte und grinste dazu.*

WIE GEHT ES WEITER, NR. 7:
UNSERE PRIORITÄT – »GLOBAL« ODER »LOKAL«?

Global denken – lokal handeln

Die Stärke der Volksbewegungen wird immer auf der lokalen (nationalen oder subnationalen) Ebene liegen, wo unser Handeln unser Alltagsleben unmittelbar berührt, obwohl es ganz wichtig ist, unseren globalen Kontext im Auge zu behalten. Dieses lokale Handeln kann natürlich in einen »Flickenteppich« äußerst vielfältiger Gemeinschaften eingefügt werden, die durch ihre Zusammenarbeit einen festen globalen Rahmen schaffen.

Lokal denken – global handeln

Die US-Hegemonie, der Klimawandel, Armeen und multinationale Konzerne handeln oder wirken alle weltweit. Es ist von entscheidender Bedeutung, dass zumindest einige NGOs ihre unter örtlichen Bedingungen und in lokalen Auseinandersetzungen entwickelten Grundsätze auf globale Probleme anwenden, die den auf lokaler Ebene erreichten Fortschritt zunichtemachen können. Mit dieser Forderung soll jedoch die Notwendigkeit starker lokaler Initiativen nicht herabgewürdigt werden.

ZEIT, UNSERE WELTSICHT ZU ÄNDERN, NR. 1: »ARM«

Sie sind »immer unter uns«

»Die Armen« ist nicht irgendein schlauer Begriff, den sich unterbeschäftigte Anthropologen ausgedacht haben. Er ist jahrtausendealt und erfüllt einen Zweck. Er benennt Klassen und Bedürfnisse und macht allen Menschen deutlich, auf wessen Seite eine bestimmte Person steht.

Vereinfachendes Defizitdenken

Das Wort »arm« hat noch nie funktioniert. Es macht nicht deutlich, wie Menschen arm werden und wer sie arm gemacht hat, und es sagt uns auch nichts über andere mögliche Eigenschaften der Armen. Die Bezeichnung »arm« nimmt den Menschen ihre Kultur und ihre Kreativität.

ZEIT, UNSERE WELTSICHT ZU ÄNDERN, NR. 2: »WIRKLICHKEIT«

Es ist eine große Verschwörung

Ja, es ist eine Verschwörung. Es mag eine kulturelle oder eine Klassen-Verschwörung sein – die vielleicht nicht einmal die Verschwörer selbst verstehen –, aber letztlich sind die Mächtigen – Unternehmen oder Regierungen oder die BANG-Konsortien – auf irgendeine Weise obenauf. So geschieht es immer wieder. Die Absurdität besteht darin, dass einige Vertreter der Zivilgesellschaft in den Industrieländern des Nordens niemals aus ihren Erfahrungen zu lernen scheinen.

Es ist sehr viel komplizierter

Einige unserer Partner möchten alles schwarzweiß malen. Sie nehmen die internen Spannungen zwischen den verschiedenen Regierungsbehörden oder die Rivalitäten zwischen den Unternehmen gar nicht wahr. Wir, die handelnden Personen aus der Zivilgesellschaft, sehen diese Dinge, deshalb können wir taktieren und die Konflikte in der Bürokratie oder in den Unternehmen ausnutzen, um zumindest gewisse Fortschritte zu erzielen.

Partei ergreifen

Ich habe versucht, diese Textkästen so unparteiisch wie möglich zu formulieren, aber in diesem Fall kann ich meine eigene starke Überzeugung nicht zurückhalten. In mehr als vier Jahrzehnten internationalen Engagements war ich oft in Situationen, in denen irgendjemand aus einer sozialen Bewegung eine Verschwörung von Unternehmen vermutete, während ich keinen schlüssigen Beweis dafür hatte, dass dies zutraf. Meine übliche Reaktion war immer, den fehlgeleiteten Kollegen sanft zu »korrigieren« und in das subtile Raffinement von Verhandlungen zwischen Regierungen einzuführen. Erst vor allzu kurzer Zeit habe ich begriffen, wie sehr ich mich getäuscht habe. Natürlich nimmt der Einfluss der Unternehmen – oder der Einfluss der BANG-Mitglieder – selten das Ausmaß einer kriminellen Verschwörung an, jedenfalls nicht in dem Sinn, wie ihn unsere Gerichte definieren. Bei den Nuancen des bürokratischen Geschachers fällt allerdings unter den Tisch, dass der Klassen- und der kulturelle Kontext der Verhandlungen auf eine echte Verschwörung im gegenseitigen Interesse hinauslaufen. Ich sehe die Bäume, und mein »naiver« Freund sieht den Wald.

Kursbestimmung: Was ist möglich?

Keiner dieser drei denkbaren Was-wäre-wenn-»Verläufe« wird der Globalisierung durch die Unternehmen rasch ein Ende setzen oder das amerikanische, chinesische oder indische Empire zu Fall bringen. Die darin beschriebenen Erfolge mögen beim Ausblick auf die nächste Generation (also: auf einen Zeitraum von dreißig Jahren) vielleicht enttäuschend wirken. Und so bescheiden sie auch sind: Es könnte zugleich ein bisschen zu »romantisch« (zumindest aber: zu konstruiert) anmuten, dass die handelnden Personen in jeder Geschichte eine wie auch immer geartete Verbindung zueinander haben. Ist das wirklich glaubwürdig in einer Welt, in der sich 6,7 Milliarden Menschen tummeln?

Ja, es ist glaubwürdig. Diese bescheidenen Geschichten müssen nicht voneinander getrennt entwickelt werden. Viele andere »Verläufe« mit ähnlicher oder noch stärkerer Verwurzelung in der Wirklichkeit könnten zusammenwirken und für schnellere und größere Veränderungen sorgen. Jeder bescheidene Schritt kann begleitet werden.

Die Tatsache, dass die Menschen in jeder Geschichte voneinander wissen – oder Kontakt halten und zusammenarbeiten –, ist außerdem keine Überraschung, weder 2005 noch 2035. Ihre Verbindung zueinander ist nicht dem »Wunder« der Informationstechnologie geschuldet, jedenfalls nicht ausschließlich. Jede Person in jedem »Verlauf« ist fiktiv, aber wir alle kennen diese Menschen oder haben zumindest Freunde, die ihnen ähneln. Diese Menschen sind keine »Superhelden«, sie kommen aus der Mitte der Zivilgesellschaft in aller Welt. Wir begegnen ihnen häufig – unter den dampfenden Baumkronen von Porto Alegre, unter den Transparenten einer Demonstration in Hongkong oder an den wackligen Tischen einer improvisierten Arbeitsgruppe in Genf oder Johannesburg. Wir lernen einander immer besser kennen.

Das ist für die Arbeitsergebnisse von NGOs und sozialen Bewegungen von enormer Bedeutung. Die alternativen Verläufe haben einen starken Bezug zur Wirklichkeit, so wie auch das »Weiter so«-Szenario *China Sundown* vernünftig und sogar wahrscheinlich ist.

KURS NR.1: Die Reform des UN-Systems und die Gründung von WHO Watch und *Technologypedia* bewegt sich ebenfalls durchaus im Bereich der Wahrscheinlichkeit. Ansätze zu einer Organisation nach der Art von WHO Watch existieren in New York und Genf bereits, und eine enge Parallele zeigt sich in der Arbeit des International Planning Committee on Food Sovereignty (IPC)-Netzwerks, das die Ernährungs- und Landwirtschaftsorganisation der UN (Food and Agriculture Organization; FAO) in Rom überwacht. Die FAO-Gewerkschaft berichtete erst vor wenigen Jahren, bei einer internen Umfrage unter den Mitarbeitern habe sich gezeigt, dass die überwältigende Mehrheit der Befragten mit dem Generaldirektor und seinen Plänen für eine Umstrukturierung der Organisation unzufrieden seien.

Zur gleichen Zeit trat die aus den Niederlanden stammende stellvertretende Generaldirektorin zurück, und nach Ansicht vieler Beobachter tat sie das, um 2011 für den Posten ihres Chefs zu kandidieren. Wer sich mit den Machenschaften bei den UN-Behörden befasst, wird die großen und kleinen Korrumpierungen erkennen, unter denen zwischenstaatliche Organisationen zu leiden haben. Man kann sich unschwer vorstellen, wie die Organisationen der Zivilgesellschaft die Arbeit und Amtsführung der UN-Organe verbessern könnten.

Es ist auch kein »stretch«, um ein Stichwort aus Wikipedia aufzugreifen, keine weit hergeholte Vorstellung, dass so etwas wie *Technologypedia* aufgebaut wird. Will man ein Kontroll- und Bewertungssystem zur Technologie schaffen, bedarf es dazu vielleicht nur einer Erweiterung der bestehenden Online-Enzyklopädie. Könnte ein solcher frei zugänglicher Bewertungsmechanismus tatsächlich Regierungsbeamte beeinflussen? Würde die Industrie nicht zum Gegenangriff übergehen und die Glaubwürdigkeit eines solchen Dienstes durch Hacking kompromittieren? Beide Fragen kann man mit einem »Ja« beantworten. Aber die Open-Source-Bewegung hat sich als außerordentlich zäh und bemerkenswert kreativ erwiesen. Es besteht die Chance – es lohnt sich (und ist kaum zu umgehen) –, dass diese Art von elektronischer Bewertung die Regierungen wie auch die Industrie so sehr in Verlegenheit bringen könnte, dass sie sich zumindest etwas besser benehmen. Diese globale Gemeinschaftsarbeit könnte außerdem, was noch wichtiger ist, die dringend benötigte Kritik an Technologie und Fortschritt entfachen, an der es seit mehreren Generationen fehlt.

Und schließlich: Bringt die Geschäftswelt mit ausreichender Regelmäßigkeit »Überläufer« wie Qi Qubìng hervor, oder ist dieser Aspekt des »Verlaufs« nur ein glücklicher Zufall? Nein, dem ist tatsächlich so. Die Atom- und die Tabakindustrie haben schmerzliche Erfahrungen mit Whistleblowern gemacht, mit denen sich diese Feststellung belegen lässt.

Qi Qubìng, der fiktive sino-kanadische Wissenschaftler, wurde als rätselhafte Gestalt in dieses Szenario aufgenommen – auch als Warnung vor dem Stockholm-Syndrom –, als Warnung davor, dass die Organisationen der Zivilgesellschaft zu viel Industrienähe entwickeln. Qi war sicher kein perfekter Kandidat für das Amt des nächsten WHO-Generaldirektors. Ich gehe sogar davon aus, dass Anita Krishna und ihre kleine Gruppe bei WHO Watch eigentlich einen besseren Kandidaten präsentiert und sich vielleicht sogar gegen Qis Wahl ausgesprochen hätten, so charmant und grundsätzlich sympathisch er auch wirken mag. Qi ist möglicherweise dennoch ein besserer Direktor als viele bisherige Inhaber eines solchen Amtes bei UN-Behörden. Der Qualitätsstandard verbesserte sich unter dem Druck von WHO Watch.

Wäre eine UN-Konvention zur Bewertung neuer Technologien nicht besser als gar nichts? Die Debatte zwischen WHO Watch und der Technologie-Aktivistin aus Uruguay (im wirklichen Leben ist das meine Kollegin Silvia Ribeiro) ist sehr reell. Die Uruguayerin sagt zu Anita, dass ein von den Unternehmen beherrschtes ICENT-Abkommen ihre Probleme nicht gelöst habe. Deshalb kommt die Frage, wer denn nun die Führungsrolle ausübe und welche Art von Vertrag da ausgehandelt werde, erneut auf.

Der Vergleich mit dem »Internationalen Protokoll über die biologische Sicherheit« ist ebenfalls vernünftig. Es wäre besser gewesen, wenn dieses Protokoll nie zustande gekommen wäre. Dann hätten die Unternehmen in jedem einzelnen Land über die Frage der gentechnischen Veränderung von Pflanzen verhandeln müssen. Das Protokoll über die biologische Sicherheit legitimierte die Gentechnik-Pflanzen und machte die Biodiversitätskonvention zu einem Unterstützungsmechanismus für die Kontaminierung von Pflanzen.

Das bedeutet nicht, dass das ICENT-Abkommen nicht auch ein anderes Ergebnis hervorbringen könnte. Weltweite Verhandlungen können mit Sicherheit eine globale Diskussion entfachen und dann auf nationaler Ebene nützlichere Konsequenzen haben. Überwachung kann mitunter nützlich sein, auch wenn ihre Feststellungen rechtlich nicht bindend sind.

Viele Vertreter der Zivilgesellschaft würden wohl sagen, das mit dem ersten Kurs verbundene große Problem sei die ungeklärte Frage, ob diese Art von UN-Strategie nun zum Stockholm-Syndrom beitrage oder nicht, zur Empathie, die die Opfer für ihre Peiniger entwickeln könnten. Viele auf der UN-Ebene tätige Organisationen der Zivilgesellschaft sind diesem Stockholm-Syndrom zum Opfer gefallen und haben die Fähigkeit eingebüßt, über die Prioritäten von UN-Bürokraten hinauszudenken. Wir müssen in der Zivilgesellschaft eine reinigende Debatte über dieses Problem führen. Ist die Organisation WHO Watch eine Geisel oder ein Geiselnehmer?[169]

KURS NR.2: Die Schlichtheit der Intervention des Weltsozialforums beim sambisch-simbabwischen Grenzkonflikt und die Komplexität der NGO-Strategie bei der Bekämpfung des TTT sind für viele von uns am wenigsten akzeptabel. Die Tatsache, dass sich diese beiden unterschiedlichen Initiativen unter Beteiligung einiger Organisationen und Personen entwickeln, denen wir bereits begegnet sind, beeinträchtigt möglicherweise die Glaubwürdigkeit der Geschichte.

Es ist kein so großer Sprung von den Massendemonstrationen in Seattle, Genua, Cancún und Hongkong und den Demonstrationen gegen den Irak-Krieg 2003 zum »menschlichen Schutzschild« bei der Konfrontation an einer Grenze in Afrika. Die Friedensbewegung hat, deutlicher als jeder andere Teil der Zivilgesellschaft, ihren Mut und ihren Einfallsreichtum bei großen Initiativen unter Beweis gestellt. Wir brauchen solche Ereignisse, sie müssen häufiger vorkommen und noch kreativer gestaltet werden.

Es ist auch keineswegs unwahrscheinlich, dass das Weltsozialforum – wie auch immer es sich in den kommenden Jahrzehnten entwickeln mag – völlig verschiedene soziale Aktivisten und soziale Bewegungen vereint, die zusammenarbeiten und sich an mehreren Fronten gegenseitig unterstützen könnten. Die Botschaft lautet: Wir Mitglieder der Zivilgesellschaft können zur gleichen Zeit spazieren gehen und Kaugummi kauen. Wir müssen unsere Verschiedenheit und unsere Flexibilität erkennen und nutzen und uns in strategisch bedeutsamen Augenblicken zusammentun, um Großes leisten zu können. Wir haben das bereits praktiziert und bewiesen. Wir können noch Größeres und Besseres leisten, ein Jahrzehnt ums andere.

Nachdem nun die Bedeutung der Technologie für die Weltpolitik – vor allem während der drei kommenden Jahrzehnte – so stark hervorgehoben wurde, drängt sich die folgende Frage auf: Könnte die Nanotechnologie scheitern, könnten die Unternehmen und die Regierungen zu den althergebrachten, auf Rohstoffförderung angewiesenen Industrien zurückkehren?

Wir können in dieser Frage nicht sicher sein. Sicher ist nur, dass der Hype, der die Nanotechnologie umgibt, ihre Geschwindigkeit und Effizienz übertreibt. Es wird zweifellos auch Fehlschläge geben. Die Industrie wird diese Technologie vielleicht nur halbwegs richtig umsetzen können, selbst wenn sie in wissenschaftlicher Hinsicht erfolgreich ist. Wir sollten weder die alten Technologien noch die alten Ressourcen aufgeben, weil wir meinen, sie seien nicht mehr von Bedeutung. Im Bereich der landwirtschaftlichen Biotechnologie erzielten die Unternehmen jedenfalls miserable Ergebnisse. Dennoch gelang es ihnen, die Kontrolle über das erste Glied in der Nahrungskette zu übernehmen – über das Saatgut. Wir haben bereits gesagt, dass ein Industriezweig auch gedeihen kann, wenn die damit verbundene Technologie erfolglos ist.

Das große, mit Kurs Nr. 2 verbundene Thema ist jedoch, die regionalen und die Weltsozialforen zu nutzen, um im Kampf für den Frieden und gegen eine von den Unternehmen betriebene Globalisierung ein umfassenderes Gefühl von gemeinsamer Identität und einer gemeinsamen Sache zu schaffen. Können wir unsere Egos und Institutionen überwinden und so etwas verwirklichen? Ich glaube es und hoffe darauf. Als ich Ende Januar 2010 die Arbeit an diesem Buch abschloss, erhielt ich eine Einladung zur Feier des zehnten Jahrestags des Weltsozialforums in Porto Alegre. Es war als lokale Feier zu einem weltweiten Phänomen gedacht, die in der Stadt stattfinden sollte, in der alles anfing. Der Geist des Weltsozialforums wird dieses Phänomen an jeden gewünschten Ort bringen.

KURS NR. 3: Hier haben wir nun das Szenario, das einige Leserinnen und Leser für das am wenigsten realistische halten könnten. Die Vorstellung, kleine ländliche Gemeinschaften an der Peripherie der Metropolen-Mächte könnten ein Netzwerk aus Basisgruppen-Strategien knüpfen, mit dessen Hilfe sich die gegenwärtigen Machthaber in Bedrängnis bringen ließen, mag denjenigen Menschen vielleicht absurd vorkommen, die ihr ganzes Leben in städtischen Ballungsgebieten verbracht haben.

Den Bauern oder den indigenen Völkern und ihren Organisationen erscheint es dagegen alles andere als absurd. Dasselbe gilt für Menschen, die im örtlichen, kommunalen Rahmen mit Problemen der Gesundheitsfürsorge oder der Erziehung und Bildung zu tun haben. Die Peripherie wird von den Machteliten nicht nur tendenziell ignoriert, sie lässt sich auch sehr gut organisieren. Ländliche Gemeinschaften an der Peripherie haben heute schon einen sehr hohen Organisationsgrad. Sie haben heute bereits ein höheres Maß an Selbstversorgung erreicht als städtische Gemeinschaften.

Heute schon gibt es auf Seiten der Bauernorganisationen, ökologischen Landbau treibenden Bauern, Gärtner im städtischen Umfeld, bei Community Supported Agriculture und beim Slow Food Movement ein enormes Potenzial für Bündnisse mit engagierten Verbraucherorganisationen, mit denen man dem System der industriellen Nahrungsmittelproduktion die Stirn bieten könnte.

Eine der besten Antworten auf die »Was nun?«-Frage von 1975 war die Stiftung des Right Livelihood Awards im Jahr 1980, der auch als Alternativer Nobelpreis bezeichnet wird. Seitdem bringt die Feier zur Preisverleihung im Stockholmer Parlament jedes Jahr im Dezember führende Vertreter von drei oder vier Organisationen der Zivilgesellschaft zusammen. Jedes Jahr wirkt es weniger überraschend, dass sich die Preisträger bereits kennen – oder zumindest schon von einander gehört haben. Wenn die handelnden Personen in diesen Szenarien bei der Verleihung des Right Livelihood Awards zusammentreffen, ist dies keineswegs überraschend. Sie könnten auch bei denselben globalen oder regionalen Sozialforen präsent sein. Und sie könnten sich auch bei Demonstrationen gegen die WTO (oder die G8 oder G20) oder bei Friedensdemonstrationen begegnen. Wann und wo auch immer diese Menschen zusammenkommen, gibt es stets einen Grund zur Hoffnung.

ASILOMAR-MOMENTE – DAMALS UND HEUTE: Eine Gruppe von Wissenschaftlern versammelte sich 1975 im kalifornischen Asilomar, um eventuell mit der Gentechnologie verbundene Gefahren für Gesundheit und Umwelt zu erörtern. Mit einem perfekten Gespür für Medienarbeit verkündeten diese Leute damals, dass sie – in ihrer Eigenschaft als verantwortungsbewusste Wissenschaftler – alle notwendigen Schritte unternehmen würden, um im gesellschaftlichen Interesse sicherzustellen, dass die neue Wissenschaft mit großer Sorgfalt und Vorsicht arbeiten und einen gewaltigen sozialen Nutzen erbringen werde. Die Erklärung von Asilomar wurde an verschiedenen Orten der Welt mit großen Befürchtungen, zumindest aber mit großer Skepsis aufgenommen. Aber wir alle lasen die Medienberichte und studierten die Technologie isoliert voneinander. Wir kannten uns nicht, wussten nichts voneinander und hatten kein gemeinsames Forum für Kommunikation und Zusammenarbeit. Wir brauchten zwölf Jahre, um das erste internationale Treffen von Aktivisten der Zivilgesellschaft einzuberufen, die über die Entwicklung der Biotechnologie besorgt waren. Die alte Dag-Hammarskjöld-Stiftung berief eine Versammlung in Bogève in Frankreich ein. Gemeinsam erarbeiteten wir dort die Erklärung von Bogève, in der wir die einst in Asilomar versammelten Wissenschaftler darauf hinwiesen, dass es neben den Gesundheits- und Umweltproblemen auch noch sozioökonomische, kulturelle und militärische Besorgnisse gebe.[170]

Wir brauchten weitere neun Jahre, um zumindest einen kleinen Teil der Öffentlichkeit auf unsere Bedenken aufmerksam zu machen und die große Debatte über gentechnisch veränderte Organismen in Gang zu bringen. Es bleibt dem weiteren Gang der Geschichte vorbehalten, ob wir zu spät kamen oder nicht.

Dreißig Jahre nach Asilomar, im Jahr 2005, versammelte sich abermals eine Gruppe junger Wissenschaftler zu einer Konferenz, der sie die Bezeichnung »Synthetic Biology 1.0« gaben. Die Gruppe diskutierte mit großem Selbstvertrauen und ebensolcher Begeisterung, wie man wohl ein »Ersatzteil«-Lager biologischer Module anlegen könnte, die sich zusammenklammern und -löten ließen, um so gänzlich neue Lebewesen zu schaffen.

Diesmal passte die Zivilgesellschaft auf, und wir standen für eine organisierte Antwort bereit. Die Dag-Hammarskjöld-Stiftung und ETC hatten bereits 2001 eine Konferenz zur Nanotechnologie organisiert, zu der Teilnehmer aus aller Welt nach Uppsala gekommen waren. Auf der Tagesordnung stand auch der kontroverseste Bereich dieses Themas, die Nanobiotechnologie oder »synthetische Biologie«. Unmittelbar vor der für Ende Mai 2006 geplanten Konferenz über »Synthetic Biology 2.0« schickten 38 verschiedene Organisationen – darunter wichtige Gruppen aus der Umweltbewegung, Gewerkschaften, Bauernorganisationen, Globalisierungskritiker und Vereinigungen von Wissenschaftlern – einen »offenen Brief« an die Synthetischen Biologen und rieten ihnen von der Veröffentlichung ihrer angekündigten Asilomar-II-Erklärung ab. Dieser Text war ein kurzes Manifest, das die Wissenschaftler im Vorgriff auf ihre eigene Forschungsarbeit zusammengeschustert hatten, um Aufsichtsbeamte der Regierung und andere Kritiker abzuwehren.

Der »offene Brief« hatte Erfolg. Die Wissenschaftler zogen ihre Erklärung zurück, und im nationalen und weltweiten Rahmen sind – während dieses Buch gedruckt wird – Diskussionen im Gang, wie sich am besten ein von den Menschen selbst geführter Dialog etablieren lässt, bei dem diese außerordentlich mächtige neue Technologie eingeschätzt und bewertet wird.

Der wichtigste Aspekt bei diesem Wandel – dem Wandel zwischen Asilomar I und Asilomar II – ist, dass die 38 verschiedenen Organisationen (mit Hauptsitz in nahezu ebenso vielen Ländern) im Verlauf einer Woche per E-Mail und Telefon zusammenfanden. Einzelpersonen und Organisationen schafften es, in diesem kurzen, nur ein paar Tage umfassenden Zeitraum eine Strategie zu entwickeln und sich auf einen Text zu verständigen, der ihre gemeinsame Position formulierte. Diese Arbeit wurde ohne jede Förmlichkeit geleistet. Die daran beteiligte Gruppe von Personen war, wenn man ihren persönlichen Hintergrund und ihre Lebenserfahrung betrachtet, ebenso verschieden wie die Menschen in unseren Geschichten.

Und das war keine Einzelerfahrung. Weniger als drei Monate vor der Kraftprobe mit den Synthetischen Biologen nahmen es 6.500 Bauern und Hunderte von Vertretern indigener Völker sowie NGO-Aktivisten in der brasilianischen Stadt Curitiba bei einer Konferenz zur UN-Biodiversitätskonvention mit den Vereinigten Staaten, Kanada, Australien und Neuseeland auf – und gewannen. Bei dieser Auseinandersetzung ging es um die sogenannte Terminator-Technologie – um das, was die Medien als gentechnisch verändertes Selbstmord-Saatgut und Bauernorganisationen als Völkermord-Saatgut bezeichneten –, weil die fehlende Möglichkeit zur Aufbewahrung und Neuanpflanzung von Samen die genetische Vielfalt der Pflanzen in aller Welt und damit auch die Existenz der Kleinbauern vernichten wird.

Vier Regierungen versuchten, bedrängt von Monsanto und anderen multinationalen Saatgut-Unternehmen, das De-facto-Moratorium der UN für die Verwendung der Terminator-Technik zu kippen. Zu Beginn der Konferenz waren sich alle Beteiligten völlig sicher, dass die Vereinigten Staaten und Monsanto gewinnen würden. Doch die Energie und die Beharrlichkeit der Menschen wendeten die Niederlage ab und errangen stattdessen einen gewaltigen Sieg. Zum Abschluss der UN-Konferenz fand das De-facto-Moratorium umfassende Anerkennung als echtes Moratorium, und die Unternehmen und ihre Lieblingsländer hüllten sich in Schweigen.

Ein besonderer Augenblick wendete das Blatt zum Nachteil der Vereinigten Staaten und Monsantos. Etwa 50 indigene Bäuerinnen standen in einem kritischen Augenblick der riesigen internationalen Konferenz von ihren Plätzen in den hinteren Reihen auf. Die Verhandlungen waren noch in vollem Gang, und die Frauen reihten sich jetzt ganz vorne vor dem Podium auf, zündeten Kerzen an und hielten handgeschriebene Plakate hoch, auf denen sie vor dem Terminator-Saatgut warnten. Die schweigende Mahnwache fand den Zuspruch der Konferenzleitung, und die Delegierten applaudierten. Natürlich gab es auch riesige Demonstrationszüge und Proteste, Transparente und Plakate, und all dies trug zur Niederlage der Unternehmen und zur Stärkung des Moratoriums bei. Letztlich entscheidend waren jedoch die enge Zusammenarbeit der NGOs mit den sozialen Bewegungen in den nationalen Hauptstädten und in Brasilien – viele von ihnen hatten eine solche Zusammenarbeit gar nicht geplant, bis sie dann in Curitiba zueinander fanden – und eine einzige Demonstration von 50 Frauen.

Ende 2008 trafen sich rund 40 wichtige Akteure aus der Zivilgesellschaft bei Montpellier in Frankreich zu einem Gespräch über BANG.[171] Das schwierigste Thema war für alle Beteiligten der Punkt Geo-Engineering. Für viele Anwesende wirkte das, was da zur Besprechung anstand, einfach allzu unglaublich. Kaum ein Jahr später war nach dem Scheitern der Kopenhagener Konferenz die Unglaublichkeit verschwunden, und Menschen in aller Welt organisieren inzwischen gemeinsam den Widerstand. Hoffentlich gelingt ihnen das gerade noch rechtzeitig. Während dieses Buch in Druck geht, steht ein Treffen von 150 Geo-Ingenieuren an, die »freiwillige Richtlinien« verabschieden sollen. (Mit anderen Worten heißt das: Regierungen, lasst die Finger von jeglicher Regulierung!) Mit diesen Richtlinien versichern sie der Weltbevölkerung, dass Wissenschaftler Geo-Engineering-Experimente in der Stratosphäre und im Meer umsetzen können. Diese Geo-Ingenieure haben, ganz symbolisch, für ihre Tagung denselben Ort ausgewählt wie die Gentechnologen von 1975: Asilomar.

Die Zivilgesellschaft ist heute, allen Niederlagen und Pseudo-Erfolgen zum Trotz, stärker und handlungsfähiger als jemals zuvor. Wir können viel erreichen. Wir können Ziele verwirklichen. Wir können die Welt verändern.

Gemeinsamer Kurs:
Gemeinschaft im Alten Haus

Im Dezember 2035 gab es im alten Sitzungssaal des schwedischen Parlaments in Stockholm eine Zeremonie. WHO Watch, die Bewegung für die Rechte der Behinderten und La Via Campesina wurden in der Kammer geehrt und, mithilfe der Liveberichterstattung der Medien, auch in aller Welt gefeiert. Als sich die Geehrten auf dem Podium versammelten, gewannen Zuschauer unwillkürlich den Eindruck, dass all diese Menschen, trotz aller Unterschiede bei Alter, Geschlecht und geographischer Herkunft, wie alte Freunde wirkten. Und das waren sie auch.

UPPSALA 2035: Anita kehrte am Tag nach der Verleihung des Right Livelihood Awards zum Flughafen Arlanda zurück, um Qi zu treffen. Die beiden mussten rennen, um noch einen späten Nahverkehrszug zu erwischen, der sie in die nicht weit von der Hauptstadt entfernte alte Universitätsstadt bringen würde. Qi stürmte so heftig in das Abteil, dass er Abebe Jideani beinahe aus seinem Rollstuhl warf. Der Äthiopier war in Begleitung von Alitash Teferra, Suyuan Wu und ihrem Baby. Sie warteten darauf, dass eine schnatternde Schar von Pendlern den Gang freimachte, damit sie Abebes Rollstuhl verstauen konnten. Schließlich platzierte Tash das Baby kurzerhand auf Qis Schoß und setzte sich neben Anita. Qi und Suyuan Wu hatten sich unterdessen gegenüber niedergelassen. Der Generaldirektor der Weltgesundheitsorganisation nahm das Kind mit einer eleganten Bewegung in Empfang und wirkte glücklich und entspannt. Das hielt ihn aber nicht davon ab zu grummeln, das schwedische Außenministerium hätte ihnen für diese Fahrt eine Limousine zur Verfügung gestellt. Suyuan Wu stieß ihn liebevoll mit dem Ellbogen an und sah ihm zu, wie er sich intensiv mit dem Baby beschäftigte. Sie wollte sich unbedingt mit Abebe unterhalten, den sie seit dem Weltsozialforum in Harare nicht mehr gesehen hatte.

Abebe warf einen unschlüssigen Blick auf die lange Reihe von Taxis, nachdem sie in der Altstadt aus dem Zug gestiegen waren. Eine gut gelaunte Suyuan Wu bot Qis Dienste an, der den Rollstuhl auf dem etwa einen Kilometer langen Fußweg bergauf schieben sollte. Qi murmelte irgendetwas Unverständliches und reichte das Baby an Tash weiter.

»Du kannst die Dauerwerbung für synthetische Beine weglassen«, ließ Abebe den WHO-Direktor mit freundlichem Ton, aber finsterer Miene über die Schulter hinweg wissen. Qi zog sich zum Schutz gegen die Kälte elegante Lederhandschuhe an und runzelte die Stirn. »Wir kennen Mittel und Wege, um dich zum Gehen zu bringen«, gab er scherzhaft drohend zurück.

Schweden ließ die Klimaerwärmung in diesem Winter vergessen. Für Anfang Dezember lag eine unübliche Menge lockeren Schnees, und es sah ganz danach aus, als ob es noch eine Zeit lang so bleiben würde. Die kleine Besuchergruppe stapfte über die Brücke, dann bergauf und am Schloss vorbei. Sie marschierten durch eine Stadt, die sich auf das Luciafest vorbereitete. Die Passanten – die meisten waren Studenten – schienen mit dem Winterwetter sehr zufrieden zu sein. In den Fenstern des alten Hauses sah man Lichter, die sie begrüßten, als sie oben auf der Anhöhe ankamen und den Hof durchquerten.

Inga Thorvaldsen stellte in der Küche im Erdgeschoss bereits ein Tablett mit Getränken zusammen. »Nicht im ersten Stock …«, stöhnte Abebe, als sie nacheinander das Haus betraten, »nicht schon wieder?«

»Du brauchst das körperliche Training«, tadelte sie ihn scherzhaft. »Du wirst langsam fett«, schob sie nach und beugte sich zu ihrem Gast hinunter, um ihn zu umarmen. Abebe stemmte sich aus dem Rollstuhl und drückte sich mit katzenartiger Leichtigkeit die Treppe hinauf. Irgendwo dort oben erklang Gelächter.

Das Anfang des 18. Jahrhunderts erbaute Haus beherbergte das Büro eines Instituts, das die Besucher gut kannten. Inga hatte ihm im letzten halben Jahrzehnt, nach einem kurzen Zwischenspiel in der Innenpolitik ihres Heimatlandes, neues Leben eingehaucht. Die Reisegruppe folgte Abebe nach oben und ging durch den Sitzungsraum in den gemütlichen kleinen Salon auf der rückwärtigen Seite des Gebäudes. Jemand hatte Kerzen angezündet, um die winterliche schwedische Dunkelheit etwas auszugleichen. Die Sonne war zu dieser Jahreszeit so weit im Norden bereits mitten am Nachmittag hinter dem Horizont verschwunden und würde erst spät am folgenden Morgen wiederkehren.

Marta Flores und João Sergio waren bereits eingetroffen. Die Organisatoren des Right Livelihood Awards hatten ihnen früher am Tag eine Fahrgelegenheit angeboten, die sie auch in Anspruch genommen hatten. Marta trank Tee, und João Sergio bewunderte das Flaschensortiment auf Ingas Tablett.

Qi steuerte das Sofa an, klopfte auf den freien Platz neben sich und warf Anita einen einladenden Blick zu. Sie lächelte freundlich zurück und setzte sich auf den Korbstuhl gegenüber. Suyuan Wu, die das Baby an sich genommen hatte, nahm den Rest des Sofas ein und goss sich und Qi umgehend einen ordentlichen Schuss Scotch ein. Qi besah sich aufmerksam den Jagdvogel, ein rotes Moorhuhn, auf dem Etikett. »Der beste Scotch-Verschnitt, den es gibt«, sagte die Journalistin zu ihm.

»Das sagt schon alles«, seufzte Qi. Die Flasche ging eine kurze Zeit lang von Hand zu Hand, nur das Klappern der Eiswürfel und das leise Schnarchen des schlafenden kleinen Jungen durchbrachen die Stille.

Inga hob das Glas: »Auf den Sturz von BANG!« Qi konnte nicht an sich halten: »Zumindest für den Augenblick.« Alle hoben das Glas, feierten den Trinkspruch und signalisierten mit einem Nicken ihre Anerkennung für Qis Vorbehalte. Selbst Marta hielt ihre Teetasse hoch.

Sie waren zu acht. Und sie waren Freunde – durch alte Kontakte oder weil sie um den Ruf des oder der anderen wussten oder sich über eine bestimmte Organisation kannten. Anfangs war die Atmosphäre etwas steif, aber schon bald fühlte man sich bei diesem Empfang wie bei einem lang ersehnten Wiedersehen.

Der Kaffeetisch, die Beistelltische und jeder Winkel des Raumes waren mit Büchern und Papieren beladen und vollgestellt. Unmittelbar neben dem Abstellplatz, der für das Getränketablett freigeräumt worden war, fiel Suyuan Wu ein einzelnes Dokument auf. »Was ist das?« Ihre Frage war an niemanden direkt gerichtet. »›Vom Anteilseigner zum Interessenten – wie man ein Unternehmen umbaut‹, woher kam das denn?«

»Das ist diese Ginger-Gruppe aus Oxford, die an großen Aufgaben arbeitet«, antwortete Inga Thorvaldson.

»Wirklich innovativ«, warf Qi ein. »Ich mag ihre Sachen, sie haben nach Möglichkeiten gesucht, wie man die globalen Konsortien bei der Krankheitsforschung auf ein höheres Niveau bringen kann.« Er hielt inne, um für Marta zu übersetzen.

»Dann rechtfertigen sie also das, was die Unternehmen treiben?«, fragte Abebe und griff nach der Flasche mit dem Jagdvogel-Etikett.

»Vielleicht sind sie einfach nur Realisten«, meinte Qi. »Sie wollen lieber eine schlechte Sache verbessern, anstatt immer nur über die Gang zu klagen oder herumzuhängen und aufs Nirwana oder auf die Revolution zu warten!«

Alitash Teferra nahm ihrer Partnerin das Papier aus den Händen. »Vor ein paar Jahren haben sie bei der Afrikanischen Union einen Workshop veranstaltet«, sagte sie. »Das war interessant. Sie sagen, dass uns Frontalattacken oder Kampagnen gegen bestimmte Unternehmen oder Industriezweige nicht weiterbringen und dass wir ein Unternehmen in seinem Kernbereich angreifen müssen – indem wir die Vorstellung attackieren, dass öffentlicher Raum einzig und allein für den Profit der Anteilseigner beansprucht werden kann. Sie sagen, dass wir die Rolle der an einem Unternehmen interessierten Personen neu interpretieren und dabei die Rechtsauffassung stärken müssen, dass jede dieser interessierten Personen die gleichen Rechte hat. Nach ihren Überlegungen ist der herkömmliche Anteilseigner nur ein Element in dem Kreis derjenigen, die mit dem Unternehmen verbunden sind. Dazu zählen auch diejenigen, die über die Gewerkschaften die Arbeitnehmer vertreten, die natürliche Ressourcen, Technologien oder Umweltdienstleistungen beisteuern. Sie hoffen, dass sie den destruktiven Kapitalismus zum Auslaufmodell machen und ihn durch eine dem Gemeinwohl verpflichtete öffentlich-private Produktion ersetzen können. Das wollen sie erreichen, indem sie die Vorstellung von einem Unternehmen und den von ihm bedienten Bedürfnissen neu fassen.«

»Es ist eine grobe Vereinfachung«, ergänzte Qi, »aber es ist wenigstens ein Versuch, etwas in Gang zu bringen. Die kurzfristige Strategie ist nach wie vor die Förderung öffentlich-privater Partnerunternehmen, die einen unmittelbaren Nutzen bringen, zum Beispiel Medikamente für Arme. Alle an einem Unternehmen interessierten Menschen sammeln über solche Partnerschaften Erfahrungen, deshalb sind sie der Ansicht, dass die Regierungen und die Unternehmen einen Gedanken akzeptieren müssten, der in der Öffentlichkeit immer mehr Unterstützung findet: Die Unternehmen müssen sich ändern.«

»Das ist Scheiße«, knurrte João Sergio.

»Das ist noch schlimmer als Scheiße«, meldete sich Suyuan Wu lautstark aus ihrer Sofaecke, »es ist verdammt destruktiv.« Das Kleinkind neben ihr schreckte auf, hustete und beruhigte sich wieder.

»Ich glaube, wir brauchen eine neue Flasche«, sagte Inga und ging in Richtung Treppe.

Anita setzte die Füße auf den Boden und beugte sich vor. »Solche Konzepte helfen den Regierungen, die Öffentlichkeit davon zu überzeugen, dass sich die Unternehmen wie gute, dem Gemeinwohl verpflichtete Bürger verhalten, selbst wenn sie gar nichts tun. Als der Generalsekretär das letzte Mal eine Runde Global-Compact-Partnerschaften startete, kamen gerade mal fünf der angekündigten 500 Abkommen über das Gesprächsstadium hinaus. Die Unternehmen bekamen haufenweise kostenlose Publicity, und die Kritiker hatten das Nachsehen.«

Qi erhob Einspruch: »Aber sie haben einige Patente hergeschenkt, und sie unterstützten in gewissem Umfang die Arzneimittelforschung. Niemand behauptet, dass sie so etwas tun, weil sie ein gutes Herz haben, aber zumindest sehen sie sich gezwungen, etwas zu tun.«

»Wie bist du nur gewählt worden?«, fragte Anita.

»Ich habe ein paar einflusslose Freunde«, grinste Qi.

Inga war inzwischen mit ein paar vollen Flaschen und Teekannen zurückgekommen. »Die Gewerkschaften sind weitgehend kompromittiert«, erklärte sie. »Sie wollen natürlich ihren Anteil an der Unternehmensführung steigern, sind aber keineswegs bereit, die Macht mit einer Horde aktivistischer NGOs zu teilen, die zur Sicherung ihres Lebensunterhalts nicht auf den Erfolg des Unternehmens angewiesen sind.«

»Da hast du Recht«, räumt Suyuan Wu ein. »NGOs sind ganz großartig, wenn es hohe moralische Ziele abzustecken gilt, und es ist ihnen egal, wenn der Pflock beim Abstecken jemandem durchs Herz getrieben wird.«

Die Journalistin wandte sich an Marta und João Sergio. »Die Bauernorganisationen hatten mit den NGOs auch ihre Probleme, nicht wahr?«

»Als ich noch ganz jung und neu in der Bewegung war, wussten die NGOs nicht einmal, dass es uns überhaupt gab«, sagte João Sergio. »Wir gingen zu Versammlungen, und dann saßen da die NGOs, die Regierungsvertreter und die Wissenschaftler und redeten über uns und die sichere Versorgung mit Nahrungsmitteln, als wären wir überhaupt nicht anwesend. Ich erinnere mich an eine Tagung dieses großen internationalen Wissenschafts-Netzwerks, gegen das Marta kämpfte …« Er hielt kurz inne und besprach sich mit Marta. »Bei einer Tagung«, fuhr er dann fort, »sagte plötzlich jemand: ›Warum laden Sie keine Bauern zur Mitarbeit in Ihren Management-Ausschüssen ein?‹ Jemand anders, ich glaube, es war ein Mitarbeiter irgendeiner amerikanischen Stiftung, meinte, das sei eine gute Idee, aber Bauern hätten für so etwas keine Zeit.«

João hob die Arme, als wollte er um göttlichen Zuspruch bitten. »Als ob alle Bauern bei Einbruch der Dunkelheit zu Hause sein müssten, um ihre Kühe zu melken.« Wieder gab es eine Pause für einen Austausch mit Marta. »Aber die NGOs waren noch schlimmer. Sie bestanden darauf, für uns zu sprechen, und als wir uns um finanzielle Unterstützung für unsere Organisationen bemühten, taten sie alles, was in ihrer Macht stand, um die Vermittlerrolle zwischen uns und den über die Geldmittel verfügenden Hilfsorganisationen im Norden einnehmen zu können. Je mehr wir organisierten, desto stärker fühlten sie sich bedroht.«

Der Damm brach. Marta, die bis dahin eine für sie ungewöhnliche Ruhe bewahrt hatte, mischte jetzt in der Debatte mit.»João Sergio ist ein alter Mann«, sagte sie liebevoll.»Zu der Zeit, als ich einstieg, als ich zum ersten Mal an Sozialforen und diesen schrecklichen Konferenzen der Biodiversitätsversammlung teilnahm, gaben sich die NGOs alle Mühe, wie unsere besten Freunde aufzutreten. Sie taten so, als seien sie unsere Berater, unsere Experten … die politischen Strategen, die über das aktuelle Geschehen wirklich Bescheid wussten. Es waren dieselben NGOs, die noch ein paar Jahre zuvor nicht einmal mitbekamen, dass die Bauern sorgfältig eine größere Saatgut-Vielfalt sicherten als die Regierungen und dass wir eine umfassendere Pflanzenzucht betrieben als die wissenschaftlichen Institutionen.«

»He«, Anitas Lachen hatte einen leichten Beiklang von Verlegenheit. »Ich bin auch eine NGO. Wir benehmen uns nicht alle so.«

Einen kurzen Augenblick lang verschwand Anita in Martas mächtiger Umarmung.»Natürlich nicht – du nicht! Am schlimmsten waren die wirklich großen Umwelt- und Entwicklungs-NGOs.«

Anita holte wieder kräftig Luft, und Marta fuhr fort:»Diese großen NGOs benehmen sich wie die großen Unternehmen. Sie interessieren sich nur fürs Spendenwerben und für Publicity. Natürlich haben sie auch ein paar gute Leute und leisten manchmal gute Arbeit, aber sie haben ihr Ziel aus den Augen verloren.«

»In Äthiopien haben wir uns über sie lustig gemacht«, sagte Abebe Jideani.»Wir machten Witze darüber, wie sich all die großen Entwicklungs-NGOs zu einem multinationalen Monster zusammenschließen würden.«

»Das gefällt mir«, gluckste Qi.»Wie wäre es, wenn ich eine Fusion mit Anitas Organisation einfädeln würde – wir könnten das ›WHO Witch‹ nennen?«

»Ich dachte, wir würden hier über die Unternehmen reden.« Suyuan Wu unterdrückte ein Kichern.»Vielleicht können wir uns darauf einigen, dass im Umfeld der Zivilgesellschaft die NGOs und die sozialen Bewegungen ein paar ernste Gespräche führen müssen.«

MISFORTUNE'S 500 – MULTINATIONALE WOHLTÄTER IM JAHR 2035

Die Zivilgesellschaften der Industrieländer des Nordens werden sich gewandelt und zu fünf »Big Box«-Entwicklungs-NGOs zusammengeschlossen haben: *Big Boxfam* wird an der Spitze der Rangliste der säkularen multifunktionalen Entwicklungs-NGOs stehen, und die religiös motivierten NGOs werden sich unter dem nicht ganz so frommen Flügel von *World Fusion* versammeln. Das Rote Kreuz wird aus der Star-Wars-Schlacht um die Katastrophenhilfe und Promi-Unterstützung als Sieger hervorgehen und seinen Namen in *RCU2* ändern. CARE, das im Wettbewerb mit dem Roten Kreuz an Boden verliert, wird auf ein freundliches Übernahmeangebot eines Privatunternehmens eingehen und sein berühmtes CARE-Paket-Logo mit der führenden Marke des Käuferunternehmens unter dem neuen Namen *TupperCARE* zusammenführen. Die weltweit führende NGO-Hilfsorganisation wird im Anschluss an ihre Kampagnen für eine Steigerung der Entwicklungshilfe aller OECD-Staaten auf einen Anteil von 0,7 Prozent am Bruttoinlandsprodukt ihren Namen in *Fraction Aid* (Bruchteil-Hilfe) ändern.

»Na klar, zurück zu den Unternehmen«, stimmte Inga zu. »Aber ich möchte hierzu sagen, dass große soziale Bewegungen – ob das nun Bauernorganisationen sind oder Gewerkschaften oder irgendeine andere Art von Massenorganisation – eine natürliche Tendenz zum Konservatismus aufweisen, sobald sie stärker werden. Aktivisten-NGOs sollten eher die Rolle eines außenstehenden Agitators und freundlichen Kritikers einnehmen, als mit ihnen ins Bett zu steigen.«

»NGOs können auch konservativ werden«, beharrte João Sergio. »Sie haben keinen Wahlkreis, niemanden, dem sie Antworten schuldig sind. Sie können arrogant werden oder zerfallen, wenn sie gebraucht werden.«

Inga nickte: »Also lautet die Antwort darauf, sich nicht von ihnen abhängig zu machen. Die sozialen Bewegungen und Gemeinschaften sollten imstande sein, sich andere Verbündete zu suchen, wenn diese hier untergehen oder scheitern. NGOs sind grundsätzlich ersetzbar. Gute soziale Bewegungen sind dagegen selten.«

João Sergio hatte in der Küche im Erdgeschoss ein Mate-Gefäß entdeckt. Er saugte am metallenen Trinkrohr und blickte nachdenklich auf Inga.

»In der Frühzeit der Gewerkschaftsbewegung ließen wir uns von den Unternehmen und von der Industrie spalten. Wir hätten zusammenbleiben sollen. Das trifft auch auf die Zivilgesellschaft im Allgemeinen zu. Einige Organisationen beschäftigen sich mit Wasser, andere mit der Klimaerwärmung, wieder andere sind Friedensaktivisten. Wir haben NGOs, die sich nur mit Wäldern oder Staudämmen beschäftigen, andere wiederum widmen sich der Alphabetisierung oder der Gesundheit oder den Menschenrechten. Wir verfehlen den Kern der Sache. Wir alle wissen, dass sich die Gang – die Unternehmen und die von ihnen abhängigen Regierungen – ändern muss. Wir müssen zusammenarbeiten, wenn wir gegen die verdammten multinationalen Konzerne kämpfen wollen.«

João hieb mit der flachen Hand auf den Kaffeetisch. Die Flasche mit dem Jagdvogel kippte um und der restliche Inhalt lief über den Fußboden. Das Baby wachte kurz auf, schlief aber gleich wieder ein.

»Falls dir die Gründung einer Supraaktivisten-NGO vorschwebt«, hielt Abebe dagegen, »das kannst du vergessen. Wir sind Smart Dust. Als Smart Dust leisten wir bessere Arbeit. Wir müssen selbstständig handeln, aber auch zusammenarbeiten, wann immer Synergie gebraucht wird. Natürlich könnte unser Netzwerk besser funktionieren – bewusster und beständiger gehandhabt werden –, aber wir haben jetzt schon seit einiger Zeit Fortschritte gemacht. Wir stehen nicht so schlecht da«, schloss der Lastwagenfahrer.

»Vereint unterliegt ihr«, sagte Qi mit sanfter Stimme, »geteilt haltet ihr Stand.« Wieder war sein Markenzeichen zu vernehmen, das seltsame Kichern, das nie ganz bis zu seinen Augen vordrang. »Ein geeintes Volk …«

»Halt den Mund«, zischten Anita und Su gleichzeitig.

Qi ignorierte sie und wandte sich an Abebe. Die beiden Männer waren sich schon einige Male begegnet, das erste Mal mit Tash in Kombolcha und dann häufig, wenn der Wissenschaftler auf Dienstreisen für die WHO nach Äthiopien kam. Qi hatte Abebe zur Mitarbeit in einem Beratergremium für Behindertenrechte überredet. »Was kann die Zivilgesellschaft gegen die multinationalen Unternehmen und ihren dominanten Einfluss auf die Regierungsgeschäfte unternehmen?«

»Sie kann das tun, was uns Marta und João Sergio beigebracht haben: Bleibt klein, bleibt vielfältig, bleibt an der Peripherie und haltet Verbindung zueinander. Gebt kein leichtes Ziel ab.«

»Warum sollte man die Vielfalt dann nicht noch steigern, indem man dieser Oxford-Gruppe gestattet, den Unternehmen die Beine wegzuziehen, indem man die Eigentumsrechte von den Aktionären auf die Interessenten überträgt?« Ohne Pause schob er nach: »Meint ihr, man kann sich um diese Zeit noch eine Pizza kommen lassen?« Qi sah sich hoffnungsvoll um.

Suyuan Wu übernahm das Wort. »Man bekämpft nicht die Absprachen in und zwischen Unternehmen, indem man dort einsteigt«, wand sie ein. »Dreiecks-Partnerschaften zwischen Regierungen, Unternehmen und der Zivilgesellschaft beruhen immer auf einem technischen Trick, bei dem die Unternehmen das Fachwissen beisteuern. Das spielt ihnen in die Hände. Dadurch fällt es ihnen leichter, an die Regierungen und auch an uns andere Forderungen zu stellen. Schau dir Atom-Sphere und Terra-Forma an. Ihr Problem war nicht die CO_2-Verpressung auf dem Meeresgrund oder unser Schutz gegen Hitzewellen durch zu starke Sonneneinstrahlung. Ihr Problem war, die Regierungen und die Gesellschaft davon zu überzeugen, dass man ohnehin bereits riesigen Unternehmen gestatten sollte, über alle volkswirtschaftlichen Bereiche hinweg zu fusionieren, und dass es ihnen ermöglicht werden sollte, das Periodensystem durch den Ausschluss der anderen zu monopolisieren. Die großen Umwelt-NGOs ließen ihnen das fast durchgehen. Um ein Haar bekamen sie das, was sie wollten.«

»Ich glaube, ich muss eine kurze Pause einlegen«, stöhnte Qi. »Außerdem brauchen wir noch Ersatz für den verschütteten Jagdvogel.« Gemeinsam mit Anita ging er in die Küche.

»Die Wahrheit ist doch«, sinnierte er, »ihr alle hasst die Unternehmen und ihr alle hasst die Technologie, jede Art von Technologie seit der Erfindung der Druckerpresse!«

Inga lachte. »Ich habe den größten Teil meines Berufslebens mit der Arbeit für eine Chemiegewerkschaft verbracht«, erinnerte sie ihn. »Wenn du Recht hättest, müsste ich für den Zusammenschluss von Amish-Farmern arbeiten! Wir haben nichts gegen Wissenschaft, und ein großer Teil der Technologie gefällt uns sehr. Das Problem entsteht, wenn andere versuchen, die Technologie in eine Wellenform zu bringen, in der die Marginalisierten ertrinken und die Mächtigen reicher werden.«

Qi räumte für sich einen Platz auf der Küchentheke frei. »Eine gute Idee, deren Zeit gekommen ist, kann man nicht aufhalten.« Der Wisssenschaftler gähnte allzu zwanglos. »Das Fernsehen folgte dem Radio, das seinerseits an den Telegrafen anknüpfte. Und das Internet machte dort weiter, wo das Fernsehen aufhörte. Sobald wir einmal wussten, dass wir Informationen über einen elektrischen Draht verschicken konnten, gab es kein Halten mehr. Hat man erst einmal Schießpulver und Messing, hat man bald auch Kanonen, dann folgen größere Kanonen und schließlich stählerne Schlachtschiffe und Torpedos, lasergesteuerte Raketen und jetzt auch noch Nanobomben. So ist der Lauf der Dinge.«

Auch in dieser Lage, nachdem er sich zwischen Gläsern und Flaschen niedergelassen hatte und gegen die Mikrowelle lehnte, brachte Qi es fertig, gönnerhaft zu wirken. »Und wenn man erst einmal weiß, dass Viren und Bakterien Krankheiten verbreiten, gibt es mit Sicherheit schon bald Antibiotika und Diagnose-Sets, und wenig später, Abrakadabra, sind die Kinderkrankheiten auf dem Rückzug, und die Menschen leben länger. Alles in allem war die Technologie ein ziemlicher Segen für uns.«

»Bei dir klingt alles so unvermeidlich«, hielt seine Gastgeberin dagegen. »Das ist es aber nicht. Wir lehnen Technologien schon immer ab, aus guten und aus schlechten Gründen. Die Japaner lernten die Herstellung von Feuerwaffen von den Europäern und übertrafen sie in ihrer eigenen Technologie, gaben diese aber nach der Vereinigung ihres Landes wieder auf, weil man sie für zu zerstörerisch hielt. Die Römer erfuhren über die Araber von den Verwendungsmöglichkeiten für Wasserräder, hatten aber zu viele Sklaven, um sich für so etwas eingehender zu interessieren. Die Japaner vernichteten die russische Flotte, und einer der Gründe dafür war, dass die Russen sich weigerten, eine Schießpulver-Technologie zu verwenden, die nicht aus dem eigenen Land stammte. Oder sieh dir mal unsere Computer-Tastatur an. Sie wurde für klobige mechanische Schreibmaschinen entwickelt, nicht für die Computer von heute. Doch wir verwenden weiterhin die ineffiziente Tastenbelegung. Die chemische Industrie hatte einen wirtschaftlich rentablen Ersatzstoff für Fluorchlorkohlenwasserstoffe, und das bereits vierzig Jahre, bevor die Regierungen diese Substanzen weltweit verboten, weil sie den Treibhauseffekt fördern und die Ozonschicht in der Stratosphäre zerstören. Der Industrie war das völlig egal. Dasselbe gilt für die Auspuffgase von Autos … Jahrzehntelang kannte man wirksame und wirtschaftliche Technologien, mit denen sich die Umweltverschmutzung drastisch reduzieren ließ, bis sie die Autohersteller dann endlich einbauten. An Technologie-Wellen ist nichts Unvermeidliches.«

Inga hieb auf den Kühlschrank. »Technik-Wellen sind das Ergebnis sozialer Steuerung.«

Qi war nicht so leicht aus der Fassung zu bringen. »So ein kleiner historischer Rundgang ist eine gefährliche Angelegenheit.« Er öffnete die neue Flasche. »Kultur und Klassenzugehörigkeit haben Gutenbergs Druckerpresse zum Ausgangspunkt einer sozialen Revolution in Europa gemacht, weil sie zur rechten Zeit kam. Die Chinesen und die Araber kannten bewegliche Lettern schon seit Jahrhunderten, aber in diesen Kulturen dienten sie nicht den Interessen der Mächtigen. Du kannst das 21. Jahrhundert nicht mit dem 15. vergleichen.«

Er gab Eiswürfel in zwei Gläser. »Das Klima kann zu einem bestimmten Zeitpunkt kippen, und dasselbe gilt für die Geschwindigkeit des technologischen Wandels. Es gibt uns noch, und es gibt uns schon seit einiger Zeit. Fossile Brennstoffe, Elektrizität und Atomkraft gaben uns die Energie an die Hand, mit der ein rasanter Wandel möglich wurde. Computer und Kommunikationstechnik haben diesen Wandel weiter beschleunigt. Er läuft inzwischen schneller ab, als die Regierungen nachvollziehen können. Wir haben unsere technologische Zukunft nicht mehr unter Kontrolle.« Qi schien von den eigenen Worten nicht so sehr beeindruckt zu sein, wie sein Ton nahelegte. Er schenkte für sie beide ein.

Inga nahm das Glas mit skeptischer Miene entgegen. »Sollten wir nicht manchmal widersprechen?«, fragte sie. »Vor allem bei der medizinischen Technik. Deiner Behauptung, die medizinische Forschung habe viel zur Verbesserung unserer Lebensqualität beigetragen, stimme ich nicht zu. Als Arzt und Wissenschaftler solltest du wissen, dass Kindbettfieber, Kindersterblichkeit und Kinderkrankheiten schon lange vor der Entdeckung von Antibiotika und der Entwicklung neuer Arzneimittel auf dem Rückzug waren. Sauberes Wasser und einfache Hygienemaßnahmen hatten im Verbund mit einer sicheren und regelmäßigen Ernährung eine große Wirkung. Die höhere Lebenserwartung ist vor allem eine Folge der Sozialpolitik, nicht der Technologie. Der Pharmaindustrie liegt zwar sehr viel daran, dass wir das anders sehen, aber ihr Beitrag zu unserer Lebenserwartung macht nur ein paar Monate aus.«

»Du verbringst viel zu viel Zeit mit Anita«, knurrte er. Als ob er vom eigentlichen Thema ablenken wollte, prüfte er geistesabwesend ein Paar alte Ski, die in einer Ecke der Küche abgestellt waren. »Deine Schnee-Technologie könnte eine modernere Version vertragen«, schlug er vor.

»Das sind nicht meine«, erwiderte Inga mit einem Schulterzucken. »Zu denen bin ich wohl über das Haus oder die Arbeit gekommen. Wir stellen sie immer mal wieder woanders ab.« Sie machten sich zurück auf den Weg nach oben zu den anderen.

»Ich bleibe dabei«, nahm Qi das Gespräch wieder auf. »Deine NGO-Aktivisten sind Maschinenstürmer. Und ich stimme der Aussage zu, dass im Wesentlichen die Besitzverhältnisse und die Art der Kontrolle über eine neue Technologie darüber entscheiden, ob sie zu guten oder zu bösen Zwecken verwendet wird, aber die Technologie selbst ist wertneutral.«

Die schwedische Juristin hielt auf dem Treppenabsatz inne. »Gut, wir sind verschiedener Meinung. Einige Technologien sind von ihrer Struktur her auf Zentralisierung angelegt und undemokratisch. Einige sind von ihrer Sachstruktur her sogar gefährlich – wie die Atomkraft. Aber eines stimmt: Eigentümerschaft und Kontrolle über eine Technologie werden über ihre Funktion in einer Gesellschaft entscheiden, und auch nützliche Technologien können Schaden anrichten, wenn sie in die falschen Hände gelangen.«

»Hast du noch ein paar aussagekräftige historische Anekdoten auf Lager, die diese Feststellung bestätigen?«, stichelte Qi.

»Selbst konservative Ökonomen bestätigen«, fuhr Inga fort, »dass neue Technologien eine Periode der sogenannten ›schöpferischen Zerstörung‹ einleiten, in der die bisherige Volkswirtschaft destabilisiert wird. Die Reichen und Mächtigen sehen diese Technologien kommen und bedienen sich ihres Einflusses, um die Welle zu ihrem eigenen Nutzen zu beeinflussen. Marginalisierte Völker sehen die Welle nicht kommen und ertrinken im Wellental. Arme Menschen haben meist nicht den Spielraum, der sie die plötzliche Instabilität bewältigen lässt. Jede Technologie, die in einer Gesellschaft eingeführt wird, in der keine soziale Gerechtigkeit herrscht, wird nicht nur die Kluft zwischen den Mächtigen und den Schwachen vergrößern, sondern auch noch den marginalisierten Menschen schaden.« Inga ging weiter nach oben. »Sieh dir mal die Geschichte der Industriellen Revolution an. Und wenn wir schon dabei sind, auch die der Grünen Revolution.«

Qi rief ihr hinterher: »Ich glaube, wir sind uns darin einig, dass die Technologie nicht die bestimmende Größe der Geschichte war. Sind wir uns auch darin einig, dass wir die Kontrolle über die Technologie verlieren und dass sie jetzt zu einem bestimmenden Faktor wird?«

Inga sah über die Schulter: »Das werden wir wohl schon sehr bald herausfinden.«

»Ihr findet das also prima«, murrte der Wissenschaftler. » Einfach nur auf alles eindreschen, die Unternehmen in die Pfanne hauen und die Technologie niedermachen. Meine Aufgabe besteht darin, dafür zu sorgen, dass eine bestimmte Sache funktioniert. Ein schöner Job, wenn man ihn erst einmal hat!«

Inga blieb stehen und betrachtete den elegant gekleideten internationalen Beamten, der da mit ihr vor der Eingangstür zum Salon stand. »Ich spüre förmlich, wie viel Mühe du dir machst.«

Die Unterhaltung im Salon beschäftigte sich mittlerweile mit Vulkanen. »Der BANG, den wir um ein Haar nicht verhindert haben«, sagte Abebe Jideani, »war der Versuch von Atom-Sphere, einen richtigen Vulkanausbruch auszulösen.« Tash stimmte entschieden zu. João Sergio und Su sagten nichts. Inga, die noch an der Tür stand, wirkte bei diesem Thema unsicher.

Marta füllte die Lücke: »Ich weiß, dass wir hier nicht alle einer Meinung sind, aber ich stimme dem zu, und schon die bloße Möglichkeit rechtfertigte den Kampf.«

Inga setzte sich in einen Stuhl und sagte leise: »Ich weiß nicht … ich bin mir bis heute nicht sicher, ob Atom-Sphere dieses Risiko wirklich eingegangen wäre …« Ihre Stimme verlor sich im Raum.

Qi saß am Fenster, sah hinaus, und seine Worte klangen hart. »Ich hielt euch damals alle für verrückt … vollkommen daneben. Ich glaube heute noch nicht, dass irgendjemand versuchte, die Klimaerwärmung zu beeinflussen, indem man diesen Vulkan in Tansania in die Luft jagte. Das war allerhöchstens ein Testlauf, bei dem sie hofften, das Nanobombenexperiment würde unbemerkt bleiben. Aber«, fügte er hinzu, klang dabei jedoch eher unentschlossen, »wenn man sich die ganzen anderen technologischen Fehlschläge quer durch das Tätigkeitsspektrum der Konsortien ansieht, war es wirtschaftlich sinnvoll, es war in geschäftlicher Hinsicht sinnvoll. Es bestand eine Chance, sie hätten damit durchkommen können.«

Er wandte sich vom Fenster ab und sah sich im Raum um. Sein Blick fiel kurz auch auf das schlafende Baby. »Ich weiß, dass sie euch heute noch dafür beschimpfen, aber euch Aktivisten der Zivilgesellschaft steht das sehr gut, wenn ihr in Sack und Asche geht.« Er setzte sich neben Anita und griff sich ein Buch vom Beistelltisch. »Und Anita sieht in Sackleinen einfach großartig aus.«

Die Debatte wogte in dem mit Kerzen beleuchteten Raum hin und her, wechselte von Angriffen auf die Unternehmen zu Attacken auf die Zivilgesellschaft und drehte sich schließlich um die Notwendigkeit, die eigene Gemeinschaft und Zähigkeit weiterzuentwickeln. Noch mehr Papiere wurden weitergereicht und gesichtet, und ein zusätzlicher Teil des Kaffeetisches wurde freigeräumt für miteinander konkurrierende Kaffee- und Teekannen und Scotch- und Weinflaschen. Es gab Augenblicke, in denen Qi Qubìng und Suyuan Wu scheinbar kurz vor einem offenen Konflikt standen, und, während die Stunden vergingen, noch mehr Momente, in denen der Zorn in ihrer Stimme mit der Traurigkeit seines Tonfalls harmonierte. Dann schienen sie sich sehr nahe zu sein. Gelegentlich gab es mehrere Gesprächsgruppen, etwa wenn Abebe, Marta und João Notizen zur Organisationsarbeit auf dem Land abglichen oder wenn Tash Anita und Inga in Strategiedebatten zu irgendwelchen künftigen UN-Konferenzen verwickelte, an denen sie alle teilnehmen würden. Einen großen Teil der Zeit lachten sie miteinander – egal, ob sie dabei über Belanglosigkeiten redeten oder politisch-organisatorische Fragen besprachen.

Anita und Qi mussten jedoch schon früh morgens am Flughafen Arlanda sein, Suyuan Wu und Alitash nicht viel später, und das Baby war wach und hungrig. Glücklich und müde zugleich halfen sie Inga beim Aufräumen des Salons und beim Geschirrspülen in der Küche. Inga schlug einen allerletzten Trinkspruch vor. Qi griff nach dem Hals der Flasche mit dem Jagdvogel und schenkte allen ein.

In Mänteln standen sie auf der Treppe vor der Haustür. Inga hob das Glas in Richtung der Gruppe: »Auf das Volk!«, grüßte sie. »Auf Pachamama!«, fügte Marta hinzu. Sie stießen an, tranken rasch und zogen anschließend getrennte Spuren durch den hellen, sauberen Schnee.

Über Kurswechsel und
das halb volle Stundenglas

Etwas neu zu schaffen ist schwieriger als zu zerstören. Bauen geht langsam, Zerstören ist schnell erledigt. Deshalb gibt es ein Vorsorgeprinzip – Vorsicht ist wichtiger als Risikobereitschaft –, das meistens den Vorzug erhält. Das bedeutet aber auch, dass wir, die Spezies Mensch, für die Wahrnehmung von Gefahren sehr gut ausgestattet sind, dafür aber Chancen nicht so leicht erkennen. Sollte dies zutreffen, ist *China Sundown* vielleicht zu zynisch ausgefallen, und der kumulative Ertrag unserer drei Kurswechsel-Szenarien könnte dann vielleicht auch sehr viel mehr »auslösen«, als die Teilnehmer der Zusammenkunft im Alten Haus vermuten. Dreißig, ja sogar hundert Jahre sind in dem langen Kampf der Menschheit um Frieden und Gerechtigkeit nur eine Momentaufnahme. Wir können nicht sicher sein, ob die Veränderungen, die wir in unserem Umfeld wahrnehmen, tatsächliche Trendwenden, eine Übergangsphase oder vielleicht doch nur ein paar weitere wacklige Schritte in Richtung auf ein sich verschiebendes Ziel sind. Auf der Suche nach einer besseren Zukunft müssen wir einige herkömmliche Annahmen in Frage stellen …

Technische »Anstöße«: Die Unvermeidlichkeit des technologischen Fortschritts

In den meisten Gesellschaften besteht eine überwältigende Tendenz, den Triumph einer neuen Technologie für unvermeidlich zu halten: Ist etwas erst einmal erdacht, wird es auch konstruiert, und ist es erst einmal konstruiert, wird es auch konsumiert. Doch das ist einfach nicht wahr. In der Geschichte wimmelt es von Beispielen, bei denen bestimmte Technologien – aus guten oder schlechten Gründen, jahrzehnte- oder jahrhundertelang, gegenwärtig oder für alle Zeit – gestoppt wurden. Die Legende von der technologischen Unvermeidlichkeit ist so fest im Bewusstsein der Menschen verankert, dass man unbedingt verstehen muss, wie – und warum – einige Technologien verworfen oder in der Entwicklung verzögert wurden.

IDEEN, DEREN ZEIT NICHT GEKOMMEN WAR: Technologien, die aus heutiger Sicht ganz offensichtlich wertvoll erscheinen, wurden nicht genutzt oder nur vorübergehend übernommen, um dann zu einem späteren Zeitpunkt verworfen zu werden. Archäologen haben antike römische Töpferwaren ausgegraben, auf denen afrikanische Bauern abgebildet sind. Diese Bauern setzten beim Pflügen Pferdegeschirre ein, die in Rom nie verwendet wurden. Die römischen Bauern begnügten sich mit einem in technischer Hinsicht deutlich unterlegenen Joch für ihre Ochsen, mit dem sie Zeit und Energie verschwendeten. Vielleicht wurde die afrikanische Technologie ignoriert, weil die Römer ganze Legionen von Sklaven besaßen und sich über Vorrichtungen, mit deren Hilfe Arbeitskraft und -zeit eingespart werden konnte, keine Gedanken machten. Billige, in großer Zahl verfügbare Sklaven könnten auch der Grund dafür gewesen sein, dass die Römer nur selten Wasserräder verwendeten. Die Technologie (aus China stammend, in Persien weiterentwickelt) war bekannt und verfügbar, und die Brauchbarkeit von Wasserrädern für das Mahlen von Getreide war offenkundig. Die Berge und Flüsse des Apennin, Rückgrat und Wasserscheide Italiens, waren für solche Zwecke ideal, aber die Technologie wurde kaum genutzt.

Die Chinesen verfügten zu Beginn des 15. Jahrhunderts über eine Armada weltweit einzigartiger Schiffe mit doppelter Außenwand, mit denen sie den Planeten hätten umsegeln können (was vielleicht auch geschah). Ein paar Jahrzehnte später gaben sie diese Flotte auf. Warum? Die am ehesten einleuchtende Erklärung lautet, dass die Ressourcen für den Kampf gegen eine drohende Invasion zu Lande gebraucht wurden. Vielleicht wurde die Entscheidung zum Rückzug von den Ozeanen auch dadurch erleichtert, dass die Chinesen auf diesen Reisen nicht viel Interessantes fanden?

Bereits zu einem früheren Zeitpunkt erfanden die Chinesen das Papier und den Holztafeldruck, aber keine dieser Erfindungen erlangte die herausragende Bedeutung, zu der sie dann Jahrhunderte später in Europa kamen. Papier und Buchdruck blühten in Europa wenige Jahrzehnte nach der großen Pestepidemie Mitte des 14. Jahrhunderts auf, in einer Zeit, in der Arbeitskräfte knapp und die politische und religiöse Unruhe groß waren und Massenkommunikation vielerlei Interessen diente. Der Buchdruck war dann eine Idee, die in Europa zur rechten Zeit auf den Plan trat. Chinas Kaiser und Mandarine hatten keinen Bedarf dieser Art.[172] Vielleicht war es auch wie bei den Arabern, und die chinesischen Schreiber leisteten erfolgreiche Lobbyarbeit zum Nachteil der Konkurrenz.[173]

IDEEN, DEREN »ANGEBOT« MAN NICHT ABLEHNEN KANN: Gewinnträchtige oder vielversprechende Technologien werden manchmal auch zugunsten (vermeintlich) attraktiverer Alternativen fallengelassen. Oder zugunsten von Angeboten durch GANG-Mitglieder, »die man nicht ablehnen kann«. Elektroautos waren zum Beispiel bis weit in die 1920er-Jahre unterwegs – und boten einige wichtige Vorteile im Vergleich zu Fahrzeugen mit Verbrennungsmotoren –, doch der starke Druck der neu entstandenen Erdölindustrie vertrieb Elektro- und Dampffahrzeuge von den Straßen. Erst jetzt, fast ein Jahrhundert später, knüpfen die Wissenschaftler an die liegengebliebenen Arbeitsergebnisse früherer Erfinder an und suchen nach neuen Möglichkeiten für die Verbesserung von Dampf- und Batterie-Technologien zu Transportzwecken.

Manchmal werden technische Neuerungen aus Gründen gestoppt, die uns heute äußerst trivial vorkommen. Die Fluggesellschaft Air France nutzte offenbar Anfang der 1970er-Jahre ihren politischen Einfluss, um in Frankreich die Entwicklung des Aérotrain zu blockieren – eines Hochgeschwindigkeits-Zugsystems, das unter anderem Reisende aus Paris zu den Flughäfen Orly und Charles de Gaulle bringen sollte. Doch Air France hatte bereits in eine Busflotte investiert, die das Monopol auf den Flughafen-Passagierverkehr beanspruchte, und die Zugtechnik wurde eingemottet.[174]

Die Wissenschaft vernachlässigte im vergangenen Jahrhundert neben Dampfmaschinen und Elektroautos auch von menschlicher Muskelkraft angetriebene mechanische Fortbewegungsmittel, nicht zu Freizeitzwecken verwendete Fahrräder und Dreiräder, Luft- und Segelschiffe nahezu vollständig.

Die Klimaerwärmung und das Ölfördermaximum (»Peak Oil«) sorgen heute gemeinsam dafür, dass die Forschung zu Solar- und Windenergie wieder attraktiver wird, aber wir haben dennoch praktisch ein ganzes Jahrhundert Forschungszeit verloren, mit der man viel Gutes für den Planeten und seine Bewohner hätte bewirken können. Der Rückzug der Forscher von diesen Gebieten war nicht einfach nur ein glücklicher Umstand für die Öl-, Kohle- und Atomindustrie.

IDEEN, DEREN WIRTSCHAFTLICHKEIT UNTERLAUFEN WURDE: Vielversprechende neue Technologien werden manchmal aufgegeben, weil die wirtschaftlichen Rahmenbedingungen verzerrt sind. Ist zum Beispiel die Erzeugung von Strom durch Wasserkraft subventioniert (gezielt oder auf andere Art), wird die Entwicklung energiesparender Technologien nur noch als lästig empfunden. Ein anderes Beispiel: Im frühen 20. Jahrhundert verfügten Bürogebäude und Geschäfte in den Großstädten häufig über komplexe Prismensysteme, mit denen Sonnenlicht tief ins Innere der Gebäude gelenkt wurde. Die Technologie war billig, nachhaltig und ziemlich effektiv, aber die Prismen wurden zugunsten der teureren elektrischen Beleuchtung rasch entfernt. Ein technologischer Pfad, den man hätte weiterentwickeln – oder zumindest als Ergänzung zum elektrischen Licht hätte benutzen – können, wurde beseitigt. In den allermeisten Städten Nordamerikas verdrängten außerdem (nicht lange, nachdem das elektrische Licht die Prismen ersetzt hatte) benzinfressende Busse die elektrischen Straßenbahnen – ein Vorgang, der aus heutiger Sicht wie eine unglaubliche Dummheit wirkt.

Änderungen bei der Beleuchtung von privaten Haushalten folgten im Lauf der letzten beiden Jahrhunderte allerdings einem anderen Rhythmus. Die Verfügbarkeit von Hausbediensteten und bestimmte Aspekte der Familienkultur (Reminiszenzen an die Welt der sklavenhaltenden Römer) führten dazu, dass viele reiche Haushalte, die sich elektrisches Licht eigentlich leisten konnten, diese Technologie anfangs nur zögernd übernahmen.[175]

Die US-Autohersteller wussten zumindest schon im Jahr 1937, als erste Versuche unternommen wurden, so einfache Dinge wie gepolsterte Armaturenbretter einzuführen, ganz genau, dass ihr Bestreben, die Herstellungskosten niedrig zu halten und möglichst viel Gewinn zu machen, ihre Kunden in Gefahr brachte. Der Ford-Chef R. J. Miller erklärte dennoch bei einer Aussage vor dem Senat im Jahr 1965, die von seinem Unternehmen verwendeten starren Lenksäulen seien eigentlich eine Sicherheitsmaßnahme, weil sie die Vorwärtsbewegung des Fahrers bei einem Unfall begrenzten. Ein zorniger Senator wies dann auf eine naheliegende Tatsache hin: 50.000 Autofahrer hatten sich bisher an Fords kleiner Sicherheitsvorrichtung aufgespießt.[176] Detroit sperrte sich trotz des (politischen und anderweitigen) Drucks bis weit in die 1970er-Jahre gegen jede Art von Neuerung, von Sicherheitsgurten bis zu Airbags, und blockiert heute andere Sicherheits-Technologien, die der Gesundheit und der Umwelt nützen könnten.

MILITÄRISCHE TECHNOLOGIEN: Wir gehen allzu leichtfertig davon aus, dass die unaufhörliche Suche nach militärischen Vorteilen Generale und Admirale dazu bewegt, alles und jedes auszuprobieren. Das trifft nicht immer zu. Die Ägypter kannten das Verfahren der Eisen-Metallurgie jahrhundertelang, ohne dass sie versucht hätten, es für ihre eigene Zivilisation zu übernehmen. Der Pharao Tutanchamun erhielt 1339 v. Chr. unter anderem einen Eisendolch als Grabbeigabe, aber seine Nachfolger erkannten die Zeichen der Zeit erst, als die Assyrer um 660 v. Chr. mit ihren Eisenschwertern die Bronze-Schilde der Ägypter zertrümmerten.[177] Vielleicht hatten sich die ägyptischen Hersteller zuvor gefragt: Warum sollten wir die Ausrüstung wechseln, wenn es keinen Wettbewerb gibt?

Es hält sich nach wie vor die Legende, dass Europa die ganze Welt eroberte, weil niemand sonst über Schusswaffen und Schießpulver verfügte. Das stimmt keineswegs. Die Japaner übernahmen um 1540 von den Europäern bereitwillig Kanonen und Handfeuerwaffen, setzten sie fast ein Jahrhundert lang sehr wirkungsvoll ein, um die Technologie dann wieder aufzugeben. Überreste der japanischen Waffenindustrie werden Jahrhunderte später als den europäischen Gegenstücken desselben Zeitalters überlegen eingestuft. Der japanische Samurai-Adel empfand es aber – nach dem erfolgreichen Einsatz von Schusswaffen zur Konsolidierung des eigenen Inselreichs – als unerträglich, dass man von Bauern, die keinerlei militärische Erfahrung, dafür aber Schusswaffen besaßen, vom Pferd geholt werden konnte. Schusswaffen wurden aber keineswegs verboten. Sie passten einfach nicht zur japanischen Kultur und wurden nach und nach – im Lauf eines Jahrhunderts – auf den Status von Familienerbstücken zurückgestuft.[178]

Die Ablehnung von Schusswaffen durch die Japaner ist kein Einzelbeispiel. Im selben Jahrzehnt, in dem portugiesische Seeleute den Japanern ihre Musketen vorführten, warf die (im heutigen Mali und Niger) siegreiche Songhai-Kavallerie die erbeuteten marokkanischen Musketen in den Niger-Fluss. Die Reiter hielten (wie ihre ritterlichen japanischen, aber auch die französischen Kollegen) Schusswaffen für unmännlich. Nur die Emire von Borno setzten Ende des 16. Jahrhunderts in den Savannengebieten südlich des Tschadsees Schusswaffen ein, beschränkten deren Einsatz allerdings auf ihre kämpfenden Sklaven und osmanischen Söldner. Selbst diese Musketen wurden Ende des 17. Jahrhunderts wieder abgeschafft.[179] Einige islamische Regenten verboten den Einsatz der Mangonel, weil sie diese große Wurfmaschine für Belagerungen als unerhörte Massenvernichtungswaffe empfanden.[180]

Einige Technologien wurden aus Gründen des Nationalstolzes zurückgewiesen. Russische Generale weigerten sich zum Beispiel, die in anderen Ländern patentierten rauchlosen Schießpulver-Technologien zu übernehmen. Sie wollten entweder ihr eigenes rauchloses Schießpulver haben oder gar keines. Der heikle Punkt in diesem Zusammenhang ist, und Musketenschützen wissen das: Wenn man einen Schuss abgefeuert hat und sich anschließend verbergen will, wirkt eine Pulverwolke, die über dem Ort des Geschehens wabert, nun ja, man könnte sagen: indiskret. Die russischen Generale und Admirale lenkten diesbezüglich erst nach einer katastrophalen Niederlage zur See gegen Japan ein.[181]

Manche Technologien scheinen einfach nicht zur militärischen Denkungsart zu passen. Senfgas und andere im Ersten Weltkrieg eingesetzte Chemiewaffen waren (und wirkten) so verabscheuungswürdig, dass sich Soldaten und Zivilisten darauf einigten, dass solche Dinge nie wieder Verwendung finden sollten. (Sie sind seitdem natürlich wiederholt eingesetzt worden, allerdings stets heimlich.) Biologische Waffen stießen auf ähnlich massive Ablehnung, so dass die Regierungen sich veranlasst sahen, Verträge zu schließen, mit denen die chemische und biologische Kriegsführung verboten wurde.

Der Erfolg der Zivilgesellschaft in der Auseinandersetzung um Landminen und Clusterbomben wurde bereits angesprochen. Das waren keine unbedeutenden Siege. Wir sollten auch die Erfolge der Friedensbewegung im Kampf gegen Atomwaffen nicht unterschätzen. Es wäre zwar ein absurder Trugschluss, sechzig Jahre nichtnuklearer Bombardements ausschließlich dem Erfolg der Friedensbewegung zuzuschreiben. Aber zweifellos war der Widerstand der Menschheit, der sich auch gegen den Einsatz rein taktischer Atomwaffen richtete, einflussreich.

Viele Militärhistoriker vertreten die Ansicht, dass die Technologie im Vergleich zu anderen Tagesordnungspunkten von untergeordneter Bedeutung ist, auch wenn dies der modernen Volksüberlieferung zu widersprechen scheint. Nach manchen Einschätzungen gab es 21 bis 23 Entwicklungen, die Historiker als »Revolutionen im Militärwesen« (»Revolutions in Military Affairs«, RMAs) bezeichnen. Überraschenderweise verbinden die Historiker den Beginn dieser Umwälzungen nur selten mit neuen Technologien.[182]

TAKTISCHE VERZÖGERUNGEN: Die Textilindustrie gilt allgemein als führende Kraft der Industriellen Revolution. Bei ihrer explosiven Entwicklung spielte allerdings die Wissenschaft nicht die zentrale Rolle, die ihr von manchen

Historikern zugewiesen wurde. Die Unternehmer – und zahlreiche Wissenschaftler – zögerten mit der Umstellung auf synthetische Farben, weil sie
bereits massiv in Plantagenproduktion und Transportsysteme für Natur-
farben investiert hatten.[183] Und die Expansion der Textilindustrie war auch
nicht der Einführung der Dampfmaschine zuzuschreiben. Die Leistung der
altmodischen und kostengünstigen Wasserräder übertraf den Beitrag der
Dampfmaschinen volle sechzig Jahre lang, bis weit in die 1840er-Jahre hinein.[184] In der Holzindustrie in Norwegen und Schweden kam es zu einer
ähnlichen Entwicklung.

Mein Vater war in den 1960er-Jahren Verkaufsdirektor des Nähma-
schinenherstellers Singer für den Bereich Westkanada. Ich erinnere mich,
wie er einmal von einer Dienstreise nach Toronto zurückkam, wo man
ihm die Forschungsabteilung des Unternehmens gezeigt hatte. Er hatte
gestaunt, als er Nähmaschinenmodelle sah, die den Geräten, die er selbst
verkaufte, weit überlegen waren. Man hatte ihm erzählt, die Erfindungen
würden als Reserve vorgehalten, um japanischen Herausforderern, mit
denen man rechnete, etwas entgegensetzen zu können. Die Strategie bestand darin, das kommerzielle Verkaufspotenzial einer jeden Erfindung
voll auszuschöpfen, bevor man Innovationen auf den Markt brachte. Es
ist die gleiche Denkweise wie bei den Ägyptern der Bronzezeit: Warum
sollte man die Produktion umstellen, wenn das dem aktuellen Verkauf
schadet?

In der Industrie ist das natürlich eine gängige Strategie. In Nordamerika werden erst jetzt das hochauflösende Fernsehen und die Mobiltelefone
der dritten Generation eingeführt, lange Jahre, nachdem diese Technologien in Europa und Asien bereits vermarktet wurden. Den US-Unter-
nehmen war die für einen solchen Vorstoß unerlässliche industrielle Umstrukturierung lästig, solange die Märkte für altmodische, aber mit großen
Bildschirmen ausgestattete Fernsehgeräte und für weniger leistungsfähige
Mobiltelefone noch nicht gesättigt waren.[185]

Im Gegensatz zu den Behauptungen der Medien hat der »Langsam-
keits-Modus« in der Kommunikationsindustrie eine umfangreiche Geschichte. Schließlich benutzen wir immer noch die QWERTZ-Tastatur, die
von den Schreibmaschinen-Herstellern ursprünglich so konzipiert wurde,
um die Schreibgeschwindigkeit zu senken und auf diese Weise zu verhindern, dass die Typenhebel sich verhakten. Ein halbes Jahrhundert nach der
Einführung des IBM-Kugelkopfs und, später dann, des Apple-Computers,
die langsame Tastaturen ineffizient machten, tippen wir immer noch nach
dem althergebrachten System.

Das Argument der Industrie ist natürlich, dass die Kunden keine Änderungen wollten. Im gleichen Zeitraum wurde jedoch den Kanadiern das metrische System aufgezwungen, und die Schweden haben die Straßenseite gewechselt und fahren schon lange rechts – große Unannehmlichkeiten für die Kundschaft. Das amerikanische VHS-System marginalisierte und eliminierte Betamax, obwohl das Betamax-System von Sony technisch überlegen war.[186]

Neue Technologien legen manchmal eine glatte Bauchlandung hin. Ein Beispiel war das Bildtelefon von AT&T Ende der 1960er- / Anfang der 1970er-Jahre, das der damaligen Kundschaft entweder zu teuer oder zu aufdringlich war.[187] Das kann man sich heute, im Zeitalter der Handy-Kameras und der Skype-Videokonferenzen, kaum mehr vorstellen.

Die aufblühenden Radiosendernetze bestanden in der Frühzeit des kommerziellen Radios in den Vereinigten Staaten auf einer Frequenztechnik, die, so behaupteten sie, den Hörern einen klaren Empfang biete und bei der es keine Überlagerungen gebe. Europa ging einen anderen Weg. Historiker haben erst vor kurzem die Wahrheit enthüllt. Das US-Radiofrequenzmodell stand nicht im Dienst der Klangqualität. Sein einziger Vorzug war, dass es die Konkurrenz einschränkte und den Aufbau nationaler Sendernetzwerke erleichterte.

Diese industrielle Verzögerungstaktik wird selbst dann angewendet, wenn die Sicherheit der Mitarbeiter oder der Kunden auf dem Spiel steht. Die US-Eishersteller arbeiteten trotz einer langen und fürchterlichen Serie spektakulärer Brände immer noch mit Freon-Gas, obwohl sie wussten, dass in Europa eine sicherere Chemikalie zu haben war. Die Dampfboote auf dem Mississippi und die Dampfschiffe im Küstenverkehr fuhren nach zahlreichen tragischen und kostspieligen Explosionen immer noch mit veralteten Motorkesseln. Die Hersteller widersetzten sich den Vorschriften der Regierung.

Die Europäische Umweltagentur (EUA) in Kopenhagen dokumentiert in ihrem 2002 veröffentlichten bahnbrechenden Bericht »Late Lessons From Early Warnings«[188] ein Beispiel nach dem anderen, bei dem Industrielle oder ihre Kartelle sich jeder denkbaren Strategie bedienten, von der Lüge bis zur Bestechung, um die unvermeidliche Ersetzung gefährlicher Chemikalien oder Herstellungsverfahren zu verzögern. Die großen Unternehmen schafften es, die Einführung »guter« technologischer Fortschritte im Durchschnitt um dreißig Jahre zu verzögern.

Ärzte warnten beispielsweise bereits 1896 als Erste vor dem wahllosen Einsatz von Röntgenstrahlen (vor allem zur »Hautaufhellung« und Schuhgrößenbestimmung), aber die ersten Bestimmungen gegen diese Praxis ließen bis 1928 auf sich warten. Ich erinnere mich noch, wie ich in Kindertagen im Kanada der 1950er-Jahre zur Bestimmung meiner Schuhgröße geröntgt wurde.

Es bedurfte fast einer Epidemie unter türkischen Arbeitern in der Lederwarenindustrie in den 1960er-Jahren, bis der Gebrauch von Benzol eingeschränkt wurde, aber die ersten Warnungen von medizinischer Seite erfolgten bereits 1897, und eine wirksame Änderung trat erst 1977 in Kraft, nach einem zehn Jahre anhaltenden Ringen mit der Industrie.

Experten aus dem medizinischen Bereich schlugen 1898, gut ein Jahr nach den ersten Berichten über Risiken beim Röntgen, auch zum Thema Asbest Alarm. Gesetzgeberisch gehandelt wurde erst 33 Jahre später, und europäische Aufsichtsbehörden rechnen für die kommenden Jahrzehnte nach wie vor mit 250.000 bis 400.000 durch den Kontakt mit Asbest ausgelösten Todesfällen. Der Widerstand gegen ein Asbest-Gesetz kam von der Turner Bros. Company und von einem Kartell, und es ist heute nach wie vor zulässig, bestimmte Verarbeitungsformen von Asbest aus Kanada in die Entwicklungsländer der südlichen Hemisphäre zu exportieren.

Monsanto, einst ein bedeutender Lieferant von Polychlorbiphenylen (PCB), hielt medizinische Erkenntnisse gezielt zurück, sodass die Verwendung der krebserregenden Substanz bis 1972 erlaubt blieb. Frühe Warnungen gab es bereits ab 1899. Erste Hinweise auf die schädliche Wirkung der Fluorchlorkohlenwasserstoffe (FCKW) fielen ins Jahr 1938, aber eine schlagkräftige Lobby unter der Führung des DuPont-Konzerns hielt diese ozonschädlichen Treibhausgase bis 1997 auf dem Markt. Das Pharmaunternehmen Eli Lilly kämpfte auf ähnliche Weise 33 Jahre lang gegen ein Verbot von DES (einem Tier-Wachstumshormon), nachdem 1938 über dessen toxische Wirkung auf junge Frauen und Schwangere berichtet worden war. Die gefährlich toxische Wirkung von Tributylzinnoxid (TBTO), einem »Antifouling«-Unterwasseranstrich für Schiffsrümpfe, auf Austern und andere Schalentiere – und diejenigen, die sie verzehren – wurde schnell nachgewiesen, doch es dauerte bis 1982, volle zwölf Jahre, bis dieses Mittel verboten wurde.

Einige Auseinandersetzungen (einschließlich der zum Asbest) sind immer noch nicht abgeschlossen. Ein weiteres Beispiel sind antimikrobielle Substanzen. Die Warnung, dass solche bei Nutztieren verwendeten Substanzen unter Umständen bei Menschen krebserregend wirken, erfolgte bereits 1945, aber die Pharma- und die veterinärmedizinische Industrie kämpften seitdem energisch gegen diesen Verdacht. Erste Einschränkungen bei der Anwendung der Mittel gab es ab 1970, doch der jüngste Vorstoß für ein Verbot antimikrobieller Substanzen in der Tierhaltung in den Vereinigten Staaten verpuffte Ende 2008.

AUTOS UND KARZINOGENE: Die Industriegeschichte zeigt, dass die Unternehmen das Verbot einer Chemikalie oder eines Herstellungsverfahrens durch die Regierungen nicht zulassen, bevor die Nutzungsmöglichkeiten erschöpft sind und eine wirtschaftlich attraktive Alternative verfügbar ist. Diese Feststellung trifft auf die Energie- und Autoindustrie ganz besonders zu, die beide mit Zähnen und Klauen für den Verbleib von Schwefeldioxid in Treibstoffen kämpften, obwohl der saure Regen bereits 1952 Sorgen bereitete. Gesetzgeberisch gehandelt wurde erst 1979, als die Unternehmen über andere profitable Optionen verfügten.

Es dauerte bis zum Jahr 2000, 46 Jahre lang, bis die Regierung MTBE (Methyl-tert-buthylether) verbot, eine Substanz, die einst als sicherer Klopfschutzmittel-Ersatz für Blei im Autobenzin galt. Berichte über Krebs- und Asthma-Gefahren gab es seit 1954. Das sollte niemanden überraschen. Schließlich hielten Unternehmen wie General Motors und Dow Chemical ein halbes Jahrhundert lang (bis MTBE auftauchte) die Wahrheit über Blei in Auto-Auspuffen zurück.[189] Dieselbe Autoindustrie, die sich Ende 2008 um staatlichen Schutz vor dem Bankrott bemühte, hat im Lauf der letzten fünfzig Jahre Dutzende Millionen Dollar für Lobbyarbeit gegen den Verbraucherschutz ausgegeben, obwohl sie die technischen Lösungen für viele Probleme auf Lager hatte.

SICHERHEIT VON NAHRUNGSMITTELN: Falls Sie es vergessen haben: Der springende Punkt bei all diesen Beispielen besteht darin, aufzuzeigen, dass neue wissenschaftliche Erkenntnisse und Technologien gestoppt werden können, gestoppt worden sind und auch heute immer wieder gestoppt werden. Die wissenschaftliche Erkenntnis, die zeigte, dass BSE (»Rinderwahnsinn«) eine reale und aktuelle Gefahr für britische Rindfleischesser war, wurde abgestritten und mindestens acht Jahre lang zurückgehalten, bevor die Industrie der Regierung gestattete, Konsequenzen zu ziehen. DDT, eines der ersten Pestizide der Welt, kam 1947 auf den Markt. Seine Toxizität wurde 1962 nachgewiesen, es durfte aber noch bis 1969 verkauft werden. Mitarbeiter des US-Raumfahrtprogramms entwickelten bereits vor 1960 verbesserte Methoden für das Aufspüren von in Nahrungsmitteln enthaltenen Krankheitserregern, aber der Widerstand der Nahrungsmittelindustrie blockierte eine ganze Generation lang ihren Einsatz in der behördlichen Kontrollpraxis.[190]

Chinesische Wissenschaftler und Behördenvertreter wussten, dass in der Milchversorgung des Landes zumindest monate-, vielleicht sogar jahrelang systematisch Melamin (Plastikprotein) verwendet wurde, um einen höheren Proteingehalt der Milch vorzutäuschen, bevor sie endlich handelten. Die Blockierung »guter Wissenschaft« und die Verhinderung »verbesserter« Technologien ist eine gängige Praxis in unserer industrialisierten Welt.

Die gute Nachricht in diesem Zusammenhang ist, dass sowohl Mitarbeiter als auch die Gesellschaft insgesamt das unveräußerliche Recht haben, schlechte Wissenschaft und schlechte Technologien abzulehnen. Und wenn eine neue Technologie eindeutig einen gewissen Nutzen erbringt, aber auch mit kurz- oder mittelfristigen wirtschaftlichen Risiken verbunden ist, haben diejenigen, die dadurch gefährdet sind, jedes Recht, eine Entschädigung und/oder einen Aufschub zu verlangen, damit sie sich auf die sich verändernden wirtschaftlichen Rahmenbedingungen einstellen können. Das ist die berühmte Theorie von der »schöpferischen Zerstörung«, die der Wirtschaftswissenschaftler Joseph Schumpeter (1883–1950) entwickelte. In der Auseinandersetzung mit plötzlichem technologischem Wandel bemühen sich die Unternehmen ständig um staatlichen Schutz vor der von Schumpeter beschriebenen Zerstörung.

STUFENWEISE EINFÜHRUNG VON »GERECHTIGKEIT«: Den Industrieunternehmen wird trotz des Zusammenbruchs der Ökosysteme gestattet, Schadstoffgrenzwerte und Energiesparmaßnahmen nach und nach einzuführen, ebenso wie sich die Pharma- und Chemieunternehmen mit neuen Sicherheitsstandards Zeit lassen dürfen. Ein solches Vorgehen kann die Prioritäten in absurder Weise auf den Kopf stellen und grundlegende Interessen der menschlichen Gemeinschaft aufs Spiel setzen. In der langen Litanei des unternehmerischen Protektionismus gibt es vielleicht keine groteskere Episode als das Abkommen, das die Plantagen- und Sklavenbesitzer in der Karibik mit der Obrigkeit schlossen: Sie brachten die Kolonialregierungen dazu, Menschenrechte für ihr Eigentum »stufenweise einzuführen«. Die afrikanischen Sklaven sollten freigelassen, zugleich aber verpflichtet werden, auf den Plantagen zu bleiben, bei vernachlässigbaren Schutzrechten und für einen bestimmten Zeitraum, sodass die Gewinne der Sklavenhalter und ihrer Investoren gesichert waren. Der bloße Gedanke einer »stufenweisen Einführung« von Menschenrechten ist, rechtlich betrachtet, absolut schändlich.

Wenn jedoch die Lohnabhängigen oder bestimmte Länder sich um einen Zeitaufschub bemühten, um sich auf veränderte wirtschaftliche Rahmenbedingungen einzustellen – heute mit Blick auf die Nanotechnologie oder Synthetische Biologie, in früheren Zeiten zum Beispiel auf künstliche Farbstoffe oder Textilmaschinen –, bezeichnet sie die Industrie hartnäckig als Maschinenstürmer, die dem unvermeidlichen technischen Fortschritt im Weg stünden.

Machtfragen: Das geeinte Volk ...?

Die zweite falsche Annahme, nach der vorgeblichen »Unvermeidlichkeit« technologischer Triumphe, ist der Gedanke, dass wir, das Volk, immer verlieren müssten. Dem ist nicht so.

WOHL-MEMEND: Nicht jede »Trendwende« muss von Nachteil sein, und die Geschichte kennt viele Beispiele für die vorteilhafte Wirkung neuer kultureller Meme. Bei einem Flug nach Davao auf der philippinischen Insel Mindanao sagte der Pilot meiner Maschine bei der Landung durch, das Rauchen sei nicht nur im Terminal verboten, sondern auch in der ganzen Stadt. Mein alter Verbündeter Neth Dano erklärte mir, die Stadt habe auch die Verwendung von Pestiziden verboten. Erst vor zehn Jahren gestand die Tabakindustrie endlich ein, dass Rauchen Krebs verursacht. Bei der Fluglinie, die mich auf die Philippinen brachte, gab es vor dreißig Jahren noch nicht einmal einen Nichtraucherbereich.

Das Anti-Tabak-Mem ist keineswegs historisch einmalig. Die Sklaverei wurde nach einer jahrtausendelangen Vorgeschichte innerhalb von weniger als hundert Jahren international nicht mehr akzeptiert. Folter ist in vielen Gesellschaften mindestens genauso fest verwurzelt, galt aber innerhalb weniger Jahrzehnte als unter moralischen Gesichtspunkten abstoßende Praxis, was auch – obwohl sie wohl kaum in allen Ländern abgeschafft ist – in entsprechender Form in das internationale Recht Eingang gefunden hat.

Die Vorstellung, dass Frauen die gleichen Rechte zustehen wie Männern, brauchte länger, um sich durchzusetzen, wurde aber innerhalb einer Generation zu einer sozialen »Gegebenheit«. Die weltweite Ablehnung der Todesstrafe setzte sich innerhalb von drei Jahrzehnten fast überall durch – auch wenn sie in einigen Ländern immer noch auf himmelschreiende Weise praktiziert wird. Körperliche Züchtigung – in der Schule oder durch die Eltern – war früher, als ich in der zweiten Klasse noch auf diese Weise bestraft wurde, allgemein üblich, und als ich das Highschool-Alter erreichte, galt sie bereits als Straftat. Die seit langem bestehende, schreckliche

Feindseligkeit gegenüber gleichgeschlechtlichen sexuellen Beziehungen wird noch während meiner Lebenszeit inakzeptabel.

Natürlich funktioniert kein Mem perfekt oder zwangsläufig für alle Zeit. Nach Angaben der Vereinten Nationen gibt es heute noch 28 Millionen Menschen, die unter sklavenartigen Bedingungen leben (vielleicht mehr als jemals zuvor in der Geschichte, vielleicht ist aber auch ihr Anteil an der gesamten Weltbevölkerung geringer als jemals zuvor), die US-Regierung duldet in öffentlichen Erklärungen – viele andere Regierungen tun das im privaten Rahmen – Folterpraktiken, Kinderarbeit und sexueller Missbrauch sind noch längst nicht vollständig beseitigt, und die Unternehmen, die uns früher Nikotin verkauften, haben sich zügig auf den Verkauf von Fettleibigkeit umgestellt. (Ja, ich weiß, dass mit einer Verdopplung der jährlichen durch Rauchen verursachten Todesfälle gerechnet wird, weil sich die Sucht über ganz Asien ausbreitet. Aber selbst in China ist das Menetekel auf der Großen Mauer zu lesen.) Dennoch haben wir inzwischen weltweit geltende soziale Normen, die zahlreiche Praktiken verurteilen, und manchmal verfügen wir sogar über eine anwendbare Gesetzgebung, die bestimmte Menschenrechtsverletzungen einschränkt.

Viele dieser Veränderungen wurden durch die gezielte Einführung neuer kultureller Meme in Gestalt von Romanen, Liedern, Gedichten, Gemälden, Fotografien oder Mythologien eingeleitet, die sich zu ikonischen Wahrheiten entwickelten.[191] Mit Blick auf die deprimierende Entwicklung in der Einführungserzählung *China Sundown* und die alles andere als triumphalen Schlussfolgerungen der drei »Kurswechsel«-Geschichten scheint mir eine achtsame und genauere Durchsicht einiger unserer mehr oder weniger erfolgreichen Meme angezeigt …

FOLTER: Folter ist schon viele Male abgeschafft worden. Schon vor fast 800 Jahren wurde sie in England in der Magna Charta verboten,[192] war aber anderswo häufig eine gängige Praxis. Im 16. Jahrhundert blieb das Recht des Armes des Gesetzes auf Folter nach wie vor unhinterfragt, aber die Juristen bemühten sich offensichtlich darum, die Anwendung einzuschränken. Das Unhinterfragte wurde plötzlich undenkbar, als Voltaire im Jahr 1766 einen unerhörten Missbrauch der Folter in Südfrankreich mit einem einzigen leidenschaftlichen Essay zu einer Cause célèbre machte. Schweden schaffte die Folter 1772 ab, Böhmen und Österreich folgten 1776 diesem Beispiel.

Die Französische Revolution verbot die Folter offiziell im Jahr 1789, aber die Anwendung war zuvor schon deutlich seltener geworden. Die amerikanischen Kolonien zogen nach, und die Briten entschieden etwa zur gleichen Zeit, vielleicht in Erinnerung an die Magna Charta, dass es keine gute Sache sei, Frauen auf dem Scheiterhaufen zu verbrennen. Brauchte Europa etwa ein halbes Jahrtausend, um die Folter loszuwerden, oder wurde diese grauenhafte Praxis in weniger als drei Jahrzehnten zwischen 1766 und 1789 überwunden? Sollte das Verdienst Voltaires Essay zugeschrieben werden oder doch eher Voltaires Freund Friedrich dem Großen, dem König von Preußen, der die Folter schon ein Dutzend Jahre vor dem Vorfall in Frankreich, auf den Voltaire sich dann bezog, abgeschafft hatte? Die Folter war schon immer verhasst. Vielleicht sorgten die revolutionären Erfolge des 18. Jahrhunderts für den notwendigen Druck, der sie zu der schlechten Idee machte, deren Tage gezählt waren.

TODESSTRAFE: Einzelne Wandlungsprozesse können eine Kaskade der sozialen Revolutionen auslösen. Man könnte argumentieren, dass die Abschaffung der Folter im Rahmen des Kampfes um Menschenrechte einer der leichtesten Siege gewesen sei. Doch ein 25 Jahre alter italienischer Aristokrat namens Cesare Beccaria führte eine 1764 beginnende Kampagne gegen die Folter und die Todesstrafe an – zwei Jahre, bevor Voltaire und 200 Jahre bevor der größte Teil der Welt sich für dieses Thema interessierten. Erst nach dem Zweiten Weltkrieg sagte sich eine Regierung nach der anderen, vom Blutvergießen des Krieges angewidert, von der Todesstrafe los. Im Jahr 1975 hatten nahezu alle sogenannten Demokratien der Welt die Todesstrafe abgeschafft. (Ja, es stimmt, die Todesstrafe gibt es nach wie vor in den Vereinigten Staaten, in China, Indonesien, Malaysia und in einigen anderen Staaten, aber ihre Anwendung ist sehr viel stärker eingeschränkt.) Auch hier gab es also eine »Trendwende«.

Zyniker weisen darauf hin, dass Wilhelm der Eroberer die Todesstrafe bereits tausend Jahre zuvor abgeschafft habe (mit Ausnahme von Kriegszeiten) und dass sich die Vereinigten Staaten – die in den 1970er-Jahren schon einmal kurz vor der Abschaffung der Todesstrafe standen – heutzutage blutrünstiger verhielten als in den finsteren und unbarmherzigen Zeiten der Weltwirtschaftskrise. Dennoch ist ein soziales Mem, das sich gegen die Todesstrafe wendet, etabliert worden.

DEMOKRATIE: Hat es einen Wandel der sozialen Normen gegeben – oder nur eine taktische Umstellung auf Seiten der Elite? Was verbindet sich überhaupt mit dem Begriff der Demokratie? Die athenische Demokratie stützte sich auf die Sklaverei. Stadtstaaten von Indien bis nach Flandern experimentierten im Lauf der Jahrhunderte im größeren oder kleineren Umfang mit demokratischer Regierungsführung. Die Amerikanische und die Französische Revolution trieben – obwohl selbst alles andere als vollkommen – demokratische Bewegungen in Europa voran, die sich in den 1830er-Jahren zu einer politischen Kraft entwickelten. Dies führte bis zum Beginn des Ersten Weltkriegs zur verbreiteten Anerkennung des allgemeinen (männlichen) Wahlrechts. Das ist eine lange Entwicklungszeit, aber die »Trendwende« war möglicherweise in den 1870er-Jahren erreicht. Viele Kritiker, zu denen ich mich selbst zähle, sind dennoch der Ansicht, dass die »Gang« – und hier vor allem die Medienkonzerne – zumindest in den vergangenen drei Jahrzehnten an der Einschränkung des Wahlrechts und der Demokratie gearbeitet hat. Das Mem des allgemeinen Wahlrechts hat trotz alledem eine solide Grundlage.

Der Kampf um die Schaffung und Erhaltung positiver sozialer Meme geht niemals zu Ende. Man denke hier an das Beispiel Argentiniens: Dort wurde die Demokratie im Jahr 1912 ausgerufen, 1930 wieder abgeschafft, 1946 neu begründet, 1955 widerrufen, 1973 mit neuem Leben erfüllt, 1976 von einer Militärdiktatur abgelöst, 1983 wieder eingeführt … und niemand schließt Wetten darauf ab, dass dieser Kampf beendet ist.

SKLAVEREI: Ja, es gibt heute mindestens 28 Millionen Menschen, die wie Sklaven leben, aber wir können dennoch festhalten, dass das Prinzip der Sklaverei heute weltweit inakzeptabel ist. Die Sklaverei ist ein weiteres Beispiel für eine soziale Praxis, die im Lauf der Jahrtausende abwechselnd gepflegt und verworfen wurde. Der weltweite, ernsthafte juristische Kampf für die Abschaffung der Sklaverei begann jedoch erst in den 1780er-Jahren, erreichte im ersten Jahrzehnt des 19. Jahrhunderts bedeutende Erfolge, war in den 1840er-Jahren fast überall entbrannt und wurde schließlich, ein Jahrhundert nach Beginn der Kampagne, sogar von den wichtigen sklavenhaltenden Landesteilen der USA und Brasiliens beendet. Die »Trendwende« fällt eindeutig in die Zeit zwischen 1800 und den 1830er-Jahren.

RASSISMUS: War die »Befreiung« von 3,9 Millionen Menschen am Ende des Amerikanischen Bürgerkrieges ein großer Sieg – oder ist es eine Tragödie, dass eine schwarze Frau in Alabama neunzig Jahre später in die Schlagzeilen geriet, weil sie sich weigerte, hinten im Bus Platz zu nehmen? Oder ist es ein Sieg, dass Rosa Parks' stolzer Sitzdemonstration ein halbes Jahrhundert später die Wahl von Barack Obama zum US-Präsidenten folgte? Zyniker könnten hier einwenden, dass Obama ausschließlich dank einer ungewöhnlich »perfekten« Ausgangslage Präsident wurde – ein diskreditierter Präsident führt einen verabscheuungswürdigen Krieg inmitten einer fürchterlichen Wirtschaftskrise, und dann taucht auch noch ein schwarzer Kandidat mit bemerkenswertem Auftreten und erheblicher rhetorischer Begabung auf. Ein historischer Rückblick könnte allerdings zu dem Ergebnis führen, dass viele oder die meisten US-Präsidenten mit Glück an die Macht gekommen sind.

PATRIARCHAT: Von der Einführung des Wahlrechts für Frauen bis zur Ernennung einer Frau zur Regierungschefin verging ebenfalls ein halbes Jahrhundert. Und bisher nur einmal – im Macho-Land Argentinien – gelangte eine zweite, andere Frau in ein und demselben Land in das Amt des Staatsoberhaupts oder Regierungschefs. In allen anderen Ländern, in denen eine Frau zur Regierungschefin gewählt wurde, in Israel, auf den Philippinen, in Sri Lanka, Indien, Pakistan, Chile, Kanada (für wenige Tage), Island, Finnland (für zwei Monate), Norwegen, Großbritannien und Deutschland, gab es bisher noch keinen zweiten Fall dieser Art.

Andererseits hatten in jüngster Zeit drei Frauen das Amt des US-Außenministers inne (im dritten Fall gilt: die aktuelle Amtsträgerin hat es nach wie vor) – den wohl zweitwichtigsten Job, den die Supermacht zu vergeben hat –, und das unter den drei letzten Präsidenten, die zwei verschiedenen Parteien angehören. Wir leben schon seit sehr langer Zeit mit dem Patriarchat, auch wenn es zu verschiedenen Zeiten und in den einzelnen Kulturen unterschiedlich stark ausgeprägt war. Die erste UN-Frauenkonferenz fand 1975 statt. Heute haben wir eine »Glasdecke«, mit der es berufstätige Frauen zu tun bekommen, aber vielleicht gibt es auch Grund zur Hoffnung. Wird die Welt sich umsehen und einen sich verstärkenden Trend feststellen, der uns wegen zu großer Nähe zum aktuellen Geschehen bisher noch entgeht?

ENTKOLONIALISIERUNG: Stehen wir seit den Zeiten der Assyrer in einem hoffnungslosen Kampf gegen Imperialismus und Kolonialismus … und alles, was wir dabei erleben dürfen, ist, wie sich der Sprachgebrauch geschickt vom Kolonialismus zum Neokolonialismus und vom Imperialismus zum Neoimperialismus wandelt? Oder wurde der richtige Kampf erst 1952 eröffnet, als die UN-Vollversammlung sich die Entkolonialisierung zum Ziel setzte? Wenn dem so war, dann hat sich – bis auf wenige Ausnahmen – die soziale Norm 1975 durchgesetzt, als Portugal, die letzte der alten europäischen Kolonialmächte, seine letzten afrikanischen Besitzungen in die Unabhängigkeit entließ.

UMWELTSCHUTZ: Rachel Carson veröffentlichte 1962 ihr Buch »Der stumme Frühling«, zehn Jahre später versammelte sich die Welt in Stockholm zur »Konferenz der Vereinten Nationen über die Umwelt des Menschen«, und dreißig Jahre nach Carsons Buch wurde bei der Umwelt- und Entwicklungskonferenz von Rio de Janeiro eine Reihe von Umwelt-Abkommen zur Biodiversität, Desertifikation (Ausbreitung der Wüsten), zum Wald und zum Klimawandel auf den Weg gebracht. Ist dies ein Beispiel dafür, dass das geeinte Volk die Niederlage abwendet? Oder ist das der Schwanengesang einer untergehenden Spezies? Im Jahr 2010 begannen die Regierungen in New York mit den Vorbereitungen für »Rio+20«. Wird das eine »Goodbye Gaia«-Party oder eine echte Chance, dem Prinzip der nachhaltigen Entwicklung den Rang zuzuweisen, der ihm gebührt: den Rang einer radikalen, grundlegende Veränderungen nach sich ziehenden Tagesordnung?

INTELLEKTUELLE MONOPOLE: Patente wurden erst mit der Industriellen Revolution zu einer echten kommerziellen Kraft. Das Patent-Monopol gewann in der Zeit von 1760 bis etwa 1850 ungeheuer an Stärke, bis sich eine Reihe von Ländern, Unternehmen und Personen um die Mitte des 19. Jahrhunderts zusammentaten und dagegen ankämpften. Im Lauf des nächsten Vierteljahrhunderts gab es quer durch Europa kleine und große Erfolge, bis schließlich mit den größten Industrieunternehmen ein Kompromiss gefunden war. Selbst dann blieb die Macht des Patents fast ein Jahrhundert lang noch bescheiden. Dann vereinigten sich die Zwillings-Attraktionen Biotechnologie und Informatik, und Patent-Monopole entwickelten sich explosiv zu einem bedeutenden Werkzeug unternehmerischer Herrschaft. Der Widerstand der Zivilgesellschaft gegen diese neue Patentmacht ist mit den Patenten rasch gewachsen, aber es ist noch zu früh, um sagen zu können, wer den Sieg davontragen wird. Sind wir an einem Punkt angekommen, an dem intellektuelle Monopole die absolute Herrschaft über die Natur erlangen werden? Haben die neuen Technologien Patente unnötig gemacht … oder steht gar der Sieg über die exklusiven Patentmonopole unmittelbar bevor?

NAHRUNGSMITTELAUTONOMIE: Vier große Chemiekonzerne beherrschen die Hälfte des weltweiten kommerziellen Saatgutmarkts und teilen sich auch die Hälfte der globalen Pestizidverkäufe. Dieselben Konzerne dominieren gemeinsam mit zwei weiteren großen Chemieunternehmen (einschließlich der Joint Ventures) Patente zu Gensequenzen der sogenannten »klimafesten« Nutzpflanzen. Zehn multinationale Konzerne kontrollieren am anderen Ende der Nahrungskette mehr als ein Viertel der Nahrungsmittel- und Getränkeherstellung, und weitere zehn Unternehmen teilen sich 40 Prozent der weltweiten Einzelhandelsumsätze im Lebensmittelbereich (bezogen auf die 100 größten Einzelhandelsketten).

Heißt das, dass die Andische Kosmovision von Marta Flores im Kurs Nr. 2 ein bloßer Wunschtraum ist? Zumindest zum gegenwärtigen Zeitpunkt noch nicht. Drei Viertel der weltweit 450 Millionen bäuerlichen Betriebe züchten entweder ihre eigenen Pflanzensorten oder bewahren deren Samen auf und haben mit den multinationalen Saatgut- und Pestizidunternehmen wenig bis nichts zu tun. 85 Prozent der weltweit erzeugten Nahrungsmittel werden in der Nähe des Ortes verbraucht, an dem sie gewachsen sind, zumindest aber innerhalb der eigenen Landesgrenzen und weit weg von multinationalen Verarbeitungsbetrieben und Händlern.

Obwohl 82 Prozent des kommerziellen gehandelten Saatguts patentiert sind – in den letzten Jahrzehnten betraf das 72.500 Pflanzensorten –, kaufen Martas Bauern nicht nur kein Saatgut, vielmehr züchten sie Millionen von verschiedenen, eigenen Variationen. Und selbst diese Zahlen täuschen über die Tatsache hinweg, dass bis zu einem Drittel der Nährstoffe, die von in ländlicher Umgebung lebenden Menschen verzehrt werden, nicht aus landwirtschaftlichem Anbau stammen, sondern eingesammelt oder erjagt werden. Außerdem stammt ein Viertel (oder mehr) der in den Großstädten der Entwicklungsländer des Südens verzehrten Obst- und Gemüsemengen sowie der Kleintiere aus städtischen Vor- oder Dachgärten. 70 Prozent der in der südlichen Hemisphäre verbrauchten Arzneimittel werden ebenfalls in der freien Natur gesammelt und außerhalb der multinationalen Monopole vermarktet. Die weltweite Versorgung mit Nahrungsmitteln ist immer noch fest in der Hand der Bauern, Fischer, Viehhirten und indigenen Völker. Es besteht also Grund zur Hoffnung.

GLOBALISIERUNG: Weiß irgendjemand zu sagen, ob wir nun gewinnen oder verlieren? Seit dem Abschluss der WTO-Uruguay-Verhandlungsrunde Mitte der 1990er-Jahre könnte man sagen, dass wir gegen die Gang, die hinter der weltweiten Liberalisierung des Handels steht, einen aussichtslosen Kampf geführt haben. Man könnte aber auch sagen, dass wir gewinnen. Vier Jahre nach dem Ende der Uruguay-Runde hatten wir Seattle, und nicht lange nach Seattle folgte Cancún, dann Hongkong und schließlich der Kollaps der Doha-Runde im Jahr 2008. Die Massenbewegung der Gewerkschafter in Seattle und der Bauern in Cancún und Hongkong überwältigte die Medien wie auch die Mächtigen der Welt. Der Fortbestand der Welthandelsorganisation ist nicht gesichert. Der Neoliberalismus räumt das Feld für nuanciertere und vernünftigere Möglichkeiten des gegenseitigen Verstehens und der Entwicklung wirtschaftspolitischer Vorgehensweisen und staatlicher Investitionen ins Gemeinwohl.

FRIEDEN: Vor dem Hintergrund jährlicher Rüstungsausgaben in Höhe von mehr als einer Billion Dollar mag der jahrzehntelange, letztlich erfolgreiche Kampf für das Verbot von Landminen absurd geringfügig anmuten. Doch ist das der richtige Kontext? Die Zivilgesellschaft erreichte bei einer weltweit kaum zur Kenntnis genommenen Zeremonie in Oslo im Dezember 2008 ein Verbot von Clusterbomben, und die Kampagne zum Verbot des Exports von Handfeuerwaffen geht weiter.

Eine vielleicht genauere Betrachtungsweise wäre: Die Erfolge beim Kampf gegen Landminen und Clusterbomben sollten als Teile einer langen Abfolge von Auseinandersetzungen um eine sich gegen jeden Krieg richtende soziale Norm gesehen werden, die mit der Kampagne gegen die Atombombe in den 1950er-Jahren begann. Sie führte dann zu den Verträgen, mit denen Atomwaffenversuche verboten wurden, und erweiterte sich in den 1970er-Jahren zur Bewegung der Atomkraftgegner, die dem Vormarsch einer außerordentlich mächtigen Industrie ein abruptes Ende setzte (zumindest bis zum gegenwärtigen Zeitpunkt).[193]

Selbst die misstrauisch beäugten Abkommen zur chemischen und biologischen Kriegführung und ENMOD, das Umweltkriegsübereinkommen von 1978, auf das in mehreren der Geschichten dieses Buches Bezug genommen wird, sollten eher als Teil eines positiven Wandels im weiteren Sinn wahrgenommen werden. Ja, in den Kriegen des 20. Jahrhunderts starben mehr als 100 Millionen Menschen, aber vielleicht wäre der Blutzoll ohne die Friedensbewegung noch größer gewesen. Vielleicht könnte das Afrikanische Sozialforum in Kurs Nr. 2 die Trendwende für die Friedensbewegung sein (oder diese Trendwende beschleunigen)?

Während der gesamten menschlichen Geschichte haben Banditen, Könige und Präsidenten für sich das unveräußerliche Recht in Anspruch genommen, Krieg zu führen. Die armseligen Bemühungen des Völkerbundes konnten ausländische Mächte nicht von einer Intervention im Spanischen Bürgerkrieg abhalten, konnten weder die Italiener von Äthiopien fernhalten noch Hitlers Einmarsch ins Sudetenland verhindern. Ein weiteres ehrenwertes Ansinnen, das dran glauben musste?

Aber ohne den Völkerbund hätte es zwischen 1919 und 1939 mindestens zwei weitere europäische Kriege gegeben. Heute werden die Vereinten Nationen wegen ihrer offenkundigen Unfähigkeit, Kriege und Greueltaten zu verhindern, oft verhöhnt. Insider wie Brian Urquhart (der zweite internationale Beamte, der 1945 in den Dienst der Vereinten Nationen trat) weisen allerdings unbeirrt darauf hin, dass die stille Diplomatie des UN-Apparats zumindest eine Handvoll weiterer Kriege abgewendet habe. Mit unserer gut verankerten Vorsicht nehmen wir nur die Kriege wahr, die sich ereignet haben, nicht aber das, was verhindert wurde.

Könnte es sein, dass das brutalste Jahrhundert der menschlichen Geschichte auch einen Trend hervorgebracht hat, der Krieg eines Tages inakzeptabel machen wird? Oder stärkt das umgekehrte Stockholm-Syndrom, das im »Genf Watch« von Kurs Nr. 2 vertreten wird, dem UN-System den Rücken und macht die Zivilgesellschaft zu einem zähen und klugen Mitspieler in der internationalen Politik? Stehen wir also unmittelbar vor einer weiteren »Trendwende«?

Und gehören wir nicht auch zu den Leuten, die dafür sorgten, dass der Krieg in Vietnam für die USA nicht zu gewinnen war? Haben wir damals nicht ein früheres Kriegsende erzwungen? Sind wir etwa nicht diese »andere Supermacht«, die im Jahr 2003 Millionen von Menschen gegen die Invasion im Irak auf die Straße gehen ließ und die mächtigste Militärmacht der Geschichte nervös machte? Wir alle wissen, was wir mit diesen Demonstrationsmärschen nicht erreichten, aber wissen wir auch um all das, was wir zustande gebracht haben?

Diejenigen unter uns, die nur das halb volle Glas sehen, haben viele stichhaltige Gründe. Schließlich wirken unsere alten Siege stets brüchig, sie könnten auch noch ganz zunichte gemacht werden. Aber die Gerechtigkeit erringt niemals ihren allerletzten Sieg. Warum sollten wir etwas anderes erwarten? Die Geschichte, so haben wir das eingangs festgehalten, ist weder ein Festzug noch ein Pendel, sondern ein ständiger Kampf.

Haben wir die frühen Warnungen verpasst oder einfach vergessen? Haben wir noch die dreißig, fünfzig oder hundert Jahre Zeit, die wir brauchen, um bessere soziale Meme zu schaffen? Ist unser Glas halb voll oder halb leer? Oder ist es vielleicht kein Trink-, sondern ein Stundenglas?

Acht Gründe zur Hoffnung

Dürfen wir nur das Dunkel am Ende des Tunnels sehen? Bob Carty, ein alter Freund von mir, den ich seit den Sechzigerjahren kenne, hat ein Lied über die Hoffnung geschrieben, in dem er singt, wir müssten unsere Welt mit »Wüstenaugen« sehen, müssten lernen, all das Leben zu entdecken, das in der Wüste gedeiht, nachdem wir im ersten Augenblick nur Ödnis wahrnehmen. Bruce Cockburn, ein anderer Freund, singt, dass wir »gegen die Dunkelheit zurückschlagen müssen, bis sie Tageslicht blutet«.

Ich mag diese Bilder. An Weihnachten 2008 bekam ich zwei winzige Enkelkinder zu sehen, und meine Frau Susie forderte mich auf, für die beiden irgendetwas Positives zu schreiben. Für mich war das, ganz ehrlich, eine schmerzliche Übung, an der ich kläglich scheiterte. Einige Monate später baten mich gute alte Freunde bei Inter-Pares (einer wunderbaren zivilgesellschaftlichen Partnerorganisation, mit der wir hier in Ottawa und in aller Welt seit dreißig Jahren zusammengearbeitet haben), bei ihrer Jahresversammlung über das Thema Hoffnung zu sprechen. Das werden sie nie wieder tun!

Aber die Wahrheit lautet, sei es nun ein erblicher Defekt oder was auch immer: Ich bin Optimist und glaube, dass mein Optimismus auf Logik basiert. Ich könnte jetzt versuchen, lang und breit über die Gründe für meinen Optimismus zu schreiben, aber die Ausarbeitung würde auch nicht viel mehr bringen. Hier sind sie also, die acht Gründe für Optimismus …

1. Ich bin selten einem Menschen begegnet, den ich nicht für gutartig und anständig gehalten hätte.
2. Es gibt keinen Endpunkt. Unser Kampf für Würde und Anständigkeit *ist* die Lösung.
3. Nichts ist unvermeidlich, unzugänglich oder endlos.
4. Unsere Ressourcen sind größer, als die BANG-Mitglieder ermessen könnten.
5. In jedem Kampf gibt es Trendwenden – aber es kann eine Generation lang dauern, bis ein solcher Zeitpunkt erreicht ist.
6. Im Nebel des Krieges sind unsere Siege manchmal kaum zu erkennen.

7. Echte Veränderungen werden an der Peripherie der Metropolen entwickelt und ausgebaut.
8. Wir, das Volk, sind in unserer ganzen Vielfalt nicht besiegbar.

Und das reicht mir völlig aus.

Anmerkungen

1 Michael White, *The Fruits Of War: How Military Conflict Accelerates Technology*, London 2005.

2 Richard A. Posner, *Catastrophe: Risk and Response*, Oxford 2004.

3 Douglas Mulhall, *Our Molecular Future: How Nanotechnology, Robotics, Genetics, and Artificial Intelligence Will Transform Our World*, New York 2002.

4 Martin Rees, *Our Final Hour: A Scientist's Warning: How Terror, Error, and Environmental Disaster Threaten Humankind's Future in This Century On Earth and Beyond*, New York 2003; deutsche Ausgabe: *Unsere letzte Stunde. Warum die moderne Naturwissenschaft das Überleben der Menschheit bedroht*, München 2003, S. 35.

5 Chris Patten, *What Next? Surviving the Twenty-first Century*, New York 2009, S. 79.

6 Wikipedia zufolge ist ein Mem eine Gedankeneinheit, Idee, Gepflogenheit oder ein Symbol, das durch Sprache, Gesten, Rituale oder andere nachahmbare Handlungen weitergegeben wird. Die Anhänger dieser Theorie sehen Meme als kulturelle Entsprechung von Genen, da sie sich ebenfalls selbst fortpflanzen und auf äußere Einflüsse reagieren. Im Internet unter: http://en.wikipedia.org/wiki/Meme.

7 Michael Crichton, *The Andromeda Strain*, New York 1969, S. 247; deutsche Ausgabe: *Andromeda*, München 1969.

8 Ray Kurzweil, *The Singularity Is Near: When Humans Transcend Biology*, New York 2005, S. 212.

9 Rees, *Unsere letzte Stunde*, S. 16.

10 BANG als Kurzwort für die Konvergenz von Bits, Atomen, Neuronen und Genen ist eine Idee von Jim Thomas von der ETC Group, der vom Regierungsjargon mit all seinen Abkürzungen die Nase voll hatte.

11 ETC Group, »The Potential Impacts of Nano-Scale Technologies on Commodity Markets: The Implications For Commodity Dependent Developing Countries«, in: South Centre Research Paper, *Trade-Related Agenda, Development and Equity*, Genf, November 2005. Vorgetragen am 12. Dezember 2005 beim WTO-Ministertreffen in Hong Kong bei einem vom South Centre organisierten Seminar.

12 Nano Science and Technology Institute, »In the Wake of Hurricane Katrina, Nanotechnology Provides Innovative Solution to Environmental Clean-Up«, 13. September 2006. Im Internet unter: http://www.nsti.org/news/breaking.html?id=40.

13 Presseerklärung ETC Group, »Nanotech Product Recall Underscores Need for Nanotech Moratorium: Is the Magic Gone?« vom 7. April 2006. Im Internet unter: www.etcgroup.org.

14 Natasha Gilbert, »Nanoparticle Safety in Doubt«, in: *Nature News* vom 18. August 2009. Im Internet unter: http://www.nature.com/news/2009/090818/full/460937a.html.

15 Presseerklärung J. Craig Venter Institute, »IBEA Researchers Publish Results From Environmental Shotgun Sequencing of Sargasso Sea. Discover 1.800 New Species And 1.2 Million New Genes. Including Nearly 800 New Photoreceptor Genes«, vom 4. März 2004. Im Internet unter: http://www.jcvi.org/cms/press/press-releases/full-text/article/ibea-researchers-publish-results-from-environmental-shotgun-sequencing-of-sargasso-sea-in-science-d/

16 Die Konzentration von Brevotoxin-3, einem vom marinen Einzeller *Karenia brevis* produzierten Nervengift, ist in der Luft der Meeresbrandung 50 Mal höher als im Meerwasser. Von den eingeatmeten Teilchen bleiben 85 Prozent in den oberen Atemwegen hängen, wo sie Nase und Hals reizen; 6 Prozent gelangen in die Lunge. Quelle: »Killer algae throw neurotoxins into the air«, in: *New Scientist* vom 7. Januar 2006.

17 Linda Geddes, »Life's code rewritten in four-letter words«, in: New Scientist vom 17. Februar 2010; aus der elektronischen Ausgabe.

18 ETC Group, *Extreme Genetic Engineering: An Introduction to Synthetic Biology*, Januar 2007. Im Internet unter: www.etcgroup.org.

19 Das Communiqué von ETC Group über den Fall von Endod findet sich im Internet unter: www.etcgroup.org. Inzwischen gibt es einen sehr ähnlichen Fall aus China, wo Bauern den Einjährigen Beifuß (*Artemisia annua*, engl.: wormwood) schon seit langem gezielt als Heilmittel gegen Malaria anbauen und verwenden. Die Wirksamkeit wurde auch von der WHO bestätigt. Derzeit versucht der Schweizer Pharmakonzern Novartis, die weltweite Ernte durch vertragliche Bindungen an sich zu bringen, um das Malariamittel exklusiv zu vermarkten. Gleichzeitig arbeiten Biologen in den USA daran, den Wirkstoff künstlich herzustellen und so den Feldanbau zu umgehen. Inzwischen konnte eine Gesundheits-NGO demonstrieren, dass *Artemisia* in vielen Malariaregionen Asiens, Afrikas und

Südamerikas lokal angebaut werden kann. Anstatt die Produktion auf eine oder zwei Industrieanlagen zu konzentrieren, was zwangsläufig mit hohen Kosten und enormen Schwierigkeiten bei der Verteilung in den Tropenländern einhergeht, plädiert die NGO für einen dezentralen Anbau der Pflanze auf Dorfebene, damit die Arznei überall kostengünstig verfügbar ist. So profitieren Kleinbauern und nicht Pharmariesen. Einzelheiten finden sich in den ETC Group special reports »NanoRx« und »Extreme Biology«. Im Internet unter: www.etcgroup.org.

20 James C. Riley, *Rising Life Expectancy: A Global History*, Cambridge 2001, Abschnitt »AIDS«.

21 ETC Group, »NanoRx«, *ETC Group special report*, September 2006. Im Internet unter: www.etcgroup.org.

22 Steve Rubel, 30. März 2006. Im Internet unter: http://www.micropersuasion.com/2006/03/index.html.

23 »Old mogul, new media – Can Rupert Murdoch adapt News Corporation to the digital age?«, in: *The Economist* vom 21. Januar 2006.

24 »A world of connections«, in: *The Economist* vom 28. Januar 2010; aus der elektronischen Ausgabe.

25 *New Scientist* vom 19. August 2006.

26 Seit dem Start des Internetportals im Februar 2005 sind bei dieser Website 6,1 Millionen Videoclips eingegangen (und täglich werden eine Million von dort heruntergeladen). Mitte 2006 verzeichnete die Website monatliche Zuwachsraten von 20 Prozent. Quelle: Lee, Gomes, »Will All of Us Get Our 15 Minutes On a YouTube Video?«, in: *The Wall Street Journal* vom 30. August 2006, S. B1.

27 »Sneaky DNA analysis to be outlawed«, in: *New Scientist* vom 26. August 2006.

28 David R. Montgomery, *Dirt: The Erosion of Civilizations*, Berkeley 2007. Besonders lesenswert ist Kapitel 4, »Graveyard of Empires«.

29 Burkhard Bilger, »The Height Gap – Why Europeans are getting taller and taller – and Americans aren't«, in: *The New Yorker* vom 5. April 2004. Dem US National Center for Health Statistics zufolge sind Frauen, die zwischen dem Ende der 1950er- und dem Anfang der 1960er-Jahre geboren wurden, im Durchschnitt knapp unter 5,5 Feet (1,68 Meter) groß. Zehn Jahre später lag dieser Wert um 0,85 Zentimeter niedriger.

30 Ewen Callaway, »US babies mysteriously shrinking«, in: *New Scientist* vom 26. Januar 2010, elektronische Ausgabe. In einer Studie an fast 37 Millionen Babys zwischen 1990 und 2005 verzeichneten die Forscher einen nicht erklärbaren Rückgang des Geburtsgewichts um 52 Gramm.

31 Anonymous, »Revenue from nanotechnology-enabled products to equal IT and telecom by 2014, exceed biotech by 10 times«, in: *Lux Research* vom 25. Oktober 2004. Im Internet unter: http://www.luxresearchinc.com/press/RELEASE_SizingReport.pdf.

32 Trevor Keel, Richard Holliday und Tim Harper, »Gold for Good – Gold and Nanotechnology in the Age of Innovation«, in: *World Gold Council and Cientifica*, (Februar 2010). In der Zusammenfasseung werden nur Staatsausgaben erwähnt. Stacy Lawrence, »Nanotech Grows Up«, in: *Technology Review* (Juni 2005), S. 31. Dieser Quelle zufolge beliefen sich die Gesamtausgaben (öffentlich und privat) für Nanotechnologie auf geschätzte zehn Milliarden Dollar nur für das Jahr 2005.

33 David R. Montgomery, *Dirt: The Erosion of Civilizations*, Berkeley 2007, S. 15.

34 Siehe beispielsweise Rappoport, »Patent No US5126439: Artificial DNA base pair analogues« und Benner, »Patent No US5432272: Method for incorporating into a DNA or RNA oligonucleotide using nucleotides bearing heterocyclic bases«

35 Thomas A. Bass, »Gene Genie«, in: *Wired 3.0* vom 8. August 1995.

36 ETC Group, »Nanotech's ›Second Nature‹ Patents: Implications for the Global South«, in: *ETC Group special report – Communiqué* 87 u. 88, (März/April u. Mai/Juni 2005). Diese und weitere Beispiele von Patenten werden in einem 35-seitigen Bericht beschrieben. Im Internet unter: www.etcgroup.org.

37 »Never too late to scramble«, in: *The Economist* vom 26. Oktober 2006. Das Handelsvolumen zwischen Afrika und China betrug 1995 gerade einmal drei Milliarden Dollar, stieg aber bis 2005 auf 32 Milliarden.

38 *Fuel Cell Industry Report* 6, Nr. 9 (September 2005), S. 1.

39 Gérald Estur, »Cotton: Commodity Profile«, hg. von International Cotton Advisory Committee, Washington, D. C. (Juni 2004), S. 1f. Die möglichen Auswirkungen der Nanotechnologie auf die Warenmärkte.

40 »Plug-in garments – Clothing could become a source of electrical power«, in: *The Economist* vom 11. Februar 2010; elektronische Ausgabe.

41 John I. Glass u. a., »Estimation of the Minimal Mycoplasma Gene Set Using Global Transposon Mutagenesis and Comparative Genomics«, in: *Genomes to Life Contractor-Grantee Workshop III* (6. bis 9. Februar 2005), Washington, D. C.

42 Jeronimo Cello, Aniko V. Paul und Eckard Wimmer, »Chemical Synthesis of Poliovirus cDNA: Generation of Infectious Virus in the Absence of Natural Template«, in: *Science* vom 9. August 2002, Bd. 297. Nr. 5583, S. 1016–1018.

43 Mark Williams, »The Knowledge«, in: *Technology Review* (März/April 2006).

44 Roger Kalla, »Resurrecting the zombie killer flu virus«. Im Internet unter: http://www.onlineopinion. com.au/view.asp?article=96.

45 »Cracking the Neanderthal code«, in: *The Economist* vom 18. November 2006, S. 88.

46 Helmut Haberl u. a., »Quantifying and mapping the human appropriation of net primary production in earth's terrestrial ecosystems«, in: *Potsdam Institute for Climate Impact Research* vom 25. Mai 2007.

47 Rees, *Unsere letzte Stunde*, S. 23.

48 Das »Verzichtsprinzip« wurde von Bill Joy, einem Mitgründer von Sun Microsystems, im Jahr 2000 in einem Artikel für das *Wired Magazine* bekannt gemacht. Joy erwägt, ob manche Technologien – wie die molekulare Selbstvernetzung – aus Gründen der Sicherheit und des sozialen Friedens freiwillig langsamer vorangetrieben werden sollten. Martin Rees, der Präsident der Royal Society in England, unterstützt in seinem 2003 veröffentlichten Buch *Unsere letzte Stunde* diesen Vorschlag. Wir schätzen diese Ansichten, doch behält sich die Zivilgesellschaft trotzdem das Recht vor, schädliche Technologien auch weiterhin abzulehnen.

49 Richard Dawkins, *The Selfish Gene*, Oxford 1976; deutsche Ausgabe: *Das egoistische Gen. Ergänzte und überarbeitete Neuauflage*, Heidelberg/Berlin/Oxford 1994. Zu beachten sind insbesondere Kapitel 11 samt den 1989 hinzugefügten Anmerkungen.

50 Rees, *Unsere letzte Stunde*, Kapitel 5. Rees verweist ausdrücklich auf die Möglichkeit, eine Gesellschaft medikamentös zu behandeln, liefert aktuelle Beispiele dafür und zitiert Francis Fukuyama als Gegner einer solchen Praxis neben B. F. Skinner, der die soziale Medikation für unvermeidlich hält. Rees selbst bleibt unentschlossen.

51 Jerome C. Glenn und Theodore J. Gordon, *State of the Future 2005*, hg. von American Council for the United Nations University, Washington 2005. In Kapitel 5 »Environmental Security« ist die Rede von »individuals who can be massively destructive (Personen, die massiv gewalttätig sein können)«.

52 Rees, *Unsere letzte Stunde*, S. 84.

53 Ebd., S. 72.

54 »Fast Facts, Suicide Bombers«, in: *Scientific American* (Januar 2006). Dort zitiert: Scott Atran, the Jean Nicod Institute, CNRS; Bruce Hoffman, RAND Corporation.

55 Rees, *Unsere letzte Stunde*, S. 11.

56 Hope Shand, ETC Group Research Director, Gespräch mit Pat Mooney nach ihrem Vortrag bei der Nano-Messe in St. Gallen 2005.

57 Sehenswert sind z. B. die »Extreme Diet Coke & Mentos Experiments« bei YouTube.

58 Rees, *Unsere letzte Stunde*, S. 74.

59 Ebd., S. 74.

60 Beispiel aus William Illsey Atkinson, »They're watching you«, in: *Globe & Mail Toronto* vom 13. September 2005.

61. Ebd.

62 Ebd.

63 Deborah MacKenzie, »How the humble potato could feed the world?«, in: *New Scientist* vom 6. August 2008. Die Arbeit zitiert Forschungsergebnisse des Historikers der Universität von Chicago William McNeill.

64 Julia Keller, *Mr. Gatling's Terrible Marvel: The Gun That Changed Everything and the Misunderstood Genius Who Invented It*, New York 2008.

65 Ronald E. Doel und Kristine C. Harper, »Prometheus Unleashed: Science as a Diplomatic Weapon in the Lyndon B. Johnson Administration«, in: *Osiris* Nr. 21 (2006), S. 66-85.

66 »The Military-Consumer Complex«, in: *The Economist* vom 12. Dezember 2009; aus der elektronischen Ausgabe.

67 Rees, *Unsere letzte Stunde*, S. 89.

68 Ebd., S. 204, Fußnote 9.

69 Atkinson, »They're watching you«.

70 »Funding«, National Nanotechnology Initiative. Im Internet unter: http://www.nano.gov/html/about/funding.html. Nach den genauen Zahlen erhielt das US-Verteidigungsministerium zwischen 2001 und 2005 1,219 Milliarden Dollar; das sind 30 Prozent der bislang ausgegebenen 4,1 Milliarden. Teile der Förderung des Energieministeriums, der NASA sowie des Justizministeriums müssen allerdings ebenfalls den Verteidigungsausgaben zugerechnet werden.

71 Der RFID-Chip wurde im Januar 2004 vorgestellt. Er ist ein mit bloßem Auge kaum sichtbares quadratisches Siliziumplättchen mit einer Seitenlänge von 0,25 Millimeter.

72 Chuck Squatriglia, »Spy Fly: Tiny, winged robot to mimic nature's fighter jets«, in: San Francisco Chronicle vom 2. November 1999, S. A17.

73 Ed Stiles, »UA Flying High after MAV Competition«, 15. April 2004. Im Internet unter: http://uanews.org/node/9524.

74 Eric Talmadoe, »Japan's Latest Innovation: A Remote-Control Roach«, Associated Press.

75 Atkinson, »They're watching you«.

76 Stephan C. Schuster u. a., »Complete Khoisan and Bantu genomes from southern Africa«, in: Nature, Letters vom 18. Februar 2010; aus der elektronischen Ausgabe.

77 Rob Stein, »Archbishop Tutu's genomic blueprint helps show African diversity«, in: Washington Post vom 17. Februar 2010. Diesen Artikel erhielt ich auf elektronischem Weg vom Autor. In der Geschichte schildere ich auch meine eigene Reaktion auf die Neuigkeit. Siehe auch: Gary Stix, »Archbishop Tutu gets sequenced – and finds a surprise in his genetic ancestry«, in: Scientific American vom 18. Februar 2010; aus der elektronischen Ausgabe.

78 Als die Rural Advancement Foundation International RAFI [die Vorläuferorganisation der ETC Group; Anm. d. Übers.] 1982 ihre ersten Computer bekam, übten Umweltschützer in Deutschland herbe Kritik. Die Computer versetzten RAFI allerdings in die Lage, den mit Sammlung und Bewegung von Nutzpflanzen-Germoplasma befassten Teil der Speicherstandards von Genbanken unter die Lupe zu nehmen. Dies trug maßgeblich dazu bei, 1983 die UN-Ernährungs- und Landwirtschaftsorganisation FAO zur Einrichtung einer Kommission für genetische Ressourcen zu bewegen. Ähnliches weiß das Pesticides Action Network über die Überwachung von Pflanzenschutzmitteln zu berichten.

79 R. James Ferguson, »Lecture 10: Scripts for Cooperation and Protest: People Power, Low-Violence Strategies and Cosmopolitan Governance«, 2005.

80 Manuel Castells, Mireia Fernandez-Ardevol, Jack Linchuan Qiu und Araba Sey, (Hg.), »Mobile Communication and Society: A Global Perspective«, Cambridge, Mass. 2007.

81 Rajiv Chandrasekaran, »Philippine Activism, At Push of a Button: Technology Used to Spur Political Change«, in: Washington Post Foreign Service vom 10. Dezember 2000, S. A44.

82 Glenn und Gordon, 2005 State of the Future, S. 22.

83 Ebd.

84 Debora L. Spar, Ruling the Waves: Cycles of Discovery, Chaos, and Wealth from the Compass to the Internet, New York 2001. Kapitel 2, »The Codemakers«.

85 Technology and Culture 46, Nr. 2, 2005, Rezension von Wade Roush zu: Paul Starr, The Creation of the Media: Political Origins of Modern Communications, New York 2004, S. 417f.

86 Spar, Ruling the Waves, Kapitel 3, »Radio Days«.

87 »Global Swap Shops«, in: The Economist vom 28. Januar 2010; aus der elektronischen Ausgabe.

88 »Yammering Away at the Office«, in: The Economist vom 28. Januar 2010; aus der elektronischen Ausgabe.

89 Jacob Darwin Hamblin, »Exorcising Ghosts in the Age of Automation: United Nations Experts and Atoms for Peace«, in: Technology and Culture 47, Nr. 4 (2006).

90 Rees, Unsere letzte Stunde, S. 9.

91 Ebd., S. 12.

92 Ebd., S. 20.

93 Ebd., S. 80f.

94 Ethan Watters, »How the US exports its mental illnesses«, In: New Scientist vom 20. Januar 2010; aus der elektronischen Ausgabe.

95 »Science of the mind: protein memories«, in: The Economist vom 2. März 2006.

96 »Single gene turns fruit flies into fighters«, in: New Scientist vom 19. August 2006.

97   Rowan Hooper, »Men inherit hidden costs of dad's vices«, in: *New Scientist* vom 6. Januar 2006.

98   »DNA bears the scars of past depression«, in: *New Scientist* vom 11. März 2006.

99   Siehe beispielsweise Bob Weinhold, »Epigenetics: The Science of Change« in: *Environmental Health Perspectives* 114, Nr. 3, (März 2006). Im Internet unter: http://www.ehponline.org/members/2006/114-3/focus.html.

100 Gary W. Strong und William S. Bainbridge, »Memetics: A Potential New Science«, in: Mihail C. Roco und William S. Bainbridge (Hg.) *Converging Technologies for Improving Human Performance: Nanotechnology, Biotechnology, Information Technology and Cognitive-sciences*, Washington D. C. 2002, S. 318–326.

101 Ebd.

102 Ebd.

103 Ebd.

104 Mihail C. Roco und William S. Bainbridge (Hg.), *Converging Technologies for Improving Human Performance: Nanotechnology, Biotechnology, Information Technology and Cognitive-sciences*, Washington D. C. 2002.

105 Manuel Berdoy, Joanne P. Webster und David W. Macdonald, »Fatal Attraction in Rats Infected with Toxoplasma Gondii.« in: *Proceedings of the Royal Society, Biological Sciences* 267, Nr. 1452 (7. August 2000), S. 1591–1594.

106 James Owen, »Suicide Grasshoppers Brainwashed by Parasite Worms« in: *National Geographic News* vom 1. September 2005. Im Internet unter: http://news.nationalgeographic.com/news/2005/09/0901_050901_wormparasite.html.

107 Lisa H. McFarland, Kim N. Mouritsen und Robert Poulin, »From first to second and back to first intermediate host: the unusual transmission route of Curtuteria australis (Digenea: Echinostoma-tidae)«, in: *Journal for Parasitology* 89, Nr. 3 (Juni 2003), S. 625–628.

108 Andrew Peacock, »Animal Diseases Factsheet – Dicrocoelium dendriticum – The Lancet Fluke of Sheep.« Government of Newfoundland and Labrador Publication AP059. Im Internet unter: http://www.nr.gov.nl.ca/agric/animal_diseases/domestic/pdf/dicro.pdf.

109 Rachel Nowak, »Cosmetic surgery special: When looks can kill«, in: *New Scientist* vom 19. Oktober 2006.

110 Jo Whelan, »Reproduction revolution: Sex for fun, IVF for children«, in: *New Scientist* vom 20. Oktober 2006.

111 Ebd.

112 Kate Douglas, »Are we still evolving?« in: *New Scientist* vom 11. März 2006. Diesem Bericht zufolge rechnen einige Wissenschaftler damit, dass die am Markt verfügbaren genetischen Technologien bald die Effekte der sozio-sexuellen Selektion übertreffen könnten.

113 Gwen Bingle, »I Sing the Body Prosthetic«, Review der Ausstellung »Leben mit Ersatzteilen, Deutsches Museum, Munich«, in: *Technology and Culture*, 47, Nr. 3, 2006.

114 Siehe auch: ETC Group, »Nanotech Rx – Medical applications of nano-scale technologies: what impact on marginalised communities« und Gregor Wolbring, »What Next for the human species? Human performance enhancement, ableism and pluralism«, in: *What Next Volume II, Development Dialogue* Nr. 52 (August 2009).

115 »Year of Terror«, in: *Newsweek* vom 5. Januar 1976, S. 24ff.

116 J. Samuel Walker, »Regulating against Nuclear Terrorism: The Domestic Safeguards Issue, 1970 bis 1979«, in: *Technology and Culture* 42, Nr. 1 (2001).

117 Jim Rutenberg, »Solution to Greenhouse Gases is New Nuclear Plants, Bush Says.«, in: *The New York Times* vom 25. Mai 2006. Im Internet unter: http://www.nytimes.com/2006/05/25/washington/25bush.html.

118 Dem US-Außenministerium zufolge (auf der Website des US-State Department am 28. November 2005) legten die USA und die Sowjetunion der UNO 1975 identische Gesetzesvorschläge vor und das Abkommen trat am 18. Mai 1978 in Kraft. Der Vertrag untersagt in scharfen Worten jede Art militärischer oder anderweitig feindseliger Umweltmodifikationen, schließt aber nutzbringende Eingriffe nicht aus. Bis heute haben 51 Staaten den Vertrag ratifiziert, darunter die wichtigsten Länder der OECD sowie die Länder des Südens mit Ausnahme von Südafrika und Mexiko.

119 Ein Überblick über Geo-Engineering findet sich in: »Retooling the planet – Climate chaos in the geoengineering age« von der ETC Group, in Auftrag gegeben und veröffentlicht von der Swedish Society for Nature Conservation (www.naturskyddsforeningen.se). Mehr Informationen über Geo-Engineering auch im Internet unter: www.etcgroup.org.

120 »Potentially Worst Nuclear Plant Incident since Chernobyl Ignored By American Media«, in: *Spiegel Online International* vom 4. August 2006. Im Internet unter: www.spiegel.com.

121 Drake Bennett, »Don't like the weather? Change it – The weird science of weather modification makes a comeback«, in: *The Boston Globe* vom 3. Juli 2005.

122 Kate Ravilious, »Kicking up a storm with the cloud seeders«, in: *New Scientist* vom 16. April 2005, S. 40–43.

123 Ebd. Dieser Artikel fügt die Vereinigten Arabischen Emirate, Australien, Israel, Russland, Südafrika und Indien der Liste der Länder hinzu, die Wetterbeeinflussung betreiben.

124 Daniel Pendick, »Cloud Dancers: Will Efforts To Change The Weather Ever Attain Scientific Legitimacy?«, in: *Scientific American*, 2000, S. 64–69.

125 Tamzy J. House u. a., »Weather as a Force Multiplier: Owning the Weather in 2025. A research paper presented to Air Force 2025«, Air University, 1996.

126 Ravilious, »Kicking up a storm with the cloud seeders«, S. 40–43.

127 BBC News. Im Internet unter: http://news.bbc.co.uk/go/pr/fr/-/2/hi/asia-pacific/2940430.stm.

128 John R. McNeill, *Something New Under The Sun: An Environmental History Of The Twentieth-Century World*, New York 2000, S. 357.

129 Clyde V. Prestowitz, *Three Billion New Capitalists: The Great Shift Of Wealth And Power To The East*, New York 2005, S. 259.

130 Glenn und Gordon, *2005 State of the Future*, S. 36.

131 Ebd.

132 Ebd.

133 Ebd.

134 Tim F. Flannery, *The Weather Makers: How Man is Changing The Climate and What It Means For Life On Earth*, New York 2005, S. 290; deutsche Ausgabe: *Wir Wettermacher – Wie die Menschen das Klima verändern und was das für unser Leben bedeutet*, Frankfurt/Main 2006.

135 Edward Teller, Lowell Wood und Roderick Hyde, »Global Warming and Ice Ages: Prospects for Physics-Based Modulation of Global Change«, 22nd International Seminar on Planetary Emergencies, Erice (20. bis 23. August 1997).

136 Flannery, *Wir Wettermacher*, S. 215.

137 »Research Committee on the Status of and Future Directions in U.S. Weather Modification Research and Operations«, in: National Research Council, Board on Atmospheric Sciences and Climate, Division on Earth and Life Studies (Hg.), *National Academy of Sciences Report*, 2003. Im Internet unter: http://www.nap.edu/catalog/10829.html. Ebenfalls zitiert in: Drake Bennett, »Don't like the weather?«.

138 »The Military-Consumer Complex«, in: *The Economist* vom 12. Dezember 2009; aus der elektronischen Ausgabe.

139 »Estimated deaths and DALYs attributable to selected environmental risk factors«, WHO-Bericht 2002.

140 William J. Broad, »How to Cool a Planet (Maybe)«, in: *The New York Times* vom 27. Juni 2006.

141 Ebd.

142 Ebd.

143 Wikipedia, »Iron fertilization« (deutsch: Eisendüngung), Stand: 15. Dezember 2006. Im Internet unter: http://en.wikipedia.org/wiki/Iron_fertilization.

144 »Military: Jahre Viking.« Im Internet unter: http://www.globalsecurity.org/military/systems/ship/jahre-viking.htm

145 Im Internet unter: http://www.reference.com/browse/wiki/Iron_fertilization.

146 Weitere Informationen im Internet unter: http://mondediplo.com/2002/07/18weather.

147 Die Pressemitteilung von Planktos findet sich im Internet unter: http://www.redorbit.com/news/science/1253657/planktos_indefinitely_postpones_ocean_iron_fertilization_project/index.html.

148 Larry Lohmann u. a., *Carbon Trading: A Critical Conversation on Climate Change, Privatisation and Power*, (September 2006). Im Internet unter: www.thecornerhouse.org.uk.

149 siehe Wikipedia, »Iron fertilization«.

150 Presseerklärung des J. Craig Venter Institute, »IBEA Researchers Publish Results From Environmental Shotgun Sequencing of Sargasso Sea. Discover 1,800 New Species And 1.2 Million New Genes. Including Nearly 800 New Photoreceptor Genes«, vom 4. März 2004. Im Internet unter:http://www.jcvi.org/cms/press/press-releases/full-text/article/ibea-researchers-publish-results-from-environmental-shotgun-sequencing-of-sargasso-sea-in-science-d/.

151 § 517: Weather Modification Research and Technology Transfer Authorization Act of 2005; Eingebracht am 3. März 2005 vom republikanischen Senator Kay Hutchison aus Texas.

152 Ebd.

153 Amy Sowder, »Hurricane workshop to meet in Bay Area – National Science Board to take look at recovery« in: *Pensacola News Journal* vom 17. April 2006.

154 Charles J. Hanley, »Top Scientists Say Man May Need to Dirty Skies to Shield against Warming«, in: *Associated Press* vom 16. November 2006. Zitiert von: Environmental News Network (ENN).

155 Bennett, »Don't like the weather?.

156 J. R. McNeill, *Something New Under The Sun*, S. 357.

157 Flannery, *Wir Wettermacher*, S. 241.

158 Der wissenschaftliche Name von Quinoa ist »Chenopodium quinoa Willdenow«, Familie: »Chenopodiaceae«. Quelle: US National Research Council, *Lost Crops of the Incas – Little-Known Plants of the Andes with Promise for Worldwide Cultivation, Report of an Ad Hoc Panel of the Advisory Committee on Technology Innovation Board on Science and Technology for International Development, National Research Council*. Washington, D. C.: National Academy Press 1989, S. 159.

159 Ebd., S. 150.

160 Eine Studie der US-Regierung spekulierte 1989, der Biotechnologie könnte es gelingen, Kaniwa-Gene auf Quinoa zu übertragen. Die Mischpflanze sollte winterfester und zwergwüchsig sein. Vgl. US National Research Council, *Lost Crops of the Incas*, a. a. O., S. 135.

161 Ein vergleichbares Ereignis fand tatsächlich statt, allerdings bereits 2001 unter der Federführung von CET-Sur, einer in Südchile beheimateten NGO. Camilla Montecinos koordinierte das Programm. Marta Flores, eine fiktive Person, nahm natürlich nicht teil.

162 Ein vergleichbares Ereignis fand im Januar 2003 beim 3. Weltsozialforum in Porto Alegre (Brasilien) statt.

163 Ein vergleichbares Ereignis fand im Januar 2002 beim 2. Weltsozialforum in Porto Alegre (Brasilien) statt.

164 Die weltweiten Statistiken zur Zahl – oder zum prozentualen Anteil – der ökologischen Landbau betreibenden Bauern sind nicht zuverlässig. Als Beispiel soll hier Kanada angeführt werden, was in dem Umfang aussagekräftig ist, in dem Kanada für die OECD-Länder »typisch« ist: Etwa 1,5 Prozent der Bauern betrieben 2004 nach den einschlägigen Kriterien zertifizierten ökologischen Landbau. Ihre Zahl nimmt von Jahr zu Jahr erheblich zu. Die kanadischen Zahlen stammen von Anne Macey, »Certified Organic Production Canada 2004« (veröffentlicht im November 2005).

165 Alle Bezüge zur ökologischen Produktion und zum Verbrauch sowie zur Community Supported Agriculture und ihren Pendants aus dem Jahr 2006 oder früher sind exakt. Alle über 2006 hinausgehenden Prognosen beruhen auf Schätzungen.

166 Die Schätzungen zur Zahl der CSA-Farmen in Nordamerika schwanken beispielsweise für die Zeit um das Jahr 2005 zwischen 1.300 und 3.000.

167 Aus den bescheidenen Anfängen des Jahres 1986 wuchs die Slow-Food-Bewegung auf über 800 »Convivien« (»Tafelrunden« bzw. Slow-Food-Gruppen) mit 83.000 Mitgliedern in 50 Ländern und unterhielt im Jahr 2004 Büros in sieben Ländern. Siehe auch www.slowfood.de .

168 Helga Willer, Minou Yussefi-Menzler und Neil Sorenson (Hg.), *The World of Organic Agriculture. Statistics & Emerging Trends 2008*, S. 205.

169 Vgl, Pat Mooney, »Stop the Stockholm Syndrome! Lessons learned from 30 years of UN summits«, in: *What Next, Vol. I: Setting the context*; ursprünglich veröffentlicht als *Development Dialogue*, Nr. 47, Juni 2006. Download unter www.whatnext.org.

170 Am Dag-Hammarskjöld-Seminar 1987 in La Soleilette, Bogève, in Frankreich beteiligten sich vom 7. bis 12. März jenes Jahres 28 Personen aus 19 Ländern. Das Thema der Veranstaltung waren die »Sozioökonomischen Auswirkungen neuer Biotechnologien auf die elementare medizinische Versorgung und die Landwirtschaft in der Dritten Welt« (»The Socioeconomic Impact of New Biotechnologies on Basic Health and Agriculture in the Third World«). Das Seminar wurde organisiert und finanziell unterstützt von der Dag-Hammarskjöld-Stiftung in Uppsala (Schweden) und dem Rural Advance-

ment Fund International (RAFI, inzwischen in ETC Group umbenannt) in Pittsboro (North Carolina/USA) und Brandon (Kanada), in Zusammenarbeit mit der International Organization of Consumers Unions (IOCU) in Penang (Malysia), der International Coalition for Development Action (ICDA) in Brüssel (Belgien) und dem United Nations Non-Governmental Liaison Service (NGLS) in Genf. Eine herunterladbare Version der Erklärung findet sich unter www.etcgroup.org.

171   Weitere Informationen zum BANG-Treffen sowie Lese-Materialien gibt es unter www.whatnext.org.

172   Kai-Wing Chow, »Publishing, Culture, and Power in Early Modern China«, Stanford 2004, nach der Rezension in *Technology and Culture*, Bd. 47, Nr. 1, 2006.

173   Jonathan T. Reynolds, Erik Gilbert, *Africa in World History. From Prehistory to the Present*. Upper Saddle River/New Jersey 2004.

174   Vincent Guigueno, »Building a High-Speed Society. France and the Aérotrain, 1962-1974«, in: *Technology and Culture*, Bd. 49, Nr. 1, 2008.

175   *Technology and Culture*, Bd. 43, Nr. 1, 2002, Rezension von Donna R. Braden zu: Brian Bowers, *Lengthening the Day: A History of Lighting Technology*. Oxford 1998, S. XV, S. 221.

176   *New Scientist*, 21. Februar 2009, »Why the Survival Car died an early death«.

177   Basil Davidson, *Africa in History: Themes and Outlines*, New York 1991, S. 39 (Originalausgabe: *Africa: History of a Continent*, 1966).

178   Noel Perrin, *Giving Up the Gun. Japan's Reversion to the Sword, 1543–1879*. Boston 1979 (2004).

179   John Iliffe, *Africans: The History of a Continent*. Cambridge 2007, S. 77f (Originalausgabe 1995).

180   »Ideology. The Self-Destructive Gene«, in: *The Economist*, 17. Juli 2008.

181   Michael D. Gordin, »A Modernization of ›Peerless Homogeneity‹: The Creation of Russian Smokeless Gunpowder«, in *Technology and Culture*, Bd. 44, Nr. 4, 2003.

182   Colin S. Gray, *Strategy for Chaos: Revolutions in Military Affairs and the Evidence of History*. London 2002, S. 39.

183   *Technology and Culture*, Bd. 43, Nr. 3, 2002, Rezension von Anthony S. Travis zu: Agustí Nieto-Galan, *Colouring Textiles: A History of Natural Dyestuffs in Industrial Europe*. Dordrecht 2001, S. XXV, S. 246.

184   *Technology and Culture*, Bd. 44, Nr. 1, 2003, Rezension von Lynne Kiesling zu: Bernard C. Beaudreau, *Energy and the Rise and Fall of Political Economy*. Westport/Connecticut 1999, S. XIV, S. 219.

185   Jeffrey A. Hart, *Television, technology, and competition: HDTV and digital TV in the United States, Western Europe, and Japan*. New York 2004.

186   *Technology and Culture*, Bd. 45, Nr. 1, 2004, Rezension von Joshua M. Greenberg zu: Frederick Wasser, *Veni, Vidi, Video: The Hollywood Empire and the VCR*. Austin 2002, S. 269.

187   Kenneth Lipartito, »Picturephone and the Information Age – The Social Meaning of Failure«, in: *Technology and Culture*, Bd. 44, Nr. 1, 2003.

188   European Environment Agency (Europäische Umweltagentur), *Late Lessons from Early Warnings: The Precautionary Principle from 1896–2000*, Kopenhagen 2002. Kostenlos abrufbar unter www.eea.europa.eu/publications/environmental_issue_report_2001_22.

189   *Technology and Culture*, Bd. 45, Nr. 1, 2004, Rezension von Hugh S. Gorman zu: Gerald Markowitz, David Rosner, *Deceit and Denial: The Deadly Politics of Industrial Pollution*. Berkeley 2002, S. XX, S. 408.

190   Marion Nestle, *Safe Food: Bacteria, Biotechnology, and Bioterrorism*. Berkeley 2003.

191   Lynn Hunt, *Inventing Human Rights – A History*, New York 2007, liefert eine faszinierende Interpretation zur Rolle der fiktionalen Literatur des 18. Jahrhunderts in Frankreich, England und den USA bei der Entwicklung des Konzepts der Menschenrechte. Die Wirkung der Populärliteratur auf die Bewegungen zur Abschaffung der Sklaverei und zur Abschaffung der Folter hebt sie besonders hervor.

192   Peter Linebaugh, *The Magna Carta Manifesto – Liberties and Commons for All*. Berkeley 2008, S. 7.

193   *Technology and Culture*, Bd. 45, Nr. 4, 2004, Rezension von Russell Olwell zu Lawrence S. Wittner, *Toward Nuclear Abolition: A History of the World Nuclear Disarmament Movement, 1971-Present*. Stanford 2003, S. XIV, S. 657.